5G关键技术与网络建设丛书

Cloud Computing Platform Construction and 5G Network Cloud Deployment

云计算平台构建与5G网络云化部署

杨炼 黄瑾 张钟琴 蒋明燕 等 ◎ 编著

人民邮电出版社
北京

图书在版编目（CIP）数据

云计算平台构建与5G网络云化部署 / 杨炼等编著
. -- 北京 : 人民邮电出版社, 2021.6
（5G关键技术与网络建设丛书）
ISBN 978-7-115-54622-7

Ⅰ. ①云… Ⅱ. ①杨… Ⅲ. ①云计算②无线电通信－移动网 Ⅳ. ①TP393.027②TN929.5

中国版本图书馆CIP数据核字(2020)第230749号

内容提要

本书从云计算产生的背景及概念谈起，首先介绍了云计算涉及的关键技术和常见的部署模式，然后探讨了云计算基础设施的建设方案及其在各场景下的具体应用。5G网络的商用进一步促进了云边协同、云网协同，最后两章分别介绍了移动边缘计算的建设方案以及5G网络的云化部署实践。

本书体系完整、内容丰富，紧扣云计算发展的前沿，是一本可指导云计算落地与实践的佳作，适合云计算工程规划、设计与实施人员，行业管理人员，高等院校相关专业学生，以及对云计算感兴趣的读者阅读参考。

♦ 编　　著　杨　炼　黄　瑾　张钟琴　蒋明燕　等
责任编辑　杨　凌
责任印制　周昇亮
♦ 人民邮电出版社出版发行　　北京市丰台区成寿寺路 11 号
邮编　100164　　电子邮件　315@ptpress.com.cn
网址　https://www.ptpress.com.cn
涿州市京南印刷厂印刷
♦ 开本：787×1092　1/16
印张：22.5　　2021 年 6 月第 1 版
字数：519 千字　　2021 年 6 月河北第 1 次印刷

定价：129.80 元

读者服务热线：(010)81055552　印装质量热线：(010)81055316
反盗版热线：(010)81055315
广告经营许可证：京东市监广登字 20170147 号

“5G关键技术与网络建设丛书”
编 委 会

丛 书 策 划

丛 书 编 委

主 任：

委 员：

推荐序一

全球移动通信正在经历 4G 向 5G 的迭代，5G 将以更快的传输速率、更低的时延及海量连接给社会发展带来巨大变革。作为构筑经济社会数字化转型的关键新型基础设施，5G 将逐步渗透到经济社会的各行业、各领域，将为智慧政府、智慧城市、智慧教育、智慧医疗、智慧家居等新型智慧社会的有效实施提供坚实基础。5G 将成为全球经济发展的新动能。

2020 年 5G 将进入大发展的一年，中国的 5G 建设正在快马加鞭，中国的运营商以 5G 独立组网为目标，控制非独立组网建设规模，加快推进主要城市的网络建设，2020 年将建设完成 60 万～80 万个基站，实现地级市室外连续覆盖、县城及乡镇有重点覆盖、重点场景室内覆盖。相信凭借中国自身力量和世界同行的支持，中国的 5G 网络将会成长为全球首屈一指的大网络、好网络和强网络。中国引领的不仅是全球 5G 的建设进程，而且技术实力也站在了全球前沿，在 5G 标准的确立方面，中国的电信运营商和设备制造商为 ITU 的 5G 标准制定做出了重要贡献。5G 将会对全球经济产生巨大的影响，据中国信息通信研究院《5G 经济社会影响白皮书》预测，2020 年 5G 间接拉动 GDP 增长将超过 4190 亿元，2030 年将增长到 3.6 万亿元。

在 5G 应用的开发方面，中国通信行业与各垂直领域的合作，也为全球 5G 发展提供了很好的范例。中国的 5G 必将为全球 5G 市场发展和推动中国与世界下一步数字社会及智慧生活建设发挥独特作用，产生深远影响。

上海邮电设计咨询研究院作为我国通信行业的骨干设计院，深入研究 5G 移动通信系统的规划设计和行业应用等相关技术，广泛参与国家、行业标准制定，完成了国家多个 5G 试验网、商用网的规划以及设计工作，在工程实践领域积累了丰富的经验，并在此基础上编撰了《5G 关键技术与网络建设丛书》，希望能为 5G 工程建设、5G 应用开发、5G 业务运营及管理等领域的专业技术人员提供重要的参考。

赵厚麟

2020 年 7 月

推荐序二

5G 与物联网、工业互联网、移动互联网、大数据、人工智能等新一代信息技术的结合构筑了数字基础设施，数字基础设施成为新基建的重要支柱，而 5G 又是新基建的首选。5G 为社会治理、经济发展和民生服务提供了新动能，将催生新业态，成为数字经济的新引擎。

2020 年我国 5G 正式商用已满一年，中国将在全球范围内率先开展独立组网大规模建设，SDN/NFV/网络切片等大规模组网技术将开始验证，全方位的挑战需要我们积极应对。在 5G 网络建设方面，由于 5G 采用高频段，基站覆盖范围较小，需高密度组网以及有更多的站型，这些都给无线网规划、建设和维护带来了成倍增加的工作量和难度。Massive MIMO 与波束赋形等多天线技术，使得 5G 网络规划不仅仅需要考虑小区和频率等常规规划，还需增加波束规划以适应不同场景的覆盖需求，这使干扰控制复杂度呈几何级数增大，给网络规划和运维优化带来了极大的挑战。5G 作为新技术，系统更加复杂，用户隐私、数据保护、网络安全等用户密切关心的问题也在发展过程中面临着巨大的考验，发展 5G 技术的同时还要不断提升 5G 的安全防御能力。5G 网络全面云化，在带来功能灵活性的同时，也带来了很多技术、工程和安全难题。实践中还将要面对高频率、高功耗、大带宽给 5G 基站建设带来的挑战，以及因频率升高而引起的地铁、高铁、隧道与室内分布系统的设计难题。另外，目前公众消费者对 5G 的认识只是带宽更宽、速度更快，需要将其进一步转化为用户的更高价值体验才能扩大用户群。而行业的刚需与跨界合作及商业模式尚不清晰，行业主导的积极性还有待发挥。5G 对中国的科技与经济发展是难得的机遇，围绕 5G 技术与产业的国际竞争对于我们也是严峻的挑战，5G 的创新永远在路上。

上海邮电设计咨询研究院依据自身在通信网络规划设计方面的长期积累以及近年来对 5G 网络的规划设计的研究与实践，策划编撰了《5G 关键技术与网络建设丛书》。本丛书既有 5G 核心网络、无线接入网络、光承载网络、云计算等关键技术的介绍，又系统地总结了 5G 工程规划设计的方法，针对 5G 带来的新挑战提出了一些创新的设计思路，并列举了大量 5G 应用的实际案例。相信该丛书能够帮助广大读者深入系统地了解 5G 网络技术。从工程规划设计与建设的角度解读 5G 网络的组成是本丛书的特色，理论与实践结合是本丛书的强项，而且在写作上还注意了专业性与通俗性的结合。本丛书不仅对 5G 工程设计与建设及维护岗位的专业技术人员有实用价值，而且对于从事 5G 网络管理、设备开发、市场开拓、行业应用的工程技术人员以及政府主管部门的工作人员都将有开卷有益的收获。本丛书的出版正好是我国 5G 网络规模部署的第一年，为我国 5G 网络的建设提供了十分及时的指导。5G 网络建设的实践还将更大规模地铺开与深入，本丛书的出版将激励关注网络规划建设的科技人员勇于创新，共同书写 5G 网络建设的新篇章。

2020 年 6 月于北京

丛书前言

数字经济的迅猛发展已经成为全球大趋势。作为新一代移动通信技术和新基建的重要组成部分，5G 将强有力地推动数字基础设施建设，成为数字经济发展的重要载体。而且，5G 还是一种通用基础技术，通过与云计算、大数据、人工智能、控制、视觉等技术的结合，深化并加速万物互联，成为构筑万物互联智能社会的基石。此外，5G 能够快速赋能各行各业，作为构建网络强国、数字国家、智慧社会的关键引擎，已被上升为国家战略。

5G 产业链已日趋成熟，建设、应用和演进发展已按下快进键。国内外主流电信运营商均在积极推动 5G 部署，我国的 5G 建设也已驶入快车道。同时，5G 涉及的无线接入网、核心网、承载网等技术正在不断持续演进中，相关的标准化工作仍在进行。为了充分发挥 5G 对数字经济的基础性作用和赋能价值，需要不断掌握和发展 5G 技术，不断突破高密度组网、多天线、高频率、高功耗、多业务等带来的规划和建设挑战，加快 5G 网络建设和部署；此外，更要“建有所用”，加快普及 5G 在各行各业中的融合与创新应用。

为此，作为国家级通信工程骨干设计单位之一的上海邮电设计咨询研究院有限公司，长期跟踪研究和从事移动通信领域相关的规划、设计、应用开发和系统集成等工作，广泛参与国家、行业标准制定，参与了我国多个 5G 试验网、商用网的规划、设计、建设等工作，开发部署了多个 5G 应用示范案例，在工程实践领域有着丰富的专业技术积累和工程领域经验。在此基础上，策划编撰了《5G 关键技术与网络建设丛书》，基于工程技术视角，深入浅出地介绍了 5G 关键技术、网络规划设计、业务应用部署等内容，为推动我国 5G 网络建设、加快 5G 应用落地积极贡献力量。

本丛书包括了《5G 核心网关键技术与网络云化部署》《5G 无线接入网关键技术与网络规划设计》《云计算平台构建与 5G 网络云化部署》《5G 承载网关键技术与网络建设方案》《5G 应用技术与行业实践》5 个分册，既对 5G 关键技术进行了详细介绍，又系统总结了 5G 工程规划设计的方法，并列举了大量 5G 应用的实际案例，希望能为 5G 工程建设、5G 应用开发、5G 业务运营及管理等领域的专业技术人员提供重要的参考。

冯武锋
2020 年 5 月于上海

前言

3000多年前的《易经》用朴实的哲学思想揭示了一个变化的世界。事实上，变化无处不在。在科学技术领域，信息技术（Information Technology，IT）是发展变化的急先锋。十年前，云计算还只是一个专业研究领域内的概念。而今天，无论是国外还是国内，企业数字化转型已成为共识。云计算作为数字化的核心，得到了广泛的部署与应用。

在通信领域，中国已迈入5G商用时代。国际电信联盟（International Telecommunication Union，ITU）为5G定义了增强型移动宽带（enhanced Mobile Broadband，eMBB）、海量机器类通信（massive Machine Type Communication，mMTC）、超高可靠低时延通信（ultra Reliable & Low Latency Communication，uRLLC）三大应用场景。不同的行业在多个关键性指标上存在差异化要求，传统封闭的通信基础设施无法满足这样灵活多变的需求。

云计算这颗“心脏”将依托5G技术与产业深度融合，促使各行业的发展方式发生巨变。虚拟化技术将底层的通用基础设施池化，使软件可以灵活按需调用底层资源。网络功能虚拟化（Network Function Virtualization，NFV）技术将封闭的设备黑匣子打开，使原先软硬件一体化的设备可以由通用基础设施+软件的方式来承载。软件定义网络（Software Defined Network，SDN）技术协助业务与网络进行深度匹配。切片技术在通用基础设施上，通过软件定义与编排，为垂直行业提供各种类型的可保证的网络连接服务。移动边缘计算（Mobile Edge Computing，MEC）可应对大带宽、低时延、数据不出园区等高安全场景的需求。

上海邮电设计咨询研究院有限公司是国家级通信工程骨干设计单位，旗下的云计算专家团队具备丰富的云计算工程实践经验，曾主持编写了我国第一个云计算国家标准，已获得若干项云计算领域的发明专利授权。本书由云计算专家团队中的骨干成员编写，主要从工程建设角度系统性地阐述云计算技术、平台构建以及5G云化部署实践。

第1章简要介绍云计算的概念及发展历程。虚拟化的概念早在1956年就有人提出，一直到2000年年初互联网泡沫破灭，云计算的概念才正式被提出并得到业界的广泛关注。谷歌、微软、IBM、亚马逊等IT巨头纷纷采取行动开展云计算技术研究并迅速推动云计算相关产品的普及进程。今天，云计算产业已正式进入应用成熟和普及阶段，云计算市场规模一直处于稳定增长状态。但云的形态仍处于持续演进的过程中，云计算将朝着更开放、更高效、更智能的方向发展。

第2章重点介绍云计算关键技术。云计算正不断驱动实体经济与新技术融合，完成数字化转型。它是一种以数据和处理能力为中心的密集型计算模式，融合了多项信息通信技术（Information and Communications Technology，ICT），是传统技术平滑演进的产物。虚拟化是云计算重要的核心技术之一。快速、高效地处理海量数据是云计算的另一大优势。云计算在本质上是一个支持多用户、多任务并发处理的系统，分布式并行编程模式在云计算项目中被广泛采用。为实现IT能力的服务化供应，需要依托云管理平台进行自动化的管理、调度、编排与监控，商业云管理平台与开源云管理平台各有其不同的使用场景。值得特别关注的是，虽然虚拟化、多租户等云计算概念给我们带来了很多便利，但是也给信息系统带来了相关的风险。因此，如何控制云计算环境的安全风险，也是云计算服务提供商和使用者都应关心的问题。

第3章至第5章分别介绍了云计算部署模式、基础设施建设方案与云平台的实际应用案例。按照部署模式的不同，云计算可分为公有云、私有云和混合云3类：公有云是面向公众提供云服务的云基础设施；私有云是专门为某个组织或机构提供云服务的云基础设施；而包含公有云、私有云在内的两朵及以上的云组成的云基础设施则称为混合云。三者在底层的技术上并无本质的差别，但服务的对象不同使得整体架构的设计有较大的差异。第4章对云计算基础设施的具体建设方案展开了详细阐述，作者结合多年的工程经验，从需求输入到设备配置选型都给出了极具价值的建议。第5章介绍了云计算基础设施在各种场景下的具体应用案例。

第6章介绍移动边缘计算的建设方案与应用案例，探讨云边协同的发展趋势。经典的云计算以大规模集中部署方式为主，应对大带宽、低时延、数据不出园区等高安全场景时亦捉襟见肘，移动边缘计算能很好地解决此类场景的需求。移动边缘计算的资源针对不同的部署位置及应用场景将有不同的硬件形态。移动边缘计算网络可分为3类：接入网络需要采用边界网关下移、虚拟网元部署等方案实现“融合性”“低时延”“大带宽”“大连接”“高安全”等特性；内部网络采用扁平架构、融合架构实现“架构简化”“功能完备”“无损性能”“边云协同，集中管控”等特性；互联网络采用一体化布局、管控协同实现“连接多样化”“跨域低时延”等特性。未来，云边协同将成为主流模式，在这种协同模式下，云计算将向着一种更加全局化的分布式节点组合新形态进阶。

第7章介绍5G网络的云化部署与管理方案。全球顶级电信运营商共同提出了NFV的概念。NFV采用业界标准的设备承载各种各样的网络功能，实现网络能力的灵活配置，提升网络部署和调整的速度，加速业务创新。5G目标网络逻辑架构可基于SDN/NFV技术实现控制云、接入云和转发云3个逻辑域。此外，本章还介绍了5G核心网、5G无线网、MANO，以及切片网络的云化部署方案。

在多年的云计算技术研发过程中，公司领导始终给予我们有力的支持——鼓励我们承担各类工程建设方案的编制与论文的撰写，在各类行业研讨会上分享我们的成果，创造环境为我们争取各种标准编制、与行业巨头交流探讨的机会，帮助大家拓宽技术视野。同时，在本书的编写过程中，我们也参考了许多学者的相关专著、论文和知名机构发布的技术白皮书，在此一并致谢！

本书由上海邮电设计咨询研究院有限公司多名专家和技术骨干执笔，杨炼负责全书策划及审定。主要编者（排名不分前后）有：杨炼、黄瑾、张钟琴、蒋明燕、王悦、叶奇赟、朱莹梦、朱成杰、杨扬、马佳怡、朱玉、何晶、李强、苏琳。

本书是一本云计算工程实践的参考书，对于从事云计算工程规划、设计与实施的人员，相关专业的高校学生以及对云计算感兴趣的各位读者，都能通过阅读、学习本书获得有益的帮助。

由于时间仓促，编者水平有限，书中难免存在疏漏与不妥之处，恳请广大读者批评指正。

编者

2021年1月于上海

目 录

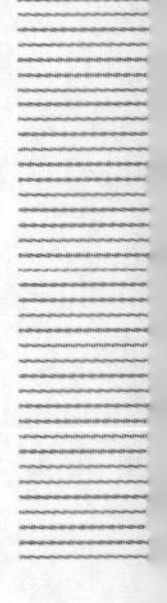

第 1 章 云计算概述

步入 21 世纪后，信息技术创新处于日新月异的蓬勃发展阶段，数字化、网络化和智能化技术应用逐渐普及，在促进社会经济发展、推动国家科技强国和现代化进程、满足人民日益增长的美好生活需要等方面起到了不可替代的作用。近两年，国家大力推动信息化发展战略、大数据战略、“互联网+”行动计划、网络提速降费等，不断夯实数字强国基础，数字经济已成为加快中国经济发展、促进社会进步的新引擎。根据中国信息通信研究院发布的《中国数字经济发展白皮书（2020 年）》，2019 年中国数字经济增加值规模已达到 35.8 万亿元，占全国国内生产总值的比重增至 36.2%。

回顾十多年来的信息化发展历程，行业数字化转型所需要的完整的产品技术体系已经形成，大数据、物联网、云计算、人工智能等新一代信息技术的发展和推广应用，为传统企业向数字化、网络化、智能化方向转型搭建了阶梯。

作为信息技术领域战略性新兴产业的重要元素之一，云计算是信息技术服务模式的重大创新，对贯彻实施《国务院关于深化制造业与互联网融合发展的指导意见》、推动“中国制造”和 “互联网+”行动计划具有重要意义。云计算作为信息技术领域创新性的应用和服务模式，自其概念诞生之初便受到了国际、国内社会的广泛关注。业界普遍认为，云计算正是当今社会信息技术和商业模式变革的核心，市场前景十分广阔。

1.1 初识云计算

1.1.1 云计算产生的背景

当今社会互联网、信息化应用广泛发展，大规模并行计算和海量低成本数据存储需求快速增长，云计算正是在此背景下出现的一种新型的提供 IT 服务的架构，是一种基于互联网向公众提供集群计算能力服务的新业务形式。传统的 IT 商业模式将随着云计算技术的发展和应用被彻底颠覆，产业链将被重新洗牌，电信运营商、互联网运营商和传统 IT 设备厂商的原有服务领域界限将被打破，他们的服务领域将互相渗透交织。云计算将是继个人计算机、互联网之后的第三次变革。

对于中小企业和个人用户而言，所需 IT 资源一般较少且需求更多样，采用传统方式自建 IT 基础设施最大的问题在于利用率太低且无法满足快速部署的需求；对于大型企业而言，虽然所需 IT 资源的总量较大，但自建 IT 基础设施的后期维护复杂且成本较高。因此，无论是大型企业、中小企业还是个人用户，对于云资源均有其特定的需求。随着数字化转型的深入发展和互联网以及移动互联网的普及，社会信息处理需求快速增长，人类社会已进入大数据时代，传统 ICT 资源构建方式的低效和高成本弊端日益突出。为提高 ICT 资源利用率同时降低成本，为用户提供便捷、高效、弹性的资源服务，云计算技术应运而生。

云计算诞生之初，流行着一种说法：云计算将让用户像使用水电气一样便捷、按需地使用 IT 基础设施，云计算的目标是成为互联网行业的水电气。云计算将帮助企业更快速地将业务推向市场，有利于企业实现降本增效和节能减排，同时随着产业链的多元化，也将带给用户更丰富的产品。

最初云计算有很多种定义，目前正逐步达成共识，以国际标准化组织（International Organization for Standardization，ISO）/国际电工委员会（International Electrotechnical Commission，IEC）第一联合技术委员会（Joint Technical Committee 1，JTC1）和国际电信联盟电信标准化部门（International Telecommunication Union-Telecommunication Standardization Sector，ITU-T）组成的联合工作组制定的国际标准 ISO/IEC 17788：2014《信息技术 云计算 概述和词汇》国际标准草案（Draft International Standards，DIS）版的定义为主，即：云计算是一种将可伸缩、弹性、共享的物理和虚拟资源池以按需自服务的方式供应和管理，并提供网络访问的模式。

“云”是人们对云计算的服务模式和技术实现的形象比喻。云数据中心作为云计算的物理实体，由云元（即云的基础单元）、云的操作系统以及连接云元的网络组成。大量的云元汇聚在一起，形成庞大的资源池。

根据资源所在层次的不同，云计算服务模式一般被分为基础设施即服务（Infrastructure as a Service，IaaS）层、平台即服务（Platform as a Service，PaaS）层和软件即服务（Software as a Service，SaaS）层等，如图 1-1 所示。

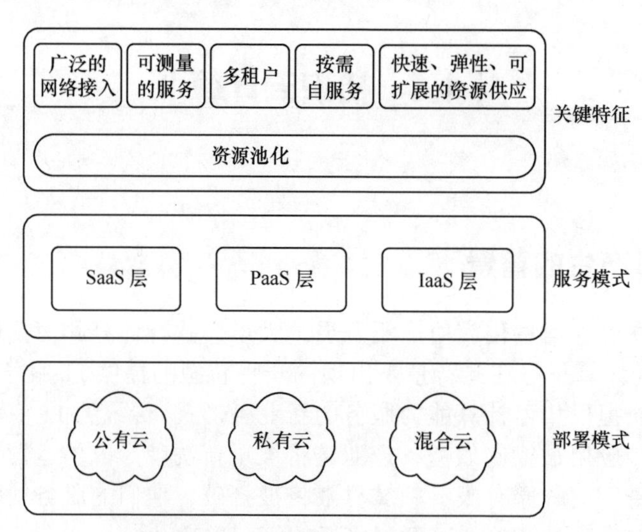

图 1-1 云计算定义的形象模型

IaaS 层以 IT 资源为中心，主要由虚拟化资源和虚拟化管理功能组成。通过引入虚拟化技术，IaaS 层对包括计算、存储和网络在内的物理资源进行抽象化处理，实现自动化操作及资源管理，向用户提供快速、资源可动态灵活扩展的基础设施层服务。IaaS 层服务是传统因特网数据中心（Internet Data Center，IDC）业务的升级，用户无须另行购置服务器、交换机及存储设备，只需向运营商申请业务开通所需的 IaaS 资源即可。和传统 IDC 相比，IaaS 层服务使得用户可以根据实际需求实时申请或释放资源，并按实际使用资源量计费，因此大大提高了资源的使用效率和业务上线的速度。

PaaS 层处于 IaaS 层和 SaaS 层之间，平台软件和中间件是 PaaS 层的核心。可以把 PaaS 层看作优化的“云中间件”，主要由通用且可复用的软件资源集合而成，为用户提供部署运行具备可伸缩性、可用性和安全性的应用开发所需的通用中间件和基础服务。

SaaS 层处于 IaaS 层和 PaaS 层之上，是基于 IaaS 层提供的资源和 PaaS 层提供的环境构建的云上应用软件的集合，这些应用软件通过网络提供给用户使用。部署在云上的应用软件种类繁多，既可以是通用的、大众化的标准应用，也可以是量身打造的定制化应用或用户开发应用。标准应用主要满足个人用户文档编辑操作、登录认证等日常生活办公需求；定制化应用主要为企业用户提供财务管理、客户关系管理、供应链管理等方面的定制化解决方案；用户开发应用一般是由独立软件开发团队开发的创新性应用，专门用于满足某些特定需求，常常采用公有云平台方式部署。

按照部署模式的不同，云计算一般可分为公有云、私有云和混合云。

——公有云是指面向公众提供云服务的云基础设施。

——私有云是指专门为某个组织或机构提供云服务的云基础设施，由该组织或第三方管理，主要包括场内服务（on-premises）和场外服务（off-premises）两种方式。

——混合云是指由包括公有云、私有云在内的两朵及以上的云组成的云基础设施，云间采用标准或私有技术绑定，云间满足特定条件下数据和应用的互通性及可移植性。

参照 ISO/IEC 17788：2014《信息技术　云计算　概述和词汇》的定义，云计算具备以下主要关键特征。

（1）广泛的网络接入

云计算的第一个关键特征“网络接入”是指用户可通过网络，基于标准机制访问云资源池的物理和虚拟资源，基于标准机制的访问使用户可以通过异构平台使用资源。云计算技术为用户提供访问物理和虚拟资源的便捷方式，无论身处何地，只要有网络可达，用户都可以使用包括移动电话、计算机和工作站在内的各种客户端设备访问云资源。

（2）可测量的服务

云服务的“可测量”特征是指云服务具备服务使用情况监控、统计和按量计费的特征。这个关键特征的重点在于用户只需对使用的资源付费，云计算也因此为用户带来了更多的价值，有助于提高用户的资源利用率。

（3）多租户

云资源可同时为多个租户提供服务，但不同租户所使用的物理或虚拟的计算、存储等资源互相隔离，不可访问。典型多租户场景下，租户由属于一个云服务客户组织的一组云服务用户组成。但在某些情况下，尤其是采用公有云部署模式时，来自不同客户组织的用户也可组成一组租户。一个云服务运营商和一个云服务客户组织之间也可能存在多种不同的资源租赁业务关系。不同的资源租赁业务关系分别来自云服务客户组织内资源需求不同的小组。

（4）按需自服务

云计算具备“自服务”特性，用户可以根据需要自助完成资源申请、配置及释放的过程。通过减少用户与云服务运营商之间的交互，有利于节约用户时间并降低操作成本。

（5）快速、弹性、可扩展的资源供应

云计算的资源供应具备快速、弹性、可扩展的特性，可以按需求快速增减用户资源。对用户来说，所供应的资源是取之不尽、用之不竭的，随时可以在服务协议框架内按需购买。云资源的无限供给使用户无须再担忧资源量和容量规划的问题。

（6）资源池化

资源池化是指云计算服务所提供的物理或虚拟资源是以资源池（即资源的集合）的方式提供给用户的，资源池化特征既强调云服务运营商支持多租户的能力，又通过资源的抽象对用户屏蔽了具体实现细节以简化资源使用。对用户来说，他们无须了解资源的位置或运营商是如何提供资源的，只要用户购买的云服务能够正常运转即可。资源池化通过将云端的资源提供给用户使用，简化了原来需要由客户自身完成的资源维护等工作。需要指出的是，如果用户有资源属地化要求，仍然可以通过资源配置选项指定资源位置。

1.1.2 云计算标准化进展

云计算技术和产业自发展初期开始，就呈现出开放标准与包括企业私有标准和开源实现在内的事实标准并存的情况。云计算开放标准也随着云计算公共服务属性的不断加强、业务迁移和云间互通需求的不断提升而呈现出蓬勃发展的态势。

1. 国际云计算标准化

全球范围内共有50多个标准组织参与了云计算标准的制订。云计算标准化工作不仅受到了国际标准化组织和区域性标准化组织的重点关注，负责国际标准化的协会也深度参与了云计算标准化工作并逐步成为重要的生力军。总的来说，致力于云计算标准化工作的国外标准化组织和协会呈现出以下特点。

（1）三大国际标准化组织从多角度开展云计算标准化工作

ISO、IEC 和 ITU 三大国际标准化组织的云计算标准化工作的组织方式主要分为两种：一种是沿用已有的小组委员会（SubCommittee，SC），在原有工作的基础上逐步开展云计算领域的标准化工作，如 ISO/IEC JTC1/SC27（信息技术安全）和 ISO/IEC JTC1/SC7（软件和系统工程）；另一种是新成立分技术委员会用于开展云计算领域标准的研究工作，如 ISO/IEC JTC1/SC39（信息技术可持续发展）、ISO/IEC JTC1/SC38（分布式应用平台和服务）、ITU-T 云计算焦点组（Focus Group on Cloud Computing，

FGCC）和ITU-T研究组（Study Group，SG）13的Q23议题。

（2）知名标准化组织和协会积极开展云计算标准研制

知名标准化组织和协会，包括分布式管理工作组（Distributed Management Task Force，DMTF）、全球存储网络工业协会（Storage Networking Industry Association，SNIA）、结构化信息标准促进组织（Organization for the Advancement of Structured Information Standards，OASIS）等，分别基于各自原有的标准化工作基础开展云计算的标准化工作。其中，DMTF重点关注虚拟化资源管理，SNIA的重点工作是云存储，而OASIS的重点工作则是PaaS层及云安全。DMTF的开放虚拟化格式（Open Virtualization Format，OVF）规范和SNIA的云数据管理接口（Cloud Data Management Interface，CDMI）规范均已提交给ISO/IEC JTC1，正式成为ISO国际标准。

（3）新兴标准化组织和协会有序推动云计算标准研制

新兴标准化组织和协会，包括云安全联盟（Cloud Security Alliance，CSA）、云标准客户委员会（Cloud Standards Customer Council，CSCC）、云计算用户案例讨论组（Cloud Computing Use Case Discussion Group，CCUCDG）等，正有序开展云计算标准化工作。这些新兴的标准化组织和协会常常从某一方面入手开展云计算标准研制，例如，CSA主要关注云安全标准研制，CSCC主要从客户使用云服务的角度开展标准化工作。

参与云计算标准化工作的标准组织繁多，各组织的研究成果主要包括通用基础标准、互操作和可移植标准、安全标准、运维管理标准和其他相关技术标准等几个方面。

（1）通用基础标准

云计算的通用基础标准部分主要制定包括云计算术语、基本参考模型、标准化指南等在内的云计算基础共性标准。ITU-T SG13和ISO/IEC JTC1/SC38通过成立联合工作组的方式开展云计算术语和云计算基本参考架构两项标准的研制。其中，云计算术语主要包括云计算涉及的基本的术语，用于在云计算领域交流规范用语、明晰概念。云计算基本参考架构主要描述云计算的利益相关者群体，明确基本的云计算活动和组件，描述云计算活动和组件之间以及它们与环境之间的关系，为定义云计算标准提供一个技术中立的参考。

（2）互操作和可移植标准

互操作和可移植标准以构建高效稳定、互联互通的云计算环境为目标，针对用户最关心的资源按需供应、海量数据的分布式存储和管理、供应商锁定和数据锁定等问题，分别对IaaS层、PaaS层和SaaS层的关键技术和主要产品进行规范。以DMTF、SNIA为代表的标准化组织主要聚焦在IaaS层标准化工作上，而OASIS则主要聚焦于PaaS层的标准化工作。其中，OVF、虚拟化管理、CDMI、云基础设施管理接口（Cloud Infrastructure Management Interface，CIMI）已经被正式发布的国际标准采纳。DMTF专门成立了开放云标准孵化器（Open Cloud Standards Incubator，OCSI）工作组，重点关注公有云、私有云、混合云之间及内部私有云之间的管理互操作性相关标准。

（3）安全标准

云计算的安全标准主要关注数据存储安全、数据传输安全、跨云身份鉴别、安全审计、访问控制等方面。目前，ISO/IEC JTC1/SC27、CSA、欧洲网络与信息安全局（European Network and Information Security Agency，ENISA）、CSCC等组织分别从多个方面进行云计算安全标准的研究与编制工作，已有数项云计算安全国际标准处于DIS和委员会草案（Committee Draft，CD）阶段。其中，CSA是专门负责云计算安全标准研究的标准化组织，成立于2009年4月，并且已经发布了《云计算关键领域安全指南V4.0》。该指南涵盖了云计算环境中的主要安全问题，从架构（Architecture）、治理（Governance）和运行（Operational）3个方面14个领域对云计算的安全性和支持技术等方面提供最佳实践指导。

（4）运维管理标准

DMTF基于对IT系统管理的研究提出了云计算系统的管理模型，OASIS正在进行云计算身份管理的研究。

（5）其他相关技术标准

在资源与接口定义方面，DMTF与SNIA分别在统一虚拟机格式以及存储接口方面提出了技术标准，电气电子工程师学会（Institute of Electrical and Electronics Engineers，IEEE）、因特网工程任务组（Internet Engineering Task Force，IETF）在云计算网络技术方面输出了较多成果，绿色网格（The Green Grid，TGG）组织提出了绿色数据中心的评测指标。

2. 国内云计算标准化

国内推动云计算标准制定的标准化组织主要有3个：全国信息技术标准化技术委员会面向服务的体系架构（Service Oriented Architecture，SOA）标准工作组（简称“SOA标准工作组”）、工业和信息化部信息技术服务标准（Information Technology Service Standards，ITSS）工作组（简称“ITSS工作组”）和中国通信标准化协会（China Communications Standards Association，CCSA）。与此同时，国内各大企业也积极加入到全球云计算标准制定的行列中，华为公司身兼IETF云计算标准化工作发起者和DMTF董事会成员的双重身份，同时还参与了CSA等组织的云计算标准化工作；中国电信、中国联通、中兴通讯等则是ITU云计算领域工作的主导力量之一；中国移动是TGG的重要成员；联想、金蝶、瑞星等国内企业也在TGG、CSA等国际云计算标准化组织中发挥了重要作用。

（1）SOA标准工作组和ITSS工作组

全国信息技术标准化技术委员会（简称“全国信标委”）是在信息技术专业领域内从事全国性信息技术标准化工作的技术组织，负责对ISO/IEC JTC1（除ISO/IEC JTC1/SC27）的国际归口工作以及与国外相关标准化组织的沟通与交流。目前全国信标委下属的SOA标准工作组云计算研究专题组负责云计算技术标准化工作，主要负责制定云计算技术相关标准，如云计算术语和架构、弹性计算、对象存储、PaaS参考模型等。

工业和信息化部 ITSS 工作组则侧重于云计算服务标准（如云计算分类、服务接口、服务交付、云计算运营、云计算评测等）的制定。

为进一步加强对构建云计算生态系统的整体支撑，2015 年工业和信息化部办公厅印发了《云计算综合标准化体系建设指南》(工信厅信软〔2015〕132 号文件，以下简称《指南》)，加快云计算标准化的推进工作。《指南》中主要阐述了云计算综合标准化体系建设的指导思想、基本原则、体系框架和标准研制方向。《指南》结合国内外云计算发展趋势，依据我国云计算生态系统中的技术和产品、服务和应用等关键环节以及贯穿于整个生态系统的云安全，构建了云计算综合标准化体系框架，包括“基础标准”“资源标准”“服务标准”“安全标准”4 个部分（如图 1-2 所示）。

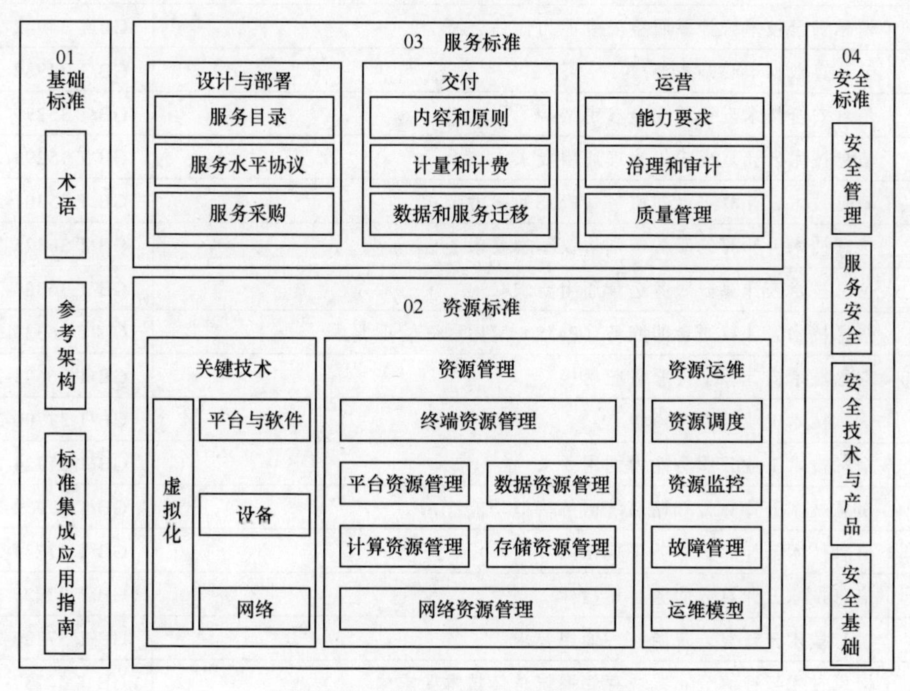

图 1-2 云计算综合标准化体系框架

基础标准：用于规范云计算的相关概念，为其他各部分标准的制定提供支撑，主要包括云计算术语、参考架构、标准集成应用指南等方面的标准。

资源标准：用于规范和引导建设云计算系统的关键软硬件产品研发，以及计算、存储等云计算资源的管理和使用，实现云计算资源的快速弹性供应及可扩展性，主要包括关键技术、资源管理和资源运维等方面的标准。

服务标准：用于规范云服务的设计、部署、交付、运营、采购以及云平台间的数据迁移，主要包括服务采购、质量管理、计量和计费、能力要求等方面的标准。

安全标准：用于指导实现云计算环境下的网络安全、系统安全、服务安全和信息安全，主要包括云计算环境下的安全管理、服务安全、安全技术与产品、安全基础等方面的标准。

现已发布的云计算国家标准见表 1-1。

表 1-1 已发布的云计算国家标准

序号	标准名称	标准号
1	信息技术云数据存储和管理第 1 部分：总则	GB/T 31916.1-2015
2	信息技术云数据存储和管理第 2 部分：基于对象的云存储应用接口	GB/T 31916.2-2015
3	信息技术云数据存储和管理第 3 部分：分布式文件存储应用接口	GB/T 31916.3-2018
4	信息技术云数据存储和管理第 5 部分：基于键值（Key-Value）的云数据管理应用接口	GB/T 31916.5-2015
5	信息技术云计算参考架构	GB/T 32399-2015
6	信息技术云计算概览与词汇	GB/T 32400-2015
7	信息安全技术云计算服务安全能力评估方法	GB/T 34942-2017
8	云计算数据中心基本要求	GB/T 34982-2017
9	信息安全技术云计算安全参考架构	GB/T 35279-2017
10	信息技术云计算虚拟机管理通用要求	GB/T 35293-2017
11	信息技术云计算平台即服务（PaaS）参考架构	GB/T 35301-2017
12	信息技术云计算云服务级别协议基本要求	GB/T 36325-2018
13	信息技术云计算云服务运营通用要求	GB/T 36326-2018
14	信息技术云计算平台即服务（PaaS）应用程序管理要求	GB/T 36327-2018
15	信息技术云计算文件服务应用接口	GB/T 36623-2018
16	信息技术工业云参考模型	GB/T 37700-2019
17	信息技术工业云服务能力通用要求	GB/T 37724-2019
18	信息技术云计算云存储系统服务接口功能	GB/T 37732-2019
19	信息技术云计算云服务采购指南	GB/T 37734-2019
20	信息技术云计算云服务计量指标	GB/T 37735-2019
21	信息技术云计算云资源监控通用要求	GB/T 37736-2019
22	信息技术云计算分布式块存储系统总体技术要求	GB/T 37737-2019
23	信息技术云计算云服务质量评价指标	GB/T 37738-2019
24	信息技术云计算平台即服务部署要求	GB/T 37739-2019
25	信息技术云计算云平台间应用和数据迁移指南	GB/T 37740-2019
26	信息技术云计算云服务交付要求	GB/T 37741-2019
27	云资源监控指标体系	GB/T 37938-2019
28	信息安全技术云计算服务运行监管框架	GB/T 37972-2019

（2）CCSA

2002 年 12 月 18 日，CCSA 在北京正式成立。该协会是由国内的企事业单位自发联合组织成立，经工业和信息化部批准并在民政部登记的开展通信技术领域标准化活动的非营利性法人社会团体。

随着云计算技术的发展以及云计算产业的兴起和成熟，CCSA 云计算相关技术委员会从 2010 年开始也启动了云计算技术标准项目，并成立了云计算联合工作组来协调不同技术委员会（Techinical Committee，TC）之间的标准立项和制定工作，目前 CCSA TC1（IP 与多媒体通信技术委员会）牵头制定云计算概貌、服务和基础设施相关标准，CCSA TC3（网络与交换技术委员会）牵头制定云计算网络相关标准，CCSA TC7 负责制定云计算管理相关标准，CCSA TC8 牵头制定云计算安全相关标准。

CCSA 已发布的云计算相关行业标准见表 1-2。

表 1-2 CCSA 已发布的云计算相关行业标准

序号	标准名称	标准号
1	云运维管理接口技术要求	YD/T 2717-2014
2	云计算基础设施即服务（IaaS）功能要求与架构	YD/T 2806-2015
3	云资源管理技术要求第 1 部分：总体要求	YD/T 2807.1-2015
4	云资源管理技术要求第 2 部分：综合管理平台	YD/T 2807.2-2015
5	云资源管理技术要求第 3 部分：分平台	YD/T 2807.3-2015
6	云资源管理技术要求第 4 部分：接口	YD/T 2807.4-2015
7	云资源管理技术要求第 5 部分：存储系统	YD/T 2807.5-2015
8	虚拟桌面服务运维管理技术要求	YD/T 2958-2015
9	云资源运维管理功能技术要求	YD/T 3054-2016
10	电信级虚拟桌面系统总体技术要求	YD/T 3066-2016
11	电信级虚拟桌面系统终端技术要求	YD/T 3067-2016
12	电信级虚拟桌面系统平台技术要求	YD/T 3068-2016
13	云计算安全框架	YD/T 3148-2016
14	公有云服务安全防护要求	YD/T 3157-2016
15	公有云服务安全防护检测要求	YD/T 3158-2016
16	智能型通信网络云计算数据中心网络服务质量（QoS）管理要求	YD/T 3218-2017
17	智能型通信网络支持云计算的广域网互联技术要求	YD/T 3219-2017
18	面向公有云服务的文件数据安全标记规范	YD/T 3470-2019
19	公有云服务安全运营技术要求	YD/T 3471-2019
20	云计算资源池系统设备安装工程设计规范	YD/T 5227-2015
21	云计算资源池系统设备安装工程验收规范	YD/T 5236-2018

1.2 云计算的发展历程

云计算的发展经历了概念提出和发展成长两个阶段的充分酝酿，目前已经进入成熟普及阶段，越来越多的企业已开始基于云计算技术部署信息系统，国内的云计算市场规模逐年快速增长。

1.2.1 概念提出阶段

追溯云计算的历史，可以回溯到1956年，作为云计算基础架构核心和基础的虚拟化概念由克里斯托弗·斯特雷奇（Christopher Strachey）在一篇论文中正式提出。20世纪90年代，随着计算机网络的爆炸式增长，互联网泡沫出现。2004年，在一场头脑风暴论坛中，“Web2.0”概念诞生，标志着互联网泡沫破灭，计算机网络的发展进入了一个新阶段。此时，互联网发展中迫切需要解决的问题演变为如何让更多的用户以更加便捷的方式使用网络服务。

在2006年8月9日召开的搜索引擎大会（SES San Jose 2006）上，“云计算”（Cloud Computing）的概念由谷歌的首席执行官埃里克·施密特（Eric Schmidt）首次提出。这个概念一经提出，立刻引发了业界的广泛关注。谷歌、微软、IBM、亚马逊等IT巨头们纷纷采取行动开展云计算技术研究并迅速推动云计算相关产品的普及进程，谷歌的搜索引擎、IBM的蓝云、微软的Azure、亚马逊的AWS均是当时引领先锋的云计算实践。

同样，云计算在我国国内也掀起了一场建设热潮，各大互联网公司先后投入到云计算发展的浪潮中，阿里巴巴、百度、世纪互联、华为都及时推出了云计算相关应用。三大运营商也纷纷启动了各自的云计算发展计划，中国移动的大云、中国电信的天翼云、中国联通的沃云竞相启动。

1.2.2 发展成长阶段

云计算技术及应用发展至2010年前后，各大国际主流IT公司均已涉足云计算领域，并结合各自在传统技术领域的优势以及未来的市场拓展策略从各个方向向云计算领域进军。云计算从云山雾罩的概念炒作逐步发展成熟，以计算虚拟化、虚拟化资源管理、分布式对象存储、云计算安全以及云计算运营支撑为代表的云计算关键技术在此阶段均得到了长足的发展，并在各大云计算服务提供商的实践中得到了检验和推广。

1. 国际云计算应用情况

在发展成长阶段，各国纷纷推出相关政策措施并制定云计算发展战略（见表1-3），旨在加快云计算部署、产业发展及应用，从而保证其在科技引领全球经济发展的新时代中能占据优势地位。

表1-3　主要国家/组织的云计算发展战略

国家/组织	云计算发展战略名称	战略要点
美国	联邦计算战略	优先采用云计算解决方案； 明确联邦政府机构在推动云计算应用中的职责； 确立政府机构向云计算迁移的“选择、提供、管理”三步走决策框架

续表

国家/组织	云计算发展战略名称	战略要点
欧盟	RESERVOIR FP7	突破物理资源限制，克服服务虚拟化障碍； 建立统一的云计算代码和架构规范； 实现跨域业务部署
日本	智能云战略	制定云计算技术标准； 促进企业技术创新，提供创新云服务； 积极推广云计算应用，构建开放式互联网络
韩国	云计算扩散和增强竞争力的战略	完善云计算相关法规； 组建公共部门云计算电算中心； 增强云计算国际竞争力

事实上，不仅仅局限于表 1-3 中列出的国家或组织，世界上多个国家或地区均制定了云计算发展相关战略规划，明确了政府相关管理机构的职责以及云计算应用重点；各国纷纷加大云计算领域资金投入，扶持和引导产业快速发展并推动关键技术研发和技术创新；同时，政府率先启动云计算应用示范项目，并积极推动标准研制、规范应用和市场发展。

以 IaaS、PaaS、SaaS 为代表的云计算市场规模在 2013 年也达到了 333 亿美元，增长率高达 29.7%。云计算技术作为 IT 领域转型的重要推动力之一，对全球范围内的电子信息领域软硬件产业发展产生了重要的影响。云服务模式及云计算解决方案被广泛接受，并已成为 IT 领域的主流服务模式，服务器、存储等 IT 硬件厂商及相关软件厂商则通过提高与云计算系统兼容性的方式试图拓展其产品推广渠道，保证其在 IT 领域的重大变革中不被淘汰并能获得新的市场机会。许多研发型企业已经将云计算作为其公司的战略发展核心，并已展开相关工作部署。同时，大型云计算服务提供商也实现了突破性的跨越式发展，开创了全新的 IT 应用格局。

在此阶段，几乎所有国际主流 IT 企业都在云计算领域有所发展。不同企业结合各自原有的技术背景和技术优势，将原有产品和技术与云计算特征相结合，挖掘出自己的云计算产品，如软件虚拟化、分布式存储系统等。IaaS 领域的投资门槛较高，只有经济实力雄厚的一流 IT 企业才有实力参与竞争，并凭借其突出的技术研发能力获得垄断地位，而中小企业则很难参与到 IaaS 领域的竞争中来。PaaS 领域的投资门槛相对较低，年复合增长率高且发展潜力巨大，是云计算产业链中的关键一环，因而得到了国际各大厂商的广泛关注。为了占据云计算产业链中的有利地位，各大厂商纷纷构建和推广 PaaS 产品。与 IaaS 和 PaaS 相比，SaaS 领域的投入门槛最低，同时市场规模和利润空间也最大。基于 PaaS 层提供的基础服务进行新的服务、内容和应用开发运营及销售是 SaaS 领域的必然发展方向，各大传统软件巨头厂商也纷纷进军 SaaS 领域。

在发展成长阶段，各领域的云计算解决方案趋于成熟，并取得了一些成功的应用。IaaS、PaaS 和 SaaS 典型的国际云计算服务见表 1-4。

表 1-4 中列举的只是一些典型的国际云计算服务。实际上，越来越多的 IT 企业都已将自己的传统业务逐渐迁移到了云计算平台上。云计算产业在 IaaS 领域和 SaaS 领域的服务已经相对比较完善，并获得了用户的广泛认可，但 PaaS 由于其特殊性和复杂

性，目前暂时仍处于起步阶段。

表 1-4　典型的国际云计算服务

领域	典型的国际云计算服务
SaaS	Google Apps、Salesforce CRM 等
PaaS	Google App Engine、force.com、Microsoft Azure 等
IaaS	Amazon EC2、Amazon S3、Rackspace Cloud Server 等

2. 国内云计算应用情况

“十二五”期间，我国将云计算列为新一代信息技术产业发展的重点领域，并出台了一系列相关规划和政策措施，主要包括加快云计算技术研发产业化、组织开展云计算应用试点示范、着力完善产业发展环境等。

从政府对产业的支持上看，国家发展和改革委员会、工业和信息化部、财政部等部委带头扶持云计算产业发展。2011 年，国家发展和改革委员会与工业和信息化部联合发文，在北京、上海、深圳、杭州、无锡 5 个城市开展云计算服务创新应用试点示范。财政部表示，要积极探索云计算等新型业态的政府采购工作，不断拓展服务类采购领域，国内各地方政府与企业已经开始尝试合作，将云计算纳入地方政府采购目录。

根据工业和信息化部的调查数据，2013 年我国公有云服务市场规模约为 47.6 亿元人民币，增长率达 36%，有 8%的受访企业已经开始应用云计算，其中公有云服务占 29.1%、私有云占 2.9%、混合云占 6%，更有 76.8%的受访者表示会将更多的业务迁移至云环境，国内企业对云计算的认知和接受程度逐年提升。

国内处于相对领先地位的云计算服务提供商大多从 IaaS 领域切入，这些服务提供商主要包括互联网公司、IT/ICT 企业和电信运营商。由于企业性质不同，提供的 IaaS 服务切入点也各不相同，由此 ICT 企业和互联网公司逐渐分化成了 IaaS 领域的两大阵营。

国内 PaaS 领域的发展情况与国际上的情况类似，也取得了一定程度的发展，但是同 IaaS 领域和 SaaS 领域的快速发展相比仍然处于相对弱势，虽然包括腾讯、百度、新浪、阿里巴巴等公司在内的各大云计算服务提供商都已发布了 PaaS 服务，但所占市场份额并不大且提升缓慢。

SaaS 是国内最成熟的云服务领域，各类应用呈现出百花齐放的态势。八百客、金蝶、用友、云知声等企业已形成相对稳固的市场格局，2013 年部分公司的云服务营业额甚至就已超过 1 亿元人民币。

典型的国内云计算服务见表 1-5。

表 1-5　典型的国内云计算服务

领域	典型的国内云计算服务
SaaS	电子商务云、中小企业云、医疗云、教育云等
PaaS	App 开发环境、App 测试环境、应用引擎等
IaaS	虚拟机租用服务、存储服务、负载均衡服务、防火墙服务等

“十二五”期间，我国的云计算产业发展从当初的概念炒作开始落地，已经初步形成了比较完整的产业链和云服务产品格局。三大电信运营商分别形成了自己的云品牌，如中国电信的天翼云、中国联通的沃云、中国移动的大云等。各大设备制造商也纷纷推出各自的云服务平台，利用自身积累的行业优势布局云服务市场。国内各大云计算服务提供商在提供基础云服务的同时，已开始结合大数据、物联网等新技术应用，推出面向政务、金融、教育、医疗、交通、旅游等行业的云服务产品。

1.2.3 成熟普及阶段

全球的云计算产业经历了概念提出和发展成长两个阶段之后，目前已正式进入应用成熟和普及阶段，但云的形态仍处于持续演进的过程中。开源技术已逐步在虚拟化、容器、微服务、分布式存储、自动化运维（含开发运维一体化 DevOps）等方面占据主流地位。

云计算市场规模一直处于稳定增长态势。根据中国信息通信研究院发布的《云计算发展白皮书（2020 年）》，2019 年，以 IaaS、PaaS 和 SaaS 为代表的全球公有云市场规模达到 1883 亿美元，增速达 20.86%。到 2022 年，全球市场规模预计将超过 3100 亿美元，如图 1-3 所示。

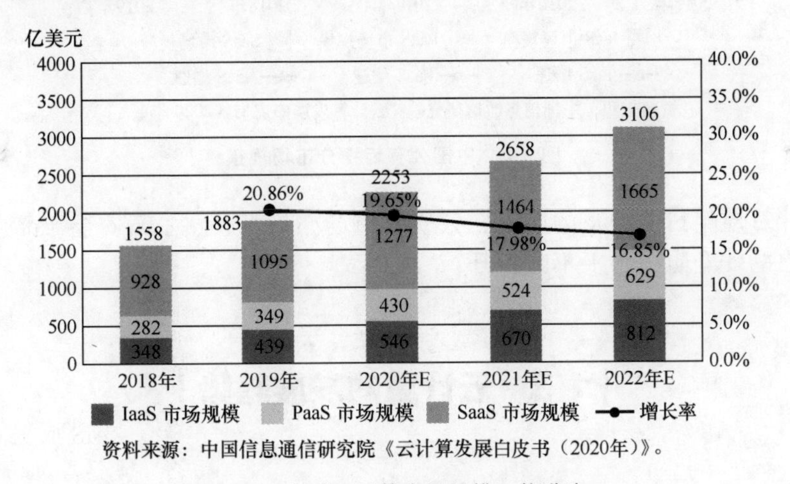

资料来源：中国信息通信研究院《云计算发展白皮书（2020年）》。

图 1-3 全球云计算市场规模及其增速

国内利好政策陆续出台，推动云计算产业持续发展。2016 年全国两会期间，我国政府工作报告中提出，“十三五”时期要促进大数据、云计算、物联网广泛应用；2018 年 7 月，工业和信息化部印发了《推动企业上云实施指南（2018—2020 年）》，我国的云计算发展受到前所未有的关注，并迎来新一轮发展势头。越来越多的企业已倾向于选用云计算技术部署信息系统，企业的上云意识和能力不断增强。

与此同时，我国的公有云市场保持持续高速增长态势，2019 年我国云计算整体市场规模达 1334 亿元，增速达 38.6%。其中，公有云市场规模达 689 亿元，相比 2018 年增长 57.6%，预计 2023 年将超过 2300 亿元；私有云市场规模达到 645 亿元，较 2018 年增长 22.8%，预计未来几年将保持稳定增长，到 2023 年市场规模将接近 1500 亿元。

IaaS 依然占据公有云市场的主要份额，如图 1-4 所示，私有云市场中软件和服务的占比稳步提升。

据中国信息通信研究院调查统计：阿里云、天翼云、腾讯云位列公有云 IaaS 市场份额的前三甲；而排在公有云 PaaS 市场前列的产品分别是阿里云、腾讯云、百度云和华为云；用友、金蝶、畅捷通位于公有云综合 SaaS 能力的第一梯队；中国电信、浪潮、华为、曙光则位居政务云市场前列。

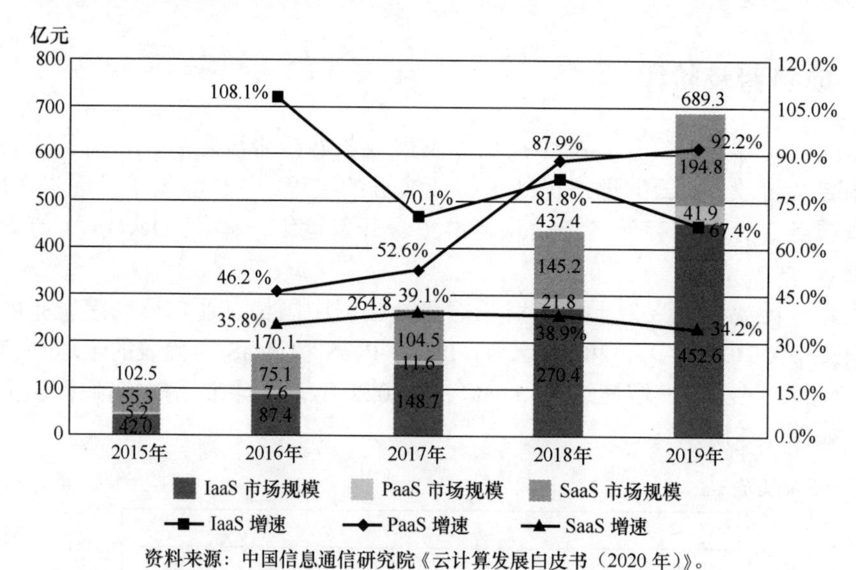

资料来源：中国信息通信研究院《云计算发展白皮书（2020 年）》。

图 1-4 中国公有云细分市场规模

在云计算应用日益普及的同时，云安全市场亦趋于成熟。云安全产品生态不断丰富，云用户的安全防护水平不断提升。

1.3 云计算的发展趋势

当前，云计算市场仍处于快速发展阶段，技术创新、服务创新和产业创新不断涌现。产业方面，企业上云已是大势所趋，智能云、边缘云等市场开始兴起；技术方面，云边、云网等技术体系逐渐形成，云原生（Cloud Native）概念不断普及，开源技术发展迅猛，助力云计算服务提供商打造全栈服务能力；安全方面，云安全产品生态逐步形成并趋于完善，智能安全成为新方向；行业方面，政务云将为城市数字化运营提供关键基础设施保障，电信网络云化重构将助力运营商网络升级。

云计算将朝着更开放、更高效、更智能的方向发展。

（1）云原生技术快速发展，将重构 IT 运维和开发模式

云原生技术的典型代表包括容器、微服务、DevOps 等，此类云原生技术有利于构建容错性好、管理监测便捷的松耦合系统，开发中的待发布状态应用与在线应用的环

境完全一致，完美解决了从研发到发布过程的环境不一致问题。

（2）智能云技术体系初步形成，助力机器学习应用发展

人工智能对算力的需求早已超过了通用中央处理器（Central Processing Unit，CPU）按照摩尔定律的发展所能提供的算力，以图形处理单元（Graphics Processing Unit，GPU）、现场可编程门阵列（Field Programmable Gate Array，FPGA）、专用集成电路（Application Specific Integrated Circuit，ASIC）为代表的异构计算成为发展趋势。但异构计算的硬件成本和搭建部署成本巨大，使用门槛较高。通过将异构算力池化，做到弹性供给，便捷地服务于更多的人工智能从业者，进而推动产业升级。

在异构计算资源的云化过程中，目前GPU云主机仍是主要的资源提供形态，随着FPGA云主机和ASIC芯片技术的逐步成熟，异构计算领域将会呈现GPU、FPGA、ASIC三分天下的局面。

（3）云边协同趋势

当前云计算应用已逐渐普及，5G、物联网时代也已到来，终端侧“大连接、低时延、大带宽”的业务需求对传统云计算技术提出了新的挑战。而边缘计算技术的出现，标志着云计算已开始向下一个技术阶段发展，将云计算的能力延伸至靠近终端的边缘侧，并通过云—边—端的统一管控来实现云计算服务下沉，提供端到端的云服务。

（4）云网融合服务能力体系逐渐形成

云网融合的发展和实施是一个系统性工程，实现“云+网+应用”的一点受理、自动开通只是迈出的第一步。随着物联网、大数据、人工智能、5G等技术的发展成熟和广泛应用，终端、网络和云服务将更加紧密地融合在一起，未来将是一个智能化、移动化、万物互联的云网融合时代。

未来随着边缘计算、人工智能（Artificial Intelligence，AI）芯片等技术的发展，智能设备如手机、企业网关、物联网终端等不仅计算和连接能力会越来越强，也会变得越来越智能，通过终端与云端协同配合智能识别应用流量、分析网络质量、自主选择不同的切片网络，为企业用户提供高品质、高可靠、高安全、低成本的云网融合业务体验。

借助5G技术发展及网络建设，运营商可充分利用5G网络切片等新技术，突破固定网络的束缚，按照企业云服务需求为无人驾驶、智慧城市、智慧医疗等众多垂直领域提供端到端的按需逻辑网络，在智能终端和云服务之间灵活地提供海量、实时、可靠的移动网络服务。同时，随着大数据和AI技术逐步成熟，未来网络将从自动化业务部署逐步向智能化故障自愈、网络自我管理优化演进，变被动响应故障处理为智能故障预测和自我优化，最终实现“永不故障”的自治网络，可以帮助运营商大幅提升运维效率和对云网资源的利用率，实现“网随云变、云随网动”。

第2章
云计算关键技术

在工业时代，通常以用电量等指标衡量地方经济发展水平。进入数字经济时代，“用云量”将与数字经济规模呈显著正相关，可以通过计算用云的数量来衡量一个地方的经济发展程度。当前，在云计算的驱动下，实体经济与新技术正不断融合，完成数字化转型。云计算是一种以数据和处理能力为核心的密集型计算模式，它融合了多项ICT，是传统技术平滑演进的产物。

虚拟化是云计算的核心技术之一，它为云计算服务提供基础架构层面的支撑。从技术上说，虚拟化是一种在软件中仿真计算机硬件，为用户提供虚拟资源服务的计算形式，旨在合理调配计算机资源，使其更高效地提供服务。它打破了应用系统各硬件间的物理划分，从而实现了架构的动态化，以及物理资源的集中管理和使用。虚拟化的最大优点是增强了系统的弹性和灵活性，可动态分配资源、降低成本、改进服务、提高资源利用效率。虚拟化技术包括服务器虚拟化、网络虚拟化、存储虚拟化、无服务器架构、容器、桌面虚拟化等。

云计算的另一大优势就是，无论是离线批量处理还是在线实时处理，均能够快速、高效地处理海量数据。在数据爆炸的今天，这一点至关重要。主流的大数据平台普遍采用分布式软件的技术路线，通过将分布式软件部署在多台x86架构服务器上构成集群以提供数据的存储和访问，实现对海量数据的分析与处理。为了确保数据的高可靠性，云计算通常会使用大数据存储技术，将数据保存在不同的物理设备中。这种模式不仅摆脱了硬件设备的限制，并且扩展性更好，能快速响应用户需求的变化。而对数据的高效处理技术也是云计算不可或缺的核心技术之一。云计算不仅要保证数据的存储和访问，还需要对海量数据进行特定的检索和分析，因此，大数据管理技术必须能高效地管理海量的数据。此外，云计算在本质上是一个支持多用户、多任务并发处理的系统，其核心理念是高效、简捷、快速，旨在通过网络把强大的服务器计算资源方便地分发到终端用户手中，同时保证低成本和良好的用户体验。在这个过程中，编程模式的选择至关重要。云计算项目将广泛采用分布式并行编程模式。MapReduce是当前云计算主流的一种并行编程模式。

云管理平台（Cloud Management Platform，CMP）构建于服务器、存储、网络等基础设施及操作系统、中间件、数据库等基础软件之上，依据策略实现自动化的统一管理、调度、编排与监控。云管理的目标是实现IT能力的服务化供应，并实现云计算的各种特性，如资源共享、自动化、按需付费、自服务、可扩展等。VMWare代表封闭的商业化实现，功能稳定、全面，但成本较高，定制化程度低，主要应用于传统大中型企业。OpenStack 代表开放的开源实现，异构技术整合和高度定制化能力强，适用于需要高度定制研发的公有云和异构环境整合的混合云市场。但 OpenStack 的稳定性不足，功能还处于快速完善发展中。

相对于传统的服务器架构，云计算技术引入了虚拟化、多租户等概念，这些都在一定程度上给信息系统带来了相关的风险。数据泄露、身份验证不足、不安全的接口等安全问题已经成为云计算服务面临的最核心的威胁。如何控制云计算环境的安全风险，是云计算服务提供者和使用者都关心的问题。云安全相关技术包括云计算应用安全和安全云两个层面的内容。

综上，虚拟化技术（包括服务器虚拟化、存储虚拟化、网络虚拟化、容器、无服务器架构、桌面虚拟化等）、大数据存储技术、编程模式、大数据管理技术、云计算平台管理技术以及云安全相关技术为云计算领域的关键技术。下面对上述技术及其应用场景进行阐述。

| 2.1　虚拟化技术 |

虚拟化的对象是各种各样的资源。虚拟化后的逻辑资源对用户隐藏了不必要的细节。用户可以在虚拟环境中实现其在真实环境中的部分或者全部功能。

服务器虚拟化技术消除了设备无序蔓延问题，减少了运营成本，提高了资产利用率，有利于快速划分服务器资源，实现资源的动态部署。服务器虚拟化技术主要包括 CPU 虚拟化、内存虚拟化、I/O 虚拟化、实时迁移，以及擅长浮点运算和并行运算的 GPU 虚拟化技术。存储虚拟化技术将存储资源统一集中到一个大容量的资源池中，无须中断应用即可改变存储系统和实现数据迁移，对存储系统实现单点统一管理。软件定义存储成为云计算发展后的一种主流数据存储方式，它满足了云计算资源池按需分配、多租户、海量存储、高 I/O、快速扩展、差异化服务等需求。网络设备虚拟化技术，例如集群交换系统（Cluster Switch System，CSS）和 iStack、超级虚拟交换网（Super Virtual Fabric，SVF）技术等多虚一技术，通过将多个设备虚拟成一台逻辑设备，再配合链路聚合技术，就可以把原来的多节点、多链路的结构变成逻辑上单节点、单链路的结构，也常常用来构造无环二层网络。而大二层、大流量、多租户等需求进一步扩大了网络虚拟化的内容，解决该类问题目前有两种思路：一种是通过叠加 Overlay 的方式提供多个逻辑独立的虚拟网络；另一种是重构网络模型，通过软件定义的方式重新定义网络。

容器是一种基于操作系统内核的轻量级虚拟化技术，可以在单一宿主机上同时提供多个拥有独立进程、文件和网络空间的虚拟环境（即容器），同时，容器也是一种敏捷的应用交付技术，将应用依赖的软件栈整体打包，以统一的格式交付运行。将容器技术引入持续集成（Continuous Integration，CI）、持续交付（Continuous Delivery，CD）中，可以实现交付环境的一致性，实现快速、轻量和高效的部署。容器化微服务的持续交付有可能成为企业 IT 软件架构的主要模式。

无服务器（Serverless）架构将应用与基础设施完全分离，开发人员无须关心基础设施的运维工作，只需专注于应用逻辑的开发，仅在事件触发时才调用计算资源，真正做到了弹性伸缩与按需付费。

桌面虚拟化集中管理客户端系统映像，降低了成本，提升了安全性。部署瘦终端设备以降低设备购置成本，同时整合桌面系统映像也减少了对存储空间的占用。

2.1.1 服务器虚拟化

服务器虚拟化是指在一台物理主机上虚拟出多个虚拟机，各个虚拟机之间相互隔离，并能同时运行相互独立的操作系统。传统的虚拟化技术多用于大型机，本节所指的虚拟化技术为基于 x86 架构的服务器虚拟化技术。

虚拟化技术经过数年的发展，已经成为一个庞大的技术家族，按照实现方式来分，有全虚拟化、半虚拟化、硬件辅助虚拟化等；虚拟化产品更是数量繁多，其中有厂家独立研发的 VMWare、Hyper-V 等，也有开源的基于内核的虚拟机（Kernel-based Virtual Machine，KVM）、Xen 等。

全虚拟化是对真实物理服务器的完整模拟，现有操作系统无须进行任何修改即可在其上运行。半虚拟化需要对客户机操作系统进行修改以适应虚拟环境。新一代的 AMD 和英特尔的处理器都在内核里设计了硬件辅助虚拟化功能。英特尔的虚拟化技术（Virtualization Technology，VT）和 AMD 的安全虚拟机（Secure Virtual Machine，SVM）使得虚拟化在硬件层面获得了全面的支持。

近年来，开源 KVM 异军突起，已经成为 Linux 内核的一部分，可以直接调用 Linux 内核实现内存、调度、设备等管理功能。当 Linux 内核更新时，KVM 就可以进行自动更新，可快速使用 Linux 的最新成果。随着最近几年 KVM 的快速发展，原来 KVM 欠缺的热迁移等功能也都已经实现，目前 KVM 的功能同 VMWare、Xen 基本对齐，在硬件辅助虚拟化技术的优化下，KVM 的性能优化前景更被看好，成为主流运营商和厂商关注的重点。在 OpenStack 开源社区中，KVM 成为最受欢迎的 Hypervisor，使用率达到 80%以上。

服务器虚拟化必备的是对 3 种硬件资源的虚拟化：CPU、内存、设备与 I/O。此外，为了实现更好的动态资源整合，当前的服务器虚拟化大多支持虚拟机的实时迁移。

1. CPU 虚拟化

CPU 虚拟化技术把物理 CPU 抽象成虚拟 CPU，一个物理 CPU 同一时刻只能运行一个虚拟 CPU 的指令。每个客户操作系统可以使用一个或多个虚拟 CPU。不同的客户操作系统之间，虚拟 CPU 的运行是相互隔离的，互不影响。

基于 x86 架构的操作系统被设计成直接运行在物理机器上，这些操作系统在设计之初都假设其完整地拥有底层物理机硬件，尤其是 CPU。在 x86 体系架构中，处理器的运行级别分为 Ring0、Ring1、Ring2 和 Ring3 这 4 个级别。其中，Ring0 级别具有最高权限，可以执行任何指令而没有限制。运行级别从 Ring0 到 Ring3 依次递减。应用程序一般运行在Ring3级别。由于操作系统需要直接控制和修改CPU的状态，而类似这样的操作需要运行在Ring0级别的特权指令才能完成，因此操作系统的内核态代码需要运行在Ring0级别。

在x86体系架构中实现虚拟化，需要在客户操作系统层以下加入虚拟化层，从而实现物理资源的共享。由此可见，虚拟化层需要运行在Ring0级别，而客户操作系统则只能运行在Ring0以上的级别。

但是，客户操作系统中的特权指令如果不运行在Ring0级别将会具有不同的语义、产生不同的效果，或者根本不产生作用。这些指令的存在，使得实现x86体系架构的虚拟化并不那么容易。问题的关键在于：这些在虚拟机中执行的敏感指令无法直接作用于真实硬件之上，需要由虚拟机监视器来接管和模拟。

目前，为了解决x86体系架构下的CPU虚拟化问题，业界提出了两种不同的软件方案：全虚拟化（Full-virtualization）和半虚拟化（Para-virtualization）。此外，业界还提出了在硬件层添加支持虚拟化功能的硬件辅助虚拟化（Hardware Assisted Virtualization）方案来处理这些敏感的高级别指令。

全虚拟化通过二进制代码动态翻译（Dynamic Binary Translation，DBT）技术来解决客户操作系统的特权指令问题。所谓DBT，是指在虚拟机运行时，在敏感指令前插入陷入指令，将执行陷入虚拟机监视器中。虚拟机监视器能够将这些指令动态转换成可完成相同功能的指令序列后再执行。通过这种方式，全虚拟化将在客户操作系统内核态执行的敏感指令转换成可以通过虚拟机监视器执行的具有相同效果的指令序列，而对于非敏感指令，则可以直接在物理处理端上运行。全虚拟化的优点在于：代码的转换工作是动态完成的，无须修改客户操作系统，因而可以支持多种操作系统。但是，全虚拟化中的动态转换需要一定的性能开销。

与全虚拟化不同，半虚拟化通过修改客户操作系统来解决虚拟机执行特权指令的问题。在半虚拟化中，虚拟化平台提供针对敏感的特权指令的超级调用接口，虚拟机客户通过修改操作系统，将所有的敏感指令替换为对底层虚拟化平台的超级调用来实现敏感特权指令的功能。在半虚拟化中，客户操作系统和虚拟化平台必须相互兼容，否则虚拟机无法有效地操作宿主物理机，所以半虚拟化对不同版本操作系统的支持有所限制。

无论是全虚拟化还是半虚拟化，它们都是纯软件的CPU虚拟化，不要求对x86体系架构下的处理器本身进行更改。但是，无论是全虚拟化的DBT技术，还是半虚拟化的超级调用技术，这些中间环节都会增加系统的复杂性和性能开销。此外，在半虚拟化中，对客户操作系统的支持还受到虚拟化平台的能力限制。

不同于软件虚拟化方案，硬件辅助虚拟化是一种硬件方案，通过在支持虚拟化技术的CPU中加入新的指令集和处理器运行模式来完成与CPU虚拟化相关的功能。目前，英特尔和AMD分别推出了硬件辅助虚拟化技术Intel VT和AMD-V，并集成到最新推出的微处理器产品中。以Intel VT技术为例，支持硬件辅助虚拟化的处理器增加了一套名为虚拟机扩展的指令集，该指令集包括10条左右的新增指令来支持与虚拟化相关的操作。此外，Intel VT为处理器定义了两种运行模式：根模式（root）和非根模式（non-root）。虚拟化平台在根模式运行，客户操作系统在非根模式运行。由于硬件辅助虚拟化支持客户操作系统直接在其上运行，无须进行DBT或超级调用，因此减少了相关性能开销，简化了虚拟化平台的设计。目前主流的虚拟化软件厂商也在通过和CPU厂商的合作来提高他们虚拟化产品的兼容性和性能。

2．内存虚拟化

内存虚拟化技术是对物理机的真实物理内存进行统一管理，将真实物理内存包装成若干个虚拟的物理内存分别供多个虚拟机使用，使得各个虚拟机拥有各自独立的内存空间。由于内存是虚拟机访问最频繁的设备，因此在服务器虚拟化技术中，内存虚拟化与CPU虚拟化具有同等重要的地位。

在内存虚拟化中，虚拟机监视器需要能够统一管理物理机上的内存，并根据每个虚拟机对内存的需求来分配机器内存，同时保持各虚拟机对内存访问的相互隔离。从本质上说，物理机的内存是一段连续的地址空间，上层应用对于内存的访问多是随机的，因此虚拟机监视器需要维护物理机里内存地址块和虚拟机内部看到的连续内存块的映射关系，保证虚拟机的内存访问是连续的、一致的。现代操作系统中对内存管理采用了段式、页式、段页式、多级页表、缓存、虚拟内存等多种复杂的技术，虚拟机监视器必须能够支持这些技术，使它们在虚拟机环境下仍然有效，并保证较高的性能。

为了能在物理服务器上运行多个虚拟机，虚拟机监视器需要具备虚拟机内存管理的机制，也就是要有虚拟机内存管理单元。由于新增了一个内存管理层，所以虚拟机内存管理与经典的内存管理有所区别。虚拟机中操作系统看到的“物理”内存是被虚拟机监视器管理的“伪”物理内存，而不是真正的物理内存。这里需要引入一个新的概念来与这个“物理”内存相对应——机器内存，机器内存是指物理服务器硬件上真正的内存。在内存虚拟化中存在着逻辑内存、“物理”内存和机器内存3种内存类型，与之相对应的内存地址空间被称为逻辑地址、“物理”地址和机器地址。

在内存虚拟化中，由内存虚拟化管理单元来负责管理逻辑内存与机器内存之间的映射关系。目前主要有两种方法实现内存虚拟化管理。

第一种是影子页表法。客户操作系统维护着自己的页表，该页表中的内存地址是客户操作系统看到的“物理”地址。同时，虚拟机监视器也为每台虚拟机维护一个对应的页表，只不过这个页表中记录的是真实的机器内存地址。虚拟机监视器中的页表是以客户操作系统维护的页表为蓝本建立起来的，并且会随着客户操作系统页表的更新而更新，就像它的影子一样，所以被称为“影子页表”。

第二种是页表写入法。当客户操作系统创建一个新页表时，需要向虚拟机监视器注册该页表。此时，虚拟机监视器将剥夺客户操作系统对页表的写入权限，并向该页表写入由虚拟机监视器维护的机器内存地址。当客户操作系统访问内存时，它可以在自己的页表中获得真实的机器内存地址。客户操作系统对页表的每次修改都会陷入虚拟机监视器中，由虚拟机监视器来更新页表，保证其页表项记录的始终是真实的机器地址。页表写入法需要修改客户操作系统。

3．设备与I/O虚拟化

除了CPU与内存外，服务器中需要虚拟化的关键部件还有设备与I/O。设备与I/O

虚拟化技术对物理机的真实设备进行统一管理，包装成多个虚拟设备供不同的虚拟机使用，响应每个虚拟机的设备访问请求和 I/O 请求。

目前，主流的设备与 I/O 虚拟化一般都是通过软件的方式来实现的。虚拟化平台作为共享硬件与虚拟机之间的平台，为设备与 I/O 的管理提供了便利，也为虚拟机提供了丰富的虚拟设备功能。

以 VMWare 的虚拟化平台为例，虚拟化平台将物理机的设备虚拟化，将物理设备标准化为一系列的虚拟设备，提供一个可供虚拟机使用的虚拟设备集合。值得注意的是，经过虚拟化的设备的型号、配置、参数等并不一定与物理设备完全相符，然而这些虚拟设备能够有效地模拟物理设备的动作，将虚拟机的设备操作转译给物理设备，并将物理设备的运行结果返回给虚拟机。这种将虚拟设备统一并标准化的方式带来的另一个好处就是，虚拟机不是依赖于底层物理设备实现的。因为对于虚拟机来说，它看到的始终是由虚拟化平台提供的虚拟设备。因此，只要虚拟化平台能够始终保持一致，虚拟机就可以在不同的物理平台上进行迁移。

在服务器虚拟化中，网络接口是一个特殊的设备，且具有重要的作用。虚拟服务器是通过网络向外界提供服务的。在服务器虚拟化中，每一个虚拟机都是一个独立的逻辑服务器，它们通过网络接口实现相互之间的通信。每一个虚拟机都被分配了一个虚拟的网络接口，从虚拟机内部看来就是一块虚拟网卡。服务器虚拟化要求对宿主操作系统的网络接口驱动进行修改。修改后，物理机的网络接口不仅需要承担原有网卡的功能，还要通过软件虚拟出一个交换机。虚拟交换机工作在数据链路层，负责转发从物理机外部网络投递到虚拟机网络接口的数据包，并维护多个虚拟机网络接口之间的连接。当一个虚拟机与同一个物理机上的其他虚拟机通信时，它的数据包会通过自己的虚拟网络接口发出，虚拟交换机收到该数据包后将其转发给目标虚拟机的虚拟网络接口。这个转发过程不需要占用物理带宽，因为有虚拟化平台以软件的方式管理着这个网络。

4. 实时迁移

实时迁移是在虚拟机的运行过程中，将整个虚拟机的运行状态完整、快速地从原来所在的宿主机硬件平台迁移到新的宿主机硬件平台上，并且整个迁移过程中，用户几乎不会察觉到任何变化。由于虚拟化抽象了真实的物理资源，因此可以支持原宿主机和目标宿主机硬件平台的异构性。

实时迁移需要依靠虚拟机监视器的协助来实现，即通过源主机和目标主机上虚拟机监视器的相互配合来完成客户操作系统的内存和其他状态信息的复制。实时迁移开始以后，在不影响源虚拟机运行的情况下，内存页面被不断地从源虚拟机监视器复制到目标虚拟机监视器，当复制完成时，目标虚拟机开始运行，虚拟机监视器切换源虚拟机与目标虚拟机，源虚拟机终止运行，实时迁移过程完成。

服务器虚拟化技术充分发挥了服务器的硬件性能，在确保企业经济效益的同时，提高运营效率，节约能源，降低成本，减小空间浪费，对于发展迅速、成长规模大的用户来说，可以通过服务器虚拟化技术带来更多的经济效益。

通过虚拟化技术提供的服务器整合方法，可以减少服务器的数量，简化服务器的部署、管理和维护工作，降低对机房空间、动力、空调等基础设施资源的占用，减少初期硬件采购成本及后期运营管理费用；提高服务器资源的利用率，充分发挥服务器的计算能力；提高可用性，带来具有透明负载均衡、动态迁移、故障自动隔离、系统自动重构的高可靠服务器应用环境；支持异构操作系统的整合，支持原有应用的持续运行；在不中断用户工作的情况下进行系统更新；支持快速转移和复制虚拟服务器，提供一种简单、便捷的灾难恢复解决方案。

2.1.2 存储虚拟化

1. 存储虚拟化技术

传统的存储设备包括磁盘阵列和磁带库。磁盘阵列主要采用小型计算机系统接口（Small Computer System Interface，SCSI）协议、光纤通道（Fiber Channel，FC）协议、互联网小型计算机系统接口（internet Small Computer System Interface，iSCSI）协议和串行连接 SCSI（Serial Attached SCSI，SAS）协议。

存储虚拟化是指将具体的存储设备或存储系统与服务器操作系统分隔开，为存储用户提供一个统一的虚拟存储池。将具体的存储设备或存储系统抽象为一个逻辑视图展示给用户，同时实现应用程序和用户所需要的数据存储操作和具体的存储控制之间的分离。存储虚拟化首先需要在多个物理存储设备或存储系统上创建一个抽象层，屏蔽复杂性，简化管理；其次需要对存储资源进行优化，将存储资源集中到一个大容量的资源池中并实行单点统一管理，无须中断应用即可改变存储系统和进行数据迁移。在虚拟化存储环境下，不管后端物理存储设备是什么，服务器及其应用系统看到的都是其物理设备的逻辑映像。因此，即使物理存储发生变化，这种逻辑映像也不会改变，系统管理员不必再关心后端存储设备，只需要专注于对存储空间的管理即可。

根据实现位置的不同，存储虚拟化技术可分为以下几种。

（1）基于主机的虚拟化

基于主机的虚拟存储依赖于存储管理软件来实现，无附加硬件。基于主机的存储管理软件在系统和应用级上实现多主机间的共享存储、存储资源管理（存储媒介、卷、文件管理）、数据复制、数据迁移、远程备份、集群系统、灾难恢复等存储管理任务。基于主机的虚拟存储可分为数据块存储虚拟层及数据块以上虚拟层：数据块存储虚拟层通过基于主机的卷管理程序和附加设备接口，为主机提供一个整合的存储访问逻辑视图，卷管理程序为虚拟存储设备创建逻辑卷，并负责数据块请求的路由；数据块以上虚拟层是存储虚拟化的最顶层，通过文件系统和数据库为应用程序提供一个虚拟数据视图，屏蔽了底层实现。

基于主机的虚拟存储通过安装在一个或多个主机上的代理或管理软件来实现存储虚拟化的控制和管理。由于控制软件需要运行在主机上，这就会占用主机的处理性能，因此这种实现方法的可扩充性较差，实际运行的性能不是很理想。而且这种方式也可能会影响到系统的稳定性和安全性，因为用户可能在不经意间越权访问到受保护的数据。这种方法要求在主机上安装适当的控制软件，因此一个主机的故障可能影响整个存储区域网（Storage Area Network，SAN）。而且由于不同存储厂商软硬件的差异，也可能带来不必要的互操作性开销，所以这种软件控制的存储虚拟化方法的灵活性也比较差。

但是，因为不需要任何附加硬件，基于主机的虚拟化方法最容易实现，其设备成本最低。使用这种方法的供应商倾向于成为存储管理领域的软件厂商，而且已经有成熟的软件产品。这些软件可以提供便于使用的图形接口，方便用于SAN的管理和虚拟化，在主机和小型SAN结构中有着良好的负载均衡机制。从这个意义上看，基于主机的存储虚拟化是一种性价比不错的方法。

（2）基于存储设备的虚拟化

存储设备虚拟层管理共享存储资源并匹配可用资源和访问请求。

目前最常用的基于存储设备的虚拟方法是虚拟磁盘。虚拟磁盘是指把多个物理磁盘按照一定的方式组织起来形成一个标准的虚拟逻辑设备，主要由功能设备、管理器以及物理磁盘组成。功能设备是主机所看到的虚拟逻辑单元，可以当作一个标准的磁盘设备使用。管理器通过一系列“逻辑磁道与物理磁道”指针转换表实现逻辑磁盘到物理磁盘卷的间接地址的映射。物理磁盘是用于存储的物理设备。

虚拟磁盘能提供远大于实际物理磁盘容量的虚拟空间。无论功能磁盘分配了多少空间，只要没有数据写到虚拟磁盘上，就不会占用任何物理磁盘空间。数据会按照控制器内部的性能优化算法有效地分布到后台的所有磁盘上，消除因物理磁盘的竞争而造成的性能瓶颈。而且当更新数据时，并不需要将数据写回原来的位置，这极大地改善了更新数据操作的性能。

基于存储设备的虚拟化方法依赖于提供相关功能的存储模块。如果没有第三方的虚拟软件，基于存储设备的虚拟化通常只能算一种不完全的存储虚拟化解决方案。对于包含多厂商存储设备的SAN，这种方法的运行效果并不是很好。依赖于存储供应商的功能模块将会在系统中排斥硬盘簇（Just a Bunch of Disks，JBODS）和简单存储设备的使用，因为这些设备并没有提供存储虚拟化的功能。因此，采用这种方法意味着最终将锁定某一家单独的存储供应商。

基于存储设备的虚拟化方法也有一些优势：在存储系统中，这种方法较容易实现，容易和某个特定存储供应商的设备相协调，所以更容易管理，同时它对用户或管理人员都是透明的。但是，因为缺乏足够的软件进行支持，这就使得解决方案更难以客户化和被监控。

（3）基于存储网络的虚拟化

网络虚拟层包括了绑定管理软件的存储服务器和网络互联设备。基于存储网络的虚拟化是在网络设备之间实现存储虚拟化功能，它将类似于卷管理的功能扩展到整个存储网络，负责管理主机视图、共享存储资源、数据复制、数据迁移及远程备份等，并对数据路径进行管理以避免性能瓶颈。

基于存储网络的虚拟化方法可采用非对称或对称的虚拟存储架构。在非对称架构中，虚拟存储控制器处于系统数据通路之外，不直接参与数据的传输，服务器可以经过标准的交换机直接访问存储设备。虚拟存储控制器对所有的存储设备进行配置，并将配置信息提交给所有服务器。服务器在访问存储设备时，不再经过虚拟存储控制器，而是直接使存储设备并发工作，从而达到增大传输带宽的目的。而在对称架构中，虚拟存储控制器位于服务器与存储设备之间，利用运行在其上的存储管理软件来管理和配置所有的存储设备，组成一个大型的存储池，其中的若干存储设备以一个逻辑分区的形式被系统中的所有服务器访问。虚拟存储控制器有多个数据通路与存储设备连接，多个存储设备并行工作，所以系统总的存储设备访问效率可达到较高水平。

非对称架构下控制信息和数据走不同的路径，而对称架构下控制信息和数据走同一条路径，所以非对称架构比对称架构具有更好的可扩展性，但非对称架构的安全性不高。对称架构中，虚拟存储控制器的性能可能成为瓶颈，并且容易出现单点故障。由于不是标准的 SAN 结构，对称架构的开放性和互操作性较差。

2．软件定义存储（SDS）

在面对资源池按需分配、多租户、海量存储、高 I/O、快速扩展、差异化服务等需求时，传统的存储方式面临的挑战日益明显，存储成本高、并发 I/O 受限、线性扩展能力差，以及无法确保差异化服务等级成为亟待解决的问题。

第一个挑战是管理复杂、不灵活。存储一直是虚拟化架构设计中最关键的环节之一，很多性能问题都和存储有关。虚拟化架构师需要了解底层的存储设备及其特性，在每秒的读写次数（Input/Output Operations Per Second，IOPS）、时延和容量等各个方面进行优化。同时还需考虑存储的分层、扩展和运维等方面的问题。在引入软件定义存储（Software Defined Storage，SDS）之前，都是在项目开始阶段配置和部署存储的，在其生命周期中不再更改。如果要求更改虚拟机所利用的逻辑单元号（Logical Unit Number，LUN）或卷的某些方面的功能，通常需要通过删除原始 LUN 或卷并创建具有所需功能的新卷来实现。传统的存储设计是一个用户独享的设备，虽然可以分配给多个应用使用，但从管理上看，其实就只有一个用户可以管理存储。存储提供的基本功能和增值功能也只有资源池管理员能够管理和配置。随着资源池内应用的增多，已很难再适应资源池内多应用、多用户的管理配置要求。在存储中引入多用户的概念，可以将存储的管理、配置分配给资源池的使用者。而这些应用管理员更了解应用，更能快速响应需求，实现云计算按需分配的目标。

第二个挑战是存储成本高。采用传统的磁盘阵列，将大幅增加整个虚拟化解决方案的成本。资源池内主要使用的是 FC SAN 存储系统，包括 FC 网络和 SAN 存储，在传统的 IP 网络外，还要构建一个独立的 FC 网络，造价昂贵。随着资源池内物理服务器和存储设备的增多，FC 网络也越来越复杂，形成了核心 FC 交换层、接入 FC 交换层的架构。此外，应用管理员还没有完全转变观念，在配置存储时喜欢采用“圈地”的方式，即一次性提出大容量的需求，而资源池管理员因为觉得存储的整体容量偏小，缺少弹性（即扩容缓慢、扩容不是线性等），往往会将存储配置为“厚”模式，就会出现存储的配置容量已经告罄、但实际使用容量和吞吐量却很低的情况，造成资源浪费。

第三个挑战是并发 I/O 受限、线性扩展能力差。不同的业务部署在同一个存储上，导致存储的 I/O 呈现更多的随机特征，这对传统的 Cache 技术是一种挑战；而且多业务系统在同时并发访问时，要求存储系统具备协调虚拟机访问竞争的机制，在保证每个虚拟机的基本 I/O 性能的同时，还要确保服务质量（Quality of Service，QoS）要求高的虚拟机能够获取到更多的资源。而传统的存储是一个开放共享的平台，采取无管控的“竞争”关系来实现资源的分配。存储本身相对于存储网络来说就是一个处理瓶颈，并不是每个应用都可以获取满足基本需要的I/O性能；如果出现突发的大I/O，还可能对承载在这个存储下的所有应用造成影响。

第四个挑战是无法确保差异化服务等级。由于数据存储选择LUN时并不考虑每个虚拟机的性能和可用性要求，因此难以在存储方面保证不同应用或不同虚拟机的服务等级协议（Service Level Agreement，SLA）。在每个卷中都包含多个VMWare虚拟机磁盘格式（VMWare Virtual Machine Disk Format，VMDK）的情况下，很难排除性能问题。

这些新挑战是传统的存储所不能满足的，因此SDS应运而生。

SDS实质上是利用存储虚拟化软件将物理设备中的存储（无论是基于块、文件，还是对象）抽象为虚拟共享存储资源池，通过虚拟化层进行存储管理，可以按照用户的需求，将存储池划分为许多虚拟存储设备，并可以配置个性化的策略进行管理，类似于将服务器划分为多个虚拟机，从而可以跨物理设备实现灵活的存储使用模型。

SDS是一种数据存储方式，所有与存储相关的控制工作都仅在相对于物理存储硬件的外部软件中。这个软件不是作为存储设备中的固件，而是在一个服务器上或者作为操作系统或Hypervisor的一部分。也就是说，将物理存储资源通过抽象、池化整合，并通过智能软件实现存储资源的管理，实现控制平面和数据平面的解耦，最终以存储服务的形式提供给应用，满足应用按需（如容量、性能、服务质量、SLA等）使用存储的需求。

如图2-1所示，SDS系统包括由硬件实现数据存储的磁盘或x86服务器，由软件实现的存储管理，基于上述软硬件提供的文件、对象、块存储格式，以及网络文件系统（Network File System，NFS）/分布式文件系统（Distributed File System，DFS）、描述性状态迁移（Representational State Transfer，REST）/简单对象访问协议（Simple Object Access Protocol，SOAP）、iSCSI/光纤通道协议（Fiber Channel Protocol，FCP）存储接口。

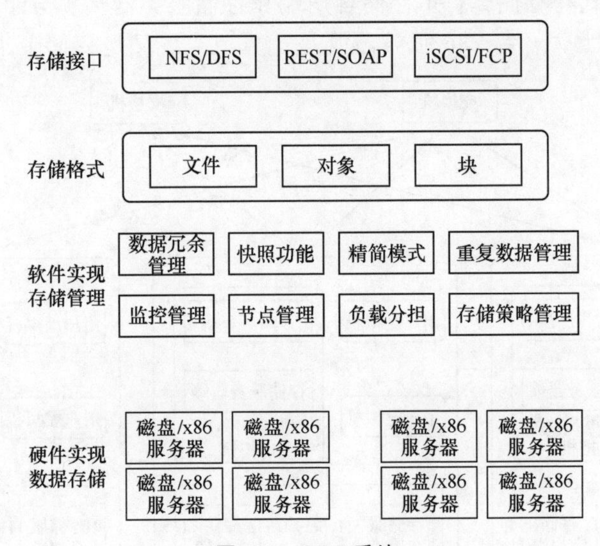

图2-1 SDS系统

SDS系统的软件组成主要分为两大部分：一是控制路径上的统一管理平台，二是数据传输路径上的存储虚拟平台。软件负责存储控制和管理功能，实现数据存储的可用性、可靠性、安全性和访问接口。软件可以灵活升级和优化，增强数据管理功能，提升数据管理效率。主要的软件功能包括：数据冗余管理、快照功能、精简模式、重复数据管理、监控管理、节点管理、负载分担、存储策略管理等。有了SDS，便可动态、无缝地迁移和共享数据，也可弹性地扩展存储容量。SDS技术主流的实现方式包括：分布式块存储、分布式文件系统以及分布式对象存储，三者的对比见表2-1。

表 2-1 主流的SDS技术对比

主流的SDS技术	特点	应用场景
分布式块存储（Server SAN）	对网络和服务器硬盘I/O要求高，软件实现较为复杂	满足块存储和卷管理需求，高I/O，SCSI/iSCSI，适合虚拟机数据库和文件系统存储，可替代FC SAN/IP SAN
分布式文件系统（如HDFS）	硬件上要求存储和计算能力都较强（大数据计算要求）；支持计算和存储一体化	基于可移植操作系统接口（Portable Operating System Interface，POSIX）实现文件访问。适用于大数据文件的存储和处理，存储小文件效率很低，可作为大数据存储和分析的基础
分布式对象存储（如Swift）	对硬件要求最低，软件实现最为简单	基于互联网REST应用程序接口（Application Program Interface，API），适用于各种大小的海量非结构化文件（如视频、图片）的存储，可作为资源池的在线备份、云存储

Server SAN作为SDS的典型实现方式，通过软件定义各种存储功能，架构于标准x86服务器及成熟的以太网硬件之上，成本低廉、扩展性好、维护简单、并发能力强，正逐步取代数据中心内常见的集中式块存储设备。

Server SAN支持3种部署方式：全融合、半融合以及全分离。

（1）全融合部署模式

全融合部署模式将存储软件（存储客户端和存储服务器端）与计算虚拟化层部署在同一台x86服务器上，一台x86服务器既是计算节点，又是存储节点，如图2-2所示。

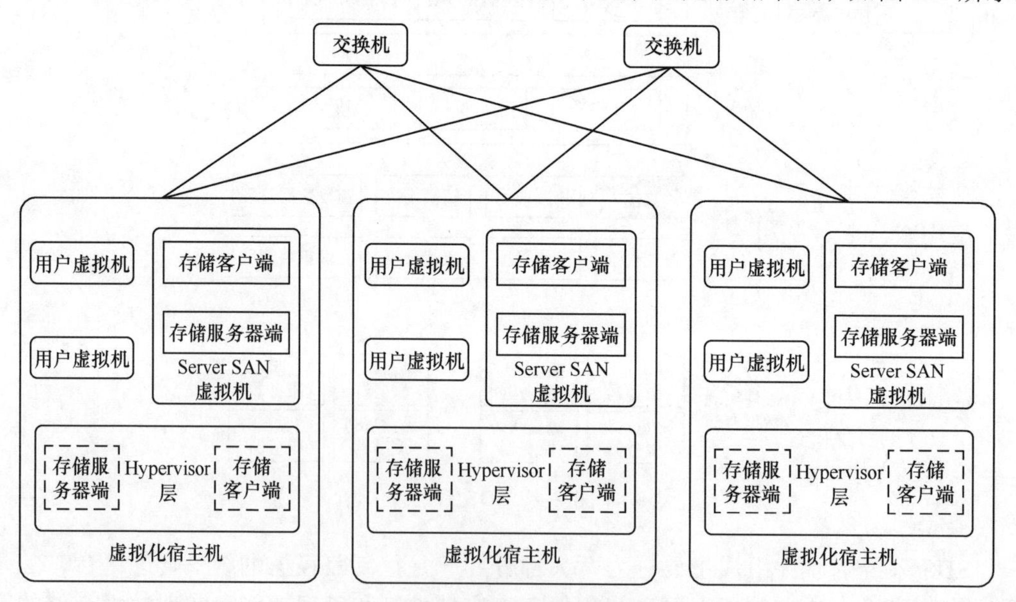

图 2-2 Server SAN全融合部署模式

存储软件利用虚拟化宿主机的本地存储或外接存储进行存储资源池化，为虚拟化宿主机上的用户虚拟机提供块存储资源。这种模式部署简单，资源利用率高；但硬件故障造成的影响范围大。

（2）半融合部署模式

半融合部署模式将存储客户端与计算虚拟化层部署在同一台 x86 服务器上，而将存储服务器端软件部署在单独的 x86 服务器上，存储软件不使用虚拟化宿主机的本地存储，通过存储客户端软件作为 iSCSI 目标为虚拟化宿主机上的用户虚拟机提供块存储资源，如图 2-3 所示。

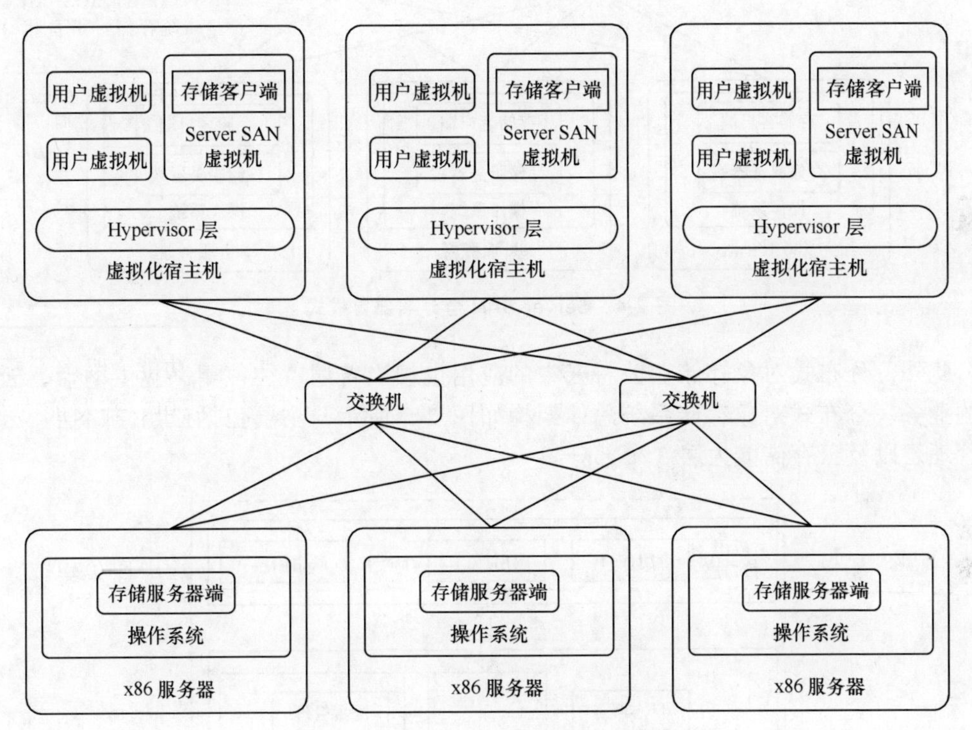

图 2-3 Server SAN 半融合部署模式

这种模式中，存储客户端占用计算节点的部分主机资源，可以有效实现数据访问的负载均衡。

（3）全分离部署模式

全分离部署模式将计算资源与存储资源完全分离，与传统的 IP SAN 存储设备类似，存储的客户端和服务器端都部署在独立的 x86 服务器上，如图 2-4 所示。

这种模式中，存储与计算的分工界面清晰，存储不消耗计算节点的主机资源（CPU、内存、I/O 等），但需要通过主机侧的存储多路径软件来实现存储的多路径访问，通过指定存储多节点作为网关或者存储节点轮询的方式来实现数据访问的负载均衡，容易影响横向扩展的规模。

综合比较，半融合部署模式比较适合现有数据中心，目前在运营商的资源池中已有规模部署。

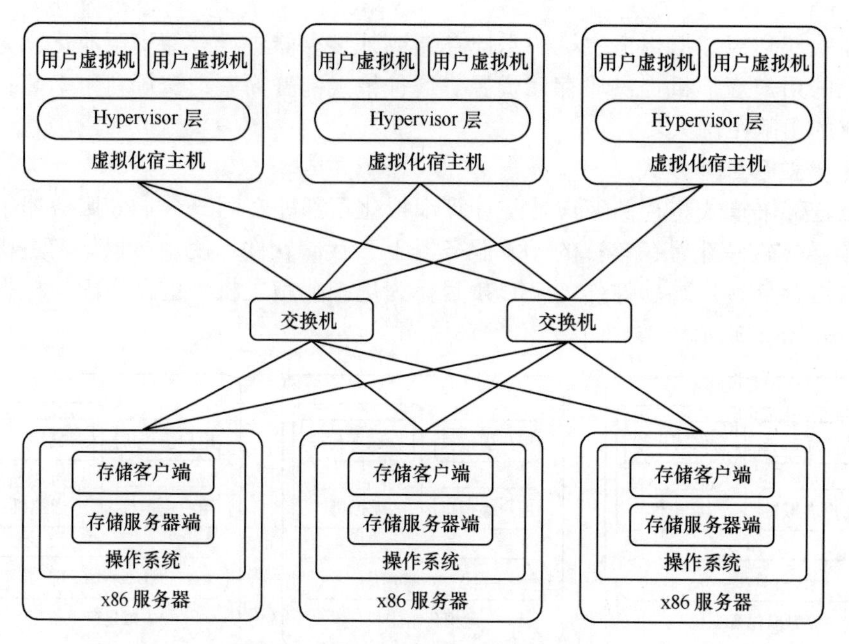

图 2-4 Server SAN 全分离部署模式

此外，分布式对象存储在公有云中的应用也相当普遍，往往用来提供网盘、云盘类的业务。分布式对象存储系统总体架构如图 2-5 所示，主要包括应用接口层、云存储管理层以及云存储能力层 3 个部分。

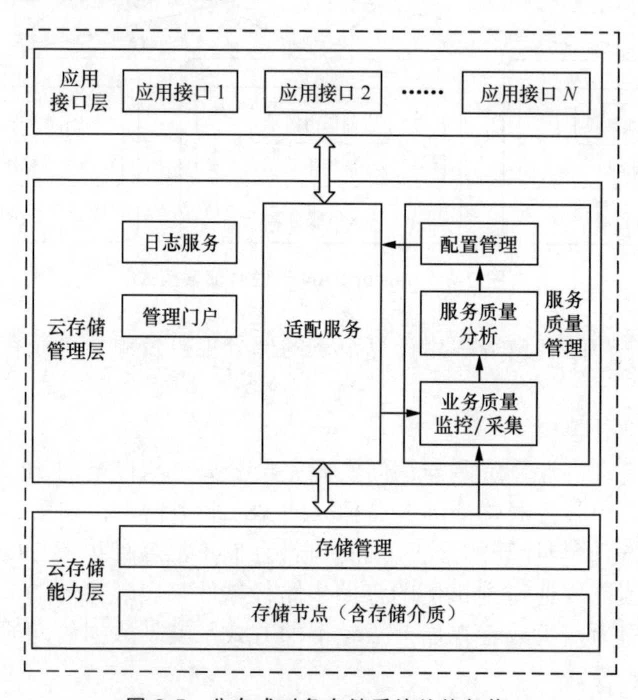

图 2-5 分布式对象存储系统总体架构

应用接口层负责将用户需求对接给云存储资源池；云存储管理层则负责完成用户

需求和存储资源之间的协议适配、业务管理及日志服务等系统管理功能；云存储能力层即为存储资源层，负责提供基本存储管理及存储资源能力。

（1）应用接口层

应用接口层针对用户需求，实现应用平台对存储系统的访问服务。

（2）云存储管理层

云存储管理层主要包括适配服务模块、配置管理模块、服务质量分析模块、业务质量监控/采集模块、日志服务模块和管理门户模块。

适配服务模块提供签名认证服务，去掉不支持的参数，重新计算签名给存储节点。配置管理模块存储系统的配置信息，存储SLA的计算值，并将这些配置信息以及SLA的计算值同步到所有的协议转换模块，控制协议转换模块的重启工作。业务质量监控/采集模块对云存储节点进行监控检查，收集协议转换服务器的状态信息，将协议转换服务器的状态信息输出给服务质量分析模块；从资源池外围模拟客户操作，并将响应时间输出给服务质量分析模块。服务质量分析模块根据业务质量监控/采集模块、协议转换模块的输入动态计算当前的SLA值，将计算结果写入配置管理模块中。日志服务模块负责收集所有协议转换模块的日志，将日志写入日志存储服务器中，并将日志处理成客户要求的日志格式后存放到云存储节点上，供客户访问。管理门户模块提供Web访问界面，供客户修改密码、下载日志、查看存储和带宽使用情况等。

（3）云存储能力层

云存储能力层提供分布式、高安全性、高可靠性和可扩展的基础存储能力，将多个逻辑节点上的物理资源池化，对外提供统一的存储资源池，为上层应用提供对象存储服务，并对存储空间资源、能力等进行管理。云存储能力层支持跨地域部署，同一应用资源可存储在不同的地域，但同一容器资源仅在同一地域内存储。

云存储能力层包括存储管理模块和存储设备。存储管理模块向上提供存储能力和数据访问接口，提供云存储能力层的内部管理功能。存储设备由存储节点组成，为云存储能力层提供可横向扩展的存储空间。

典型的SDS应用有Amazon S3。它是一个公开的服务，Web应用程序开发人员可以使用它来存储数字资产，包括图片、视频、音乐和文档。S3提供一个RESTful API以编程方式实现与该服务的交互。使用Amazon S3时，它就像一个因特网上的机器，有一个包含数字资产的硬盘驱动。实际上，它涉及许多机器（位于各个地理位置），其中包含数字资产（或者数字资产的某些部分）。Amazon还负责处理所有复杂的服务请求，可以存储数据并检索数据。您只需要花费少量的费用（大约每月15美分/GB），就可以在Amazon的服务器上存储数据，花费1美元即可通过Amazon的服务器传输数据。

云计费服务提供商还纷纷推出了冷数据存储服务，典型的包括Google Nearline、AWS Glacier、Azure Cool Blob等，其中，Google Nearline是谷歌推出的冷数据存储服务，其服务价格是每月1美分/GB，它可以帮助用户实现数据的秒级检索；AWS Glacier是亚马逊推出的以数据归档和在线备份为主的冷数据存储解决方案，它能够在数小时内实现数据的检索，同时其服务价格也是每月1美分/GB；Azure Cool Blob是微软推出的冷数据存储服务，适用于存储时间较长、每月访问次数少于一次的数据，其服务根据地域和存储总量的差异，每个月的价格从1美分/GB到1.6美分/GB不等。

2.1.3 网络虚拟化

1. 网络设备虚拟化

参考服务器虚拟化的概念，网络虚拟化就是把物理网络资源虚拟化成逻辑网络资源，以便提供更加灵活的网络资源调配和供给能力。

传统的网络设备虚拟化技术可以分为“多虚一”和“一虚多”两大类。

（1）多虚一

多虚一是把多台物理设备组合在一起，虚拟成一台逻辑设备，在网络拓扑中只呈现为一个节点。多虚一最典型的技术代表就是堆叠，它把若干台差不多的交换机组合在一起，虚拟成一台堆叠交换机来使用。这样的组合简化了网络管理和维护，可以在不改变网络拓扑的情况下，按需灵活扩展端口数、带宽和处理能力。

横向多虚一，就是将同一层次上的同类型的多台物理设备进行组合，虚拟成一台逻辑设备，也就是我们较为熟悉的堆叠、集群等技术，如图 2-6 所示。交换机的集群技术常用的有几种，例如华为/新华三的智能弹性架构（Intelligent Resilient Framework，IRF）技术、思科的虚拟端口捆绑和虚拟交换系统（Virtual Switch System，VSS）技术、Juniper 的集群交换控制协议（Virtual Chassis Control Protocol，VCCP）。这些技术在控制平面的工作都需要由一个主体去完成，但在转发平面上，所有的机框和设备都可以在本地对流量进行转发和处理，是典型的分布式转发结构的虚拟交换机。

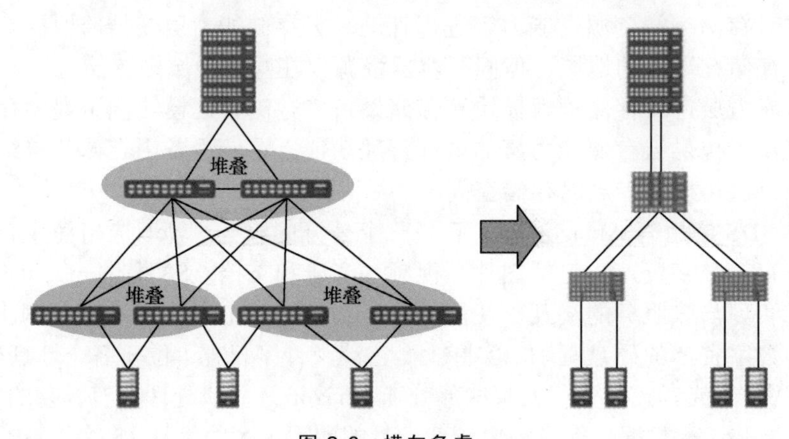

图 2-6 横向多虚一

交换机集群技术的出现，是为了解决生成树协议（Spanning Tree Protocol，STP）、多生成树协议（Multiple Spanning Tree Protocol，MSTP）、快速生成树协议（Rapid Spanning Tree Protocol，RSTP）等链路协议造成的链路利用率不高的问题。目前数据中心的汇聚层和接入层交换机一般是运行 MSTP+虚拟路由器冗余协议（Virtual Router Redundancy Protocol，VRRP），MSTP 防环路的设计会使得交换机的链路只有一半处于工作状态，而另一半则处于阻塞状态。虽然可以通过良好的虚拟局域网（Virtual Local Area Network，VLAN）设计来使链路尽量达到负载均衡，但在云计算的环境下，不定向突发流量将逐步增大，通过 VLAN 设计来避免这个问题有很大的难度。引入交换机集群技术后，交换网络每一层的多台物理设备会形成一个统一的交换架构，减少了逻辑上的设备数量。由于多台上级交换机虚拟化成一台，原有多条链路采用跨设备的链路捆绑方式形成一条逻辑链路，不再需要运行 STP，因此也没有链路阻塞的情况。

纵向多虚一，也称为混堆技术，是将不同层次上不同类型的物理设备进行组合，虚拟成一台逻辑设备，从而达到简化配置和管理的目的，如图 2-7 所示。例如，把多台接入层交换机和若干台汇聚层交换机进行混堆，就可以把整个汇聚层以下的网络拓扑简化成一个网络节点。相当于将下游交换机设备作为上游设备的扩展接口，虚拟化后的交换机控制平面和转发平面都在上游设备上，下游设备只有一些简单的同步处理特性，报文转发也都需要上送到上游设备，混堆后的网络节点可以理解为集中式转发的虚拟交换机。混堆技术相比单层次横向虚拟化的堆叠/集群技术来说，虚拟化的范围更大，可以跨越多个网络层次，所以网络简化得更为彻底。业界的纵向虚拟化方案主要包括华为的 SVF（Super Virtual Fabric）技术、思科的 FEX（Fabric Extender）技术、新华三的 IRF3.0 等。

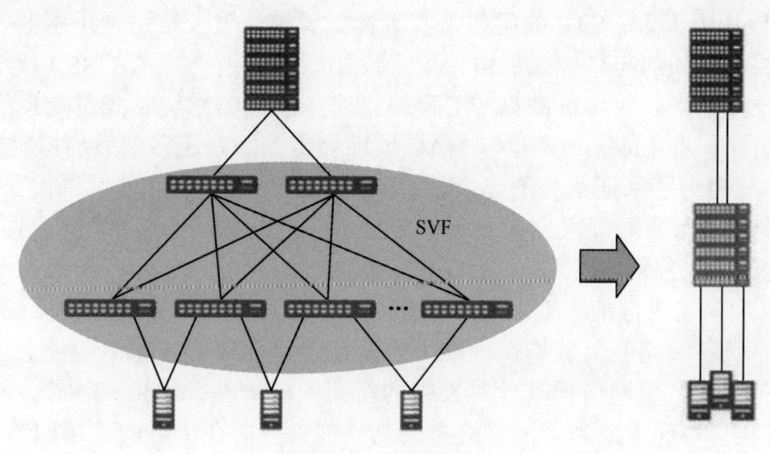

图 2-7 纵向多虚一

多虚一（CSS/iStack、SVF 等）最初是为了方便网络管理而提出的，但是基于这种技术可以构建无环、可靠的二层网络，所以它也恰好可以应对数据中心的大二层网络需求，目前已被列为数据中心大二层网络的几种主要解决方案之一。

通过 $N:1$ 的网络虚拟化技术，将接入、汇聚与核心交换机两两虚拟化，层与层之间采用跨设备链路捆绑方式互联，整网的物理拓扑没有变化，但逻辑拓扑变成了树状结构，以太帧沿拓扑树转发，不存在二层环路，且带宽利用率最高。

（2）一虚多

一虚多可以细分为业务/特性级、设备级两个级别。业务/特性级的一虚多是把具体某一个业务/特性的控制平面虚拟成多个控制平面。如 MSTP 的多进程、开放最短路径优先（Open Shortest Path First，OSPF）的多进程等，每个进程都是一个独立的控制平面，独立进行相关的协议计算和交互等，通过多进程，就可以非常灵活地进行业务部署。设备级一虚多是把整台物理设备虚拟成多台逻辑设备，这和服务器虚拟化成多个虚拟机的概念是完全相同的。当前主流 IP 厂商的产品大部分都支持设备级的一虚多，如思科的 VDC 技术、新华三的 MDC 技术、华为的虚拟交换机（virtual Switch，vSwitch）。

网络设备虚拟化技术（如 CSS 和 iStack、SVF 等多虚一技术）通过将多个设备虚拟成一台逻辑设备，再配合链路聚合技术，就可以把原来的多节点、多链路的结构变成逻辑上单节点、单链路的结构，也常常用来构造无环二层网络。通过这种方式所构建的二层网络的规模受限于 CSS/iStack 系统的性能，并不能实现无限制的扩展。同时，这种方案从本质上来说二层子网仍然采用 VLAN 机制，因此租户数量不能突破 4094 的限制，并且当前这些协议往往都是厂家私有的，因此用户一般只能使用同一厂家的设备来组网。

2. 大二层网络

数据中心传统的网络虚拟化方式是 VLAN+STP+自学习：由 VLAN 负责隔离，STP 负责拓扑整合，自学习负责转发，三者贯穿于传统数据中心的整个二层网络。不过三者存在各自的问题：VLAN 可用的标签只有 4094 个；自学习要依靠泛洪这种极度浪费资源的行为在二层探路，而且汇聚/核心层设备介质访问控制（Medium Access Control，MAC）地址表压力太大；STP 的问题是收敛慢、规模受限、链路利用率低、配置复杂等，而且还要考虑如何与其他二层协议配合设计。

云计算技术的兴起给传统数据中心网络带来了新的需求。首先是虚拟机迁移过程中的需求。由于一些 License 需要与 MAC 地址绑定，因此迁移前后虚拟机的 MAC 地址最好不变，同时为了保证业务的连续性，迁移前后虚拟机的 IP 地址也需要保持不变。所以二层网络要“大”，必须大到横贯整个数据中心网络，甚至是在多个数据中心之间。其次，随着云中业务种类的变迁，大规模分布式计算和业务冗余备份等业务的出现和增长，导致二层网络内部的东西向流量越来越大，逐渐占到数据中心整体流量的 70%。由于自学习不具备多路径负载均衡的能力，而 STP 还阻塞掉了部分链路，资源利用率很低，因此传统的二层网络很难针对云中的新业务流量进行优化。另外，随着公有云的兴起，“多租户”环境成为云网络必备的基础能力。而在传统的二层网络中，VLAN 可支持的最大租户数为 4094，已经无法满足业务飞速发展的需求。因此，大二层网络需要摆脱 VLAN 的思维，支撑起更多用户的需求。

面对越来越多的用户、越来越大的流量压力和被迫闲置的链路带宽，出现了多种多样的隧道技术，逐渐代替了传统的“VLAN+STP+自学习”方式，成为新一代数据中心网络技术。

大二层、大流量、多租户等需求进一步扩大了网络虚拟化的内容，目前有两种思路可用于解决该类问题：一是通过叠加 Overlay 的方式来提供多个逻辑独立的虚拟网络，二是重构网络模型，通过软件重新定义网络。

Overlay 指的是在物理网络架构上叠加虚拟化技术的模式，在对基础网络不进行大规模修改的前提下，基于 IP 的基础网络技术实现应用在网络上的承载，同时与其他网络业务分离。基于主机虚拟化的 Overlay 在服务器的 Hypervisor 内部的 vSwitch 上支持基于 IP 的二层 Overlay 技术，从而更靠近应用的边缘来提供网络虚拟化服务，使虚拟机的部署与业务活动脱离了物理网络的限制。主机的 vSwitch 支持基于 IP 的 Overlay

之后，虚拟机的二层访问直接构建在 Overlay 之上，物理网不再感知虚拟机的诸多特性，由此，Overlay 可以构建在数据中心内，也可以构建在数据中心之间。

Overlay 主要解决如下几个问题。

（1）针对虚拟机迁移范围受到网络架构限制的解决方式

Overlay 是一种封装在 IP 报文之上的新的数据格式。因此，这种格式的数据可以通过路由的方式在网络中分发，而路由网络对设备本身和网络结构均无特殊要求，具备大规模扩展能力，且路由网络本身具备很强的故障自愈能力、负载均衡能力。采用 Overlay 技术后，企业部署的现有网络即可用于支撑新的云计算业务，改造难度极低。

（2）针对虚拟机规模受网络规格限制的解决方式

虚拟机数据封装在 IP 数据包中后，对网络只表现为封装后的网络参数，即隧道端点的地址。因此，对于承载网络，MAC 地址规格需求极大地降低，最低规格也就是几十个。当然，对于核心设备/网关设备的设备表项要求依然极高，当前的解决方案仍然是采用分散方式，通过多个核心设备/网关设备来分散设备表项的处理压力。

（3）针对网络隔离/分离能力限制的解决方式

针对 VLAN 的租户数量不可超过 4094 的限制，在 Overlay 技术中引入了类似 12bit VLAN ID 的用户标识，支持千万级以上的用户标识，并沿袭了云计算“租户”的概念，用 24bit 或 64bit 表示这个租户标识。针对 VLAN 技术下 VLAN 穿透所有设备的问题，Overlay 对网络的 VLAN 配置无要求，可以避免网络本身无效带宽的浪费，同时 Overlay 的二层网络连通是基于虚拟机业务需求创建的，在云的环境中全局可控。

Overlay 基于隧道技术在物理网络之上构建逻辑网络，实现逻辑网络与物理网络的解耦，提供大二层组网能力，从而解决物理网络对虚拟化的种种不适应和限制问题。Overlay 网络的实现方式多种多样，包括网络设备厂商主推的多链接透明互联（Transparent Interconnection of Lots of Links，TRILL）技术、IT 厂商主推的三层网络功能虚拟化（Network Virtualization Over Layer 3，NVO3），以及大家耳熟能详的 VxLAN 等基于隧道的封装技术。

（1）虚拟扩展局域网（Virtual extensible Local Area Network，VxLAN）

VxLAN 是将以太网报文封装在用户数据报协议（User Datagram Protocol，UDP）传输层上的一种隧道转发模式，目的 UDP 端口号为 4798。为了使 VxLAN 能充分利用承载网络路由的均衡性，VxLAN 将原始以太网报头（MAC、IP、四层端口号等）的 HASH 值作为 UDP 的源端口号。此外，VxLAN 采用 24bit 标识二层网络分段，称为 VxLAN 标识符（VxLAN Identifier，VNI），起到类似于 VLAN ID 的作用。未知目的报文、广播报文、组播报文等网络流量均被封装为组播报文转发，要求物理网络支持任意源组播。

VxLAN 由思科联合 VMWare 提出，通过 MAC-in-UDP 封装技术，加入 24bit 的段标识符，扩充了支持的逻辑网络数量，同时利用 UDP 多播代替广播。

（2）基于通用路由封装的网络虚拟化（Network Virtualization using GRE，NVGRE）

NVGRE 是将以太网报文封装在通用路由封装（Generic Routing Encapsulation，GRE）内的一种隧道转发模式。它采用 24bit 标识二层网络分段，称为虚拟子网识别符，起到类似于 VLAN ID 的作用。为了使 NVGRE 能充分利用承载网络路由的均衡性，NVGRE 在 GRE 的基础上扩展了 flow ID 字段，要求物理网络能够识别 GRE 隧道的扩展信息，并以 flow ID 进行流量分担。未知目的报文、广播报文、组播报文等网络流量均被封装为组播报文转发。

NVGRE 是由微软联合英特尔、惠普和戴尔提出的。该类技术在实际应用中通过在虚拟网络边缘部署虚拟网关来实现与传统网络的互通，但目前控制平面尚无完善的技术解决方案。

（3）无状态传输隧道

无状态传输隧道（Stateless Transport Tunneling，STT）利用了传输控制协议（Transmission Control Protocol，TCP）的数据封装形式，但改造了 TCP 的传输机制，数据传输采用全新定义的无状态机制，重新定义 TCP 各字段的意义，无须通过 3 次握手建立 TCP 连接，因此被称为无状态 TCP。以太网数据封装在无状态 TCP，采用 64bit Context ID 标识二层网络分段。为了使 STT 能充分利用承载网络路由的均衡性，通过将原始以太网报头（MAC、IP、四层端口号等）的 HASH 值作为无状态 TCP 的源端口号。未知目的报文、广播报文、组播报文等网络流量均被封装为组播报文转发。

这 3 种二层 Overlay 技术的大体思路均是将以太网报文承载到某种隧道层面，差异在于选择和构造的隧道不同，而底层均是 IP 转发的。表 2-2 为这 3 种技术的总体比较：VxLAN 和 STT 对现网设备流量均衡的要求较低，即负载链路负载均衡适应性好，而 NVGRE 则需要网络设备对 GRE 扩展头感知并对 flow ID 进行 HASH 运算，需要升级硬件。STT 对于 TCP 有较大的修改，隧道转发模式与 UDP 类似，隧道构造技术具有革新性，且复杂度较高，而 VxLAN 利用了现有的通用 UDP 传输，成熟性极高。总体比较，VxLAN 技术相对具有优势。

表 2-2　3 种 Overlay 技术的总体比较

技术名称	支持者	支持方式简述	网络虚拟化方式	数据新增报头长度	链路 HASH 能力
VxLAN	思科、VMWare、思杰、红帽、Broadcom	L2 over UDP	VxLAN 报头，24bit VNI	50Bytes（+原数据）	现有网络可进行二层至四层 HASH
NVGRE	惠普、微软、Broadcom、戴尔、Emulex、英特尔	L2 over GRE	NVGRE 报头，24bit 虚拟子网识别符（Virtual Subnet Identifier，VSI）	42Bytes（+原数据）	GRE 的 HASH 需要网络升级
STT	VMWare（Nicira）	L2 over TCP，无状态 TCP，即二层网络在类似 TCP 的传输层	STT 报头，64bit Context ID	58～76Bytes（+原数据）	现有网络可进行二层至四层 HASH

Overlay 的本质是 L2 over IP 的隧道技术，单纯就大二层的实现而言，可分为主机实现方式和网络实现方式。而在最终实现 Overlay 与网络外部数据连通的连接方式上，则有更多种实现模式，并且将对关键网络部件有不同的技术要求。

（1）基于主机的 Overlay 虚拟化网络

虚拟设备作为 Overlay 的边缘设备，利用泛洪或广播机制实现对网络的构建和扩展，具有单一管理域，如图 2-8 所示。

该模式下，物理网络只要支持 IP 转发，则所有 IP 可达的主机即可构建一个大范围二层网络。这种 vSwitch 的实现，屏蔽了物理网络的模型与拓扑差异，将物理网络的技术实现与计算虚拟化的关键要求分离开来，几乎可以支持以太网在任意网络上的透传，使得云的计算资源调度范围空前扩大。

（2）基于网络的 Overlay 虚拟化网络

路由器或交换机作为 Overlay 网络的边缘设备，通过控制协议来实现网络的构建和扩展，如图 2-9 所示。

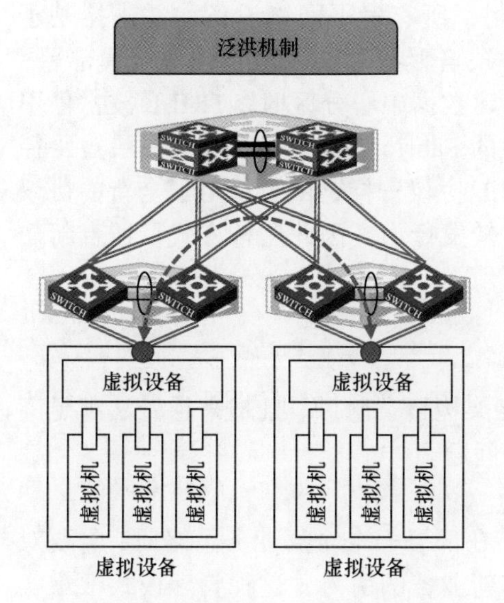

图 2-8　基于主机的 Overlay 虚拟化网络

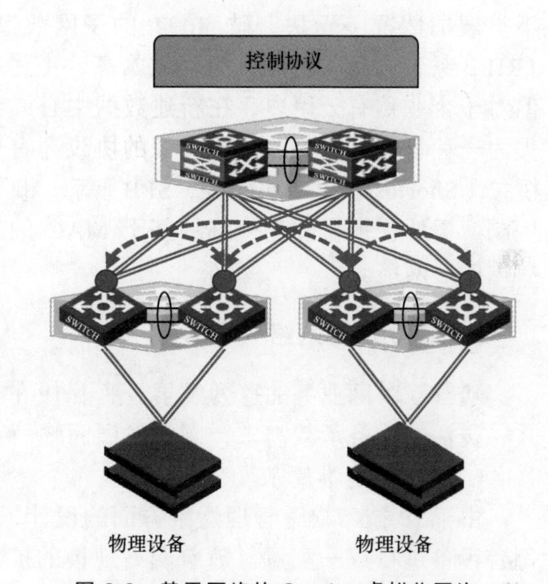

图 2-9　基于网络的 Overlay 虚拟化网络

该方案在网络架构上与 TRILL 等技术类似，但是因为对于非 VxLAN 隧道终结点（VxLAN Virtual Tunneling End Point，VTEP）要求的网络只需要 IP 转发，它的构建成本比 TRILL 更低，技术要求也更加简单，同时也容易构建多个数据中心之间的网络连接。

为了解决网络对虚拟机的感知与自动化控制问题，结合 IEEE 的 802.1Qbg 虚拟以太网端口汇聚器（Virtual Ethernet Port Aggregator，VEPA）技术，可以使网络的 Overlay 与计算虚拟化之间产生关联，这样既可以保持服务器内部网络的简化，利用外部网络强化来保证高能力的控制要求，又可以在物理网络 Overlay 的虚拟化基础上增强虚拟机在云中大范围调度的灵活性。

TRILL 技术通过借鉴三层网络的转发机制来优化二层报文的转发。众所周知，三层转发网络也是有环路的，但为什么就没有这些问题呢？而且三层网络还可以利用冗余链路做等价多路径（Equal-Cost MultiPath，ECMP）路由。其实原因很简单，二层网络报文转发依赖设备的 MAC 表，而设备的 MAC 表的构建是采用报文学习的方式，设备本身不知道整个网络拓扑，遇到未知地址的报文只能依靠广播，这样自然容易引起广播风暴因而耗费网络资源。而三层网络报文转发则依赖于三层路由协议，如 OSPF 协议、中间系统到中间系统（Intermediate System to Intermediate System，IS-IS）协议、边界网关协议（Border Gateway Protocol，BGP）等构造的全网“地图”，有“地图”

在手，转发自然不容易出现死循环的情况。TRILL 协议通过在二层报文前插入额外的帧头，并采用路由计算的方式控制整网数据的转发，不仅可以在冗余链路下防止广播风暴，而且可以做 ECMP，这样就能实现二层网络的规模扩展，当前支持最多 512 个节点的 TRILL 网络。

TRILL 技术是大二层技术的先行者，支持虚拟机在较大范围内的迁移，且早就已经实现了协议标准化，诸多网络设备厂商均支持标准 TRILL 协议，可以做到基础网络跨厂商互通，从而降低供货厂商单一的风险。但 TRILL 协议也有其明显的缺陷，如在不扩展的情况下无法突破 4094 的子网数量限制，所有扁平网络设备均需支持基于 TRILL 封装报头的转发，组网成本高，上述种种缺陷影响了 TRILL 网络大规模部署，但对于企业私有云用户，在新建数据中心或者新建数据中心分区时，TRILL 技术仍不失为一种较好的选择。其他类似的协议还有思科的 Fabric Path 以及 IEEE 的最短路径桥接（Shortest Path Bridging，SPB）等。和 TRILL 协议一样，由于采用了全新的协议机制，需要交换机改变传统的基于 MAC 的二层转发行为，因此这种方式只适合新建数据中心网络。

3. 软件定义网络

随着互联网业务的蓬勃发展，基于 IP 的网络架构日益臃肿，且越来越无法满足高效、灵活的业务承载需求，网络发展面临一系列问题。

（1）管理运维复杂

由于 IP 技术缺乏管理运维方面的设计，网络在部署一个全局业务策略时，需要对每台设备进行逐一配置。随着网络规模的扩大和新业务的引入，这种管理模式很难实现对业务的高效管理和对故障的快速排除。

（2）网络创新困难

由于 IP 网络采用“垂直集成”的模式，控制平面和数据平面深度耦合，导致在分布式网络控制机制下，任何一项新技术的引入都严重依赖现网设备，需要多个设备同步更新，这使得新技术的部署周期较长（通常需要 3～5 年），这种情况严重制约了网络的演进发展。

（3）设备日益臃肿

由于 IP 分组技术采用“打补丁”式的演进策略，随着设备支持的功能和业务越来越多（目前 IETF 发布的征求意见稿标准已超过 7000 个），其实现的复杂度显著增加。

为从根本上摆脱上述问题，业界一直在探索提升网络灵活性的技术方案，其要义是要打破网络封闭的架构，增强网络灵活配置和可编程的能力。经过多年的技术发展，SDN 应运而生。

SDN 是突破传统网络设备封闭性的革新，通过软件实现网络功能，采用通用硬件实现底层转发或功能承载。广义的 SDN 范畴包括 SDN 和 NFV。SDN 强调控制和转发的分离，采用更强的网络控制集中与开放，重构现有网络。NFV 则强调网元功能的虚拟化承载，软件从专用硬件中分离，可承载于通用 x86 服务器的虚拟化基础设施。

SDN 颠覆了传统的网络架构，具有控制转发分离、逻辑集中控制和开放 API 3 个主要特点，可以通过在网络中增加自定义规则来实现基于流量流向及特定标识的差异化路由，从而达到构建多个虚拟网络的目的。

SDN 整体架构如图 2-10 所示。

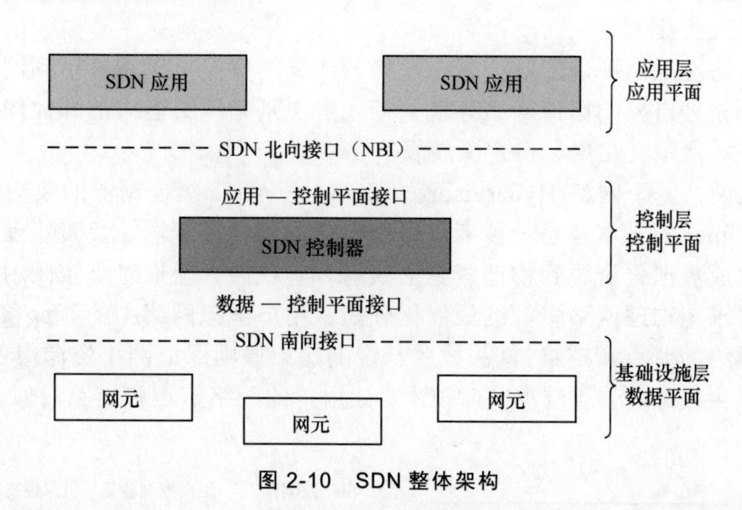

图 2-10 SDN 整体架构

从网络架构层次上看，SDN 典型的网络架构包括应用层、控制层和转发层（基础设施层）。采用 SDN 架构后，网络底层只负责数据转发，可以使用廉价、通用的商用设备进行构建；上层负责集中的控制功能，由独立的软件系统实现，网络设备的种类与功能由上层软件决定，通过远程自动配置实现部署和运行，并提供所需的网络功能、参数以及业务。因此，SDN 的引入势必会给传统电信网络的架构演进带来颠覆性的影响。

SDN 涉及的关键技术如下。

（1）网络建模和开放 API

随着网络规模的不断扩大，网络的复杂性不断增加，采用传统的简单网络管理协议（Simple Network Management Protocol，SNMP）逐点配置业务烦琐且易出错，难以满足网络业务自动化部署的需求。采用 SDN 实现自动化主要依赖于 SDN 控制器及协同层软件系统。通过逐层向上抽象网络建模以屏蔽下层技术实现细节，基于网络模型的多层开放 API 来分解 SDN 软件系统复杂性和简化可编程的相关问题，从而构建开放、可演进并支持多技术、多厂商、多域的 SDN 软件系统平台。网络建模是对网络抽象的过程，因其抽象层次、抽象目标的不同而形成了不同的网络抽象模型。

业务模型是描述用户网络业务需求和目标的高层次统一抽象模型，其特点是面向用户业务需求的抽象，屏蔽技术实现细节，提供与平台和方案无关的端到端业务描述。

网络模型是描述网络功能方案的抽象模型，其特点是面向各种网络功能方案和实现技术，提供一个与方案相关的网络功能描述。

设备模型是描述物理或虚拟设备配置、接口协议等的抽象模型，其特点是提供面向物理设备的特定配置和控制接口的具体描述。

其中，网络模型和设备模型是传统网络研究的重点，已经形成了比较全面的模型定义和控制接口，业务模型是 SDN 开放网络能力的核心要素。面向用户需求的网络业务模型提供了统一的开放框架与网络抽象模型，使开发者在一致的业务抽象模型基础上根据需求开发应用与服务，能够描述网络维护配置需求和业务发放需求，适应多厂商、跨平台的要求，消除因厂商差异化实现带来的困惑和障碍。

（2）网络虚拟化

下一代网络虚拟化平台的核心理念是将云计算的虚拟化思想应用到网络领域，为用户提供一个充分自控的虚拟网络环境，彻底解决基础网络能力的开放问题，允许用户自定义拓扑、自定义路由、自定义转发。

从架构上说，基于网络 Hypervisor 的 SDN 是一种二级控制器的架构。如图 2-11 所示，网络 Hypervisor 本身是一种专门做虚拟化的基础控制器，负责管理基础物理网络资源，并完成虚拟化资源到物理资源的映射。它在设计上通过虚实映射算法完成全局虚拟网络需求与物理网络资源的最优化分配，用户虚拟网络中的节点和链路实际上映射到物理网络的节点和链路，算法按照一定的约束原则保证网络资源得到充分利用。当物理网络发生故障时，通过重映射技术，让用户的网络节点和链路看似“永久在线，永无故障”。

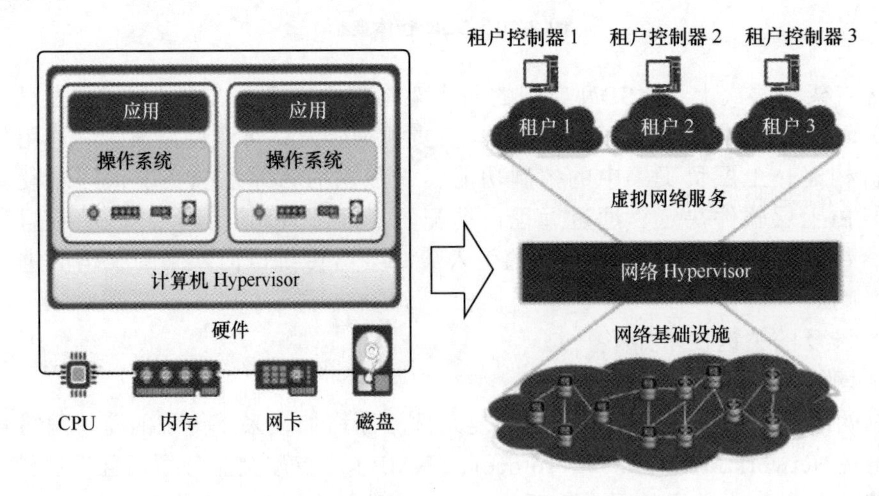

图 2-11　网络 Hypervisor 应用于网络

（3）多维路由算法

传统 IP 网络中，每个路由器节点会根据内部网关协议（Interior Gateway Protocol，IGP）获得网络拓扑和链路度量等信息，采用最短路径算法计算到达目的 IP 地址的最短路径，数据报文就沿着该最短路径进行逐跳转发。但是，IGP 计算最短路径时并不会考虑链路拥塞状态，即使最短路径上的链路非常拥塞，报文仍会从这些链路上进行转发，所以会造成网络中有的链路拥塞，而有的链路空闲。为了改变这种状态，业界提出了基于多协议标签交换（Multi-Protocol Label Switching，MPLS）的流量工程 MPLS-TE（Multi-Protocol Label Switching Traffic Engine）技术，它在计算最短路径时会考虑剩余带宽情况。但 MPLS-TE 有两个缺点：一是网络的带宽利用率和业务到达的前后顺序有关，会造成网络利用率的下降；二是分布式协议进行倒换时，各节点独立计算恢复路径，会在关键链路上发生抢占从而导致恢复时间过长。

SDN 集中式控制的出现使得上述问题迎刃而解，其关键技术是多维度路由算法

（Multi Criteria Routing Algorithm，MCRA）。MCRA 基于 SDN 控制器获得全网拓扑信息和链路使用信息，为每条业务计算满足业务 SLA 需求的合理路径，同时尽可能满足一定的整网工程目标。例如，语音业务要求时延短，MCRA 就会尽可能将其调度到最短路径上；虚拟专用网（Virtual Private Network，VPN）业务要求低时延、低丢包率，MCRA 就会尽可能将其调度到带宽有保证的次短路径上；互联网业务属于“尽力而为”业务，对时延的容忍度比较高，MCRA 就有可能将其调度到比较长的路径上。MCRA 克服了分布式路由“单个业务最优，但全网不优”的固有缺陷。

（4）可编程转发平面

与传统 IP 网络转发平面相比，控制与转发分离后的 SDN 转发平面具有硬件结构更简单、流量控制能力更精细、配置接口更开放等特点。目前主流的 SDN 转发平面主要由 OpenFlow 专用交换机，或者支持 OpenFlow 协议的交换机组成。前者专用于独立的 OpenFlow 网络环境；后者保留了传统通用交换机的控制和管理功能，同时支持 OpenFlow 协议及其流表定义，因此又称为混合交换机。这里的交换机是一种逻辑概念，可以由硬件实现，也可以由软件实现。此外，交换机内部采用流表机制，可同时支持二层至四层转发。

OpenFlow 软件交换机主要应用于虚拟化网络中虚拟机之间的通信，以及虚拟机与外部网络间的通信，既可以支持传统交换机模式，也可以支持 OpenFlow 模式。由于软件交换机技术的实现机制和用户流量封装具有极大的灵活性，因此受到业界的重点关注，在 Netmap、数据平面开发套件（Data Plane Development Kit，DPDK）等开源技术的推动下不断得到完善和优化，目前很多已经达到万兆及万兆以上网卡的线速转发性能。

（5）控制器相关技术

SDN 采用逻辑集中的控制平面获取网络的全局信息，对网络资源进行动态调配和优化，因此 SDN 控制器的性能对网络的整体性能具有重要影响。随着网络规模的不断增长，单个控制器的处理能力和 I/O 能力有限，将无法满足 SDN 控制平面的扩展性和可靠性需求，所以产生了多控制器和层次化控制器架构。

在多控制器架构下，网络被划分为不同的区域，每个区域部署一个或者多个控制器，控制器通过保证网络状态的一致性实现对网络的协调统一管理。在控制平面的实现上，可以表现为单台转发设备由多个控制器控制，或者单个控制器控制多个转发设备。在层次化控制器架构下，多个控制器按功能进行垂直划分，对网络进行分布式管理和控制。无论哪种架构，控制器的核心都是保证网络状态的一致性，只有提供一致的全局网络视图，才能保证应用和控制解耦。

在 SDN 的实际部署中，为了满足扩展性和隐私性好以及网络故障隔离等需求，通常将大的网络划分为多个自治域，每个域由一个或者多个控制器控制。每个 SDN 控制器只能直接掌握本地的网络视图（如网络拓扑、可达性、交换机处理能力、流表项以及网络状态等），为了向网络用户提供端到端的服务，不同域中的控制器之间需要进行一定的交互，从而构建全局的网络视图。东西向接口即 SDN 控制器之间的接口，用于交换相关的控制信息。

SDN 目前已逐渐形成了以 OpenFlow、Overlay 和 I2RS 为代表的三大技术流派，它们在技术成熟度、商品成熟度、适用性及发展判断等方面的对比详见表 2-3。

表 2-3 常见 SDN 技术对比

技术	技术成熟度	商品成熟度	适用性	发展判断
OpenFlow	特定场景下的可行性已被证明； 转发平面、控制平面、算法和架构等方面仍有诸多问题，暂不具备规模应用能力	业内已有商用产品（商业 OpenFlow 交换机、控制器）和解决方案，但整体水平有待提高	适用于云数据中心； 未来可能规模应用于数据中心、接入网、无线网等	整体成熟度不高，复杂场景下的应用还有漫长的路要走，面临算法、架构、硬件等问题
Overlay	方案可行，隧道技术相对成熟； 实现上的兼容性较差	有大量商用解决方案，商品化程度和产品功能、性能有待提高	场景相对明确，可满足数据中心对虚拟化、多租户承载的需求	数据中心场景的 SDN 主流方案
I2RS	标准进展缓慢，技术远未成熟	除思科 onePK 外，暂无其他商业解决方案	现有网元设备级控制能力开放，可根据业务需求进行一定的定制开发	完全依赖于传统产业链，严重依赖厂家的具体实现

围绕 Overlay SDN，业界已推出了大量云数据中心 SDN 产品和解决方案，进一步推动了云数据中心网络技术的发展和部署。Overlay SDN 通过隧道技术在现有网络架构上叠加逻辑网络，实现网络的控制平面与转发平面分离。控制平面由控制器或控制器集群实现统一控制，向上层应用开放北向接口，用户可定义虚拟网络转发行为，通过南向接口控制转发行为，向转发平面设备下发转发信息。转发平面基于 VxLAN 等隧道协议构建 Overlay 网络，转发平面设备包括虚拟网络边缘设备（Network Virtual Edge，NVE）和网关。NVE 负责提供 Overlay 网络接入服务，可由虚拟交换机或硬件交换机承载。网关用于连接不同租户的 Overlay 网络，Overlay 网络与外部网络（二层、三层）存在软件网关或硬件网关两种形态。

SDN 解决方案在数据中心/园区网络虚拟化应用场景的部署案例较多。公有云方面，亚马逊 AWS、谷歌云平台、微软 Azure 和中国移动大云等已在超大规模的公有云平台上基于 SDN 为用户提供 VPC 网络。私有云方面，业界存在多种商业 SDN 解决方案。

现阶段，软件定义广域网（Software Defined-Wide Area Network，SD-WAN）已成为 SDN 在网络的主流应用，运营商与服务提供商已开展了一系列的 SD-WAN 业务。

4. SD-WAN

众所周知，现有企业的广域网（Wide Area Network，WAN）服务存在异构接入方式协同困难、流量不对称以及 WAN 带宽利用率低、配置管理量大等问题。SD-WAN 通过对网络设备的转发与控制进行分离，简化了企业级 WAN 的管理与维护。SD-WAN 允许企业利用低成本、易获得的互联网接入能力，构建高性能的企业级 WAN，降低对昂贵的传统企业 WAN 连接技术的依赖性。

原生的 SD-WAN 架构是围绕客户前置设备（Customer Premise Equipment，CPE）设计的，各种特性都以企业边缘为核心位置展开，与底层的网络完全解耦。而运营商进入 SD-WAN 领域后，企业分支/数据中心/云都只是作为不同的业务点接入底层网络中，运营商再对其网络能力进行整合，并以云的形式来提供服务。站在公有云运营商的视角来看

SD-WAN，则又有不同的认识和理解。实际上，各大互联网服务（Over The Top，OTT）巨头在还没有转型为公有云运营商之前，就已经意识到了网络基础设施的重要性，战略性地投资了大量的线路资源，但早期主要以自用为主。当 OTT 巨头转型为公有云运营商之后，这些线路就找到了商用的机会，只要接入云计算服务提供商全球骨干网的任意一个因特网接入点（Point of Presence，PoP），就可以打通云上各个区域（Region）的 VPC，实现“一点网络接入，全球云可达”。不仅如此，公有云运营商还把云网的触角继续下探，直接定制企业 CPE，并将流量自动指向其骨干网的 PoP。相比 SD-WAN 设备厂家，公有云运营商所定制的 CPE 功能更精简、成本更低，可实现所谓的“零配置入云”。

SD-WAN 包括以下三大类解决方案。

一是基于 WAN 中的集中控制，结合质量、可靠性等需求，以软件定义的方式建立端到端的 WAN 路径（真正二层至三层的 SDN 解决方案）；

二是基于网络质量探测，对互联网、MPLS、专线等多种 WAN 连接进行路径优化选择，满足不同应用在 WAN 中的传送质量需求；

三是基于四层至七层的 WAN 优化技术，包括 TCP 优化、数据压缩、数据缓存等，以改善 WAN 的传送质量。

如图 2-12 所示，SD-WAN 架构自上而下主要由服务层、业务编排层、控制层以及数据转发层组成。

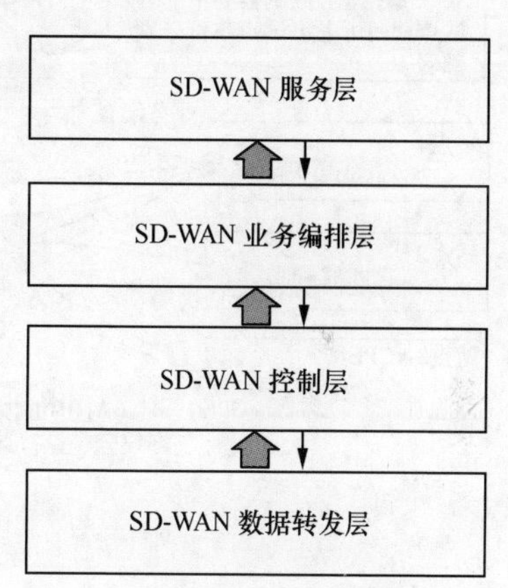

图 2-12　SD-WAN 架构

数据转发层是广域范围内存在的物理设备或者虚拟设备，这些设备以及连接这些设备的链路组成了 SD-WAN 的数据转发通道。数据转发层的特征是：具备网络资源虚拟化的部署能力；具备流表/标签/VLAN/虚拟路由转发（Virtual Routing Forwarding，VRF）等逻辑资源隔离的转发能力；具备可开放的网络功能调用的接口，支持控制层的集中管理和资源配置；具备网络边缘设备和广域 WAN 节点的区分能力，可以支持网络边缘设备选择不同的广域 WAN 节点，即选择不同的 WAN 资源，满足不同业务转发的质量要求。

控制层是 SD-WAN 的核心组成部分，通常包括两类主要功能：第一类功能是自动采集和获取数据转发层的网络拓扑、网络状态和网络资源数据，将物理网络资源抽象成可以独立提供给不同用户或应用的逻辑网络；第二类功能是对 SD-WAN 数据转发层的集中控制和管理，支持按照不同的用户或者上层应用需求，选择和配置不同的网络资源和路径，以提供高性价比且可灵活使用的网络连接服务。当底层网络资源不足或者因为故障变得不可用时，可以支持自动或者人工干预的方式进行路径切换，以提高业务层连接的可靠性和可用性。

业务编排层是将数据转发层和控制层的能力集成开放的功能层，通常支持各种底层网络功能的集成，例如，支持多种边缘接入方式（固网宽带、4G 网络、专线接入等）的选择和集成、支持多种骨干网络的部署集成（包括骨干传输网、MPLS VPN 或 SDN 骨干网）、支持与不同云服务的集成（包括公有云服务、私有云服务以及行业云等专属云服务）。此外，业务编排层提供业务数据的采集和统计，支持 SD-WAN 服务的计费话单、业务流量统计等数据的输出。业务编排层的核心特征是具备可开放的北向接口，支持用户服务、上层应用或者云应用的能力开放和调用。

服务层是 SD-WAN 各类服务的展示层，对于运营商而言，可以提供可视化的 SD-WAN 网络资源的统一管理和控制，具备灵活的运维管理和运营服务能力；对于用户而言，可以提供可视化的业务管理视图，用户可以自主进行网络节点的管理和监控，自助开通、变更和关闭 SD-WAN 服务；同时，SD-WAN 服务层可以与用户自有 IT 系统、应用系统对接，通过能力开放的 API 或软件开发工具包（Software Development Kit，SDK）支持各种 SD-WAN 应用的集成。

国内某运营商推出的随选网络（Network on Demand）是一种高敏捷性的 SD-WAN 服务，是业务和技术创新的具体呈现。随选网络系统部署如图 2-13 所示。

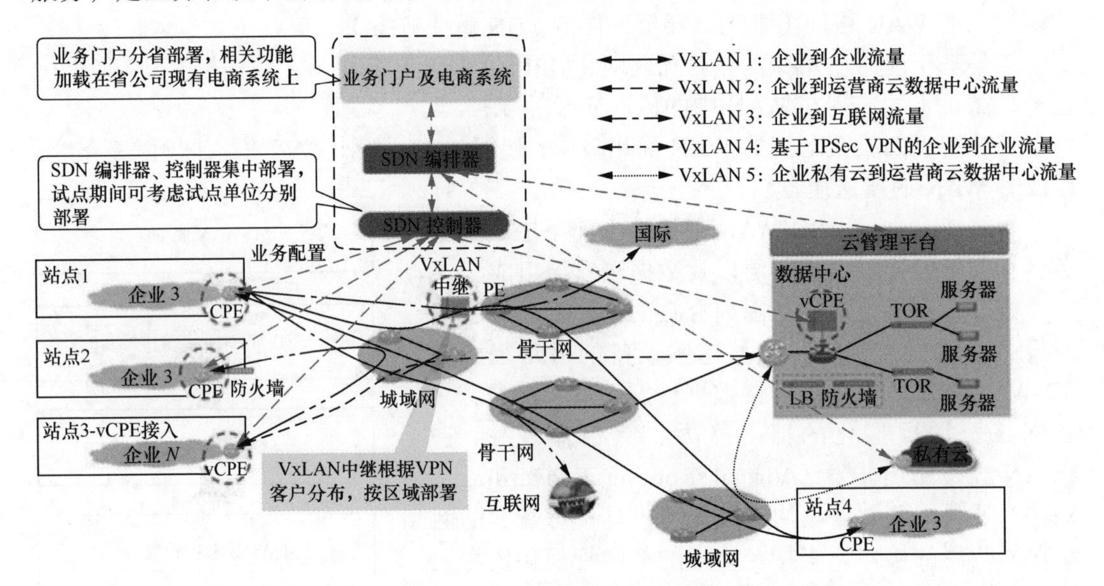

图 2-13　随选网络系统部署

随选网络通过引入 SDN/NFV 等云计算技术，为客户提供“可视”“随选”“自服务”的全新网络体验。基于网络资源虚拟化，可为客户提供自主定义服务，实时动态调整网络资源以满足不断变化的需求。这种新型业务克服了传统工单方式业务增减周期长的弊端，加快了运营商业务部署的速度，提升了用户的业务体验。

随选网络带来了 SDN/NFV 等技术发展的新阶段和新应用，实现的关键是虚拟网络资源动态分配及业务链构造，目前研究的重点在于各种业务逻辑与网络逻辑的编排/组合的实现和部署。随选网络需要通过系统自动化实现业务开放到网络连接部署，如业务门户、编排器、SDN 控制器、网络设备等，能提供现网二/三层 VPN 和 VxLAN 等多种技术基础上的敏捷业务，实现网络能力与云资源池的深度融合，通过标准化接口和业务模板兼容多厂商设备，引入网络设备的软硬件解耦、通用化 IT 设备等多种手段实现开发运营一体化。

随选网络服务主要包括网络连接随选和业务功能随选。网络连接随选主要是按需建立各种企业专线，通过 SDN 控制器实现专线的自动建立、专线地点的自由选择、带宽和服务等级的自动调整。业务功能随选主要是企业按需选择各种增值业务。NFV 通过虚拟化技术对各种网络功能进行虚拟化部署，按照用户对业务选择的不同，通过 SDN 控制器灵活动态地配置业务流进入不同的虚拟化功能实体，基于策略动态地实现网络资源调整与流量调度。通过网元功能处理流程的动态灵活编排，实现业务功能的自动部署及灵活提供。业务功能随选有赖于 SDN/VFV 技术的发展和城域网端局重构的进展，是随选网络服务的远景目标。

2.1.4 容器相关技术

2.1.4.1 容器

容器是一种基于操作系统内核的轻量级虚拟化技术，能够在单一宿主机上同时提供多个拥有独立进程、文件和网络空间的虚拟环境（即容器），同时，容器也是一种敏捷的应用交付技术，将应用依赖的软件栈整体打包，以统一的格式交付运行。

容器是一种新的轻量级虚拟化技术：所有容器共享同一个操作系统，每个容器有自己独立的命名空间（如进程、网络、用户名称），可以实现一定的互相隔离，并通过共同的操作系统（基于容器引擎）实现对 CPU、内存、网络 I/O 的共享。

容器比服务器虚拟化更“轻”。服务器虚拟化将一台物理服务器虚拟成多台虚拟服务器，每台虚拟机都包括自己完整的操作系统，每台虚拟机都比较“重”，而容器共享同一个操作系统内核，容器本身只包含了运行库和应用，比较“轻”，因此部署效率更高。

虚拟机包含操作系统、二进制代码、系统库以及应用程序等，其镜像文件大小为几 GB 到几十 GB。而容器仅包含应用运行所需的二进制代码、系统调用库以及应用程序等，其镜像文件大小为几十 MB 到几百 MB。两者的差异如图 2-14 所示。

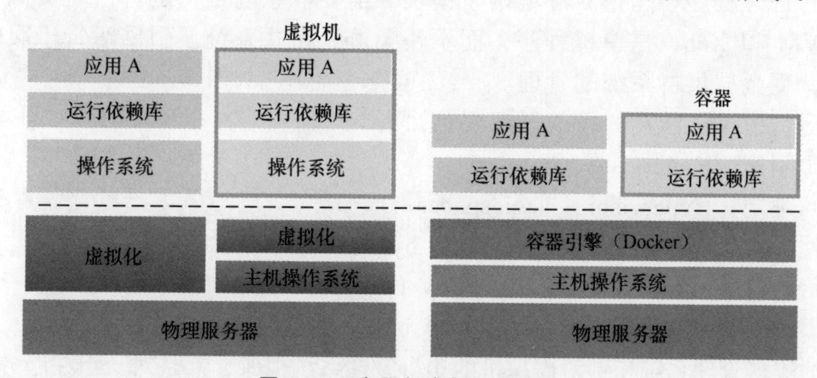

图 2-14 容器与虚拟机的差异

容器具有以下技术特点。

① **轻量级**。镜像体积小、占用资源少，单机一般可以同时运行上百个容器。

② **易部署**。将应用整体打包成标准格式、仓库存储、单命令部署的组件。

③ **快速启停**。无须加载整个操作系统，仅受进程自身启动时间的影响。

④ **高性能**。直接通过内核访问磁盘和网络 I/O，I/O 性能接近物理机。

⑤ **弱隔离**。依赖 Linux 内核机制隔离资源，内核隔离机制成熟度较低。

1. 容器技术架构

容器技术架构如图 2-15 所示。

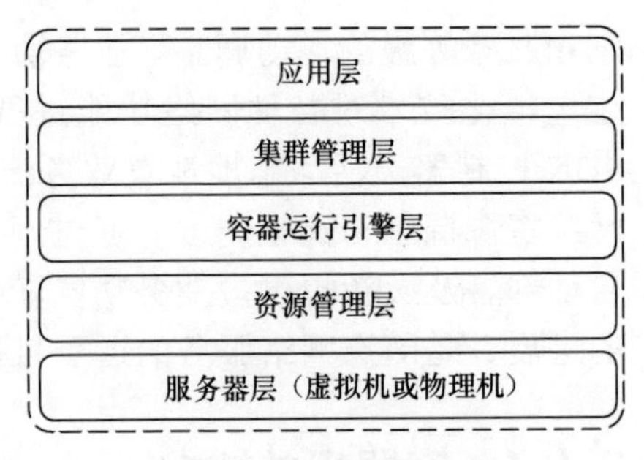

图 2-15　容器技术架构

（1）服务器层

当运行容器镜像时，容器本身需要运行在传统操作系统之上，而这个操作系统既可以基于物理机，也可以基于虚拟机。服务器层泛指容器运行的环境，包含了这两种场景，同时容器并不关心服务器层如何提供和管理资源，只期望能获得这些服务器资源。

（2）资源管理层

资源管理层包含了对操作系统、服务器等资源的管理。如果服务器层的操作系统是基于物理服务器的，则涉及物理机管理系统；如果服务器层的操作系统是基于虚拟机的，则需要使用虚拟化平台。此外，无论是物理服务器还是虚拟机，都需要对其中的操作系统进行管理。而且传统的存储和网络管理也属于资源管理层。由于存储、网络的选择众多，不一而足，因此不再列举。

总而言之，资源管理层的核心目标是对服务器和操作系统等资源进行管理，以支持上层的容器运行引擎。

（3）容器运行引擎层

容器运行引擎层主要指常见的容器系统，包括 Docker、CRI-O、Hyper、RKT。这些容器系统的共同作用包括启动容器镜像、运行容器应用和管理容器实例。运行引擎又可以分为管理程序和运行时环境两个模块。需要注意的是，运行引擎类似于虚拟化软件的 KVM 和 Xen，是单机程序，而不是集群分布式系统。引擎运行于服务器操作系统之上，受上层集群系统的管理。

容器运行引擎层涉及的相关开源项目如下。

- 资源隔离：Hypervisor、cgroup；
- 访问限制：Hypervisor、Namespaces；
- 管理程序：Docker Engine、OCID、hyperd、RKT、CRI-O；
- 运行时环境：runC（Docker）、runV（Hyper）、runZ（Solaris）。

（4）集群管理层

容器的集群管理系统和针对虚拟机的集群管理系统相似，都是对一组在服务器运行的分布式应用进行管理。而两者的细微区别在于，虚拟机的集群管理系统需要运行在物理服务器上，而容器的集群管理系统既可以运行在物理服务器上，也可以运行在虚拟机上。

常见的容器集群管理系统包括 Kubernetes、Docker Swarm、Mesos。三者各有特色，但随着时间的推移，三者的融合越发明显。Kubernetes 在这三者中比较特殊，它的地位更接近 OpenStack。云原生计算基金会（Cloud Native Computing Foundation，CNCF）本身也正向着容器界的 OpenStack 基金会发展，已经围绕 Kubernetes 建立了一个非常强大的生态体系，这是 Docker Swarm 和 Mesos 所不具备的。

集群管理层涉及的相关开源项目如下。

- 指挥调度：Docker Swarm、Kubernetes、Mesos 等；
- 服务发现：Etcd、Consul、ZooKeeper、DNS；
- 监控：Prometheus；
- 存储：Flocker；
- 网络：Calico、Weave、Flannel。

（5）应用层

应用层泛指所有运行于容器之上的应用程序及所需的辅助系统，包括监控、日志、安全、编排、CI/CD、镜像仓库等。

- 监控，相关开源项目包括 Prometheus、cAdvisor、Sysdig 等；
- 日志，相关开源项目包括 Fluentd、Logstash 等；
- 安全，包括容器镜像的安全扫描、运行环境的安全隔离、集群环境的安全管理等功能；
- 编排，相关开源项目包括 Docker Compose、CoreOS Fleet 等；
- CI/CD，相关开源项目包括 Jenkins、Buildbot、Gitlab CI、Drone.io；
- 镜像仓库，相关开源项目包括 Docker Hub、VMWare Harbor、Huawei Dockyard。

2．容器涉及的关键技术

容器涉及的关键技术如下。

（1）镜像

容器的镜像通常包括操作系统文件、应用本身的文件、应用所依赖的软件包和库文件，采用分层的存放形式来提高容器镜像的管理效率。容器的镜像最底层通常是 Linux 的 rootfs 和系统文件，再往上则是各种软件包层。这些文件层在叠加后形成完整的只读文件系统，最终挂载到容器中。在运行过程中，容器引擎创建一个可写层，加在镜像的只读文件系统上面，实现容器应用的文件数据写入。使用分层的容器镜像之后，镜像的下载和传输更加便利，因为只需要在宿主机上下载缺少的镜像文件层次即可，无须下载整个镜像文件。在 Linux 中，联合文件系统（Union FS）能够把多个文件层叠加在一起，并透明地展现成一个完整的文件系统。常见的联合文件系统有 AUFS、Btrfs、OverlayFS 和 Device Mapper 等。

（2）运行时引擎

容器运行时引擎和容器镜像的关系类似于虚拟化软件和虚拟机镜像的关系。容器运行时引擎的技术标准主要是由开放容器计划（Open Container Initiative，OCI）基金会领导的社区来制定。目前 OCI 基金会已经发布了容器运行时引擎的技术规范，并认可了 runC（Docker 公司提供）和 runV（Hyper 公司提供）两种合规的运行引擎。

（3）容器编排

容器编排工具通过对容器服务的编排，决定容器服务之间如何进行交互。容器编排工具一般要处理以下几方面的内容。

- 容器的启动：选择启动的机器、镜像和启动参数等。
- 容器的应用部署：提供对应用进行部署的方法。

• 容器应用的在线升级：提供可以平滑地切换到应用新版本的方法。

一般通过描述性语言 YAML 或 JSON 来定义容器编排的内容，目前主要的编排工具有 Docker Compose 和谷歌的 Helm 等。

（4）容器集群

容器集群是将多台物理机抽象为逻辑上单一调度的实体的技术，为容器化的应用提供资源调度、服务发现、弹性伸缩、负载均衡等功能，同时监控和管理整个服务器集群，提供高质量、不间断的应用服务。容器集群主要包含以下技术。

• 资源调度：以集中化的方式管理和调度资源，为容器提供按需 CPU、内存等资源。

• 服务发现：通过全局可访问的注册中心实现任何一个应用能够获取当前环境的细节，自动加入到当前的应用集群中。

• 弹性伸缩：在资源层面，监控集群资源的使用情况，自动增减主机资源；在应用层面，可通过策略自动增减应用实例来实现业务能力的弹性伸缩。

• 负载均衡：当应用压力增加时，集群自动扩展服务将负载均衡至每一个运行节点；当某个节点出现故障时，将应用实例重新部署到健康的节点上。

（5）服务注册和发现

容器技术在构建自动化运维场景中，服务注册和发现是两个重要的环节，一般通过一个全局性的配置服务来实现。其基本原理类似公告牌信息发布系统，A 服务（容器应用或普通应用）启动后在配置服务器（公告牌）上注册一些对外信息（如 IP 和端口），B 服务通过查询配置服务器（公告牌）来获取 A 服务注册的信息（IP 和端口）。

（6）热迁移

热迁移又称为实时迁移或者动态迁移，是指将整个容器的运行时状态完整保存下来，同时可以快速地在其他主机或平台上恢复运行。容器热迁移主要应用在两个方面：一是在多个操作单元执行任务时，热迁移能迅速地复制和迁移容器，做到无感知运行作业；二是可以处理数据中心中集群的负载均衡，当大量数据涌来无法运行计算时，可利用热迁移创建多个容器来处理运算任务，调节信息数据处理峰谷，配置管理负载均衡比例，降低应用时延。

PaaS 主要以容器云形式实现，容器云依赖容器基础技术，目前常见的有 Docker 和 Garden 两种类型，其中百度、阿里巴巴、腾讯、京东、华为和网易等公司，还有一些大型商业银行更多地选择 Docker 技术。容器要以云化形式提供服务，必须以多个容器形成集群的方式。如何管理和调度集群是一项重要的任务，这个任务由编排引擎来实现，目前比较流行的有 Kubernetes、Docker Swarm 等。因此，“容器技术+编排引擎”构成了容器云最初的框架，当然，要达到企业级应用，还需要提供更多企业级的功能，所以就出现了诸如 OpenShift、阿里飞天、华为云容器引擎 CCE 等各种以开源软件为基础构建的多种产品。

3. 容器的典型应用场景

容器的典型应用场景主要包括以下几方面。

（1）承载互联网类应用

此类应用的特点为敏捷开发、持续交付、快速上线，业务流量呈现波峰—波谷状态，基于容器这一轻量级的虚拟化技术以及自动化的微服务管理架构，能有效支撑应用快速上线和自动扩缩容，解决应用环境的修改以及应用部署的问题，最大化 IT 基础设施资源的利用率并降低总体拥有成本（Total Cost of Ownership，TCO），为 DevOps 提供一致的运行环境。运用容器和微服务构建互联网类应用已成为趋势。

（2）承载运营商内部 IT 类应用

企业内部的 IT 系统以单一系统模式为主，响应缓慢，维护工作日益繁杂，而业务部门要求的交付周期越来越短，且 IT 系统面临集约化管理、降本增效等要求，前期采用 SOA 改造的效果并不理想，采用微服务化的架构方式及容器化的承载、运维模式符合互联网化技术发展演进和企业发展趋势。

（3）承载通信技术领域应用

通信技术领域的业务特点是高并发、大吞吐量、高可靠、多网络平面性。未来的网络正在向 IT 化、服务化、云化方向发展，容器与微服务技术完美契合网络即服务、网络切片等发展理念。容器在通信技术领域的应用主要集中在 SDN/NFV 和 5G 领域，将容器作为 SDN/NFV、5G 等的基础设施。用于 IT 行业的原生 Kubernetes 网络模型过于简单，不能完全满足电信业务需求，还需要加以改造并提升相应的技术，如 DPDK 加速技术、容器安全增强等。

2.1.4.2 基于容器的 CI/CD

1．传统开发与运维中的问题

CI/CD 属于 DevOps 范畴，旨在跨越开发（Dev）和运维（Ops）之间的鸿沟。让我们先回顾一下传统开发与运维中存在的问题。

（1）依赖的复杂度

项目除了对程序包存在依赖外，对运行环境也有具体的要求。比如，Web 应用需要安装和配置 Web 服务器、应用服务器、数据服务器等，企业应用中可能会用到消息队列、缓存、定时作业等，或是以 Web Services 或 API 的方式为其他系统提供服务等。这些都可以认为是项目在系统层面对外部的依赖，这些依赖有些可以由项目自行处理，而有些则是项目无法处理的，如运行容器、操作系统等，这些是项目的运行环境。

总之，依赖的复杂度主要有两个：一个是依赖程序包不同版本之间的兼容性问题；另一个是间接依赖，或多重依赖问题，例如，A 依赖 Python2.7，A 还依赖 B，但 B 却依赖 Python3，而 Python2.7 和 Python3 是不兼容的。

（2）不一致的环境

在简单项目中，系统的开发和运行环境都是由开发人员搭建的，当公司变大时，系统的运行环境将由运维人员搭建，而开发测试环境一般由开发人员自己搭建，这容易产生开发环境和运行环境不一致的情况。例如，假设公司为 A 项目和 B 项目开发了新的版本，但运行环境和软件升级不是同步进行的，那么出错的可能性就非常大。

（3）泛滥的部署

如果项目简单，并且没有历史项目和代码，同时各项目之间也没有关联，则只需对资源进行分配机器、初始化系统、分配 IP 地址等管理。历史遗留问题对现在进行的项目往往有很大影响，如多语言（Java、PHP、C 语言）、多系统（Windows、Linux）、多构建工具版本（Java7、Java8）、各种配置文件和补丁脚本等，没有人能彻底弄清楚，因而根本无从管理。

为了解决上述诸多问题，出现了一种 DevOps 的思想。DevOps 是开发、测试、运维这 3 个领域的合并，它集文化理念、实践和工具于一身，以业务敏捷为中心，构造适应快速发布软件的工具和文化，实现高速交付应用程序和服务的能力，促进软件系统发展和产品改进，从而更好地服务客户，高效地参与市场竞争。

2．CI/CD

DevOps 是 CI/CD 思想的延伸，CI/CD 是 DevOps 的基础核心，如果没有 CI/CD 自动化的工具和流程，DevOps 是没有意义的。CI/CD 的核心在于“持续”，通过不间断的密集型、高强度、信息及时反馈的改进，提高研发过程的效率和质量，降低软件研发风险，迎合互联网时代业务需求和技术快速更新的趋势。

CI/CD 一般是指持续集成和持续交付，广义上则包括持续集成、持续测试、持续交付、持续部署 4 个方面。

（1）持续集成

持续集成是指持续地将代码集成到主干分支中，强调通过频繁的迭代集成和测试，快速给出集成结果和反馈，发现集成错误，推动代码功能提升和质量提高，实现敏捷开发。持续集成是一种软件开发实践，即团队开发成员经常集成他们的工作，每个成员每天至少集成一次，也就意味着每天可能会发生多次集成。每次集成都通过自动化的构建（包括编译、发布、自动化测试）来验证，从而尽早地发现集成的错误。

（2）持续测试

持续测试是指代码提交后持续自动运行相关单元测试并给出反馈，实现测试驱动开发，保证软件质量持续改进。

（3）持续交付

持续交付是指持续频繁地将软件的新版本交付给质量保证测试团队或运营团队进行评审，以进入发布和生产阶段，强调的是软件代码的随时随地可交付。持续交付一般有源代码交付、Linux 标准包交付、虚拟机镜像交付、容器镜像交付等方式。持续交付在持续集成的基础上，将集成后的代码部署到更贴近真实运行环境的类生产环境中。

（4）持续部署

持续部署是指当交付的代码通过评审之后，自动部署到生产环境中，是软件在生产环境的持续自动化部署，强调的是软件的随时随地可部署，是整个 CI/CD 环节的最终目标。

3．CI/CD 技术体系

随着云计算技术的发展，CI/CD 技术体系主要包括 3 个组成部分。

（1）供应链平台

提供应用源码、配置数据、运行环境等。

（2）自动化平台

提供自动化打包、部署和测试能力，一般由 Jenkins、Maven 等 CI 系统构成，并涵盖 Ansible、Selenium、JUnit、Pytest 等自动化工具，完成代码编译、打包、部署、测试等诸多环节。

（3）云化平台

为供应链管理和自动化系统提供云化环境，实现自动化部署、管理和弹性伸缩。

4．CI/CD 中引入容器技术的优势

非容器环境下 CI/CD 的痛点在于如何屏蔽不同语言、不同框架、不同系统之间集成与交付流程的差异性。将容器技术引入到 CI/CD 具有以下几方面的优势。

（1）交付环境一致性

从开发到运维的工作流程中，由于基础环境的不一致造成了诸多问题，但通过使用容器技术在不同的物理设备、虚拟机、云平台上运行，将镜像作为标准的交付物，应用以容器为基础提供服务，实现多套环境交付的一致性。

（2）快速部署

工具链的标准化对 DevOps 所需的多种工具或软件进行容器化，在任意环境中实现快速部署。

（3）轻量和高效

与虚拟机相比，容器仅需要封装应用及相关依赖文件，更加轻量，可提高资源利用率。因此，企业通过容器技术进行 DevOps 的实践，可较好地缩短软件发布周期，加快产品交付的迭代速度，提高生产效率。

2.1.4.3 微服务

微服务采用化整为零的概念，将复杂的 IT 部署通过功能化、原子化分解，形成一种松散耦合的组件，使其更容易升级和扩展。微服务架构是相对单体式架构而言的，两者之间的差异如图 2-16 所示。在应用规模不大的情况下，单体式架构易于开发、易于部署、易于伸缩。但是，一旦应用规模变得庞大，团队规模变大，这种解决方案的缺点就暴露出来了：应用实现和维护复杂，集成开发环境负载严重，对应用进行持续部署和弹性部署也变得困难，被迫长期与一开始的技术栈捆绑在一起。

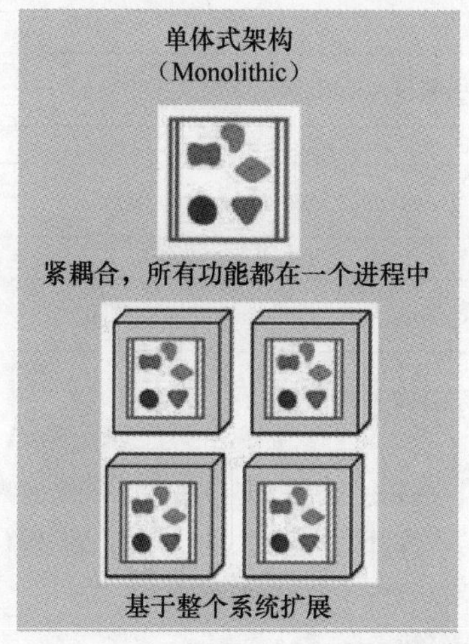

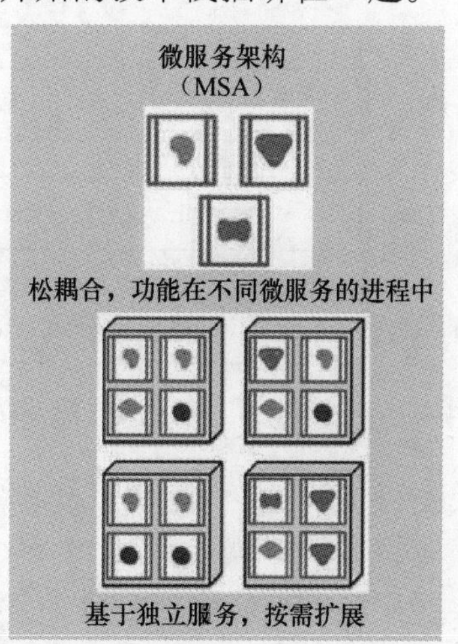

图 2-16 微服务架构与单体式架构对比

微服务是把一个单体项目拆分为多个微服务，每个微服务可以独立技术选型、独立开发、独立部署、独立运维，并且多个服务之间相互协调、相互配合，最终满足用户的需求。微服务架构是一种松耦合、去中心化的架构模式。大部分大型网站系统如 Twitter、Netflix、Amazon 和 eBay 等，都已经从传统整体型架构迁移到微服务架构。

微服务架构应用具备如下特征。

（1）小型化：每个服务完成单一职责的业务功能。

（2）自治性：每个服务可以独立开发、构建、部署、运行、升级和伸缩。

（3）灵活部署：微服务通常采用容器化的部署方式。

（4）技术中立：每个服务均可以采用不同的技术，充分发挥不同语言的优势，有利于逐步引入新技术。

（5）面向故障设计：任意服务节点失效、网络闪断等故障都不影响业务正常运行。

（6）轻量级通信：服务和服务之间通过轻量级的机制实现彼此间的通信。

微服务架构提倡将单一应用程序划分成一组小的服务，服务之间互相协调、互相配合，每个服务运行在独立的进程中，服务与服务之间采用轻量级的通信机制互相沟通（通常是基于超文本传输协议的 RESTful API）。每个服务都围绕着具体业务进行构建，并且能够被独立地部署到生产环境、类生产环境中。另外，应当尽量避免统一的、集中式的服务管理机制，对一个具体的服务而言，应根据业务上下文，选择合适的语言和工具对其进行构建。

在微服务架构模式下，软件开发人员可以通过编译部署单个子服务（如图 2-17 所示）的方式来验证自己的更改，而不需要重新编译整个应用，这就节省了大量的时间。同时，由于每个子服务都是独立的，各个服务内部可以自行选择最为合适的实现技术，这使得这些子服务的开发变得更容易。如果当前系统的容量不足，那么只需要找到成为系统瓶颈的子服务，并扩展该子服务的容量即可。

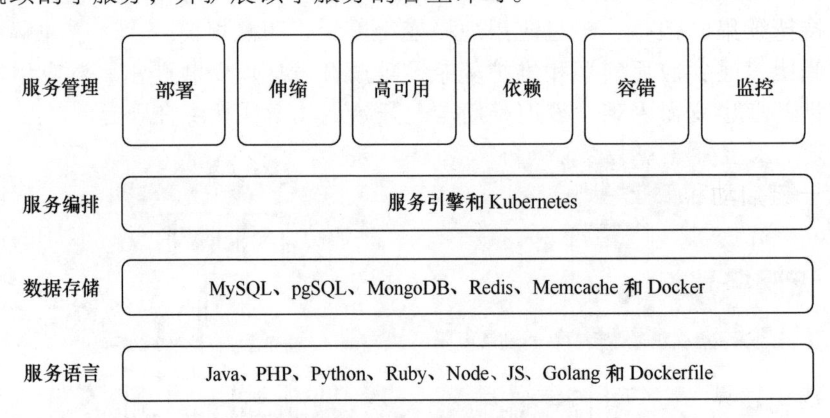

图 2-17　微服务架构子服务

随着持续交付 DevOps 的推广以及容器 Docker 的普及，微服务将这两种理念和技术结合起来，形成新的“微服务+API+平台”的开发模式，提出了容器化微服务的持续交付概念。微服务有可能成为企业 IT 软件架构的主要模式。

网元功能微服务技术已成为虚拟化网元的研究热点，旨在提升网元部署的便捷性及易扩展性。网络功能原子化和业务流程隔离将网元功能抽象为不同的微服务，并使服务之间相互协调和配合，最终实现用户或网络所需的业务功能。微服务化功能模块可基于应用独立地进行开发、管理和优化，为降低开发和部署难度，可采用轻量化的承载模式，如容器技术。目前，由于网元功能复杂，业界对其功能解构的理解和方式都有所差异，且微服务在处理有状态信息时存在瓶颈，采用微服务化技术和容器承载方式实现网元功能还处于探索中。

大部分微服务应用一开始都应该选择单体式架构，做好单体应用的模块化而不是拆分成服务。之后随着系统变得越来越复杂、模块与服务间的边界越来越清晰，再重构为微服务架构，这是一个合理的架构演化路径。

可以考虑使用微服务的情况包括：多人开发一个模块/项目，提交代码频繁出现大量冲突；模块间严重耦合、互相依赖，每次变动需要牵扯多个团队，单次上线需求太多，风险过高；主要业务和次要业务耦合，横向扩展流程复杂；熔断降级全靠 if-else 语句。

微服务部署分为以下 3 个阶段。

（1）微服务 1.0

仅使用服务注册和发现，基于 Spring Cloud 或 Dubbo 进行开发。

（2）微服务 2.0

使用了熔断、限流、降级等服务治理策略，并配备完整的服务工具和平台。

（3）微服务 3.0

Service Mesh 将服务治理作为通用组件，下沉到平台层实现，应用层仅关注业务逻辑，平台层可以根据业务监控自动调度和参数调整，实现 IT 智能化运维（Artifical Intelligence for IT Operations，AIOps），意指将人工智能的能力与运维相结合，通过机器学习的方决来提升运维效率）和智能调度。

容器和微服务可用于支持 PaaS 平台的能力开放，实现云服务的增值。容器和微服务有效支持持续集成与持续交付，加速业务上线。

目前使用得最多的开源微服务框架是 Spring Cloud。Spring Cloud 是一系列框架的有序集合，它利用 Spring Boot 的开发便利性简化了分布式系统基础设施的开发，如服务发现注册、配置中心、消息总线、负载均衡、断路器、数据监控等，都可以用 Spring Boot 实现一键启动和部署。

2.1.5　无服务器架构

随着容器技术的普及，PaaS 平台再次焕发活力。新一代 PaaS 平台使开发人员能够更加专注于计算与存储资源的分配与使用。但这还不够，是否能有一种全新的架构将业务与基础设施彻底剥离，无服务器（Serverless）架构应运而生。Serverless 架构将应用与基础设施完全分离，开发人员无须关心基础设施的运维工作，只需专注于应用逻辑的开发，仅在事件触发时才调用计算资源，真正做到了弹性伸缩与按需付费。

无服务器是一种架构理念，并不是说不需要服务器，其核心思想是将提供服务资源的基础设施抽象成各种服务，以 API 的方式供给用户按需调用，真正做到按需伸缩、按使用收费。这种架构体系消除了对传统的海量持续在线服务器组件的需求，降低了开发和运维的复杂性，减少了运营成本并缩短了业务系统的交付周期，使用户能够专注在价值密度更高的业务逻辑的开发上。

图 2-18 较为清晰地描述了 IaaS、PaaS、Serverless 及 SaaS 的差异。可见，IaaS 环境中，云计算服务提供商提供网络、存储、服务器及虚拟化，开发者则负责操作系统、中间件、运行时环境、数据及应用；PaaS 环境中，云计算服务提供商提供网络、存储、服务器、虚拟化、操作系统、中间件及运行时环境，开发者仅需负责数据及应用；Serverless 环境中，云计算服务提供商提供网络、存储、服务器、虚拟化、操作系统、中间件、运行时环境及数据，而开发者仅负责应用；SaaS 环境中，从网络、存储、服务器、虚拟化、操作系统、中间件、运行时环境、数据到应用，均由云计算服务提供商负责提供。

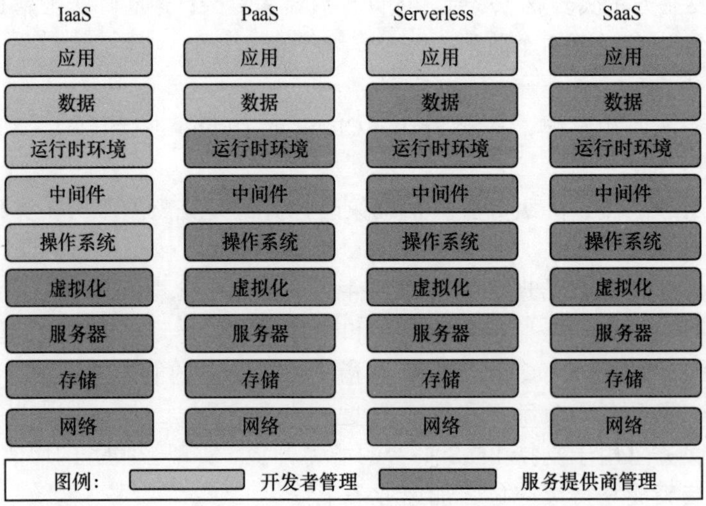

IaaS	PaaS	Serverless	SaaS
应用	应用	应用	应用
数据	数据	数据	数据
运行时环境	运行时环境	运行时环境	运行时环境
中间件	中间件	中间件	中间件
操作系统	操作系统	操作系统	操作系统
虚拟化	虚拟化	虚拟化	虚拟化
服务器	服务器	服务器	服务器
存储	存储	存储	存储
网络	网络	网络	网络

图例：开发者管理　服务提供商管理

图 2-18　IaaS、PaaS、Serverless 及 SaaS 的差异

Serverless 架构是云原生的典型实践，开发者无须关心软硬件基础设施和平台资源的所有问题，一切都由云计算服务提供商负责解决。Serverless 架构在无状态计算容器中运行，相关容器由应用事件触发，并由云计算服务提供商完全管理。

目前业界公认的 Serverless 构架主要包含两个方面，即提供计算资源的函数服务平台（Function as a Service，FaaS），以及提供托管云服务的后端服务平台（Backend as a Service，BaaS）。

（1）FaaS

FaaS 是一项基于事件驱动的函数托管计算服务。通过函数服务，开发者只需编写业务函数代码并设置运行的条件，无须配置和管理服务器等基础设施，函数代码运行在无状态的容器中，由事件触发且短暂易失，并完全由第三方管理，基础设施对应用开发者完全透明。函数以弹性、高可靠的方式运行，并且按实际执行资源计费，不执行则不产生任何费用。

FaaS 带来了前所未有的开发体验。开发交付更加敏捷，开发人员只需编写应用程序逻辑，计算资源以服务形式提供，无须考虑资源容量与基础设施运维，进一步缩短了开发交付时间；资源利用更加高效，函数单元仅在触发时运行，处理完成后迅速释放，几乎没有闲置时间，资源利用率近乎百分之百。

（2）BaaS

BaaS 的概念涵盖范围较广，覆盖了应用有可能依赖的所有第三方服务，如云数据库、身份验证（如 Auth0、Amazon Cognito）、对象存储等服务，开发人员通过 API 和由 BaaS 服务提供商提供的 SDK，能够集成所需的所有后端功能，而无须构建后端应用，更不必管理虚拟机或容器等基础设施，就能保证应用的正常运行。这在很大程度上省去了开发人员学习各种相关技术和中间件的成本，降低了开发的复杂度。

BaaS 大多由云计算服务提供商提供，用户无须关心和运维底层基础资源。目前常见的 BaaS 包括数据库管理、云存储、用户认证、推送通知、远程更新以及消息队列。

Serverless 架构有如下特点。

（1）按需加载

在 Serverless 架构下，应用的加载和卸载由 Serverless 云计算平台控制。应用不是一直都在线的，仅在有请求到达或者有事件发生时才会被部署和启动。

（2）事件驱动

通过将不同来源的事件与特定的函数进行关联，对不同的事件采取不同的反应动作，由事件驱动。

（3）状态非本地持久化

应用不再与特定的服务器关联，因此应用的状态不能也不会保存在其运行的服务器之上。

（4）非会话保持

应用不再与特定的服务器关联。每次处理请求的应用实例可能是相同服务器上的应用实例，也可能是新生成的服务器上的应用实例。

（5）自动弹性伸缩

Serverless 应用原生支持系统高可用，能够应对突发的高访问量。可以由云计算平台根据实际的访问量对应用实例数量进行弹性的自动扩展或收缩。

（6）应用函数化

Serverless 架构下，应用会被函数化，但不能说 Serverless 就是 FaaS。

（7）依赖服务化

Serverless 架构下，所有应用依赖的服务都是一个个后台服务，用户可以通过 BaaS 服务方便地获取应用，而无须关心底层细节。

以下是一个传统架构和 Serverless 架构部署的简单例子。传统架构下，应用功能部署在主机上，由主机提供数据库服务，如图 2-19 所示。

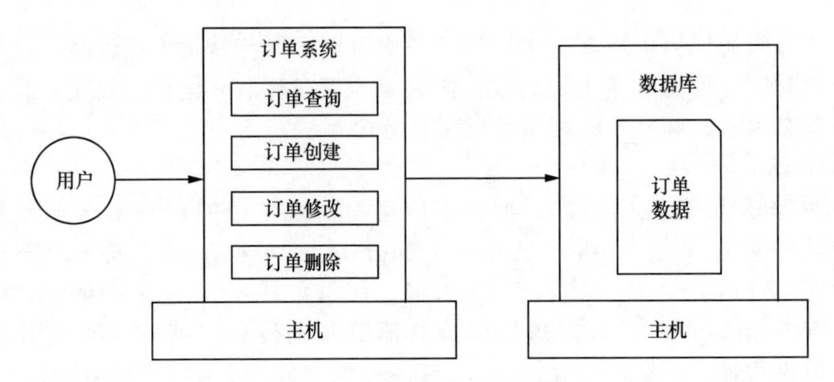

图 2-19 传统架构部署方案

Serverless 架构下，应用的功能点变成若干个函数定义，部署于 FaaS 之中，由 BaaS 提供数据库服务，如图 2-20 所示。

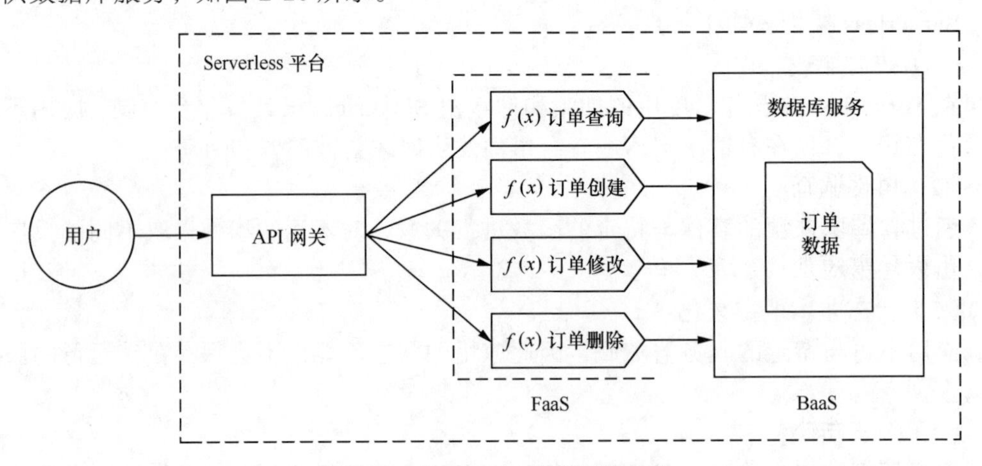

图 2-20 Serverless 架构部署方案

传统架构与 Serverless 架构的主要区别见表 2-4。

表 2-4 传统架构与 Serverless 架构对比

对比项	传统架构	Serverless 架构
应用部署	应用部署在主机之上，由服务器提供计算能力	应用部署在 Serverless 平台之上，由 Serverless 平台提供运行所需的计算资源
最小单元	所有的逻辑都集中在同一个部署交付件中	应用的逻辑层部署运行在 Serverless 平台的 FaaS 服务之上，应用的逻辑被打散成多个独立的细颗粒度的函数逻辑
数据库	数据库实例	数据库服务

当前阶段，可以把 Serverless 架构的适用场景分为下面几类。

（1）应用后端服务

通过将无服务器云函数和其他云服务紧密结合，开发者能够构建可弹性扩展的移动或 Web 应用程序，轻松创建丰富的无服务器后端，而且这些程序可在多个数据中心高可用运行，无须在可扩展性、备份冗余方面执行任何管理工作。

• 移动应用后端服务

使用 Serverless 架构技术构建移动后端服务是非常常用的场景，它允许开发人员在基于云平台的后端服务来构建应用。这使得开发人员可以更加专注在移动应用的优化上，只要按需选择云计算服务提供商提供的丰富后端服务即可，例如微信小程序的开发。

• 物联网后端服务

在物联网的应用场景中，设备传输数据量小，且往往是以固定时间间隔进行数据传输的，数据传输存在明显的波峰—波谷特征。数据传输的波峰时段触发后端函数服务集中处理，处理结束后快速释放，以提升资源的利用效率。

（2）大规模数据处理和计算类

• 人工智能推理预测

人工智能推理预测的调用需求会随着业务的起伏而变化，具有一定的波动性，与人工智能训练时较固定的计算周期和运行时长有所不同。同时，人工智能推理一般会使用 GPU 加速，这种明显的峰值变化会导致大量的资源浪费。使用 Serverless 架构可以有效解决上述问题。高业务请求到来时，云函数的执行实例自动扩容，满足业务需求；而在请求低谷或无请求到来时，云函数自动缩容甚至完全停止，节省资源使用。

• 批处理或计划任务

每天只需短期运行就能以异步计算的方式进行强大的并行计算能力，I/O 或网络访问的任务非常适合 Serverless 架构。这些任务可以以弹性的方式在运行时消耗资源，而在不使用这些任务的当天剩余时间内不会产生任何资源成本，例如定期的数据备份等。

（3）基于事件的内容处理类应用

• 实时文件处理

有些应用会根据不同的应用需求将图片裁剪成不同的尺寸，或添加不同的标签水印。视频类的应用会将视频流转码成不同的清晰度推送给不同服务。当图片或者视频流通过对象存储上传时便会触发相应的函数计算，根据计算规则自动按需处理，整个过程无须再搭建额外的服务器，也无须人工干预。

• 定制事件触发

以用户注册时通过邮件验证邮箱地址的场景为例，可以通过定制的事件来触发后续的注册流程，而无须再配置额外的应用 Serverless 来处理后续的请求。

2.1.6 桌面虚拟化

云桌面即虚拟桌面，是虚拟化技术由服务器虚拟化向桌面虚拟化延伸的一个技术名称，是云计算的一种应用模式。虚拟桌面基础架构（Virtual Desktop Infrastructure，VDI）采用“集中计算，分布显示”的原则，通过虚拟化技术，将所有客户端的运算合为一体，在企业数据中心内进行集中处理，而桌面用户仅负责输入输出与界面显示，不参与任何计算和应用。

VDI 技术实现了在标准计算环境下的集中数据管理、集中计算资源管理和调配等功能。使用 VDI 的用户，可以使用任何一台终端、在任何一个地方访问自己的远端桌面系统。理论上，我们可以使用自己的手机或平板电脑来访问远端的桌面，而远端的桌面则永远会保持个人设置的工作界面。

云桌面功能架构如图 2-21 所示，主要包括以下几个部分。

（1）用户终端

将支持多样化的接入终端，包括工作站、PC、瘦终端、移动办公终端等，并支持多种网络接入。

（2）云桌面资源池

统一部署桌面计算资源池，并根据终端业务分类和用户规模进行合理的分区部署，对云桌面的宿主服务器资源池进行统一的管理、调度和运行监控。

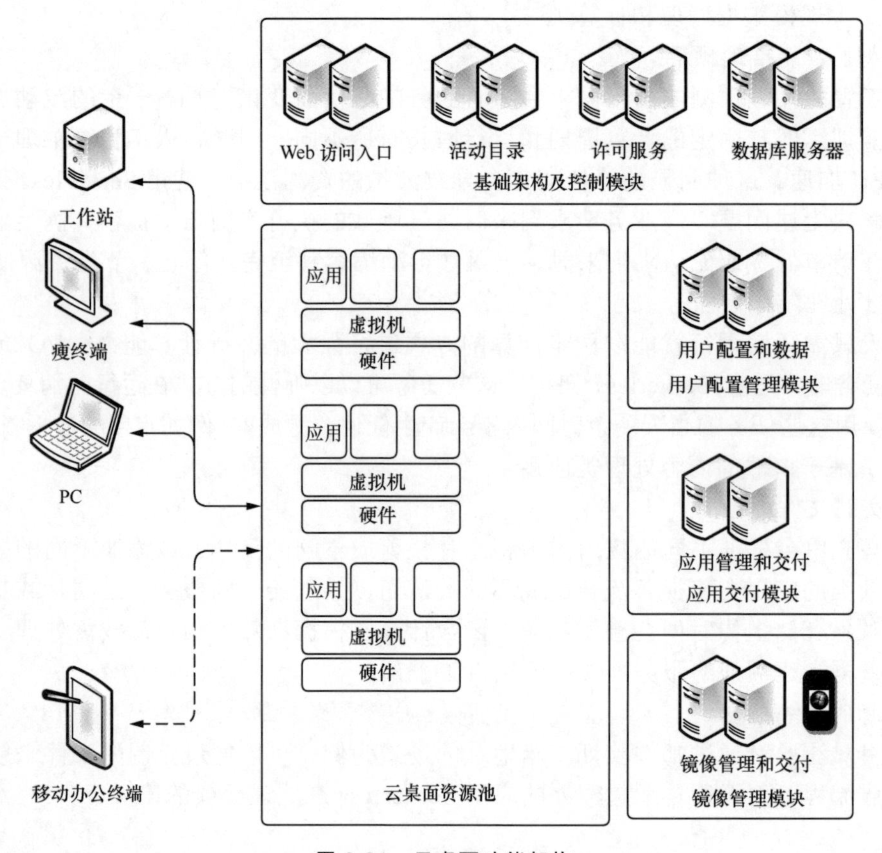

图 2-21　云桌面功能架构

（3）桌面管理

对桌面交付和应用交付进行统一管理和控制，并对运行中的虚拟桌面进行监控管理。这一功能又具体分为：提供活动目录（Active Directory，AD）域认证、许可服务和其他桌面交付控制的基础架构及控制模块；提供用户个性化数据配置和管理服务的用户配置管理模块；提供发布应用管理和交付服务的应用交付模块；提供虚拟桌面操作系统镜像管理和交付服务的镜像管理模块。

通过实施桌面虚拟化，可以实现物理终端的零维护、精细化的权限控制、网络的安全隔离、保障用户数据安全、信息防泄密、易于管理与维护、节能减排等目标。实施桌面虚拟化有以下几点好处。

（1）降低成本

VDI 的直接好处就是降低了终端设备的采购成本，同时还可以大大延长 PC 系统的使用周期，避免 PC 硬件设备的持续升级，从而降低了电子垃圾的产生数量。实际上，实施 VDI 的初始成本比较高，起初需要购买性能强劲的服务器和大容量的存储设备，同时还需要支付相关软件和许可的费用。这些初始投资通常高于定期的 PC 更新换代，所以 VDI 并不适合小企业。而在长期使用的过程中，才能慢慢体现总体成本的降低，这是一个长线投资。

（2）便于企业 IT 部门对终端桌面的集中管理、统一配置

终端用户的所有操作都是在服务器上运行的，借助于 VDI 技术，企业 IT 部门可以密切关注和跟踪公司所有员工的应用及操作，所有桌面的管理和配置都在数据中心进行，足不出户即可对桌面镜像和相关的应用进行统一管理和维护，实现了桌面标准化。而这种管理与维护对于前端用户是透明的，这种集中管理的快捷性也是以往物理桌面不可比拟的。

（3）企业的数据比 IT 系统更安全，可保证业务连续性

在 VDI 系统中，用户操作所产生的数据都存放在数据中心，而不是存放在用户终端的存储设备上。即使终端受损或是丢失，企业的应用数据也不会遗失，这极大地提高了企业敏感数据的安全性。此外，即使用户遗失电脑，也可以迅速地通过另一台电脑使用虚拟桌面账户登录，继续完成工作，从而保证了业务连续性。

另一方面，实施 VDI 便于企业对机密信息进行控制。终端设备仅负责输入输出与界面显示，所有的数据和计算都发生在数据中心。网络传递的只是最终的运行图像，而不是应用数据和信息，因而极大地增加了企业数据的安全性。

（4）符合节能减排的理念

瘦终端的功耗只有传统 PC 的十分之一，甚至几十分之一，从而节省了电力消耗，也意味着减少了碳排放，适应了节能减排的时代要求。而 VDI 所需的后台虚拟化，也为数据中心的节能减排打好了基础。随着 VDI 规模的不断扩大，其规模效应凸显，即终端数量越多，收益越突出。

（5）更广泛的终端设备支持

所有的计算都在云端服务器上，对终端设备的要求大大降低，用户可以使用工作站、PC、瘦终端、智能手机等多种形式的终端。

教育、政府、企业、医疗等越来越多的行业淘汰了传统电脑，选择了云桌面。云桌面一改传统电脑人手一台胖终端、各自独立分散的工作方式，通过建设数据中心，将原本位于员工本地运行的数据、系统、应用以及计算资源都集中至服务器中，前端仅保留显示和操作功能。

对数据安全要求较高的企业或机构通过部署云桌面实现数据的不落地，并且也便于进行安全办公和监督管理；云桌面前端采用瘦终端、计算资源集中部署在后端服务器上的架构也进一步降低了运维管理成本。此外，云桌面还符合移动办公的需求，不

受时间与空间的限制，只需要一台联网的终端设备便能远程接收桌面开展工作。

对于教育行业的客户，电教室和多媒体教室的优化升级是他们部署云桌面的主要目的，高频次的教学环境搭建、数据资源难以共享和存储、分布零散的教学终端都成为制约教育机构教学管理和授课质量进一步提升的原因。云桌面可以帮助教育行业用户完成从传统电教室到云教室的转型升级，在充分利用老旧设备的同时，还可针对校方教学数据快速共享的需求，专门为其搭建数据管理与备份平台，实现数据的灵活管理与备份，从而实现更高的教学效率及质量。

对于医疗行业的客户，分布于各个科室的终端如何集中管理，是否兼容医院当前使用的医院信息系统、医学影像存档与通信系统等业务系统，是否支持各种医疗外设，以及是否支持所有科室的应用场景，一些科室的重载应用能否流畅使用，这些都是他们关心的重点。医疗行业的桌面虚拟化解决方案需要从虚拟安全、桌面管理、行为控制等多个角度为医院打造高效运维体系，实现对医院原有业务系统的兼容。此外，桌面虚拟化还关注重载应用的流畅运行，为各类科室的应用场景提供完善的支持。

对于企业用户，运维成本的降低和业务连续性的保障是其关注的焦点，对办公软件的支持、便捷的运维管理、对员工行为的有效监控等功能也是企业所急需的。企业用户对云桌面的需求主要是能随时随地移动办公和保障企业核心数据的安全。目前企业用户对移动办公的需求日益增加，因而要求云桌面能够支持各种终端设备。由于移动环境、网络条件参差不齐，移动办公平台还需在降低网络时延和应用时延、减少网络丢包等方面继续努力。

家庭用户对云桌面的需求主要是为家庭内的每个用户提供独立的桌面服务，实现每个用户的桌面和数据的隔离，同时为不同的用户提供不同的应用服务，如为学生提供学习桌面，为老年人用户提供老年专属桌面，最终打造家庭用户“一人一桌面”的理念。

2.2 大数据存储技术

大数据的出现是跨学科技术与应用发展的结果。对于大数据，自然科学家关注在网络虚拟环境下对密集型数据的研究方法，社会科学家则看重密集型数据后面隐藏的价值与推动社会发展的模式。目前大数据在支撑履行政府职能、保障公共安全、实施社会治理、支持重大决策和改进公共服务等方面发挥了越来越重要的作用。

大数据顾名思义就是拥有庞大体量的数据。大数据本身是一个宽泛的概念，业界尚未给出统一的定义，不同的研究机构、公司从不同的角度诠释了什么是大数据。对于大数据的特征，业界通常引用国际数据公司（IDC）定义的“4V”来描述。阿姆斯特丹大学的尤里·德姆琴科（Yuri Demchenko）等人提出了大数据体系架构的“5V”特征，在“4V”的基础上增加了 Veracity（真实性）这一特征。

Volume：数据量大，从 TB、PB 到 EB、ZB，甚至到 YB。纽约证券交易所每天产生的交易数据量大约为 TB 级，瑞士日内瓦附近的大型强子对撞机每年产生的数据量约为 PB 级，而目前全球数据总量已经在 ZB 级。基于更大规模的数据，我们可以对某个研究对象的历史、现状和未来有更加全面的了解。

Velocity：数据产生速度快，要求处理速度和时效性高，因为时间就是金钱。金融市场的交易数据必须以秒级的速度进行处理，搜索和推荐引擎需要在分钟级将实时新闻推送给用户。更快的数据处理速度，让我们可以基于最新的数据做出更加实时的决策。

Variety：数据类型繁多，包括数字、文字、图片、视频等不同的数据形式，也包括来自网页、社交网络、视频网站、可穿戴设备以及各类传感器的数据。数据可能是高度结构化的数据，也可能是图片和视频等非结构化的数据。

Value：数据价值。研究和利用大数据的最终目的是为了提供更有价值的决策支持，基于以上提到的 3 个 V，挖掘大数据的深层价值。

Veracity：数据真实性。一方面，数据并非全部具有高价值，一些异常值会掺杂进来，例如统计偏差，或由人的情感、天气、经济因素影响，甚至谎报数据等带来的虚假数据。另一方面，数据源类型不同，如何对这些多源异构数据进行连接、匹配、清洗和转化，从而形成具有高置信度的数据，这是一项非常有挑战的工作。

数据在信息系统中的生命周期可分为 6 个阶段，包括数据收集、数据预处理、数据存储与管理、计算处理、分析与挖掘、可视化展现。下面介绍与本小节相关的数据收集、数据预处理、数据存储与管理阶段。

1. 数据收集

大数据时代，数据的来源极其广泛，数据有不同的类型和格式，同时呈现爆发式增长的态势，这些特性对数据收集技术也提出了更高的要求。数据收集需要从不同的数据源实时、准实时或按照一定的周期收集不同类型的数据并发送给存储系统或数据中间件系统进行后续处理。数据收集一般可分为设备数据收集和 Web 数据爬取两类，常用的数据收集软件有 Splunk、Sqoop、Flume、Logstash、Kettle 以及各种网络爬虫，如 Heritrix、Nutch 等。

2. 数据预处理

数据的质量对数据的价值有直接影响，低质量的数据将导致低质量的分析和挖掘结果。广义的数据质量涉及许多因素，如数据的准确性、完整性、一致性、时效性、可信性与可解释性等。

大数据系统中的数据通常具有一个或多个数据源，这些数据源可以包括同构/异构的数据库、文件系统、服务接口等。这些数据源中的数据来源于现实世界，容易受到噪声数据、数据值缺失与数据冲突等的影响。此外，数据处理、分析、可视化过程中的算法与实现技术复杂多样，往往需要对数据的组织、表达形式、位置等进行一些前置处理。

数据预处理的引入，将有助于提升数据质量，并使后续的数据处理、分析、可视化过程更加容易、有效，有利于获得更好的用户体验。数据预处理形式上包括数据清理、数据集成、数据归约与数据转换等阶段。

数据清理技术包括数据不一致性检测技术、脏数据识别技术、数据过滤技术、数据修正技术、数据噪声的识别与平滑技术等。

数据集成把来自多个数据源的数据进行集成，缩短数据之间的物理距离，形成一个集中统一的（同构/异构）数据库、数据立方体、数据宽表与文件等。

数据归约技术可以在不损害挖掘结果准确性的前提下，降低数据集的规模，得到简化的数据集。归约策略与技术包括维归约技术、数值归约技术、数据抽样技术等。

经过数据转换处理后，数据被变换或统一。数据转换不仅简化了处理与分析过程、提升了时效性，也使得分析挖掘的模式更容易被理解。数据转换处理技术包括基于规则或元数据的转换技术、基于模型和学习的转换技术等。

3. 数据存储与管理

分布式存储与访问是大数据存储的关键技术，具有经济、高效、容错性能好等特点。分布式存储技术与数据存储介质的类型和数据的组织管理形式直接相关。目前主要的数据存储介质类型包括内存、磁盘、磁带等，主要的数据组织管理形式包括按行组织、按列组织、按键值组织和按关系组织，主要的数据组织管理层次包括按块级组织、按文件级组织以及按数据库级组织等。

不同的存储介质和组织管理形式对应于不同的大数据特征和应用特点。

（1）分布式文件系统

分布式文件系统是由多个网络节点组成的向上层应用提供统一的文件服务的文件系统。分布式文件系统中的每个节点可以分布在不同的地点，通过网络进行节点间的通信和数据传输。分布式文件系统中的文件在物理上可能被分散存储在不同的节点上，但在逻辑上仍然是一个完整的文件。使用分布式文件系统时，无须关心数据存储在哪个节点上，只需像本地文件系统一样管理和存储文件系统的数据。

分布式文件系统的性能与成本是线性增长的关系，能够在信息爆炸时代有效地解决数据的存储和管理问题。分布式文件系统在大数据领域是最基础、最核心的功能组件之一，如何实现一个高扩展、高性能、高可用的分布式文件系统是大数据领域最关键的问题之一。目前常用的分布式磁盘文件系统有 Hadoop 分布式文件系统（Hadoop Distributed File System，HDFS）、Google 文件系统（Google File System，GFS）、Kosmos 分布式文件系统（Kosmos Distributed File System，KFS）等；常用的分布式内存文件系统有 Tachyon 等。

（2）列式存储

列式存储将数据按行排序、按列存储，将相同字段的数据作为一个列族来聚合存储。当只查询少数列族数据时，列式数据库可以减少读取数据量以及数据装载和读入读出的时间，提高数据处理效率。按列存储还可以承载更大的数据量，获得高效的垂直数据压缩能力，降低数据存储开销。使用列式存储的数据库产品有传统的数据库产品，如 Sybase IQ、InfiniDB、Vertica 等，也有开源的数据库产品，如 Hadoop HBase、Infobright 等。

（3）键值存储

键值存储，即 Key-Value 存储，简称 KV 存储，是 NoSQL 存储的一种方式。它将数据按照键值对的形式进行组织、索引和存储。KV 存储非常适合不涉及过多数据关系和业务关系的业务数据，同时能有效减少读写磁盘的次数，比结构化查询语言（Structured Query Language，SQL）数据库存储有更好的读写性能。键值存储一般不提供事务处理机制。主流的键值数据库产品有 Redis、Apache Cassandra、Google Cloud Bigtable 等。

（4）图形数据库

图形数据库主要用于存储事物及事物之间的相关关系，这些事物整体上呈现复杂的网络关系，可以简单地称之为图形数据。使用传统的关系数据库技术已经无法很好地满足超大量图形数据的存储、查询等需求，比如上百万或上千万个节点的图形关系，而图形数据库通过采用不同的技术可以很好地解决图形数据的查询、遍历、求最短路径等需求。在图形数据库领域，有不同的图模型来映射这些网络关系，比如超图模型，以及包含节点、关系及属性信息的属性图模型等。图形数据库可用于对真实世界的各种对象进行建模，如社交图谱，以反映这些事物之间的相互关系。主流的图形数据库有 Google Pregel、Neo4j、InfiniteGraph、DEX、Info Grid、AllegroGraph、GraphDB、HypergraphDB 等。

（5）关系数据库

关系模型是最传统的数据存储模型，使用记录（由元组组成）按行进行存储，记录存储在表中，表由架构界定。表中的每列都有名称和类型，所有记录都要符合表的定义。SQL 是专门的查询语言，可提供相应的语法查找符合条件的记录，如表联接。表联接可以基于表之间的关系在多表之间查询记录。表中的记录可以被创建和删除，记录中的字段也可以单独更新。关系模型数据库通常提供事务处理机制，这为涉及多条记录的自动化处理提供了解决方案。对不同的编程语言而言，可以把表看成数组、记录列表或结构。表可以使用 B 树和 HASH 表进行索引，以应对高性能访问。

传统的关系数据库厂商会结合其他技术来改进关系数据库，比如分布式集群、列式存储，支持 XML、Json 等数据的存储。

（6）文档存储

文档存储支持对结构化数据的访问，不同于关系模型的是，文档存储没有强制的架构要求。事实上，文档存储以封包键值对的方式进行存储。在这种情况下，应用会对要检索的封包采取一些约定，或者利用存储引擎的能力将不同的文档划分成不同的集合，以管理数据。

与关系模型不同的是，文档存储模型支持嵌套结构。例如，文档存储模型支持 XML 和 JSON 文档，字段的“值”又可以嵌套存储其他文档。文档存储模型也支持数组和列值键。与键值存储不同的是，文档存储关心文档的内部结构，这使得存储引擎可以直接支持二级索引，从而允许对任意字段进行高效查询。支持文档嵌套存储的能力，使得查询语言具有搜索嵌套对象的能力，XQuery 就是一个例子。主流的文档数据库有 MongoDB、CouchDB、Terrastore、RavenDB 等。

（7）基于内存存储的内存数据库

内存存储是指内存数据库将数据库的工作版本放在内存中，由于数据库的操作都在内存中进行，因而磁盘 I/O 不再是性能瓶颈，内存数据库系统的设计目标是提高数据库的效率和存储空间的利用率。内存存储的核心是内存存储管理模块，其管理策略的优劣直接关系到内存数据库系统的性能。基于内存存储的内存数据库产品有 Oracle TimesTen、Altibase、eXtremeDB、Redis、Raptor DB、MemCached 等。

大数据涉及整个软硬件系统的各个层面上诸多计算技术的融合。当大数据处理平台搭建好之后，就需要考虑数据存储问题。在集群环境下，需要大数据的存储并发访问，主要采用分布式存储系统。分布式存储系统对大数据进行存储并通过可扩展的方式进行高效、可靠的管理，但无法对结构化、半结构化数据进行访问和管理。因此，面向结构化和半结构化数据的存储管理和查询分析系统（如 HBase 和 Hive 等系统）就应运而生了。

金融征信、互联网舆情、商业用户画像、安防行业、智慧园区、数字政务、生产制造业及智能交通管理等领域的大数据分析应用层出不穷。大数据应用系统涉及跨专业领域的多方合作：首先，有相关领域专业知识结构的专家需要根据领域内的具体案例和问题构建行业具体应用的逻辑业务模型，并采用分析软件来分析归纳数据；然后，计算机专业人员通过以上分析，再设计和开发相关大数据应用系统。通过存储、计算、分析等技术层面的运用，构建针对不同行业领域的大数据分析解决方案。

而这些大数据的分析、解决方案均离不开编程模式及大数据管理技术。

2.3 编程模式

信息传递接口（Message Passing Interface，MPI）是一个老牌分布式计算框架，主要解决节点间数据通信的问题。在 MapReduce 出现之前，MPI 是分布式计算的业界标准。MPI 程序现在依然广泛运行在全球各大超级计算中心、大学、政府和军队下属研究机构中，许多物理、生物、化学、能源、航空航天等基础学科研究的大规模分布式计算都依赖 MPI。

MPI 的核心思想是分而治之，将问题切分成若干子问题，在不同的节点上分别求解。MPI 提供了一个在多进程、多节点间进行数据通信的思路。绝大多数情况下，在中间计算和最终合并的过程中，需要对多个节点上的数据进行交换和同步。

MPI 中最重要的两个操作是数据发送和数据接收。“发送”表示将本进程中的某块数据发送给其他进程，“接收”表示接收其他进程的数据。在实际的代码开发过程中，用户需要自行设计分治算法，将复杂问题切分为子问题，手动调用 MPI 库，将数据发送给指定的进程。

MPI 能够在很细的粒度上控制数据的通信，这是它的优势，同时也是它的劣势。细粒度的控制意味着从算法设计到数据通信到结果汇总的所有环节都需要编程人员手动控制。有经验的程序员可以对程序进行底层优化，取得成倍的速度提升。但对经验欠缺的程序员而言，编码、调试和运行 MPI 程序的时间成本极高，加上数据在不同节点上不均衡以及节点间通信时延等问题，一个节点进程失败可能导致整个程序失败。

并非所有的编程人员都能熟练掌握 MPI 编程。衡量一个程序的时间成本，不仅要考虑程序运行的时间，还要考虑程序员学习、开发和调试的时间。就像虽然 C 语言运算速度极快，但是Python语言现在却更受欢迎一样，MPI虽然能提供极快的分布式计算加速，但不太接地气。

为了解决分布式计算学习和使用成本高的问题，研究人员提出了更简单易用的MapReduce编程模型。MapReduce是谷歌于2004年提出的一种编程范式，与MPI将所有事情交给程序员控制不同的是，MapReduce编程模型只需要程序员定义两个操作：Map和Reduce。

我们用披萨的制作过程来类比MapReduce过程。假设我们需要大批量地制作披萨，而披萨的每种食材可以分别单独处理。Map阶段将原材料在不同的节点上分别进行处理，生成一些中间食材，Shuffle阶段对不同的中间食材进行组合，最终Reduce阶段将一组中间食材组合成为披萨成品。可以看到，这种Map+Shuffle+Reduce的方式也是分而治之思想的一种实现。

相较于MPI，MapReduce编程模型对更多的中间过程做了封装。程序员只需要将原始问题转化为更高层次的API，原始问题如何切分为更小的子问题、中间数据如何传输和交换、如何将计算伸缩扩展到多个节点等细节问题都可以交给大数据框架去解决。因此，MapReduce相对来说学习门槛更低，使用更方便，编程开发速度也更快。

MapReduce是面向大数据并行处理的计算模型、框架和平台，隐含了以下3层含义。

第一，MapReduce是一个基于集群的高性能并行计算平台，它允许用普通的商用服务器来构建包含数十、数百乃至数千个节点的并行计算集群。

第二，MapReduce是一个并行计算与运行软件框架。它提供了一个庞大但设计精良的并行计算软件框架，能自动完成计算任务的并行化处理，自动划分计算数据和计算任务，在集群节点上自动分配和执行任务以及收集计算结果，将数据分布式存储、数据通信、容错处理等并行计算涉及的很多系统底层的复杂细节交由系统框架统一考虑，因而大大减小了软件开发人员的负担。

第三，MapReduce是一个并行程序设计模型与方法。它借助函数式程序设计语言Lisp的设计思想，提供了一种简便的并行程序设计方法，用Map和Reduce两个函数编程实现基本的并行计算任务，提供了抽象的操作和并行编程接口，简单方便地完成大规模数据的编程和计算处理。

从本质上说，云计算是一个多用户、多任务、支持并发处理的系统。高效、简捷、快速是其核心理念，它旨在通过网络把强大的服务器计算资源方便地分发到终端用户手中，同时保证低成本和良好的用户体验。在这个过程中，编程模式的选择至关重要。云计算项目中，分布式并行编程模式将被广泛采用。分布式并行编程模式创立的初衷是更高效地利用软、硬件资源，让用户更快速、更简单地使用应用或服务。在分布式并行编程模式中，后台复杂的任务处理和资源调度对于用户来说是透明的，用户体验得以大大提升。MapReduce是当前云计算主流的并行编程模式之一。

MapReduce是一个高性能的批处理分布式计算框架，用于对海量数据进行并行分析和处理。与传统数据仓库和分析技术相比，MapReduce更适合处理各种类型的数据，包括结构化、半结构化和非结构化数据，并且可以处理TB和PB级别的超大规模数据。

MapReduce分布式计算框架将计算任务分为大量并行的Map和Reduce任务，并将Map任务部署到分布式集群中的不同计算机节点上并行处理，然后由Reduce任务对所有 Map 任务的执行结果进行汇总，从而得到最后的分析结果。

MapReduce 分布式计算框架可动态增加或减少计算节点，具有很高的计算弹性，并且具备很好的任务调度能力和资源分配能力，以及很好的扩展性和容错性。

基于 MapReduce 编程模型，Hadoop 和 Spark 大数据框架先后出现了。

Hadoop 是最早的一种 MapReduce 分布式计算框架开源实现，擅长离线数据存储分析，如今已经成为大数据领域的业界标杆，目前已发展至 3.0 版本。Hadoop MapReduce 基于 HDFS 和 HBase 等存储技术确保数据存储的有效性，计算任务会被安排在离数据最近的节点上运行，以减少数据在网络中的传输开销，同时还能重新运行失败的任务。Hadoop MapReduce 已经在各个行业得到了广泛的应用，是最成熟和最流行的大数据处理技术。

Spark 是后续出现的 MapReduce 分布式计算框架。MapReduce 模型可以模拟一切分布式计算，但是效率是其“死穴”。弹性分布式数据集（Resilient Distributed Dataset，RDD）是 Spark 的核心，也是整个 Spark 的架构基础。RDD 是分布式、只读且已分区的集合对象。这些集合是弹性的，如果数据集有一部分丢失，则可以对它们进行重建，具有自动容错、位置感知调度和可伸缩性，其中容错性是最难实现的。RDD 使用户可以直接控制数据的共享，具有可容错和并行数据结构特征，可以指定数据存储到硬盘还是内存及控制数据的分区方法，并在数据集上进行种类丰富的操作，从而轻松、完整地搭建 MapReduce 模型，并能极为容易地实现实时流计算、机器学习、图计算、误差查询等功能。

Hadoop 和 Spark 等框架提供了 API，可辅助程序员存储、处理和分析大数据。

MapReduce 广泛应用在统一资源定位符（Uniform Resource Locator，URL）访问率统计、分布式 grep（Linux 系统中一种强大的文本搜索命令工具）、分布式排序、倒序索引构建、Web 连接图反转等方面。

Spark 是专为大规模数据处理而设计的快速通用的计算引擎，现已形成一个高速发展、应用广泛的生态系统，主要适用于需要多次操作特定数据集的应用场合，反复操作的次数越多，需要读取的数据量就越大，受益也越大。由于 RDD 的特性，Spark 不适用于异步细粒度更新状态的应用，例如 Web 服务存储或者增量 Web 爬虫和索引等增量修改的应用模型；也不适用于数据量不大，但是要求实时统计分析的需求。

在实际应用中，Spark 在互联网公司中主要应用在广告、报表、推荐系统等业务上：在广告业务方面需要大数据做应用分析、效果分析、定向优化等，在推荐系统方面则需要大数据优化相关排名、实现个性化推荐以及分析热点点击等。这些应用场景的普遍特点是计算量大、对效率要求高，而 Spark 恰恰可以满足这些要求。Spark 一经推出便受到开源社区的广泛关注和好评，并在近两年发展成为大数据处理领域炙手可热的开源项目。Spark 使用 Scala 语言来实现，它是一种面向对象的、函数式的编程语言。程序员能够像操作本地集合对象一样轻松地操作分布式数据集，具有运行速度快、易用性好、通用性强以及可随处运行等特点，适合大多数批处理工作，并已成为大数据时代企业大数据处理的优选技术，其中使用 Spark 的代表性企业有腾讯、雅虎、淘宝以及优酷等。

2.4 大数据管理技术

处理海量数据是云计算的一大优势功能。高效的数据处理技术是云计算不可或缺的核心技术之一。对于云计算来说，数据管理面临巨大的挑战。云计算不仅要保证数据的存储和访问，还要能够对海量数据进行特定的分布式检索和分析。数据管理技术必须能够高效地管理大量的数据。

大数据管理技术主要包括大数据计算技术、大数据分析与挖掘技术，以及大数据可视化技术。

1. 大数据计算技术

大数据计算技术是以数据为本质的信息技术，在数据挖掘过程中，能够带动理念、模式、技术及应用实践的创新。大数据计算技术采用分布式计算框架来完成大数据的处理和分析任务，不仅要提供高效的计算模型和简单的编程接口，还需要有高效可靠的 I/O，以满足数据实时处理的需求。此外，还要考虑可扩展性和容错能力。

大数据计算技术一方面与分布式存储形式直接相关，另一方面也与业务数据的温度类型（冷数据、温数据、热数据）相关。目前主要的数据处理计算模型包括分布式内存计算系统、分布式流计算系统、图数据计算系统等。

（1）分布式内存计算系统

使用分布式共享内存进行计算可以有效减少数据读写和移动的开销，极大地提高数据处理的性能。支持基于内存的数据计算，兼容多种分布式计算框架的通用计算平台是大数据领域所必需的重要关键技术。支持内存计算的商业工具包括 SAP HANA、Oracle BigData Appliance 等，Spark 则是此技术的开源实现代表，也是当今大数据领域最热门的基于内存计算的分布式计算系统。相比传统的 Hadoop MapReduce 批量计算模型，Spark 使用有向无环图（Directed Acyclic Graph，DAG）、迭代计算和内存计算的方式，带来了一到两个数量级的效率提升，尤其是 Spark2.0 增加了更多的优化器，计算性能得到了进一步的增强。实际上，Spark 已经替代 MapReduce 成为大数据生态的计算框架。

（2）分布式流计算系统

5G 和物联网技术的发展将使数据量激增，因此需要对数据流进行实时处理。不远的将来，人们将无法存储所有的数据，而数据的价值也会随着时间的流逝不断减少。此外，很多涉及用户隐私的数据也无法进行存储。因此，对数据流进行实时处理的技术获得了人们越来越多的关注。

数据流具有持续到达、速度快且规模巨大等特点，所以需要分布式的流计算技术对其进行实时处理。数据流的理论及技术研究已有十几年的历史，目前仍是研究热点。当前得到广泛应用的系统多数为支持分布式、并行处理的流计算系统，比较有代表性的商用软件包括 IBM Streams 和 InfoSphere Streams。开源系统则包括 Twitter Storm、

Yahoo！S4、Spark Streaming、Flink 等。

Storm 技术是目前应用最广泛的流计算技术之一，提供了可靠的流数据处理能力，可用于实时分析、在线机器学习、分布式远程过程调用（Remote Procedure Call，RPC），以及数据抽取、转换、加载（Extract-Transform-Load，ETL）等。Storm 运行用户自定义的拓扑，不同于 MapReduce 作业，用户拓扑永远运行，只要有数据进入就可以进行相应的处理。Storm 采用主从架构，在主节点中部署 Nimbus，主要负责接收客户端提交的拓扑，进行资源管理和任务分配；在从节点上运行监控器，负责从节点上部署的工作进程，也就是应用逻辑的运行。在可扩展性方面，Storm 借助 ZooKeeper 很好地解决了可扩展性的问题，可以非常容易地进行集群横向扩展，便于统一配置、管理和监控。在容错性方面，使用 ZeroMQ 传送消息，省略了中间的排队过程，消息能够直接在任务之间流动；注重容错和管理，实现了有保障的消息处理，保证每一个元组都能通过整个拓扑进行处理，未处理的元组则会自动重放。

除 Storm 之外，流计算得到了另一个流行的分布式计算平台 Spark 的支持，Spark 是一个快速、通用、可扩展的大数据分析引擎，Spark Streaming 的发展势头非常迅猛。Spark Streaming 的流计算模式以 RDD 为核心，将流看成是一种小规模的 RDD（RDD 原先的设计是大块的离线数据，而实时数据累积后也可以成为 RDD），各种处理步骤通过 RDD 的操作来实现。Spark Streaming 与 Storm、Heron 流计算的主要不同在于，后两者是严格的实时流计算，时延比前者小很多。Spark Streaming 是构建在 Spark 上的应用框架，将 Spark 的底层框架作为其执行基础，并在其上构建了 DStream 的行为抽象。利用 DStream 提供的 API，用户可以在数据流上进行各种实时操作。Spark Streaming 的原理是将流数据分成小的时间片断，以类似批量处理的方式来处理这小部分数据。DStream 同时也是 Spark Streaming 容错性的一个重要保障。

Flink 是由德国几所大学发起的学术项目，后来不断发展壮大，并于 2014 年年末成为 Apache 顶级项目。如果说 Spark 是批处理界的王者，那么 Flink 就是流处理领域冉冉升起的新星。Flink 是与上述两代框架都不太一样的新一代计算框架，它是一个支持在有界和无界数据流上做有状态计算的大数据引擎。它以事件为单位，并且支持 SQL、State、Water Mark 等特性。它支持“exactly once”，即保证事件投递只有一次，不多也不少，这样数据的准确性能可以得到提升。比起 Storm，Flink 的吞吐量更高、时延更小，准确性能更有保障；比起 Spark Streaming，Flink 以事件为单位，达到了真正意义上的实时计算，且所需计算资源相对更少。

数据都是以流的形式产生的。数据可以分为有界和无界，批量处理其实就是一个有界的数据流，是流处理的一个特例。基于这种思想，Flink 逐步发展成为一个可支持流式和批量处理的大数据框架。Flink 最适合的应用场景是低时延的数据处理场景：高并发处理数据，毫秒级时延，且兼具可靠性。Flink 的应用场景包括实时智能推荐、复杂事件处理、实时欺诈检测、实时数据仓库与 ETL、流数据分析、实时报表分析等。

（3）图数据计算系统

图数据存在于我们生活的方方面面，如果将数据相关方分别抽象为一个点，而它们之间的互相联系抽象为边，那么不同时间下事物之间错综复杂的联系就构成了一幅幅“图数据”。图计算以图论为基础，把现实世界抽象表达为一种“图”结构，并在这种数据结构上进行计算。在图计算中，基本的数据结构表达式为 G=（V，E，D），其中 V 表示 vertex（顶点或节点），E 表示 edge（边），D 表示 data（权重）。

图数据结构很好地表达了数据之间的关联性，而关联性计算是大数据计算的核心，通过获得数据之间的关联性，可以从噪声很多的海量数据中抽取有用的信息。图编程模型主要提供了基于图顶点的编程抽象，并沿着图的边进行通信，与 MapReduce 相比，这类图编程框架在处理图数据（如社交网络、航运网络和生物网络等）时比 MapReduce、Spark 更加流畅，获得的性能也更好。

目前通用的图计算软件可划分为两类。

一类主要基于遍历算法和实时的图数据库，如 Neo4j、OrientDB、InfiniteGraph、DEX、Info Grid 及微软的 Trinity 等，此类软件大多基于 Apache 组织的 TinkerPop 开源图计算框架，它既是一个面向实时事务处理以及批量分析型图分析的图计算框架，又是一个总称，包含若干个子项目以及与核心 TinkerPop Gremlin 引擎集成的模块。该框架还提供了 Gremlin 语言，这是一种图遍历语言，是其核心功能的一部分。

另一类则是以图顶点为中心的消息传递批处理的并行引擎，如 Google Pregel、Apache Hama、脸书的 Giraph、卡内基梅隆大学的 GraphLab 及 Spark 系统的 GraphX 等，此类软件主要基于大容量同步并行（Bulk Synchronous Parallel，BSP）模型来实现。BSP 模型由哈佛大学的莱斯利·瓦利安特（Leslie Valiant）教授和牛津大学的比尔·麦考尔（Bill McColl）教授提出。一个 BSP 模型由大量相互关联的处理器组成，它们之间形成了一个通信网络。每个处理器都有快速的本地内存和不同的计算线程。一次 BSP 计算过程由一系列全局超步组成，可有效避免死锁。每一个超步（计算中的一次迭代）包括并发计算、通信、栅栏同步 3 个步骤。并发计算是指每个参与的处理器都有自身独立的异步计算任务；通信是指处理器之间由一方发起的推送和获取操作；栅栏同步是指当一个处理器遇到路障时，会等其他处理器完成它们的计算步骤后再进行下一个起步。每一次栅栏同步既是上一个超步的结束，也是下一个超步的开始。

大数据分析系统的一个重要发展方向就是兼顾性能和容错性，而图计算系统在数据模型上较好地考虑了性能和容错能力的平衡，是未来的重要发展方向。

2. 大数据分析与挖掘技术

大数据分析与挖掘技术包括已有数据信息的分布式统计分析，以及未知数据信息的分布式挖掘和深度学习。分布式统计分析技术基本都可借由数据处理技术直接完成，分布式挖掘和深度学习技术则可以进一步细分为 4 类。

（1）聚类

聚类是指根据“物以类聚”的原理，将物理或抽象对象的集合划分为由类似的对象组成的多个类的过程。这是一种重要的人类行为。聚类与分类的不同在于：聚类要求划分的类是未知的，是一种无监督学习任务。同一个类中的对象有很大的相似性，而不同类间的对象则有很大的相异性。

聚类是数据挖掘的主要任务之一。聚类能够作为一个独立的工具获得数据的分布状况，观察每一簇数据的特征，集中对特定的聚簇集合作进一步的分析。此外，聚类还可以作为其他算法（如分类和定性归纳算法）的预处理步骤，能够基于数据的内部结构寻找观察样本的自然族群，使用案例包括细分客户、新闻聚类、文章推荐、统计学、机器学习、空间数据库技术、生物学以及市场营销等场景。

聚类分析已经成为数据挖掘研究领域中一个非常活跃的研究课题。聚类算法可以分为5类：划分方法、层次方法、基于密度方法、基于网格方法和基于模型方法。传统的聚类算法已经比较成功地解决了低维数据的聚类问题。但是，由于实际应用中数据的复杂性，在处理许多问题时，特别是面对高维数据和大型数据的情况，现有的算法经常失效。数据挖掘中的聚类研究主要集中在针对海量数据的有效和实用的聚类方法上，聚类方法的可伸缩性、高维聚类分析、分类属性数据聚类、具有混合属性数据的聚类和非距离模糊聚类等问题是目前数据挖掘研究人员最感兴趣的方向。

（2）分类

分类是指在一定的、有监督的学习前提下，将物体或抽象对象的集合分成多个类的过程。每个训练样本的数据对象已经有类标识，通过学习可以形成表达数据对象与类标识间对应的知识。分类是一种基于训练样本数据区分其他样本数据标签的过程，即应该如何给其他样本数据贴标签。用于解决分类问题的方法非常多，常用的分类方法主要有决策树、贝叶斯、人工神经网络、*k*-近邻、支持向量机、逻辑回归、随机森林等。

决策树是用于分类和预测的主要技术之一。决策树学习是以实例为基础的归纳学习算法，它着眼于从一组无次序、无规则的实例中推理出以决策树表示的分类规则。构造决策树的目的是找出属性和类别间的关系，用它来预测将来未知类别的记录的类别。它采用自顶向下的递归方式，在决策树的内部节点进行属性的比较，并根据不同的属性值判断从该节点向下的分支，在决策树的叶节点得到结论。

贝叶斯分类算法是一类利用概率统计知识进行分类的算法，如朴素贝叶斯分类器（Naive Bayesian Classifier）。这些算法主要利用贝叶斯定理来预测一个未知类别的样本属于各个类别的可能性，选择其中可能性最大的一个类别作为该样本的最终类别。

人工神经网络是一种应用类似于大脑神经突触连接的结构进行信息处理的数学模型。在这种模型中，大量的节点（或称“神经元”）之间相互连接构成网络，即“神经网络”，以达到处理信息的目的。神经网络通常需要进行训练，训练的过程就是网络进行学习的过程。训练改变了网络节点的连接权的值，使其具有分类的功能，则经过训练的网络就可用于对象的识别。目前神经网络已有上百种不同的模型，常见的有反向传播（Back Propagation，BP）神经网络、径向基函数（Radial Basis Function，RBF）神经网络、Hopfield网络、随机神经网络玻尔兹曼机、Hamming网络、自组织映射（Self Organizing Map，SOM）网络等。但是当前的神经网络仍普遍存在收敛速度慢、计算量大、训练时间长和不可解释等缺点。

k-近邻算法是一种基于实例的分类方法。该方法的实施过程是先找出与未知样本 x 距离最近的 k 个训练样本，再判断这 k 个样本中大多属于哪一类，则把 x 归为那一类。*k*-近邻算法是一种懒惰学习方法，它存放样本，直到需要分类时才进行分类，如果样本集比较复杂，则可能会导致很大的计算开销，因此无法应用到实时性很强的场合中。

支持向量机（Support Vector Machine，SVM）是弗拉基米尔·万普尼克（Vladimir Vapnik）根据统计学习理论提出的一种新的学习方法，它的最大特点是根据结构风险最小化准则，以最大化分类间隔构造最优分类超平面来提高学习机的泛化能力，较好地解决了非线性、高维数、局部极小点等问题。对于分类问题，SVM 算法根据区域中的样本计算该区域的决策曲面，由此确定该区域中未知样本的类别。

逻辑回归是一种利用预测变量（数值型或离散型）来预估事件出现可能性的模型，主要应用于生产欺诈检测、广告质量估计，以及定位产品预测等。

（3）关联分析

关联分析是一种简单、实用的分析技术，就是通过发现大量数据间的关联性或相关性，描述一个事物中某些属性同时出现的规律和模式关联的分析方法，在数据挖掘领域也被称为关联规则挖掘。

关联分析是从大量数据中发现项集之间有趣的相关联系。关联分析的一个典型例子是购物篮分析。该过程通过发现顾客放入其购物篮中的不同商品之间的联系，分析顾客的购买习惯。零售商通过了解哪些商品频繁地被顾客同时购买，可以制定相应的营销策略。其他的应用还包括价目表设计、促销商品的摆放和基于购买模式的顾客划分等。

关联分析的算法主要分为广度优先算法和深度优先算法两大类。应用最广泛的广度优先算法有 Apriori、AprioriTID、Apriori-Hybrid、Partition、Sampling、动态项目集计数（Dynamic Itemset Counting，DIC）等算法。主要的深度优先算法有 FP-growth、等价类变换（Equivalence Class Transformation，Eclat）、H-Mine 等。

Apriori 算法是一种经典的挖掘关联规则和频繁项集的广度优先算法，也是最著名的关联规则挖掘算法之一。FP-growth 算法是一种深度优先的关联分析算法，2000 年由美国伊利诺伊大学厄巴纳—香槟分校计算机系的韩家炜（Jiawei Han）教授等人提出，基于频繁模式树（Frequent Pattern Tree，FP-Tree）发现频繁模式。

（4）深度学习

深度学习是机器学习研究中一个新的领域，其动机在于建立、模拟人脑进行分析学习的神经网络，通过模仿人脑的机制来解释数据，例如图像、声音和文本。深度学习的实质，是通过构建具有很多隐层的机器学习模型和海量的训练数据来学习更有用的特征，最终提升分类或预测的准确性。深度学习的概念由杰弗里·辛顿（Geoffrey Hinton）等人于 2006 年提出，是一种使用深层神经网络的机器学习模型。深层神经网络是指包含很多隐层的人工神经网络，它具有优异的特征学习能力，学习得到的特征对数据有更本质的刻画，从而有利于可视化或分类。

同机器学习方法一样，深度机器学习方法也有监督学习与无监督学习之分。不同的学习框架下，建立的学习模型很不一样。例如，卷积神经网络就是一种深度的监督学习下的机器学习模型，而深度置信网络就是一种无监督学习下的机器学习模型。

当前深度学习被用于计算机视觉、语音识别、自然语言处理等领域，并取得了大量突破性的成果。运用深度学习技术有助于我们从大数据中发掘出更多有价值的信息和知识。

3. 大数据可视化技术

数据可视化运用计算机图形学和图像处理技术，将数据转换为图形或图像在屏幕上显示出来，并进行交互处理，它涉及计算机图形学、图像处理、计算机辅助设计、计算机视觉及人机交互等多个技术领域。数据可视化的概念来自科学计算可视化，科学家们不仅需要通过图形、图像来分析由计算机算出的数据，还需要了解计算过程中数据的变化。

随着计算机技术的发展，数据可视化的概念已大大扩展，它不仅包括科学计算数据的可视化，而且包括工程数据和测量数据的可视化。学术界常把这种空间数据的可视化称为体视化技术。近年来，随着网络技术和电子商务的发展，提出了信息可视化的要求。通过数据可视化技术，发现大量金融、通信和商业数据中隐含的规律信息，从而为决策提供依据。这已成为数据可视化技术中新的热点。

清晰而有效地在大数据与用户之间传递和沟通信息是数据可视化的重要目标，数据可视化技术将数据库中的每一个数据项作为单个图元元素来表示，大量的数据集构成数据图像，同时将数据的各个属性值以多维数据的形式予以表示，可以从不同的维度观察数据，从而能对数据进行更深入的观察和分析。

数据可视化的关键技术主要包括以下几项。

（1）数据信息的符号表达技术

除了常规的文字符号和几何图形符号，各类坐标、图像阵列、图像动画等符号技术都可以用来表达数据信息。特别是多种符号的综合使用，往往能让用户获得不一样的沟通体验。具体的符号表达技术形式包括各类报表、仪表盘、坐标曲线、地图、谱图、图像帧等。

（2）数据渲染技术

各类从符号到屏幕图形阵列的二维平面渲染技术、三维立体渲染技术等。渲染的关键技术还与具体媒介相关，例如手机等移动终端上的渲染技术等。

（3）数据交互技术

除了各类PC设备和移动终端上的鼠标、键盘与屏幕的交互技术形式外，可能还包括语音、指纹等交互技术。

（4）数据表达模型技术

数据可视化表达模型描述了数据展示给用户所需要的语言文字和图形、图像等符号信息，以及符号表达的逻辑信息和数据交互方式信息等。其中，数据矢量从多维信息空间到视觉符号空间的映射与转换关系是表达模型最重要的内容。此外，除了数据值的表达技术，数据趋势、数据对比、数据关系等的表达技术都是表达模型中的重要内容。

大数据可视化与传统数据可视化不同：传统数据可视化技术和软件工具（如商业智能（Business Intelligence，BI））通常是对数据库或数据仓库中的数据进行抽取、归纳和组合，通过不同的展现方式提供给用户，用于发现数据之间的关联信息；而大数据时代的数据可视化技术则需要结合大数据多类型、大体量、高速率、易变化等特征，能够快速收集、筛选、分析、归纳、展现决策者所需要的信息，支持交互式可视化分析，并根据新增的数据进行实时更新。

当前，数据可视化技术是一个正在迅速发展的新兴领域，已经出现了众多的数据可视化软件和工具，如Tableau、Datawatch、Platfora、D3.js、Processing.js、Gephi、ECharts、大数据魔镜等。许多商业的大数据挖掘和分析软件也提供了数据可视化功能，如 IBM SPSS、SAS Enterprise Miner 等。

传统的数据应用主要集中在对业务数据的统计分析方面，作为系统或企业的辅助支撑，应用范围以系统内部或企业内部为主，例如各类统计报表、展示图表等。伴随着各种随身设备以及物联网、云计算、云存储等技术的发展，数据内容和数据格式日益多样化，数据颗粒度也愈来愈细，随之出现了分布式存储、分布式计算、流处理等大数据技术，各行业基于多种甚至跨行业的数据源相互关联研究，从而探索了更多的应用场景，同时更注重面向个体的决策和应用的时效性。因此，大数据的数据形态、处理技术、应用形式构成了区别于传统数据应用的大数据应用。下面简要概括大数据在各行各业的具体应用。

制造业：利用工业大数据提升制造业水平，包括产品故障诊断与预测、分析工艺流程、改进生产工艺、优化生产过程能耗、工业供应链分析与优化、生产计划与排程。

金融行业：大数据在高频交易、社交情绪分析和信贷风险分析三大金融创新领域发挥重大作用。

汽车行业：利用大数据和物联网技术的无人驾驶汽车，在不远的未来将走入我们的日常生活。

互联网行业：借助大数据技术，互联网公司可以分析客户行为，从而进行商品推荐和有针对性的广告投放。

餐饮行业：利用大数据实现餐饮线上到线下（Online To Offline，O2O）模式，彻底改变传统的餐饮经营方式。

电信行业：利用大数据技术实现客户离网分析，及时掌握客户离网倾向，出台客户挽留措施。

能源行业：随着智能电网的发展，电力公司可以掌握海量的用户用电信息，利用大数据技术分析用户用电模式，以改进电网运行，合理设计电力需求响应系统，确保电网运行安全。

物流行业：利用大数据优化物流网络，提高物流效率，降低物流成本。

城市管理：利用大数据实现智能交通、环保监测、城市规划和智能安防。

生物医学：利用大数据可以实现流行病预测、智慧医疗、健康管理，同时还可以帮助我们解读 DNA，了解更多的生命奥秘。

文体娱乐：大数据可以帮助球队训练球员，帮助制片方判断应该投资哪种题材的影视作品，以及分析各项赛事结果。

安全领域：政府可以利用大数据技术构建强大的国家安全保障体系，企业可以利用大数据抵御网络攻击，警察可以借助大数据来预防犯罪。

个人生活：利用与每个人相关联的“个人大数据”，分析个人生活行为习惯，为其提供更加周到的个性化服务。

大数据的价值远远不止于此，大数据对各行各业的渗透大大推动了社会生产和生活的进步，未来必将产生重大而深远的影响。

| 2.5 云计算平台管理技术 |

云计算资源规模庞大、服务器数量众多并分布在不同的地点，且同时运行着众多应用，如何有效地管理这些服务器，保证整个系统提供不间断的服务是巨大的挑战。云计算系统的平台管理技术需要具有高效调配大量服务器资源，使其更好地协同工作的能力。其中，方便地部署和开通新业务，快速发现并解决系统故障，通过自动化、智能化手段实现大规模系统的可靠运营是云计算平台管理技术的关键所在。

对于提供者而言，云计算可以有 3 种部署模式，即公有云、私有云和混合云。3 种模式对平台管理的要求大不相同。对于用户而言，由于企业对于 ICT 资源共享的控制、对系统效率的要求以及成本预算不尽相同，企业所需要的云计算系统规模及可管理性能也大不相同。因此，云计算平台管理方案要更多地考虑到定制化需求，能够满足不同场景的应用需求。VMWare 代表封闭的商业化实现，功能稳定、全面，但成本较高，定制化程度低，主要应用于大中型传统企业市场。OpenStack 代表开放的开源实现，异构技术整合和高度定制化能力强，适合于需要高度定制研发的公有云和异构环境整合的混合云市场。随着稳定性和企业功能的完善，OpenStack 企业私有云部署案例越来越多，不少运营商开始转向 OpenStack 部署。

云管理平台（CMP）构建于服务器、存储、网络等基础设施及操作系统、中间件、数据库等基础软件之上，依据策略实现自动化的统一管理、调度、编排与监控。云管理的目标是实现 IT 能力的服务化供应，并实现云计算的各种特性，如资源共享、自动化、按使用付费、自服务、可扩展等。

高德纳（Gartner）公司对云平台及 CMP 的定义如图 2-22 所示。

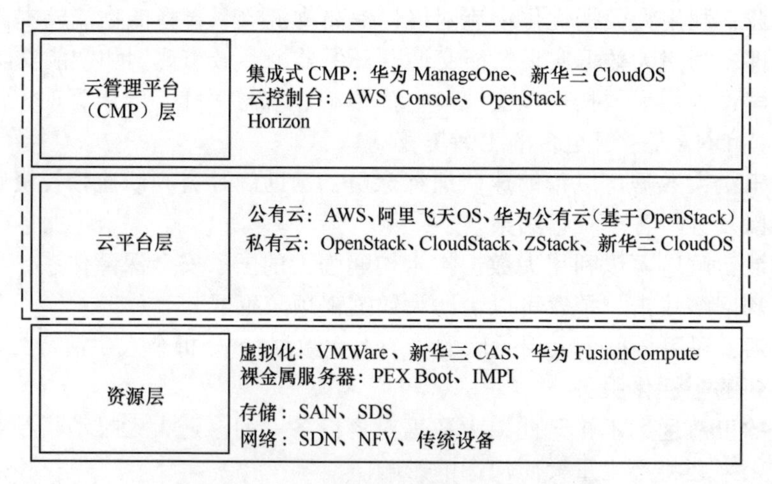

图 2-22 Gartner 对云平台及 CMP 的定义

资源层包括硬件、虚拟化和网络基础设施等。云平台层提供了 API 供用户及其他软件使用，使得他们可以管理、申请和使用云资源。CMP 层是包括开发人员、IT 人员、规划人员等在内的企业用户使用企业云基础设施的管理平台，它是整个云栈最上面的一层，也是最后一层。终端用户在 CMP 层上进行操作，然后 CMP 层将指令发给下面的一个或多个云平台，云平台又将指令发送给下面的基础设施层。

CMP 提供多基础设施的整合能力，包括异地、异种资源（计算、存储、网络）、异构（虚拟化、物理）、异厂商（VMWare、华为、新华三）、异用途（生产、测试、灾备）。CMP 提供跨平台的编排能力，灵活、高效地在不同的云平台使用云资源。这种编排能力既包括管理平台自身业务和资源的编排能力，也包括对第三方 CMP 或承载技术平台的集成编排，从而达到自身编排能力的延伸。CMP 提供以服务目录为最主要载体的服务管理能力。超越传统 IT 服务管理（IT Service Management，ITSM）的内涵定义，具备跨多资源池、基于 VDC 的自动创建、内置的应用视角计量计费等能力。CMP 提供多租户、多层次的资源访问管理能力，即分权分域的多租户能力，满足大型企业多层次、多应用资源隔离管理的需求。CMP 提供开放的接口来整合其他外围系统。针对用户的云上业务的监控、部署、配置管理系统以及针对基础设施的用户、权限管理系统都需要和 CMP 对接，实现信息共享和交互。

综上所述，CMP 从功能上一般可分为资源管理和服务管理两个层面。资源管理主要包括资产管理、资源封装、资源模板管理、资源部署调度、资源监控等，通过 API 适配底层各厂家的专业管理平台并实现资源调用。服务管理主要包括门户管理、用户管理、服务管理、订单管理、客户保障等，通过与资源管理平台之间的接口实现服务部署和底层资源调度。此外，为保证相关业务的运营，还包括计费管理、运维管理、运营分析、安全管理等相关技术。CMP 从应用上一般可分为对内和对外两个方面。对内应用时，CMP 用于构建企业内部的私有云，承载企业内部应用；对外应用时，CMP 用于对外提供公有云和私有云服务。

CMP 在实现上既有商业化系统，也有开源系统。商业化系统的典型代表如 VMWare vCloud Suite、Microsoft System Center 等；开源系统领域的典型代表如 OpenStack 及 CloudStack。近年来，OpenStack 已经全面超越其他开源云平台，成为全球最大、影响力最大、发展最迅速、产业覆盖最广的开源项目。

2.5.1 商业云计算平台管理

VMWare 作为虚拟化和云管理领域的老牌厂商，连续多年在 IDC 的云计算系统管理软件报告中被评为第一名。此处以 VMWare 为例进行介绍。目前，VMWare 主打多云/混合云战略，其 CMP 产品线包括多款产品组合。

（1）vRealize Suite

vRealize Suite 是企业级混合 CMP，可以提供便于开发人员使用的基础架构（支持虚拟机和容器）以及适用于混合云和多云环境的通用方法，支持主流公有云，如 Amazon Web Services、Azure 和 Google Cloud Platform。

（2）vCloud Suite

vCloud Suite 是企业级云平台，包括 vSphere 和 vRealize Suite。

（3）Cloud Foundation

面向混合云的集成式软件定义数据中心（Software Defined Data Center，SDDC）平台，vSphere+vSAN+NSX+SDDC manager（vRealize Suite）。

（4）VIO

VMWare 的 OpenStack 发行版，构建基于 VMWare 虚拟化的 OpenStack 云环境，当前为 Ocata 版本。

VMWare vCloud Suite 是 VMWare 基于其服务器虚拟化技术和相关解决方案开发的 CMP，用于构建和管理基于 vSphere 的 IaaS 云。vCloud Suite 是一款集成式产品，整合了 VMWare vSphere Hypervisor 和 VMWare vRealize Suite 混合 CMP，架构如图 2-23 所示。

VMWare vCloud Suite 的优势在于以下几点。

应用运维：使开发人员能够实时、快速地发布基于微服务、分布极广的云计算应用，对其执行故障排除，优化其性能。

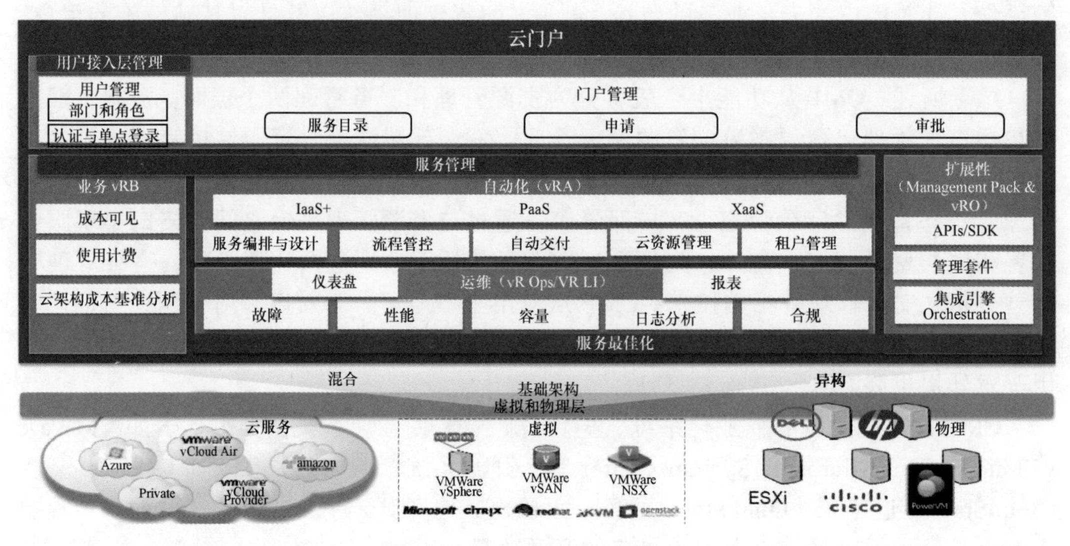

图 2-23　vCloud Suite 架构

自动驾驶式运维：基于运维和业务目标，帮助 IT 部门持续优化容量和性能。

可编程调配：利用完整的生命周期管理，帮助开发人员和 IT 部门通过 API、目录或命令行界面（Command Line Interface，CLI）轻松访问任何云中的基础架构和应用资源。

数据中心虚拟化：利用全球领先的虚拟化平台作为多项数据中心计划的基础，整合服务器和数据中心，提高应用可用性和性能，满足应用的纵向扩展或横向扩展要求。

借助 VMWare 可移动许可单元，vCloud Suite 可同时构建和管理基于 vSphere 的私有云和混合云。

其产品套件中主要包括如下两大组件。

（1）vSphere 计算虚拟化：服务器虚拟化平台

6.5 版本的新功能特性主要包括：vCenter Server 高可用、备份和还原；vCenter Server Appliance 迁移工具及应用管理功能增强；增强的日志记录、大规模安全性、虚拟机级别加密；vSphere Integrated Containers 容器的虚拟基础架构平台；Cross-Cloud vMotion 提供 VMWare 云间工作负载实时迁移等。

（2）vRealize Suite：混合 CMP

提供基础设施、应用调配、生命周期管理、IT 运维管理自动化，以及跨云成本和使用情况管理等功能。

此外，VMWare 还提供其他附加模块以实现对 vCloud Suite 的扩展，例如以可选组件的形式提供 vSphere 的 NSX，实现独立于硬件的网络虚拟化。

2.5.2 开源云计算平台管理

开源 CMP 已应用在全球许多用户的云计算中心。主流的开源 CMP 解决方案包括 OpenStack、CloudStack、ManageIQ、Cloudify、OpenNebula、Eucalyptus 等。其中，OpenStack、CloudStack 无疑是应用最为广泛的两大解决方案。

1. OpenStack

OpenStack 是一个由美国国家航空航天局（National Aeronautics and Space Administration，NASA）和 Rackspace 合作研发的，以 Apache 许可证授权的自由软件和开放源代码项目。其官方定义是一个通过统一界面实现对整个数据中心内的大规模的计算、存储、网络资源池的控制和管理，并为用户提供 Web 接口实现资源部署的云操作系统。

OpenStack 是一个开源的 CMP，由几个主要的组件组合起来完成具体工作。OpenStack 支持几乎所有类型的云环境，项目目标是提供实施简单、可大规模扩展、丰富、标准统一的云计算管理平台。OpenStack 通过各种互补的服务提供了 IaaS 的解决方案，每个服务提供 API 以进行集成。

OpenStack 是一个旨在为公有云及私有云的建设与管理提供软件的开源项目，帮助服务提供商和企业实现类似于 Amazon EC2 和 S3 的云基础架构服务，拥有良好的社区环境和文档资源。OpenStack 得到了众多企业的支持，社区成员庞大，用户和开发者遍布全球多个国家和地区。这些机构与个人都将 OpenStack 作为 IaaS 资源的通用前端。OpenStack 项目的首要任务是简化云的部署过程，并带来良好的可扩展性。

OpenStack 不仅仅是一个开源软件，更是一个开源框架。OpenStack 的每个子项目都共同贯彻着模块化、可配置的设计思想，每个服务组件的功能和机制都基于可选择、可配置的模块化插件实现，通过配置 API、驱动、插件来选择不同的后端实现，充分保证了灵活性、兼容性和可扩展性。OpenStack 主要借助 Python 进行开发，采用分层设计的思想，覆盖了网络、虚拟化、操作系统、服务器等各个方面，是一个正在开发中的云计算平台项目，根据成熟度及重要程度的不同，被分解成核心项目、孵化项目，以及支持项目和相关项目，每个项目都有自己的委员会和项目技术主管，而且每个项目都不是一成不变的，孵化项目可以根据发展的成熟度和重要性，转变为核心项目。OpenStack 的整体架构主要包括接入层、核心层和共享层，其中接入层主要是应用程序、API 和管理门户 Horizon，提供对外交互的接口；核心层包括存储服务（对象存储 Swift 和块存储 Cinder）、计算服务 Nova、网络服务 Neutron 等服务，是云计算最重要的部分；共享层主要是镜像服务 Glance、身份服务 Keystone 和账户管理。

OpenStack 系统架构如图 2-24 所示。

下面列出了 10 个核心项目（即 OpenStack 服务）。

（1）计算服务 Nova

Nova 是一套控制器，用于为单个用户或群组管理虚拟机实例的整个生命周期，根据用户需求来提供虚拟服务。负责虚拟机创建、开机、关机、挂起、暂停、调整、迁移、重启、销毁等操作，配置 CPU、内存等信息规格。自 Austin 版本开始被集成到 OpenStack 项目中。

（2）对象存储 Swift

Swift 是一套用于在大规模可扩展系统中通过内置冗余及高容错机制实现对象存储的系统，允许进行存储或者检索文件。可为 Glance 提供镜像存储，为 Cinder 提供卷备份服务。自 Austin 版本开始被集成到 OpenStack 项目中。

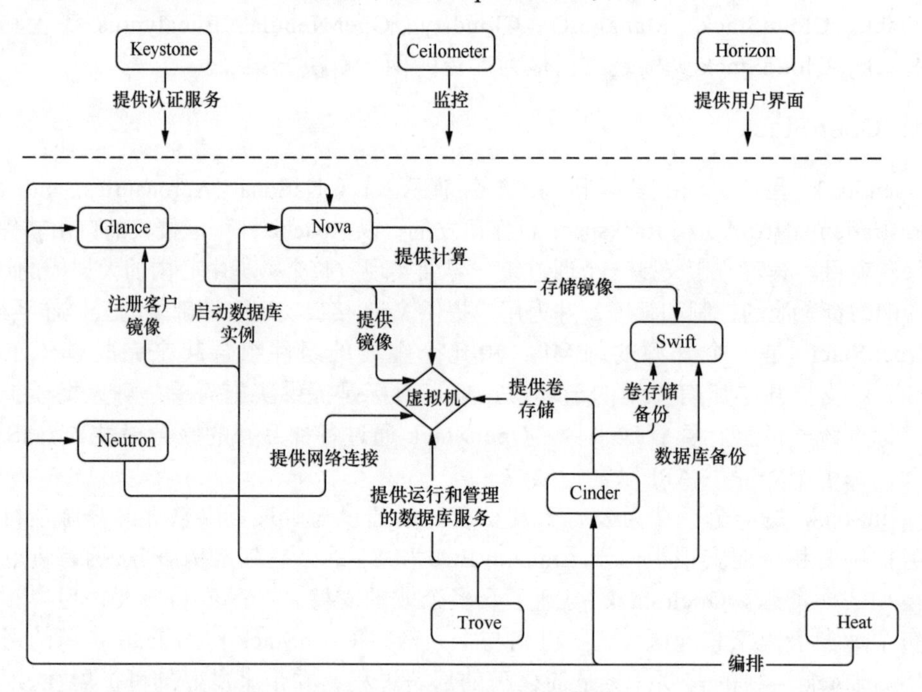

图 2-24　OpenStack 系统架构

（3）镜像服务 Glance

Glance 是一套虚拟机镜像查找及检索系统，支持多种虚拟机镜像格式（AKI、AMI、ARI、ISO、QCOW2、RAW、VDI、VHD、VMDK），有创建镜像、上传镜像、删除镜像、编辑镜像基本信息的功能。自 Bexar 版本开始被集成到 OpenStack 项目中。

（4）身份服务 Keystone

Keystone 为 OpenStack 的其他服务提供身份验证、服务规则和服务令牌的功能，管理 Domains、Projects、Users、Groups、Roles。自 Essex 版本开始被集成到 OpenStack 项目中。

（5）网络服务 Neutron

Neutron 提供云计算的网络虚拟化技术，为 OpenStack 其他服务提供网络连接服务。为用户提供接口，可以定义网络、子网、路由器，配置动态主机配置协议（Dynamic

Host Configuration Protocol，DHCP）、域名系统（服务）协议（Domain Name System，DNS）、负载均衡、三层服务，网络支持 GRE、VLAN。插件架构支持许多主流的网络厂家和技术，如 OpenvSwitch。自 Folsom 版本开始被集成到 OpenStack 项目中。

Neutron 的主要工作包括虚拟化网卡等各种网络部件，实现虚拟网元之间的互联以及打通虚拟网络和物理网络。

Neutron 的首要工作是定义 API，API 的核心是它的数据模型。端口在数据模型中占有重要位置。端口首先作为虚拟机的网卡，然后作为路由器的端口。端口上面还绑着安全组，形成规则来提供端口的访问控制。端口与网络绑定在一起，网络为与自己绑定的端口以及与其他网络绑定的端口提供隔离。端口从子网获取 IP 地址。路由器为租户提供路由、网络地址转换（Network Address Translation，NAT）等服务。网络对应于一个真实物理网络中的二层 VLAN，从租户的角度而言，是租户私有的。子网为网络中的三层概念，指定一段 IPv4 或 IPv6 地址并描述其相关的配置信息。它附加在一个二层网络上，指明属于这个网络的虚拟机可使用的 IP 地址范围。浮动 IP 地址是在公网上可以访问的一个 IP 地址，在绑定到某个端口之后，这个端口就可以从外界访问。

（6）块存储 Cinder

Cinder 为运行实例提供稳定的数据块存储服务，它的插件驱动架构有利于创建和管理块设备，如创建卷、删除卷，以及在实例上挂载和卸载卷。Cinder 是独立于虚拟机实例的持久存储，每个卷一次只能挂载在一个实例上。Cinder 可以集成多种存储后端，包括商业的存储和 SDS 的解决方案。自 Folsom 版本开始被集成到 OpenStack 项目中。

（7）管理门户 Horizon

Horizon 是 OpenStack 中各种服务的 Web 管理门户，用于简化用户对服务的操作，如启动实例、分配 IP 地址、配置访问控制等。自 Essex 版本开始被集成到 OpenStack 项目中。

（8）测量 Ceilometer

Ceilometer 像一个漏斗一样，把 OpenStack 内部发生的几乎所有的事件都收集起来，然后为计费、监控以及其他服务提供数据支撑。自 Havana 版本开始被集成到 OpenStack 项目中。

（9）部署编排 Heat

Heat 提供了一种通过模板定义的协同部署方式，实现云基础设施软件运行环境（计算、存储和网络资源）的自动化部署。自 Havana 版本开始被集成到 OpenStack 项目中。

（10）数据库服务 Trove

Trove 为用户在 OpenStack 的环境下提供可扩展、可靠的关系和非关系数据库引擎服务。自 Icehouse 版本开始被集成到 OpenStack 项目中。

OpenStack 的定位是云操作系统，通过统一界面实现对整个数据中心内大规模的计算、存储，以及对网络资源池的控制和管理，并为用户提供 Web 接口实现资源部署。

OpenStack 提供了一个开源框架，基于模块化、可配置的设计思想，通过可选择、可配置的模块化插件、API 或驱动来选择不同的后端实现，从而使能各个服务组件的功能和机制，充分保证了灵活性、兼容性和可扩展性。

OpenStack 提供北向 API 供其他系统调用。

OpenLab 是 OpenStack 协同华为、英特尔等厂商创建的集成测试项目，旨在构建易用、易复制的测试平台，协同 OpenStack 社区、平台商、云提供商、开源项目等，对 OpenStack 及其周边工具、系统、应用等商业和开源项目进行可用性、可靠性和弹性测试，以解决 OpenStack 云环境的集成问题，服务于最终用户。

OpenStack 目前已经全面超越其他开源云平台，成为全球最大的社区项目。OpenStack 兼容业界主流的 4 种虚拟化平台：VMWare ESX、Xen、KVM 和微软 Hyper-V，但是由于虚拟化平台对外开放接口的限制以及社区支持度的不同，OpenStack 对 4 种虚拟化技术的兼容能力存在差异。目前 OpenStack 对开源虚拟平台 Xen 和 KVM 的支持最为完善，包括虚拟机的生命周期管理、存储管理、快照、镜像以及虚拟网络等功能的实现。

OpenStack 用户广泛分布在各行各业。电信运营商和云计算服务提供商将 OpenStack 定位为公有云平台，如 AT&T、德国电信、Rackspace、惠普、戴尔等；互联网企业初期大多基于 OpenStack 构建私有云，并逐步向公有云方向发展，如新浪、京东、百度等；企业用户和各类研究机构大多将 OpenStack 限定在私有云范围，如 NASA、索尼、eBay、PayPal 等；财富 100 强企业中有 11 家，如百思买、宝马、Comcast、迪士尼、沃尔玛等已将其用于大规模生产环境部署。

2. CloudStack

CloudStack 是一个具有高可用性及扩展性的开源云计算平台，支持管理大部分主流的 Hypervisor，如 KVM、XenServer、VMWare、Oracle VM、Xen 等。

同时，CloudStack 是一个开源云计算解决方案，可以加速高伸缩性的公有云和私有云 IaaS 的部署、管理、配置。使用 CloudStack 作为基础，数据中心操作者可以快速、方便地通过现存基础架构创建云服务。

CloudStack 系统架构如图 2-25 所示。CloudStack 采用分层设计，主要包括接入层、CloudStack API、虚拟化层和基础资源层。CloudStack 可以通过 API 进行功能扩展，并兼容 AWS 的 API。

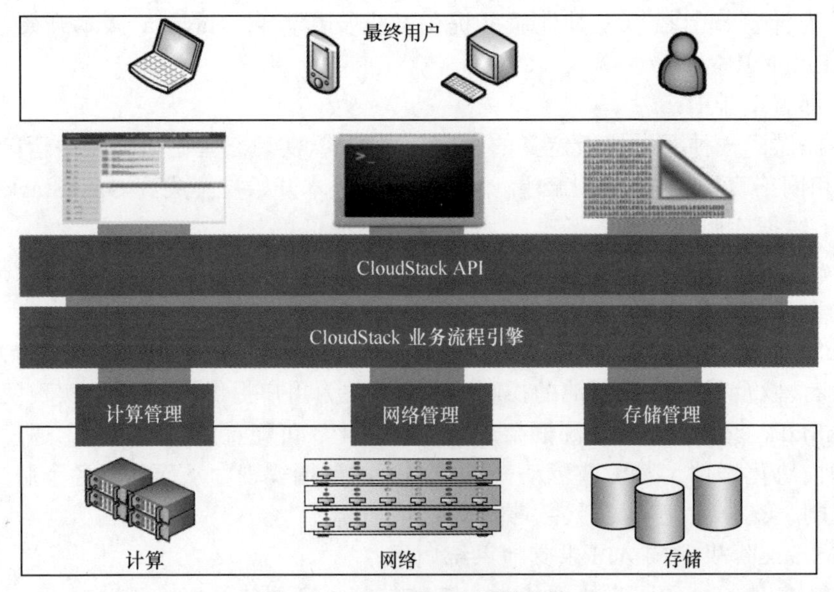

图 2-25 CloudStack 系统架构

CloudStack 主要使用 Java 进行开发，对外提供 API，包括管理节点程序和主机节点程序，管理节点程序部署了 Tomcat 的 Serverlet。同时，为了提高效率，底层的网络管理和系统相关功能使用 Python 进行开发。

CloudStack 发展迅速，拥护良好的社区环境，同时在官网提供了完整的文档资料，系统采用统一的编程规范，可以自定制用户界面（User Interface，UI），自定义 API，在新版本中不断对系统进行解耦，降低系统的关联性。基于 CloudStack 开发的环境越来越成熟，国内的社区活动也比较活跃。

在基于 CloudStack 部署基础设施云和数据中心中，运营商可以快速、轻松地在现有的基础设施上提供弹性云计算服务，CloudStack 用户可以充分利用云计算的高效率，不限规模且更快地部署新服务。

CloudStack 是一个开源的云操作系统，它可以帮助用户利用自己的硬件提供类似于 Amazon EC2 的公有云服务。CloudStack 可以通过组织和协调用户的虚拟化资源构建一个和谐的环境。CloudStack 具有许多强大的功能，可以让用户构建一个安全的多租户云计算环境。CloudStack 兼容 Amazon API。

CloudStack 可以让用户快速、方便地在现有的架构上建立自己的云服务，帮助用户更好地协调服务器、存储、网络资源，从而构建一个 IaaS 平台。

CloudStack 支持管理大部分主流的服务器虚拟化软件，如红帽 KVM、思杰 XenServer、Xen Cloud Platform、VMWare vSphere、Oracle VM、Xen 等，并通过智能平台管理接口（Intelligent Platform Management Interface，IPMI）实现对物理服务器的监控和管理。同时，CloudStack 可管理并保存虚拟机实例文件的主存储资源，以及保存虚拟机模板、快照和 ISO 镜像的附加存储资源。网络管理方面，CloudStack 可配置并调度多种网络资源和能力，如二层 VLAN 隔离、端口转发，三层网络安全组隔离，以及 NAT、DHCP、负载均衡、VPN、防火墙等功能。由于 CloudStack 软件技术成熟、运行稳定，被云计算服务提供商、电信运营商、大型互联网公司广泛采用，如韩国电信（KT）、日本 NTT DoCoMo、印度 TaTa 通信、Rackspace、IDC Frontier 等。

2.6　云安全相关技术

云计算为用户提供了一种新型的计算、网络、存储环境，但在系统和应用的服务层面，传统的部署方式却还没有革命性的改变。在云计算平台上，认证和授权类、逻辑攻击类、客户端攻击类、命令执行类、信息泄露类等多种威胁仍然不可忽视，需要云计算服务提供商和企业 IT 管理人员足够重视。相对于传统服务器架构，云计算技术引入了虚拟化、多租户等概念，这些都在一定程度上给信息系统带来了相关的风险点。数据泄露、身份验证不足、不安全的接口等安全问题已经成为云计算服务面临的最核心的威胁。如何控制云计算环境的安全风险，是云计算服务提供商和使用者都关心的问题。

云计算安全包括云计算应用安全和安全云两个层面的内容。其中，云计算应用安全是云计算应用自身的安全，如云计算应用系统及服务安全、云计算用户数据安全等；安全云是云计算技术在安全领域的具体应用，主要研究如何通过采用云计算技术来提升安全系统的服务效能。两者并不是完全割裂的，可以有机融合，即基于云计算技术来提升安全系统的服务效能，实现对云计算应用自身的安全防护和增强。

由于在服务模式、动态虚拟化管理方式以及多租户共享运营模式等方面存在差异性，以及因管理权和所有权分离而引发的信任问题，传统的安全产品与解决方案虽然仍在发挥作用，但在适应云数据中心网络环境特性时却遭遇困境、面临挑战，例如，缺乏对虚拟网络的感知，无法适应虚拟环境快速变更；安全部署缺乏自动化的手段，无法适应云计算快速变化的环境；传统盒子思想的安全产品功能固化，无法根据业务应用场景进行灵活的功能调整和定制，不能满足云计算业务弹性、按需的安全需求。

因此，提高云计算应用的安全性，主要是综合采用技术手段、立法保护和行业自律的方式，同时基于软件定义安全架构技术，包括安全设备 NFV、安全能力的资源集群和池化、安全能力和网络能力协同调度、编排等技术，解决云计算特有的安全问题。

云计算应用安全的研究热点领域主要包括以数据安全和隐私保护为主要目标的云计算应用安全技术体系、云计算应用安全标准及评测体系、云计算应用安全监管体系，以及涉及云计算应用的合规性、法律法规等领域。同时，随着 SDN 技术的发展，针对 SDN 的安全防护技术研究也开始升温。

数据安全及隐私保护是云计算安全的首要关注问题。密码技术是云计算环境中保护用户数据及隐私的关键技术之一，学术界的研究重点主要集中在密文的处理技术上，包括同态加密技术、密文检索技术等，目前已慢慢开始走向商用。产业界主要综合利用现有的技术手段实现数据隐私安全防护并结合云计算服务的特点进行调整，例如云安全联盟提出的软件定义边界，将不同的网络中相连的个体（软硬件资源）定义为一个逻辑集合，形成一个安全计算区域和边界，这个区域中的资源对外不可见，对该区域的资源进行访问必须通过可信代理的严格访问控制，从而降低对外暴露攻击面的安全风险；采用云端访问安全代理服务，在用户访问云端资源时进行统一的安全策略控制，提升其安全性和合规性；将密码设备集中成密码资源池，通过硬件虚拟化技术，将密码设备虚拟成各个相互独立的虚拟密码设备，通过密码资源调度系统进行密码资源的分配、管理和统一调度，为用户提供独立的数据加密服务。随着容器技术的逐步应用，针对容器安全的技术也开始发展，包括开发阶段的风险评估、对容器中所有内容信任度的评估，以及投产阶段的威胁防护和访问控制。容器安全目前尚处于萌芽阶段。

云计算应用安全评测标准是用户度量云计算服务提供商安全服务能力的标尺，也是云计算服务提供商提供安全的云服务的重要参考。目前，国外云计算安全测评标准主要由欧美国家主导，影响较大的有加拿大标准协会（Canadian Standards Association，CSA）的 STAR Certification 和美国的联邦风险评估管理计划（The Federal Risk and Authorization Management Program，FedRAMP）。云计算安全评测标准主要包括对云计算服务提供商现有的安全管理制度、管理流程等的合规性，和客户签订 SLA 的真实性，外包云服务的管控措施等进行考察、评估。国内对云计算的安全测评体系也日益完善。工业和信息化部从 2013 年开始推进“可信云服务认证”，主要从企业基本信息披露、服务协议规范性和真实性3个维度评估云服务可信度，属于基础性认证。2016年开始发展为分级认证，陆续推出了金牌运维专项评估、可信云安全评估。与此同时，网络安全等级保护制度已被打造成新时期国家网络安全的基本国策和基本制度，“云等保标准”已颁布。“云等保标准”针对云计算的特点，提出了部署在云计算环境下的重要信息系统安全等级保护的安全要求，对云数据中心的安全建设提出了更细致的安全可信合规性要求。云计算系统定级时，云计算服务提供商的云平台和云租户的应用系统需分别定级，云平台的等级应不低于应用系统的安全保护等级。

在以SDN为基础的网络演进和重构过程中，安全问题是一大挑战。通过数据平面与控制平面解耦，SDN引入了新的攻击面及安全风险，作为SDN核心的控制器成为受攻击的重点，并且由于SDN的可编程性及开放性，SDN控制器面临的安全风险将远大于传统网管系统。目前SDN技术、架构、协议的安全性尚未经过实践检验，SDN安全防护产业尚未形成，有自针对性的安全防护技术及产品远未成熟。业界目前主要的研究重点是增强SDN控制器的安全性，满足对流规则的合法性和一致性检测、应用程序的权限控制、分布式拒绝服务（Distributed Denial of Service，DDoS）攻击等的安全需求，尚处于初级阶段。

在安全云领域，基于云计算的安全防护技术及服务获得了学术界和产业界的高度关注。但总体来说，安全云服务还处于发展的初期阶段，其主要原因在于，当前安全设备或安全基础设施多采用专用软硬件系统，同质化程度不高，在实现资源的池化和虚拟化方面的支持力度不够，还难以满足状态回馈、动态配置、协同运作机制等方面的诸多云化要求，在标准化方面也还处于起步阶段。业界已开始借鉴SDN架构和NFV理念，提出了软件定义安全的概念，将物理及虚拟的网络安全设备与其接入模式、部署方式、实现功能进行解耦，底层抽象为安全资源池中的资源，顶层统一通过软件编程的方式进行智能化、自动化的业务编排和管理，以完成相应的安全功能，从而实现灵活、可扩展的安全防护能力。目前，软件定义安全技术主要分为两大类。一类力图打破传统的安全黑盒子，向上层应用开放API，把编程控制的权利从厂商内置转变为用户自定义；另一类则是将传统安全设备虚拟化后，以虚拟软件的形式运行在通用商业硬件上。这两类技术并不是割裂的，可以有机融合，即不仅采用虚拟化技术实现安全功能，同时对外开放API。目前，软件定义安全技术尚处于起步阶段，业界对概念的推广远超过技术和方案的推进进度，基于NFV的架构是当前业界主流的实现方式，以防火墙为代表的安全产品已开始向NFV化形态转变，但控制和管理机制并未统一，与传统安全产品的管理没有本质区别，无法解决云数据中心资源动态变化的安全运营难题，因此推动安全产品解耦、实现对安全产品的统一管控，并通过与云化数据中心网络协同配合，以业务链方式实现对流量和业务的感知、决策与响应，将逐渐成为业界主流的发展方向。

第3章 云计算部署模式

云计算的部署模式主要包括公有云（Public Clouds）、私有云（Private Clouds）以及混合云（Hybrid Clouds）。

公有云提供最基础的云服务，成本相对较低，多个客户可以在公有云上共享同一个服务提供商的资源，而不需要购置任何设备，也不需要配备管理人员，便可直接享有专业的 IT 资源和 IT 服务。显然，这对于一般创业者和中小企业来说，是一个节省成本的极好办法。

私有云体现了企业的另一方面考量。虽然公有云成本低，但是金融、保险行业等大企业通常为兼顾行业隐私、客户隐私，不希望将重要的数据存储到公共网络上，因此他们更倾向于建设私有云系统和网络。总体来看，虽然私有云的运作模式与公有云基本相同，然而，建设私有云却需要一笔巨大的投资，企业需完成对数据中心、网络结构、存储设备的设计，并且需要依靠专业的顾问团队完成建设和运维。企业管理层在搭建私有云时，必须考虑是否有充分的必要性使用私有云，以及是否拥有足够的人力和财力资源来确保私有云能够正常运营。

混合云被称为是公有云和私有云的有机结合。混合云具备了公有云和私有云的优势，可以在私有云上部署关键业务，在公有云上部署开发与测试功能，业务部署的灵活性较高，安全性介于公有云和私有云之间。混合云，也是未来云服务的发展趋势之一，既可以尽可能多地发挥云服务的规模经济效益，同时又可以保证数据安全。不过就目前的情况而言，混合云依然处于初级阶段，相关的落地场景仍然较为受限。

除了上面这种经典的类别划分外，还有很多云服务厂商根据云服务的产品特点和定位，推出了专有云、社区云、海外云等一系列云服务产品。

3.1 公有云

3.1.1 公有云的概念

公有云的公有特性体现了公有云服务并非用户独有，公有云是由 IDC 服务提供商或第三方向大众提供各类资源的服务，包括计算、网络、存储、软件和应用，这些资源都部署在服务提供商的场所内。公有云用户将通过互联网来获取和使用这些资源。国际上著名的公有云服务提供商有亚马逊、谷歌、微软，国内主要有阿里巴巴、腾讯、中国电信等。

公有云的最大意义是以相对低廉的价格帮助企业和个人建立业务，为最终用户提供有吸引力的服务，创造更大的业务价值。公有云还是一个支撑平台，将上游的服务（如增值业务、广告）提供商与下游的最终用户通过平台联系起来，建立起新的价值链和生态系统。公有云使客户能够共享IT基础设施资源，包括硬件、软件、存储空间和带宽等。

国内市场对公有云的需求旺盛，因此公有云被认为是云计算的主要形态。根据市场参与者类型的不同，公有云可以分为以下5类：

① 传统通信运营商建立的公有云系统，包括中国移动、中国联通和中国电信；

② 政府主导的各地云计算平台，如各种属地云项目；

③ 互联网厂商打造的大型公有云系统，如阿里云、腾讯云；

④ 部分原IDC运营商建立的公有云系统，如世纪互联云；

⑤ 具有国外技术背景或引进国外云计算技术的国内企业建立的公有云系统，如风起亚洲云。

按照提供的服务类型不同，公有云可以分为IaaS、PaaS和SaaS。IaaS把IT基础设施（包括服务器、网络、存储和数据中心空间）作为一项服务提供给客户，还提供操作系统和虚拟化技术，并提供对资源的管理。消费者可以通过互联网获得基础设施服务。PaaS将软件研发平台作为一项服务提供出来，供应商提供的服务不仅仅是基础设施，更是一整套软件开发和运行环境的解决方案，以SaaS的模式提交给用户。因此可以说，PaaS也是SaaS模式的一种应用。但是，SaaS的发展得益于PaaS的出现，PaaS加快了应用的开发速度，从而加速了各项SaaS应用的面世。SaaS是将应用作为一项服务托管直接通过互联网提供给用户的交付模式，可以帮助客户监控他们的在线业务，确保IT应用的质量和性能，为IT项目和服务提供更好的管理。

公有云的计算模型通常分为3个部分。

（1）公有云接入

个人或企业可以通过互联网来获取云计算服务，公有云中的服务接入点负责对接入的个人或企业进行认证，判断其是否有合法权限进行访问，并确定相应的服务条件等。个人和企业通过审查后，就可以进入公有云平台并获取相应的资源和服务。

（2）公有云平台

负责组织协调各类资源，并根据用户的需要提供各种服务。

（3）公有云管理

公有云管理对公有云接入和公有云平台进行管理监控，实现端到端的配置、监控和管理，为用户获得优质服务提供保障。

公有云通过网络提供服务，客户只需为网络以及他们使用的资源支付费用。此外，客户可以自助访问服务提供商的云计算基础设施，他们几乎不需要为安装和维护问题操心。

在行业应用中，公有云以节约成本、拓展应用、充分利用资源的理念，推动云服务向绿色环保和资源节约型方向发展，这符合行业发展中控制成本、节约资源、保护环境等多方面的需求趋势。访问公有云免费、便捷，不受硬件装置的限制，可通过手机、PC、平板等多种渠道享受服务。用户可通过平台查找共享资源，无须进行复杂操作即可获取资源；企业通过与技术能力强大、服务经验丰富的公有云服务提供商合作，降低基础设施成本。因此，公有云的应用场景将更为广泛。

目前，中国的公有云服务在政务和金融领域发展潜力巨大。在政务领域，政府部门除对数据安全性有高要求外，还在智慧城市建设、数据整合、舆情分析等方面对云服务有巨大的需求。在金融领域，公有云的安全隐患使金融企业在选择上持谨慎态度。为减少企业公有云的选择顾虑，公有云服务提供商针对金融行业用户的需求特点，推出企业定制服务以满足银行、保险、证券、基金等金融机构对用户信息及数据安全的需求，提高服务的附加价值。

3.1.2 公有云的发展历程

中国的公有云市场起步于 2007 年，至今已发展了十多年时间，历经萌芽阶段、启动阶段、调整阶段后，现已进入高速发展阶段（如图 3-1 所示）。伴随着人工智能、大数据、物联网等技术与公有云技术的进一步融合，公有云服务的深度和广度得到进一步延伸。未来，公有云服务将向更多行业渗透，帮助企业提升运营效率，提高产出价值。

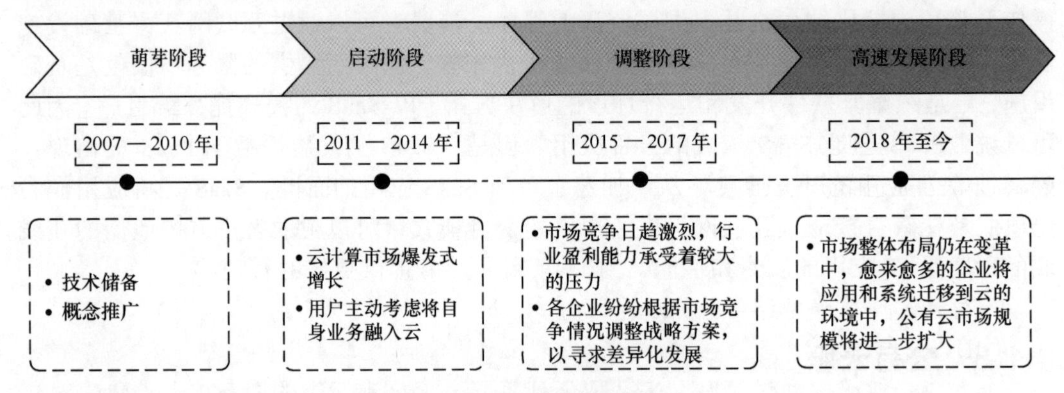

图 3-1　公有云的发展历程

（1）萌芽阶段（2007—2010 年）

在萌芽阶段，虚拟化、网络化、分布式、并行计算等技术在此阶段趋于成熟，公有云的概念在该时期基本成型且得到大力推广。阿里云、腾讯云的先后成立，标志着公有云雏形初现。但是，公有云的解决方案和商业模式均在尝试中，用户对公有云的认知度较低。

（2）启动阶段（2011—2014 年）

在启动阶段，布局公有云业务的企业数量明显上升。一方面，得益于云计算技术不断迭代更新，公有云进入快速启动期。另一方面，腾讯云、阿里云等成功案例不断涌现，用户对公有云的了解和认可程度不断提高。2011 年是中国公有云飞速发展的一年，大量企业开始涌入公有云赛道。不仅华为、京东、中国电信、中国联通、中国移动等知名企业宣布进军公有云市场，一些初创企业（如青云、UCloud 等）也在市场上不断涌现。

此外，外资公有云服务提供商纷纷进入中国市场并与国内的知名企业合作，通过外资企业提供技术与服务、本土企业负责运营管理的商业模式开展共同合作，从而加快中国公有云的启动速度。例如，2012 年微软和世纪互联宣布签署战略合作协议，2013 年亚马逊 AWS 与中国政府以及西部云基地共同签署合作备忘录。本土企业与外资企业的深度融合，进一步推动公有云快速发展。

（3）调整阶段（2015—2017 年）

在调整阶段，公有云市场的参与者不断增多，市场竞争日趋激烈，公有云服务同质化问题突显。如何解决服务同质化问题、显现企业特性成为公有云服务提供商面临的难题。为抢占市场先机，公有云服务提供商展开价格战，受此影响，小型服务提供商陷入生存困境。2017 年之前，较多的公有云服务提供商处于亏损状态，公有云市场盈利能力承受着较大的压力。为解决盈利问题，多数公有云服务提供商调整企业发展战略，寻求差异化发展，抢占细分市场份额，从而提高盈利空间。同时，公有云服务提供商通过向不同领域、行业渗透的方式扩大公有云服务的应用市场。

（4）高速发展阶段（2018 年至今）

随着公有云服务领域的范围不断扩大，愈来愈多的企业将云计算技术融入应用和系统中。“互联网+”带来传统行业的变革浪潮，具有高弹性、高可扩展性的公有云服务方式成为传统行业向互联网模式转型的重要途径。公有云应用正在从互联网行业向政府、金融、制造业、交通、物流、医疗健康等行业领域渗透。在政务云市场，中国电信、中国联通、中国移动等基础电信企业，浪潮、曙光、华为等 IT 企业，腾讯、阿里巴巴、京东等互联网企业均重点发力；在金融云市场，传统银行纷纷成立科技企业，将传统业务与云服务技术进行融合，兴业数金、融联易云、招银云创、建信金融、民生科技等企业已经开始在银行云服务上发力；在工业云市场，中国移动、海尔、阿里巴巴、浪潮等企业陆续建设了具备自身特色的工业云平台。未来，伴随着行业应用领域的不断拓展，公有云市场将继续保持快速增长。

3.1.3 公有云服务关注的安全问题

公有云服务具有共享资源服务的特征，因此存在一定的安全问题，如多客户端访问增加了数据被截获的风险，主要体现在以下 4 个方面。

（1）运维流量遭到威胁

公有云场景下客户的远程运维也是完全通过互联网直接访问公有云上的各种运维管理接口来实现的。运维通道已经不在客户的内网中了，这样会带来运维管理账号和凭证泄露的风险。

（2）运维管理接口暴露面增大

传统自建模式下，黑客需要先进入内网、再破解运维管理接口的密码才能入侵，而现在公有云上的用户通常都是直接将安全外壳（Secure Shell，SSH）协议、远程显示协议（Remote Display Protocol，RDP）或其他应用系统的管理接口暴露在互联网上，这将导致运维管理接口的暴露面显著增大。

（3）账号及权限管理困难

公有云模式下存在多个用户共享系统账号密码的情形，这种情况下存在极大的账号信息泄露和越权操作的风险。如果他们均使用超级管理员权限，带来的风险将更加显而易见。

（4）操作记录缺失

公有云中的资源用户可通过多种渠道和方式对资源进行操作，包括管理控制台、API、操作系统、应用系统等。如果发生操作记录缺失的情况，一旦出现非法入侵或内部越权滥用权限的行为，将没有办法确定入侵者或追查损失。

一系列安全问题导致用户对公有云服务产生质疑，因此未来公有云服务提供商将结合公有云服务的特点和安全需求，致力在加密技术、信任技术、安全解决方案和模式上投入更大的研发力量，以获取突破性发展。未来，公有云服务提供商将在安全管理平台以及恶意软件检测应用中投入大量资金和科研力量。目前，托管安全服务提供商可为缺乏安全保护手段的企业提供外包安全服务，以保障企业的信息安全。未来，加强网络安全建设将是整个公有云行业的重点。

3.1.4 人工智能在公有云服务中的应用

自2017年以来，谷歌、亚马逊、微软、腾讯、阿里巴巴等公有云服务提供商相继推出了各种人工智能平台。人工智能在公有云服务中的应用越来越多的主要原因如下：首先，人工智能往往需要消耗大量的计算、存储等资源，在公有云上推动人工智能的发展将有利于提高云服务效率；其次，云计算服务提供商希望通过人工智能达到智能化运维和智能化安全防护的目的，同时还能进一步降低人力成本。

腾讯云在传统云计算结构的基础上推出人工智能即服务（AI as a Service，AIaaS），旨在通过新的服务为用户提供优质的人工智能工具和云计算产品，深化公有云在不同领域场景的应用，例如物流、金融、警务等；金蝶云发布了中国首款智能财务机器人，实现了财务数据采集、发票管理、收付款和核算智能化，有效解决了人工处理财务工作数据差错率高、耗费时间长等痛点问题。

阿里巴巴的人工智能ET（Evolutionary Technology）技术在全球领先，基于阿里云飞天平台具备的超强计算能力，ET的感知和思考能力正在不断进化，被应用到众多领域。阿里的ET技术具备智能交互语音、图像识别、视频识别、交通预测、情感分析等功能。ET已经具备了城市大脑、法院书记员、影视投资经理、交通警察、智能外卖员等多种身份，作为人类的强大助手，ET已经在城市治理、交通调度、工业制造、健康医疗、司法等领域一展身手。

3.1.5 典型公有云简介

目前业界主要的公有云计算服务提供商包括亚马逊、谷歌、微软、阿里巴巴、华为、中国电信等。

1. 阿里巴巴

阿里云作为国内影响最大的云计算服务提供商之一，初建于2009年，通过在线公共服务的方式，对外提供安全、可靠的计算和数据处理服务，让人工智能和高性能计算成为普惠科技。

阿里云在制造、金融、政务、交通、医疗、电信、能源等众多领域为企业提供服务，服务的企业既有中国联通、中国铁路12306、中石化、中石油、飞利浦、华大基因等大型企业客户，也有微博、知乎、锤子科技等明星互联网公司。阿里云在天猫“双十一”全球狂欢节、中国铁路12306春运购票等极富挑战的应用场景中，均保持着良好的运行纪录，树立了良好的口碑。

阿里云部署了多个高效节能的绿色数据中心，已遍布全球各地，利用清洁计算为万物互联的新世界提供了无穷的能源动力，服务区域包括中国、新加坡、美国、欧洲、中东、澳大利亚、日本。

阿里云致力于打造一个提供公共服务的云计算平台（基于飞天操作系统）作为云生态系统的基础设施，为广大中小企业和开发者提供公有云服务。同时，阿里云也联合众多合作伙伴，把他们的产品与应用构建到飞天平台之上，促进他们向云化模式转型，广大的第三方用户及开发者们也以一种更便捷的方式享受到了多样性的服务。

（1）飞天操作系统

飞天（Apsara）操作系统（以下简称“飞天”）是由阿里云自主研发、服务全球的超大规模通用计算操作系统，诞生于2009年2月，为全球超过200个国家和地区的创新创业企业、政府、各种机构提供服务。飞天希望帮助人类提升计算能力的规模，解决计算效率和安全问题，它把遍布全球的数百万台服务器连成一台超级计算机，并通过在线公共服务的方式向社会提供其强大的计算服务。飞天的革命性在于将云计算的3个方向整合起来，包括足够强大的计算能力、通用的计算能力和普惠的计算能力。飞天具有的核心能力主要体现在以下几点。

自主可控：具备对云计算底层技术体系的把控能力，自主研发，不断优化升级。

调度能力：实现了对单集群10 000台服务器的分布式部署和监控。

数据能力：达到EB级别的大数据存储能力和大数据分析能力。

安全能力：为中国35%的网站提供安全防御。

大规模实践：经受住了多年“双十一”全球狂欢节、中国铁路12306春运购票等极限并发场景对平台的挑战。

开放的生态：兼容各种主流的生态软件和硬件，如Cloud Foundry、Docker、Hadoop。

飞天管理着互联网规模的基础设施，现在还在不断扩张中。最底层是遍布全球的几十个数据中心，数百个PoP。飞天内核为数据中心内的通用服务器集群提供统一管理功能，负责调度集群的计算、存储资源，支撑分布式应用的部署和执行过程，并可以自动进行故障后的业务恢复及数据冗余。飞天内核的最底层根植着安全管理的理念。飞天内核提供的授权机制执行的是“最小权限原则”。同时，飞天还建立了自主可控的全栈安全体系。飞天内核的最基本能力之一是监控报警诊断。飞天内核为上层应用提供了细致的、不间断的数据监控和事件采集，并提供精准的回溯功能，帮助工程师找到问题所在。飞天具备两个核心服务：一个叫盘古，另一个叫伏羲。盘古代表的是存储管理服务，伏羲代表的是资源调度服务，飞天上部署的应用所需存储和资源的分配是由盘古和伏羲进行管理的。飞天的自动化运维服务命名为天基服务，主要负责完成飞天各个子系统的部署、扩容、升级以及故障迁移等。

飞天的核心服务类型有计算、存储、数据库、网络等。飞天提供了丰富的连接、编排服务，将各种核心服务有效连接和组织起来，包括通知、队列、资源编排、分布式事务管理等，以帮助开发者方便地实现云上应用。飞天接入层包括数据传输服务、数据库同步服务、内容分发网络（Content Delivery Network，CDN）以及混合云高速通道等服务。飞天的最顶层是云市场，是阿里云打造的软件交易与交付平台。它和应用商店 App Store 的理念类似，用户可在阿里云官网一键开通“软件+云计算资源”。云市场中上架在售的商品达到几千个，包括镜像、容器、编排、API、SaaS、服务、下载等多种类型的软件和服务接入。此外，飞天还建立了一个全球统一的账号体系，灵活的认证授权机制可以方便租户安全、灵活地共享云上资源。

经过多年的升级和实践，飞天已经建立起了一套完善的云产品体系，同时还对外推出了互联网级别的租户管理和业务支撑服务。

（2）飞天平台体系架构

飞天平台包括飞天内核和飞天开放服务两大部分，其服务总体架构如图 3-2 所示。

图 3-2　飞天平台服务总体架构

飞天内核为上层的飞天开放服务提供存储、计算和调度等方面的底层支持，对应图 3-3 中的协调服务、远程过程调用、安全管理、资源管理、分布式文件系统、任务调度、集群部署和集群监控模块。飞天开放服务为用户应用程序提供了存储和计算两方面的接口和服务，包括弹性计算服务（Elastic Compute Service，ECS）、开放存储服务（Open Storage Service，OSS）、开放结构化数据服务（Open Table Service，OTS）、关系型数据库服务（Relational Database Service，RDS）和开放数据处理服务（Open Data Processing Service，ODPS），并基于 ECS 提供了阿里云服务引擎（Aliyun Cloud Engine，ACE）作为第三方应用开发和 Web 应用运行及托管的平台。

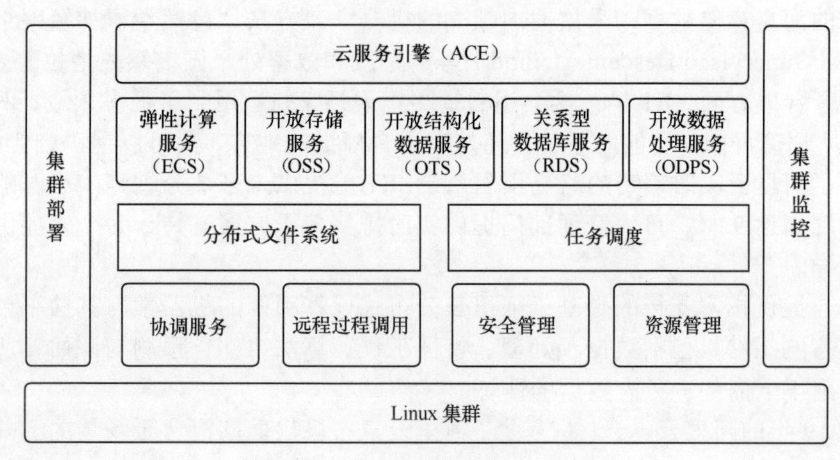

图 3-3 飞天平台体系技术架构

（3）飞天平台内核

飞天平台内核包含的模块可以分为以下几部分。

• 分布式系统底层服务：提供分布式环境下所需要的协调服务、远程过程调用、安全管理和资源管理等服务。这些底层服务为上层的分布式文件系统、任务调度等模块提供支持。

• 分布式文件系统：提供一个海量的、可靠的、可扩展的数据存储服务，将集群中各个节点的存储能力聚集起来，并能够自动屏蔽软硬件故障，为用户提供不间断的数据访问服务；支持增量扩容和数据的自动平衡，提供类似于 POSIX 的用户空间文件访问 API，支持随机读写和追加写的操作。

• 任务调度：为集群系统中的任务提供调度服务，同时支持强调响应速度的在线服务和强调处理数据吞吐量的离线任务；自动检测系统中的故障和热点，通过错误重试、针对长尾作业并发备份作业等方式，保证作业稳定可靠地完成。

• 集群监控和部署：对集群的状态以及上层应用服务的运行状态和性能指标进行监控，对异常事件进行报警和记录；为运维人员提供整个飞天平台以及上层应用的部署和配置管理，支持在线集群扩容、缩容和应用服务的在线升级。

（4）阿里云的人工智能 ET

阿里云的人工智能 ET 的前身为阿里云"小 AI"，ET 拥有全球领先的人工智能技术，已具备智能语音交互、图像/视频识别、交通预测、情感分析等技能。

ET 可化身为城市大脑、法院书记员、影视投资经理、智能交警、智能外卖员等多种身份，在城市治理、交通调度、工业制造、健康医疗、司法等领域成为人类的强大助手。基于飞天强大的计算能力，ET 的感知和思考能力正在多个领域不断进化。

ET 背后的阿里云图像识别的功能准确度达 93%以上，可以检测出图片中具体的物品以及所在图片的位置区域，现已经支持水果、蔬菜、常见日用品、运动器械、交通工具、动物等百种以上物体的识别检测能力。

基于阿里云成熟的人脸识别技术，ET 的人脸识别已经覆盖了人脸检测、器官轮廓定位、人像美化、性别年龄识别、一对一人脸认证和一对多人脸识别等多个领域，结合阿里云的海量存储数据，采用业内领先的机器学习方法，包括卷积神经网络、监督下降方法（Supervised Descent Method）等，精度和效率处于国内领先地位。

在语音合成方面，ET 早已学会用普通男声说话，并运用到了很多领域，例如自助电话客服、语音导航、智能助手等。凡是有语音播报的地方，都可以用语音合成技术。

集成了阿里云实时预判的路况预测系统，ET 能提供未来 5 分钟到 1 小时的路况预测，精准度高达 92%，可为交通部门提供实时排堵疏导方案支持，为个人提供智慧出行计划指导。

为 ET 提供技术支持的是基于阿里云分布式计算引擎的机器学习算法平台，平台提供了丰富的组件，包括数据预处理、特征工程、算法组件、预测与评估，所有算法都经历了阿里云内部业务大数据的锤炼。

在 2019 年的阿里云峰会·广东上，阿里云宣布推出面向混合云场景的云并行文件系统（Cloud Paralleled File System，CPFS）一体机和视觉 AI 一体机，两款新品具备超高性能、开箱即用等特性，可帮助缩短企业上云的周期，降低企业上云的门槛。混合云 CPFS 一体机支持 POSIX、NFS、通用互联网文件系统（Common Internet File System，CIFS）、HDFS 等多种协议写入模式，单集群最大可支撑近万个存储节点及每秒太比特级的吞吐能力，适用于基因测序、影视渲染、AI 分析等高性能计算场景。另外，CPFS 一体机还能够和公有云的存储资源直接打通，云上云下形成合力，实现“云下资源可控，云上弹性伸缩”的多级存储池架构，满足客户资源弹性伸缩、海量扩展的需求。视觉 AI 一体机则是一种开箱即用的智能机柜，支持一站式交付，内嵌行业视频图像识别和归纳推理算法，支持轻量化部署在智慧城市的边缘数据中心，可更加方便地提供视觉智能领域的全方位端到端服务。

（5）阿里云主要产品

- 阿里云弹性计算

云服务器 ECS：可弹性扩展、安全、稳定、易用的计算服务。

负载均衡：对多台云服务器进行流量分发的负载均衡服务。

弹性伸缩：自动调整弹性计算资源的管理服务。

资源编排：批量创建、管理、配置云计算资源。

容器服务：应用全生命周期管理的 Docker 服务。

高性能计算（High Performance Computing，HPC）：加速深度学习、渲染和科学计算的 GPU 物理机。

批量计算：简单易用的大规模并行批处理计算服务。

E-MapReduce：基于 Hadoop/Spark 的大数据处理分析服务。

- 阿里云数据库

云数据库 RDS：完全兼容 MySQL、SQL Server、PostgreSQL。

云数据库 MongoDB 版：三节点副本集保证高可用。

云数据库 Redis 版：兼容开源 Redis 协议的 Key-Value 类型。

云数据库 Memcache 版：在线缓存服务，为热点数据的访问提供快速响应。

PB 级云数据库 PetaData：支持 PB 级海量数据存储的分布式关系型数据库。

云数据库 HybridDB：基于 Greenplum Database 的大规模并行处理（Massively Parallel Processing，MPP）数据仓库。

云数据库 OceanBase：金融级高可靠、高性能、分布式自研数据库。

数据传输：阿里异地多活基础架构，比 Golden Gate 更易用。

数据管理：比 phpMyAdmin 更强大，比 Navicat 更易用。

- 阿里云存储

对象存储：海量、安全和高可靠的云存储服务。

文件存储：无限扩展、多共享、文件协议标准化的文件存储服务。

归档存储：海量数据的长期归档、备份服务。

块存储：可弹性扩展、高性能、高可靠的块级随机存储。

表格存储：高并发、低时延、无限容量的 NoSQL 数据存储服务。

- 阿里云网络

CDN：跨运营商、跨地域全网覆盖的网络加速服务。

专有网络 VPC：可轻松构建逻辑隔离的专有网络。

高速通道：高速稳定的 VPC 互联和专线接入服务。

NAT 网关：支持 NAT 转发、共享带宽的 VPC 网关。

2018 年 6 月 20 日，阿里云宣布联合三大运营商全面对外提供 IPv6 服务。

- 阿里云大数据

MaxCompute：原名 ODPS，是一种快速并且完全托管的 TB 级乃至 PB 级的数据仓库解决方案。

QuickBI：高效的数据分析与展现平台，通过对数据源的连接和数据集的创建，对数据进行实时的分析与查询，并支持通过电子表格或仪表板功能，实现以拖拽方式进行数据的可视化呈现。

大数据开发套件：提供可视化开发界面、离线任务调度运维、快速数据集成、多人协同工作等功能，拥有强大的 OpenAPI 为数据应用开发者提供良好的再创作生态。

DataV 数据可视化：专精于业务数据与地理信息融合的大数据可视化，通过图形界面轻松搭建专业的可视化应用，满足日常业务监控、调度、会展演示等多场景使用需求。

关系网络分析：基于关系网络的大数据可视化分析平台，针对数据情报侦察场景赋能，如打击虚假交易、审理保险骗赔、案件还原研判等。

推荐引擎：推荐服务框架，用于实时预测用户对物品的偏好，支持 A/B Test 效果对比（A/B Test 是一种将网页或应用程序的两个版本进行相互比较的方法）。

公众趋势分析：利用语义分析、情感算法和机器学习，分析公众对品牌形象、热点事件和公共政策的认知趋势。

企业图谱：提供企业多维度信息查询，方便企业构建基于企业画像及企业关系网络的风险控制、市场监测等企业级服务。

数据集成：稳定高效、弹性伸缩的数据同步平台，为阿里云的各个云产品提供离线（批量）数据进出通道。

分析型数据库：对千亿级数据进行即时（毫秒级）的多维分析透视和业务探索。

流计算：流式大数据分析平台，为用户提供在云上进行流式数据实时化分析的工具。

- 阿里云人工智能

机器学习：阿里机器学习平台是基于阿里云分布式计算引擎的一款机器学习算法平台，用户可通过拖拉拽的方式进行可视化操作组件试验。平台提供了丰富的组件，包括数据预处理、特征工程、算法组件、预测与评估。

语音识别与合成：基于语音识别、语音合成、自然语言处理等技术，在多种实际应用场景下，赋予产品“能听、会说、懂你”式的智能人机交互体验。

人脸识别：提供图像和视频帧中人脸分析的在线服务，包括人脸检测、人脸特征提取、人脸年龄估计和性别识别、人脸关键点定位等独立的服务模块。

印刷文字识别：将图片中的文字识别出来，包括身份证文字识别、行驶证识别、驾驶证识别、名片识别等证件类文字识别场景。

- 阿里云云安全

服务器安全（安骑士）：由轻量级代理（Agent）和云端组成，集检测、修复、防御功能于一体，提供网站后门查杀、通用 Web 软件 0day 漏洞修复、安全基线巡检、主机访问控制等功能，保障服务器安全。

云盾 DDoS 高防 IP：云盾 DDoS 高防 IP 是针对互联网服务器（包括非阿里云主机）遭受大流量的 DDoS 攻击后服务不可用推出的付费增值服务，用户可以通过配置高防 IP，将攻击流量引流到高防 IP，从而确保源站的稳定可靠。

Web 应用防火墙：网站必备的一款安全防护产品。通过分析网站的访问请求、过滤异常攻击，保证网站业务可用，保护资产数据安全。

加密服务：满足云上数据加密、密钥管理、解密运算需求的数据安全解决方案。

CA 证书服务：云上签发 Symantec、中国金融认证中心认证、GeoTrust SSL 数字证书，部署简单，轻松实现全站超文本传输安全协议（HyperText Transfer Protocol Secure，HTTPS）化，防监听、防劫持，呈现给用户可信的网站访问。

数据风控：凝聚阿里多年的业务风控经验，专业、实时对抗垃圾注册、刷库撞库、活动作弊、论坛灌水等严重威胁互联网业务安全的风险。

绿网：智能识别文本、图片、视频等多媒体的内容违规风险，如涉黄、涉暴等违规内容，省去 90%的人力成本。

安全管家：基于阿里云多年的安全实践经验为云上用户提供的全方位安全技术和咨询服务，为云上用户建立并持续优化云安全防御体系，保障用户业务安全。

云盾混合云：在用户自有 IDC、私有云、公有云、混合云等多种业务环境下为用户建设涵盖网络安全、应用安全、主机安全、安全态势感知的全方位互联网安全攻防体系。

态势感知：安全大数据分析平台，通过机器学习并结合全网威胁情报，发现传统防御软件无法覆盖的网络威胁，溯源攻击手段，并提供可行动的解决方案。

先知：最私密的安全众测平台之一。全面体检，提早发现业务漏洞及风险，按效果付费。

移动安全：为移动 App 提供安全漏洞、恶意代码、仿冒应用等检测服务，并可对应用进行安全增强，提高反破解和反逆向能力。

- 阿里云互联网中间件

企业级分布式应用服务（Enterprise Distributed Application Service，EDAS）：提供以应用为中心的中间件 PaaS 平台。

消息队列（Message Queue，MQ）：Apache Rocket MQ 商业版企业级异步通信中间件。

分布式关系型数据库服务（Distributed Relational Database Service，DRDS）：水平拆分/读写分离的在线分布式数据库服务。

云服务总线（Cloud Service Bus，CSB）：企业级互联网能力开放平台。

业务实时监控服务（Application Real-time Monitoring Service，ARMS）：提供端到端一体化的实时监控解决方案。

- 阿里云分析

E-MapReduce：基于 Hadoop/Spark 的大数据处理分析服务。

云数据库 HybirdDB：基于 Greenplum Database 的 MPP 数据仓库。

高性能计算 HPC：加速深度学习、渲染和科学计算的 GPU 物理机。

大数据计算服务 MaxCompute：TB/PB 级数据仓库解决方案。

分析型数据库：海量数据实时高并发在线分析。

开放搜索：结构化数据搜索托管服务。

QuickBI：通过对数据源的连接，对数据进行即时分析和可视化呈现。

- 阿里云管理与监控

云监控：指标监控与报警服务。

访问控制：管理多因素认证、子账号与授权、角色与安全令牌服务（Security Token Service，STS）令牌。

资源编排：批量创建、管理、配置云计算资源。

操作审计：详细记录控制台和 API 操作。

密钥管理服务：安全、易用、低成本的密钥管理服务。

- 阿里云应用服务

日志服务：针对日志收集、存储、查询和分析的服务。

开放搜索：结构化数据搜索托管服务。

性能测试：性能云测试平台，可轻松完成对系统性能的评估。

邮件推送：批量/事务邮件推送，验证码/短信通知服务。

API 网关：高性能、高可用的 API 托管服务，低成本开放 API。

物联网套件：可快速搭建稳定可靠的物联网应用。

消息服务：大规模、高可靠、高并发访问和超强消息堆积能力。

- 阿里云视频服务

视频点播：安全、弹性、可定制的点播服务。

媒体转码：为多媒体数据提供的转码计算服务。

视频直播：低时延、高并发的音视频直播服务。

- 阿里云移动服务

移动推送：移动应用通知与消息推送服务。

短信服务：验证码和短信通知服务，三网合一，快速到达。

HTTP DNS：移动应用域名防劫持和精确调整服务。

移动安全：为移动应用提供全生命周期安全服务。

移动数据分析：移动应用数据采集、分析、展示和数据输出服务。

移动加速：移动应用访问加速。

- 阿里云云通信

短信服务：验证码和短信通知服务，三网合一，快速到达。

语音服务：语音通知和语音验证，支持多方通话。

流量服务：轻松玩转手机流量，物联卡专供物联终端使用。

私密专线：号码隔离，保护双方的隐私信息。

移动推送：移动应用通知与消息推送服务。

消息服务：大规模、高可靠、高并发访问和超强消息堆积能力。

邮件推送：事务邮件、通知邮件和批量邮件的快速发送。

- 阿里云域名与网站

阿里云旗下的万网域名，连续多年蝉联域名市场第一，近1000万个域名在万网注册，提供域名注册、云服务器、虚拟主机、企业邮箱、网站建设等相关服务。2015年7月，阿里云官网与万网网站合并，万网旗下的域名、云虚拟主机、企业邮箱和建站市场等业务深度整合到阿里云官网，用户可以在网站上完成网络创业的第一步。

- 阿里云行业解决方案

新零售解决方案：快速搭建新零售平台，支持秒杀、视频直播等业务。

新金融解决方案：满足互联网金融/证券/银行/保险业务需求。

新能源解决方案：帮助新运营商、服务提供商快速搭建标准化的商业平台。

新制造解决方案：提供快速搭建一站式亿级设备接入、管理能力。

新技术解决方案：提供“海量存储、高效分发、极速网络”等服务。

大游戏解决方案：为手游/页游/端游开发者提供部署方案。

大政务解决方案：满足政府/交通/公安/税务等业务需求。

大健康解决方案：集合传统医疗的优势，致力构建智能医疗云生态。

大运输解决方案：利用物联网及大数据的技术优势，助力运输企业降本增效。

大传媒解决方案：基于高性能基础架构，提供面向媒体行业的快速新闻生产、节目制作、专业直播等业务场景。

大视频解决方案：一站式提供“海量存储、高效分发、极速网络”等强大的服务，有效集成CCTV、新浪微博、知乎等重量级传播能力。

房地产解决方案：房地产+互联网大数据，助力房地产行业无限创新。

网站解决方案：依据不同的发展阶段，提供一站式建站方案。

移动App解决方案：可轻松应对移动App爆炸式增长。

专有云解决方案：帮助客户向混合云架构平滑演进。

企业互联网架构方案：经受住了电商的考验，助力企业快速构建分布式应用。

央企采购电商解决方案：为企业提供集商流、物流、资金流三位一体的采购解决方案。

智能配送调度解决方案：提供高效、高质量输出运输方案，显著降低运输成本。

等级保护安全合规方案：建立等保合规生态，提供一站式等保合规方案。

安全解决方案：多层防护+云端大数据，提供整套安全产品和服务。

云存储解决方案：解决海量数据存档、备份、加工、加速分发等问题。

应用交付网络解决方案：帮助传统硬件负载均衡用户快速、平滑迁移到云平台。

VR应用开发解决方案：便捷3D模型导入、ET语音交互。

近年来，阿里云在中国的公有云市场上占据了绝对的主导地位，市场份额是微软Azure、亚马逊AWS、腾讯云、百度云、华为云等市场追随者的总和。数据显示，阿里云在中国公有云市场上占据了50%的份额，另外两家国际云计算服务提供商——微软Azure和亚马逊AWS的市场份额总和为10%～15%，而其他本土服务提供商并未在市场份额方面形成有效的竞争力。凭借在公有云市场的绝对领导地位，阿里巴巴正在撼动传统企业的IT市场，在中国市场上急速成长为IT巨头。

因阿里云的高速增长，高盛研究报告指出，AWS真正的竞争对手并不在美国，而是来自中国的阿里巴巴，AWS和阿里云将成为全球最大的两家基础设施技术公司。

2．华为

华为云成立于2011年，隶属于华为，在北京、深圳、南京及美国等多地设立研发和运营机构，贯彻华为 “云、管、端”的战略方针，汇集海内外优秀技术人才，专注于云计算中公有云领域的技术研究与生态拓展，致力于为用户提供一站式云计算基础设施服务，目标是成为中国最大的公有云服务与解决方案供应商。自2017年3月起，华为专门成立了CloudBU，全力构建并提供可信、开放、具有全球线上线下服务能力的公有云。华为云立足于互联网领域，依托华为雄厚的资本和强大的云计算研发实力，面向互联网增值服务运营商、大中小型企业、政府、科研院所等广大企事业用户，推出了包括云主机、云托管、云存储等在内的基础云服务，以及超算、内容分发与加速、视频托管与发布、企业IT、云电脑、云会议、游戏托管、应用托管等服务和解决方案。

华为云通过基于浏览器的云管理平台，以互联网线上自助服务的方式，为用户提供云计算IT基础设施服务。云计算的最大优势在于IT基础设施资源能够随用户业务的实际变化而弹性伸缩，通过这种弹性计算的能力和按需计费的方式帮助用户有效降低运维成本。

（1）华为云全堆栈解决方案使能数字化转型

当前，各行各业正处于快速数字化转型时期，随着数字化更深入地渗透到各个行业，拥抱数字化的程度越高，整个社会和企业的运营就会越高效，并将最终转化为生产效率的提升，数字化转型正以前所未有的速度改变着商业格局。未来十年，是信息技术和商业模式创新升级的十年，新技术（包括虚拟现实和增强现实等）、新的商业模式（包括共享经济和社交经济等）正深刻地改变着整个 ICT 产业，同时也对社会和企业的可持续发展产生了巨大影响。

华为公有云通过开放的北向 API 为行业应用生态伙伴提供面向政府、运营商、信息金融、智能制造等不同行业的方案，使能数字化转型（如图 3-4 所示）；另一方面，积极开放网络架构，在第三方认证、第三方网管、移动设备管理、网络互联互通等多个领域开展合作，构建一张开放的网络架构。

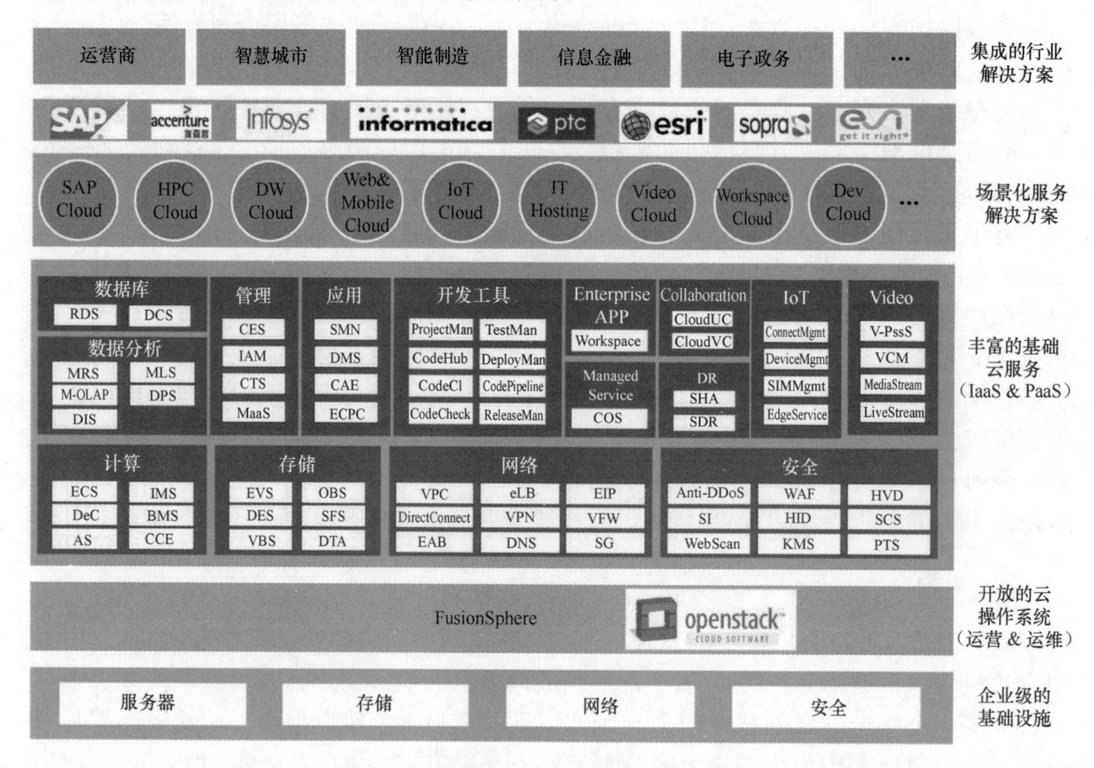

图 3-4 华为公有云全堆栈解决方案架构

华为公有云的三层架构是基于全面云化网络架构的行业化应用平台，提供支持应用开发的完整网络环境，除了支持全新的应用开发之外，还可以通过开放 API 快速集成现有应用，让企业充分利用网络数据的价值，快速响应市场变化，抓住新的商机。该平台为应用领域的合作伙伴提供了更多可以施展的空间，同时又可以开发差异化的解决方案，更好地满足最终用户的需求，构建全面云化的网络生态。

（2）华为云总体架构

华为公有云总体架构聚焦 IaaS、PaaS、SaaS 基础能力，通过运营平台、运维平台、控制平台及安全基础防护形成以用户为中心的一站式自助式管理模式，为政企应用、基础应用以及互联网应用提供行业解决方案，如图 3-5 所示。

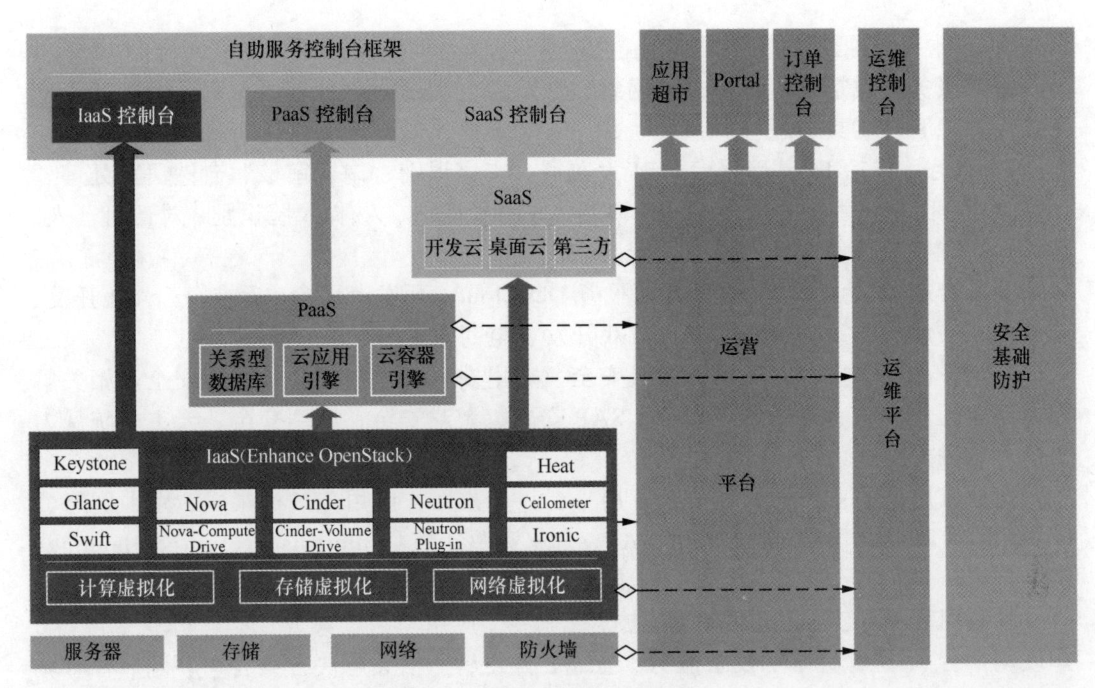

图 3-5　华为公有云总体架构

华为云通过区域（Region）、可用区（Availability Zone，AZ）模式构建高可用性的资源架构以及全局资源池模型（如图 3-6 所示），为用户提供标准化的计算池以构建不同可用性的应用。

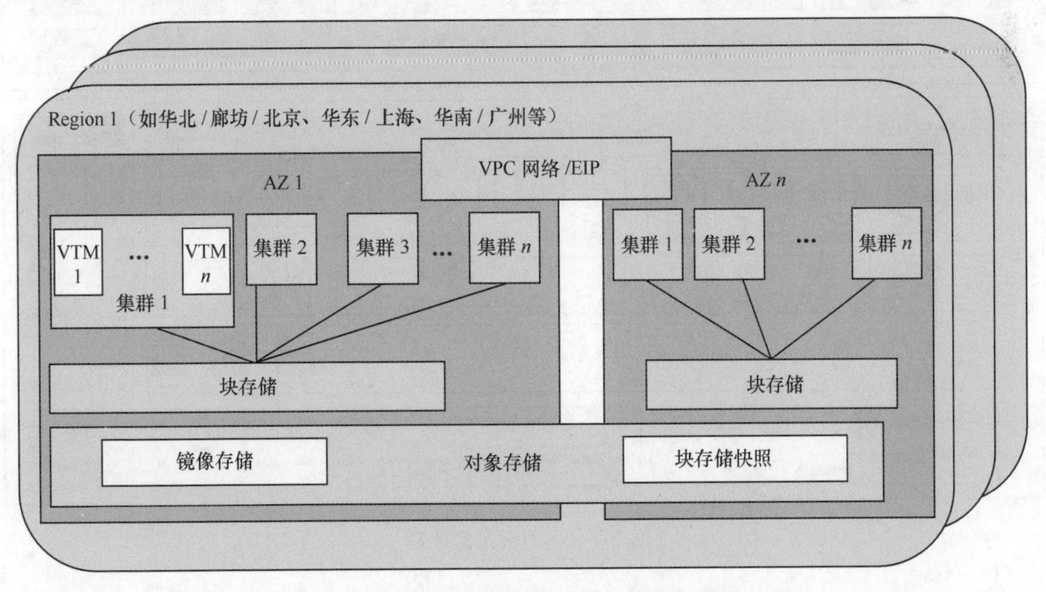

图 3-6　华为云资源架构及全局资源池模型

（3）华为云主要产品

华为云的服务产品分为六大模块，分别是：基础服务、企业智能（Enterprise

Intelligence，EI）服务、开发者产品、安全产品、企业应用产品、物联网产品。

基础服务：包括计算、存储、网络、数据库、容器服务、域名与网站、视频、应用中间件、管理工具、迁移。

EI 服务：包括 EI 基础平台、EI 大数据、文字识别、内容审核、自然语言处理、图像搜索、图像识别、图像分析、EI 智能体、语音识别、人体/人脸识别、对话机器人。相关解决方案有推荐系统、日志分析。

开发者产品：包括软件项目开发服务 DevCloud、开发者平台、运维、云 API 开发、仓库。相关解决方案有软件实训、游戏开发、电商双交付。

安全产品：包括网络安全、主机安全、应用安全、数据安全、主机安全。相关解决方案有通用安全、等保合规安全、SAP 安全、游戏安全、电商安全、云主机防暴力破解、金融安全。

企业应用产品：包括云通信、应用平台、云桌面、应用与数据集成、企业网络、专属云、区块链。相关解决方案有 SAP、企业资源计划（Enterprise Resource Planning，ERP）上云、企业云盘、云上办公、混合云灾备、上云迁移、备份与归档。

物联网产品：包括物联网平台、扩展云服务、应用与数据集成（云）、行业平台（如车联网平台）、边缘计算、设备服务、生态、开发者。相关解决方案有车联网、智慧城市、智能交通、智慧园区、智慧农业。

华为云产品体系如图 3-7 所示，主要产品简介如下。

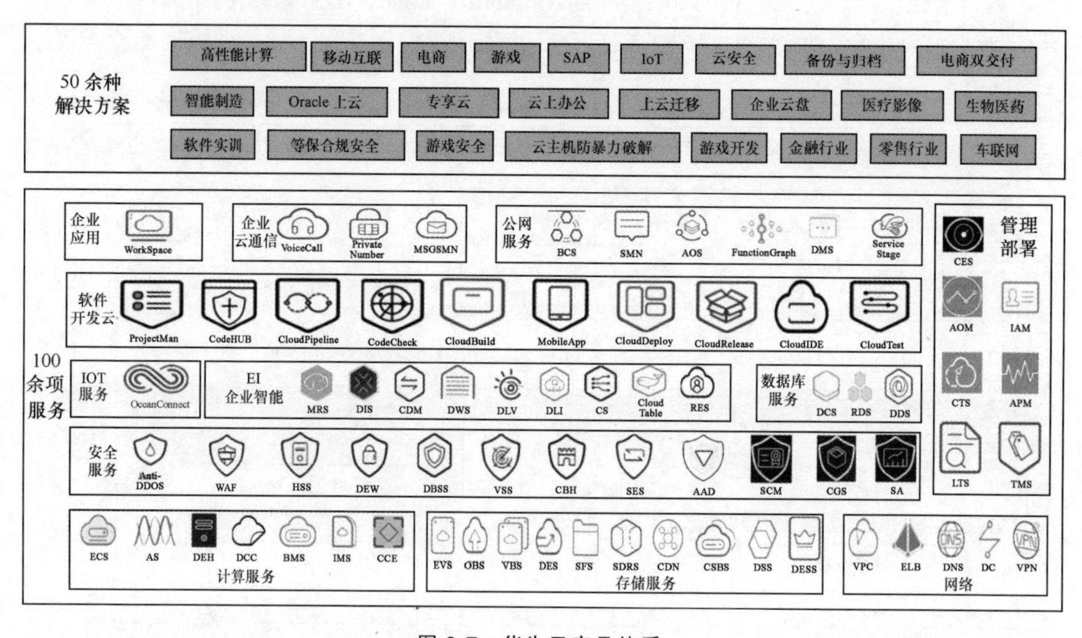

图 3-7 华为云产品体系

• 计算服务

弹性计算服务（ECS）：一种可随时自助获取、计算能力可弹性伸缩的云服务。

GPU 加速云服务器：物理 GPU 在硬件的支持下可创建多个 vGPU，虚拟机通过绑定 vGPU 直接访问物理 GPU 的部分硬件资源，适用于虚拟化环境下运行的图形渲染、工程制图等应用场景，以及云桌面场景，提供了虚拟化环境下的高性能图形应用体验。

弹性伸缩（Auto Scaling，AS）服务：可根据用户的业务需求和策略，自动调整计算资源，使云服务器的数量可随业务负载的增长而增加、随业务负载的降低而减少，从而保证业务平稳健康运行。

- 存储服务

云硬盘服务（Elastic Volume Service，EVS）：基于分布式架构的可弹性扩展的虚拟块存储服务，具有高数据可靠性、高 I/O 吞吐能力等特点。像使用传统服务器硬盘一样，可以对挂载到云服务器上的云硬盘进行格式化、创建文件系统等操作，并实现对数据的持久化存储。

云硬盘备份服务（Volume Backup Service，VBS）：可为云硬盘创建备份，利用备份数据回滚云硬盘，最大限度地保证用户数据的正确性和安全性。

对象存储服务（Object Storage Service，OBS）：基于对象的海量存储服务，提供海量、低成本、高可靠、安全的数据存储能力，适用于海量存储资源池、静态网站托管、大数据存储、备份、归档和网盘类业务。

- 网络服务

虚拟私有云（Virtual Private Cloud，VPC）：通过构建隔离的虚拟网络环境，用户可以完全掌控自己的虚拟网络，包括申请弹性带宽/IP、创建子网、配置 DHCP、设置安全组等。此外也可以通过专线等连接方式将 VPC 与传统数据中心互联互通，灵活整合资源。

弹性负载均衡（Elastic Load Balance，ELB）：将访问流量自动分发到多台云服务器上，扩展应用系统对外的服务能力，实现更高水平的应用程序容错性能。

- 安全服务

Anti-DDoS 流量清洗：通过部署专业的 Anti-DDoS 设备来为互联网应用提供精细化的抗 DDoS 能力（包括挑战黑洞（Challenge Collapsar，CC）攻击、SYN Flood、UDP Flood 等所有 DDoS 方式）。租户根据租用带宽及业务模型自助配置防护阈值参数，如果系统检测到异常情况，将把网站防御状态实时通知到用户。

漏洞扫描服务（Vulnerability Scan Service，VSS）：租户使用华为云安全控制台，通过对网站/主机的扫描，可以检测出网站/主机存在的漏洞，给出漏洞详情，并针对每一种类型的漏洞提出专业的修复建议。

Web 应用防火墙（Web Application Firewall，WAF）：对超文本传输协议（Hyper Text Transfer Protocol，HTTP）的请求进行异常检测，有效抵御网页篡改、信息泄露、植入等恶意网络行为。

- 云管理

身份识别与访问管理（Identity and Access Management，IAM）：是一项 Web 服务，华为云客户可使用这项服务在华为云中管理用户和用户权限。通过使用 IAM，可以集中管理用户、安全凭证（如访问密钥）以及控制用户可访问哪些华为云资源。

云监控服务（Cloud Eye Service，CES）：针对弹性云服务器、带宽等资源的立体化监控平台，可提供实时监控告警、通知以及个性化报表视图，精准掌握产品资源状态。

• 软件开发云

一站式云上 DevOps 平台，集华为研发实践、前沿研发理念、先进研发工具于一体的研发云平台；面向开发者提供研发工具服务，让软件开发简单高效。

• 存储容灾服务（SDRS）

存储容灾服务（Storage Disaster Recovery Service，SDRS）是华为云提供的服务化容灾方案（如图 3-8 所示），进行 3 步简单的操作后即可为云上虚拟机提供跨 AZ 级别的容灾保护，确保数据零丢失，即恢复点目标（Recovery Point Objective，RPO）为 0，可在灾难发生时迅速恢复业务，提升连续性，减少损失。华为云宣称 SDRS 满足第五级容灾标准，可助力政企达成容灾监管要求。

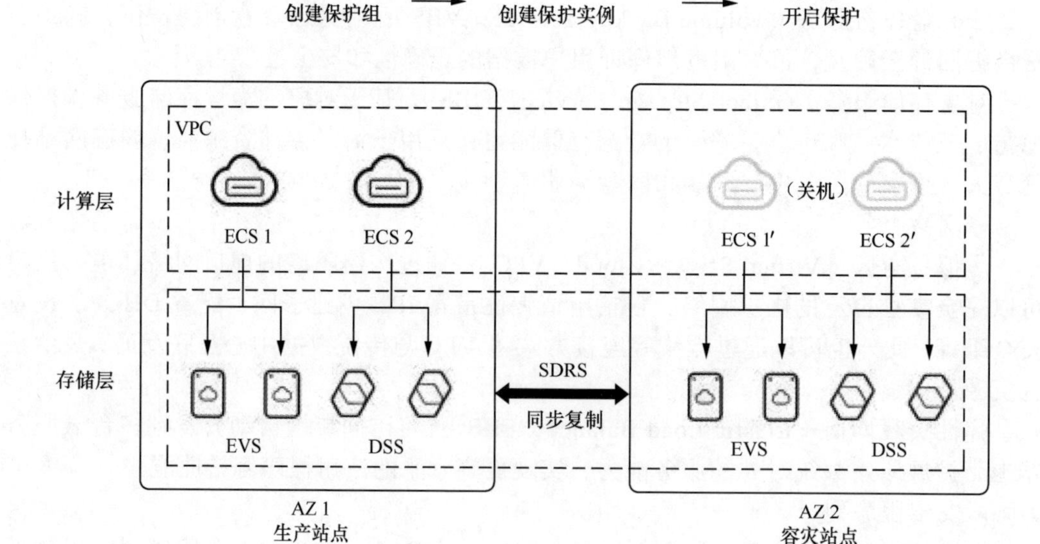

图 3-8 华为云 SDRS 方案

与自建灾备中心所需的各项烦琐操作不同，SDRS 共进行 3 个步骤即可开启容灾保护，还可以对同一业务内的虚拟机进行成组保护，以业务为粒度灵活配置保护实例。当灾难发生时，SDRS 可一键将业务切换至容灾端，用户也可通过容灾大屏实时查看所有的容灾资源、告警等信息。

在华为云的存储层，分布式存储服务（Distributed Storage Service，DSS）可提供独享的物理存储资源，云硬盘 EVS 可提供基于分布式架构的可弹性扩展的虚拟块存储服务。

3. 亚马逊

作为亚马逊公司旗下的云计算服务平台，AWS 为全世界范围内的客户提供云解决方案，以 Web 服务的形式为企业提供 IT 基础设施服务。

亚马逊公司典型的云服务产品包括 EC2、ELB、简单存储服务（Simple Storage Service，S3）、弹性块存储（Elastic Block Store，EBS）等。

Amazon EC2 是一个 IaaS 平台，在这个平台上，用户可以自助申请使用具有各种资源（CPU、磁盘、内存等）的虚拟主机，并按照使用的时间付费，其他事情则全部交由 Amzon 处理。EC2 虚拟主机的映像 AMI（Amazon Machine Image）建立在 Linux 操作系统之上，在它上面可以运行任意应用程序和软件。用户在 Amazon 租借主机之后，可以像对待物理主机一样使用 EC2 虚拟主机。例如，通过 SSH 工具登录主机，并实现维护主机等运维操作。

Amazon ELB 为多个 EC2 虚拟主机提供应用层的负载均衡服务，使得每个虚拟主机处理的用户请求数量保持均衡。ELB 还可以检测虚拟机资源池中不健康的实例，避免让它们接受用户请求，以免发生服务处理延误的情形。

Amazon S3 为公众提供海量数据存储和访问服务，用户可以在任意时间通过 RESTful API，经过互联网在 Amazon S3 系统中存储或读取数据。Amazon S3 保证了数据存储的可靠性、可扩展性、高可用性和数据安全。

Amazon EBS 为 EC2 实例提供块存储服务，可以满足数据库和文件系统等应用的需要，对于 EC2 实例来说，EBS 为其提供了块存储设备，EBS 卷上的数据在 EC2 实例宕机以后依然存在。

4．谷歌

谷歌典型的云服务产品包括 Gmail、Google Docs 和 App Engine 服务。

Gmail 是一套以 SaaS 形式提供电子邮箱服务的平台。

Google Docs 是一个界面类似于微软 Office 产品、以 SaaS 形式提供服务的平台。

App Engine 是一个构建 Web 应用程序的平台，以 PaaS 形式提供服务，用户可以通过使用 App Engine 提供的 Java 或 Python 语言的 SDK 开发自己的 Web 应用程序，还可以上传程序到谷歌网站，由谷歌负责维护整个 Web 程序的运行并提供负载均衡和自动扩展的能力。

App Engine 使用了沙盒安全机制，保证应用程序不会对谷歌的基础架构造成安全方面的影响，同时也对不同用户的应用程序进行了相互隔离。应用程序只能通过 SDK 提供的网页功能和电子邮件功能访问互联网上的其他计算机，而不能读写本地文件系统。用户需要存储的数据必须放在 App Engine 的数据存储区或 Memcache 中。此外，App Engine 还支持 Cron 服务，即允许定期执行某些特定的任务或程序。

5．微软

Microsoft Azure 是微软基于云计算的操作系统，原名为 Windows Azure，和 Azure Services Platform 一样，是微软“软件和服务”技术的名称。Microsoft Azure 的主要目标是为开发者提供一个平台，帮助开发可运行在云服务器、数据中心、Web 和 PC 上的应用程序。借助 Microsoft Azure 云计算平台，开发者们能使用微软全球数据中心的计算能力、存储能力和网络基础服务。微软的 Azure 云计算平台主要由 3 个产品组成：一是 Microsoft Azure，提供在数据中心运行的 Windows 应用程序和存储数据的环境；二是 SQL Azure，提供基于 SQL Server 数据库的数据服务；三是 .Net 服务，为云和本地应用程序提供分布式基础服务。

Microsoft Azure 的计算服务可以执行多种类型的任务，每种任务都支持通过一个或多个 Role 来完成。Microsoft Azure 通常会同时运行一个 Role 的几个实例并通过负载均衡机制保证实例的高可用性。Microsoft Azure 的存储服务支持的数据存储类型有：简单的二进制大对象的 Blob、结构化数据表、应用程序之间交互的消息队列和驱动器文件等。

SQL Azure 则向公众提供关系型数据库服务，支持索引视图和触发器等功能。使用 SQL Azure 数据库的应用程序通过表格数据流（Tabular Data Stream，TDS）协议来对数据进行读写。与 SQL Server 不同，SQL Azure 将物理的数据库管理与逻辑的数据库管理区分开来，使得 SQL Azure 数据库能够以大规模多租户的形式提供数据库服务。为实现不同数据库系统中的数据同步，SQL Azure 还提供了 Huron 数据同步机制，将所有数据首先同步到 SQL Azure 数据库，然后再同步至其他数据库。

3.2 私有云

3.2.1 私有云的概念

私有云是为一个用户单独使用而构建的，私有云可以部署在用户数据中心的防火墙内，核心属性是专有资源。私有云的基础是用户要拥有基础设施并可以控制在此设施上部署应用程序的方式，私有云在数据安全性以及服务质量上可以由企业自己有效地管控。

私有云可以搭建在用户的局域网上，与内部的监控系统、资产管理系统等相关系统打通，从而更有利于用户内部系统的集成管理。

私有云虽然在数据安全性方面比公有云高，但是，对于中小企业而言，维护的成本也相对较大，因此一般只有大型企业才会采用这类云平台，因为对于这些企业，业务数据这条生命线不能被任何其他的市场主体获取到，一个企业尤其是互联网企业发展到一定程度之后，自身的运维人员比较充足，基础设施也比较完善，搭建自己的私有云的成本不见得会比使用公有云更高。例如，百度绝对不会使用阿里云，不仅是出于自己的数据安全方面的考虑，重复投资也是一个比较大的影响因素。

私有云是对企业传统数据中心的延伸和优化，能够针对各种功能提供存储容量和处理能力。“私有”更多地是指此类平台属于非共享资源，而非指其安全优势。私有云是为一个客户单独使用而构建的，所以这些数据、安全和服务质量都较公有云有着更好的保障。而私有云由于是客户独享的，用户拥有构建云的基础设置，并可以控制在此技术设置上部署应用程序的方式。

在私有云模式中，云平台的资源为包含多个用户的单一组织所专用。私有云可由该组织、第三方或两者联合拥有、管理和运营。私有云的部署场所可以是机构内部，也可以是机构外部。

私有云又分为内部私有云和外部私有云两种。

场内服务（on-premises）：也称为内部云，由组织在自己的数据中心内构建，该形式在规模和资源可扩展性上有局限，但却有利于提高云服务管理流程的标准化和安全性。组织依然要为物理资源承担资金成本和维护成本，这种方式适合那些需要对应用、平台配置和安全机制进行完全控制的机构。

场外服务（off-premises）：也称为外部云，这种私有云部署在组织外部，由第三方机构负责管理。第三方为该组织提供专用的云环境，并保证隐私的安全性和机密性。该方案相对内部私有云成本更低，也更便于扩展业务规模。

3.2.2　私有云的特点

私有云和公有云相比有如下几点区别。

一是云的建设地点不同。公有云在互联网上发布云计算服务，搭建云平台所需的资源由云计算服务提供商提供；而私有云在企业内部专网发布云服务，搭建云平台所需的资源由企业自己解决。

二是云服务的协议开发程度不同。公有云通过协议开放云计算服务，不需要专有的客户端软件解析，所有应用都是以服务而非软件包的形式提供给用户的；而私有云的最终用户需要使用专用的软件。

三是服务对象不同。私有云是为某个用户单独使用而构建的，因而可提供对数据、安全性和服务质量的最有效控制；用户拥有基础设施，并可以确定在此基础设施上部署应用程序的方式；私有云既可部署在用户数据中心的防火墙内，也可部署在一个安全的主机托管场所内；私有云可由云提供商来构建，通过托管模式，构建一个用户数据中心内的专用云。而公有云则是针对外部客户，通过网络方式提供可扩展的弹性服务。

公有云用户基本是从无到有，从原先没有服务器以及完整的后台 IT 架构，到现在由于业务需求，希望快速、低成本地建设一个 IT 系统；而私有云用户其实是从有到省，从原先完善但庞大不灵活的 IT 系统，转向一个效率更高、扩容升级更灵活，对业务影响更小的系统架构。对于初期的需求，公有云用户的需求就是快速上线，经济实惠；而私有云用户更多的是要求平滑过渡，不影响现有业务。

选择公有云还是私有云的最终决定来自用户自身，公有云和私有云各有偏重，不同的用户有不同的评价。用户应仔细分析自身需求，做出最经济的选择。对公有云和私有云的需求不是一成不变的，用户对云服务的需求在不同的阶段会有所不同，当某一天业务需求改变时，公有云和私有云转换的情况完全有可能发生。私有云是 IaaS 产品，专用于单个客户，与公有云不同，用户不共享资源。私有云的虚拟化基础设施使用户能够以自助服务的形式访问。私有云可划分为如下几种类型。

（1）托管型私有云

托管型私有云占有一部分市场份额，典型的部署方式是硬件/软件联合捆绑，位于用户所在地。它与其他类型最大的不同是，由提供商管理。在这个类型中，提供商提供支持、维护、升级甚至远程管理功能。这对企业而言是一种较为方便的方法，但将私有云服务责任都转向了服务提供商。有时服务提供商甚至可提供更进一步的堆栈服务，比如管理运行在云上的软件应用程序。

现有的托管型私有云提供商有思杰、思科、CSC、戴尔、EMC、惠普、IBM、Mirantis、Rackspace 等。

（2）预集成融合系统

该系统预装了云平台所需的软件和硬件，使得计算、存储和网络彻底融为一体，成为第一台真正意义上能够融合网络的超融合一体机，它包括具备计算能力的融合基础架构硬件堆栈、网络和存储资源，以及管理软件、自动化功能等。据 Forrester 估计，约 13%的私有云市场份额由硬件和软件组合的预集成融合系统所占据。

预集成融合系统凭借技术的优势，将系统整体交付给用户，无须安装，开箱即用，简化的监控管理运维界面和自动化故障处理机制，既保证了系统的成熟可用，又降低了对用户的技术要求。对于 IT 整体实力不够强的用户，预集成融合系统使用起来比其他系统更加简单，更为快速。在私有云部署的早期阶段，预集成融合系统的试点投入可能是一个不错的选择。

现有的预集成融合系统提供商有 BMC、思科、CSC、戴尔、EMC、日立、惠普、IBM、微软、Mirantis、NetApp、甲骨文、Unisys、VCE、VMWare 等。

（3）纯软件私有云

纯软件私有云管理平台设置在客户现有硬件平台上，该私有云能根据变化自动进行资源调配，管理基础设施中的资源，并跟踪使用情况。

对于近期需要升级自身硬件和具有高比例基础设施虚拟化的用户，该方案是最佳方式。很多纯软件私有云都建立在 VMWare 基础设施上，采用 VMWare 或第三方私有云管理工具。开源 OpenStack 是另一种流行的软件管理堆栈。

现有的纯软件私有云提供商有 CA Technologies、思科、戴尔、Egenera、EMC、HotLink、惠普、IBM、Joyent、微软、Mirantis、OpenStack、甲骨文、Rackspace、红帽、RightScale、VMWare 等。

3.2.3 企业私有云建设需求分析

企业在建设私有云前应从以下几方面对需求和现状进行分析评估。

（1）企业应用软件模式

按照应用软件实现的模式和技术不同，私有云用户常见的应用系统总体上可以分为如下两大类。

- 应用功能实现类

交易类：核心数据处理类业务，如收款、支付、结算、核算、仓储、物流、配送、客服等。

流程类：流程驱动类业务，主要是各种审批类的管理型业务。把信息记录下来，为了方便事后追溯查询或者汇总统计。

决策类：包括自定义查询、报表、联机分析处理（Online Analytical Processing，OLAP）分析和数据挖掘等内容，一般是以计划—执行—检查—处理（Plan-Do-Check-Action，PDCA）

循环为主线，计划牵头，审批在中间，注重把多部门串联在一起。

内容管理类：电子影像、档案、文档和知识管理等。

- **应用功能集成类**

界面集成类：面向内部工作人员进行业务办理的界面集成，一般指内部门户。

门户网站类：信息类的门户集成，一般指外部门户。

应用集成类：服务集成类业务，即应用集成平台，注重把多个应用串联在一起。

数据集成类：数据集成类业务，如内部系统之间、跨层级之间，以及与外部门户之间的数据集成。

（2）IT 资源现状分析

在引入云计算之前，对用户自身的需求和现状进行合理评估是非常必要的。用户在没有引入云计算之前的 IT 资源通常存在如下 3 个方面的问题。

IT 系统利用率低：烟囱式的系统部署方式导致系统资源无法共享，系统负载不均衡，整体资源利用率和能耗效率低。

扩容成本难以控制：由于 IT 系统中原有的服务器、数据库和存储阵列占比较高，标准化程度低，通用性差，导致建设扩容成本难以控制，给系统统一维护带来困难。

扩展能力不足：现有 IT 系统的纵向扩展能力和横向扩展能力不足，将难以应对越来越大的系统处理和存储压力。

针对以上现状，需要通过云计算来改变以下 3 个方面。

动态部署架构：构建基于标准化硬件设备和虚拟化架构的云计算基础设施资源池，可对上层应用按需提供弹性资源，实现多系统有效共享，有效提高 IT 系统的资源利用率和能耗效率。

标准硬件单元：云计算采用标准的运算和存储处理单元，可有效降低系统建设和扩容成本。

高可扩展性：云计算硬件集群技术和软件并行处理能力能够提供出色的横向扩展能力，可几乎无限扩展 IT 系统的处理和存储能力。

通过引入云计算技术，改变了传统信息系统竖井式的建设模式，通过底层资源的共享与灵活调度，提升了资源利用率，降低了整体信息系统的建设成本，缩短了信息系统的建设周期。实现这些功能的前提是要了解资源使用的特点，如果一个信息系统本身无资源调度需求（如资源使用曲线较为平稳），或计划由云计算承载的信息系统整体资源规模较小，资源共享和调度的空间有限，再或特定的应用系统不支持分布式部署，则无法进行横向扩展甚至纵向扩展。对于类似的信息系统建设需求，无法充分利用云计算的优势。因此，对本企业的需求和现状进行合理评估是非常必要的。

（3）信息系统的标准化程度

在云计算环境中，信息系统的标准化程度往往是决定私有云形态的重要因素。对信息系统的标准化评估存在多个维度，包括基础架构环境标准化（所需支撑的硬件是专用硬件还是通用硬件）、平台环境标准化（对于开发环境、中间件环境以及数据库环境的通用需求和租户限制），以及应用系统的标准化（应用系统的运行环境、封闭系统还是开放系统、商用套装软件还是自开发系统、是否支持分布式等）。不同维度的标准化实现决定了企业私有云应该建设为 IaaS 云、PaaS 云或 SaaS 云。

（4）云化建设/迁移的难度

将新的应用系统直接部署在云计算环境中或将原有系统迁移到云计算环境中是两种主要的信息系统云化改造路径，对其实现难度的评估是对应用系统进行云化改造风险与收益评估的重要手段。整个业务系统的云化分析过程需要从包括硬件支撑环境改造、操作系统平台变更、平台软件绑定分析、IP地址依赖性消除、API重构、模块化改造、标准化改造、外部依赖条件等在内的多个层面和维度进行，准确评估业务信息系统云化改造的相关难点与痛点，才能对信息系统云化改造有充分的认识和准备。

（5）成本的评估与考虑

大型企业建设私有云往往会考虑定制化和一些业务特定的需求，其标准化程度往往低于公有云，由此所带来的自动化、运维、管理的开销会更高。而且，在传统企业环境下对人才培养的要求更高，工作技能、职能的转变同样需要成本的投入。

3.2.4 私有云总体建设原则

企业私有云建设应符合国际和国内标准技术体系，使系统最大限度地具备各种层次的平台无关性和兼容性。在使用新技术的同时充分考虑技术的国际和国内标准化，按照相关标准建设实施。

（1）先进性和超前性

技术上立足于长远发展，坚持选用开放性系统，使系统面对将来的新技术时能平滑过渡。采用先进的体系结构和技术发展的主流产品，以保证整个系统高效运行。在实用可靠的前提下，尽可能跟踪国内外先进的计算机软硬件技术、信息技术及网络通信技术，使系统具有较高的性价比，同时建设方案以实际可接受能力为尺度，避免盲目追求新技术而造成不必要的浪费。

（2）实用性和方便性

系统建设要以满足需求为首要目标，采用稳定可靠的成熟技术，保证系统长期安全运行。确保系统应用后，确实能为各级业务和管理节点提供一个智能化的网络信息环境，并提高管理水平和工作效率。

（3）安全性和保密性

遵循有关信息安全标准，具有切实可行的安全保护和保密措施，确保数据永久安全。系统应采取多方式、多层次、多渠道的安全保密措施，以防止各种形式与途径的非法侵入和机密信息泄露，确保系统数据的安全性。

（4）稳定性和可靠性

企业私有云建成并投入使用后，将成为支撑业务系统平稳运行的重要平台和开发新业务系统的基础平台，因此系统应在可以接受的建设成本下，综合系统结构、设计方案、设备选型、厂商的技术服务与维护响应能力、备件供应能力等方面考虑，尽可能降低系统发生故障的可能性和不良影响，并针对各种可能出现的紧急情况，储备应急工作方案和对策。

（5）跨平台性和可移植性

充分考虑系统的跨平台、跨系统、跨应用、跨地区性，以及在各种操作系统、不同的中间件平台上的可移植性。

（6）可维护性和可扩展性

系统设计做到标准统一，充分考虑未来若干年内的发展趋势，具有一定的前瞻性，并充分考虑系统升级、扩容和维护的可行性。

（7）关注基础架构的融合

投资私有云并非一个全新的投资项目，可通过整合现有的IT基础设施来达到最终目的，把现有的存储、服务器、网络等硬件捆绑在一起进行兼容性测试。要求厂商能够提供融合基础架构的私有云解决方案。

（8）关注资源的整合及大数据的构建

数据是企业的核心资产，云数据中心的构建很大程度上就是对数据的整合。几乎任何与企业业务相关的内容都可以数据化。这些数据呈现出复杂、异构的特点，如何将这些数据集中起来放在云平台上，就需要对其进行数据挖掘、分析、归档以及重复数据删除等处理，从而把有效的数据提取出来。

（9）关注资源共享和虚拟化

使用私有云的另一个关键因素是要实现高度的资源共享。但这是一件很难的事情，不仅仅关系到技术方面的问题，还与IT架构密切相关。高度的虚拟化能够带来高度的资源共享，虚拟化不仅体现在服务器虚拟化上，还包括网络虚拟化、存储虚拟化和桌面虚拟化等。因此，用户部署私有云时，除选择合理的技术与产品外，更需要考虑企业IT架构的高度虚拟化和高度资源共享的IT架构，以及技术储备、专业人员储备、基础环境等条件。

（10）关注弹性空间和可扩展性评估

由于许多企业现有的服务器和存储产品架构都不具备良好的扩展性，不能很好地满足私有云对扩展空间的弹性需求。因此，真实评估弹性需求，是实现按需添加或减少IT资源的私有云部署前的一个重要考虑。云计算最本质的特点是帮助用户即需即用、灵活高效地使用IT资源。因此，对部署云计算平台来说，必须考虑对弹性空间和可扩展性的真实需求。

（11）关注云计算基础架构的安全

用户选择自建私有云最大的考虑因素就是安全，安全已经成为阻碍云计算发展的最主要原因之一。根据数据分析师协会（Certified Data Analyst，CDA）统计，32%已经使用云计算的组织和45%尚未使用云计算的组织将云安全作为进一步部署云的最大考量。在云计算体系中，安全涉及很多层面，在云计算环境中应考虑网络安全、存储安全、物理机安全、虚拟化安全、虚拟化管理安全、交付层安全、数据安全、安全服务和运维安全等领域。并非所有的应用安全问题都依赖云计算环境的安全架构来解决，云计算基础架构环境支持的系统种类众多，业务要求和安全基线各有不同，在对用户进行服务供给时，应根据服务种类以及SLA对安全服务内容进行严格的规范，明确分工并清晰地划分责任界面。

3.2.5 企业私有云技术路线选择

企业私有云的建设并非只是新技术的变革与引入，而是颠覆传统信息系统建设模式的系统工程。结合企业的特定需求，企业私有云的建设思路大可不尽相同，建设方法也不会千篇一律。

是选择商用云平台还是选择开源云平台来创建企业的私有云，这需要企业权衡利弊，依据企业自身的技术能力、资金投入总量、实现业务效果等方面来综合考虑。所以没有好与不好，只有是否适用和用得好不好。建设企业私有云不是一蹴而就的事，而且将是持续不断的投入过程，需要在实践中不断摸索前进。

1. 商用云平台

商用云平台一直是大多数企业的稳妥之选。技术成熟度高、稳定性好、技术支持能力强是商用云平台的原生优势，这些都是开源云平台所无法比拟的。

近年来，不同厂商针对企业私有云推出了自己的云平台产品，如 VMWare vCloudSuite、Microsoft Private Cloud、Amazon EC2 等。

（1）VMWare vCloudSuite

VMWare 首先提供了一整套虚拟化解决方案以及云计算方案，包含了软件定义计算（Software Defined Computing，SDC）的概念。VMWare 使用了一套通用的软件，没有为计算、网络、存储等单独安排不同的管理工具，从软件定义的范畴提供了 vCloudSuite 产品，构建成为一套私有云，并能提供公有云接口的解决方案。

VMWare vCloudSuite 架构可按 SDC、SDN 和 SDS 的理念抽象为 3 层，基础数据平面包括基本的硬件和虚拟化层，虚拟化层由 vSphere 套件来完成，其中，vSphere Hypervisor 是 vSphere 的基础，由它来完成对计算的虚拟化。vSphere 还负责对网络、存储进行虚拟化。在 SDN 方面，VMWare 提供了 NSX 网络虚拟化/软件定义网络方案，它也运行在 vSphere Hypervisor 之上。

VMWare 方案的控制面由 vCenter Server 和 vCloud Director 组成，对于一般的小规模应用，只是用 vCenter Server 进行集中管理，在规模更大、需要更强的抽象管理能力时，可以加上 vCloud Director。vCloud Director 通过 RESTful API 为上层应用提供编程能力。VMWare 提供了 vCloud API 以连接公有云，并通过 OVF 支持虚拟机部署等功能。

（2）Microsoft Private Cloud

微软具有完善的私有云解决方案，该方案的基础是 Hyper-V Hypervisor，处在控制面的系统中心虚拟机管理器（System Center Virtual Machine Manager，SCVMM）能够控制来自其他厂商的 Hypervisor。

（3）Amazon EC2

Amazon EC2（Amazon Elastic Compute Cloud）是亚马逊提供云计算环境的基本平台，它属于 AWS 平台的一部分，AWS 虚拟私有云等组件（服务）还包含 Amazon S3 存储、Amazon SQS（Simple Queue Services）可靠消息传递、Amazon SDB（Simple DB）

数据库、Amazon VPC（Virtual Private Cloud）。Amazon EC2 属于 IaaS 类型，能够提供以虚拟实例为单位的计算能力，虚拟实例实际上就是一个虚拟机，Amazon EC2 使用的是经过深度定制的 Xen Hypervisor。Amazon EC2 提供了自动配置容量的功能，允许用户动态地调整其计算能力。通过使用 Amazon EC2，可以根据用户的需要，随时、简便、迅速地创建、启动和供应虚拟实例，并根据实例的类型和每小时的实际使用量进行收费。

2. 开源云平台

开源云平台 OpenStack 的崛起，吹响了云平台市场开源阵营挑战商业力量的号角。在全球热论的声浪中，CloudStack、Eucalyptus、OpenNebula 紧随其后，四大开源云平台围绕开放云平台展开了新一轮的制衡与博弈。

在这种开源大潮的推动下，一些商用软件的业界巨头也纷纷顺应潮流，开始宣称自己支持未来的开源潮。如微软 Azure 开始全面支持运行 x86/x64 架构的各大主要 Linux 发行版，以及社区驱动的其他开源软件；支持多种开发语言、工具及框架，从 Windows 到 Linux，包括 SQL Server，从 C#到 Java。

目前业界的开源云平台主要有 CloudStack、Eucalyptus、OpenStack、OpenNebula 等，企业在对云平台进行技术选型时可以综合考虑以下因素。

社区规模：体现对开源社区运作情况的综合评定。规模标准包括：社区主题数量、社区讨论帖数量、社区参与人数、社区总人数、开发者人数和贡献机构数量等。社区通过讨论主题和帖子，包括发展方向、版本更新、功能增加、错误处理、开发讨论等，社区规模数量直接反映开源云平台的发展情况；社区参与人数为参与设计或讨论的人员数量；社区开发者人数与贡献机构数量决定了项目的发展速度和质量。综合评定以上信息可以较好地比较社区规模，社区规模越大，越有利于平台健康、高效地发展。

市场使用规模：体现了开源云平台的市场接受程度。一方面，开源云平台已经拥有的用户与使用案例在一定程度上说明了平台的整体能力。从另一个层面来看，分析用户的领域、地域的使用情况，可以在一定程度上说明开源云计算平台的普适性。

开放性：体现开源云平台使用便利这一最大特性。开放程度越好的开源云平台更易于用户对云平台的了解与使用。具体开放程度的高低可以通过比较开源 License、开源云平台提供的 API 和开源云平台文档的详细程度等来得到。

可用性与可靠性：体现开源云平台使用的基础性能。开源云平台的整体架构设计决定了平台自身的特性与功能，也决定了平台可使用的高可用性和平台自身的高可靠性。通过比较开源云平台的整体架构以及官方推荐的高可用方案，评价 4 个开源云平台的可用性与可靠性。

功能性：体现开源云平台对基本功能的支持程序。IaaS 需要的基本功能各个平台都具备，但 4 个开源平台对功能的具体实现程度与对新兴技术的支持程度还存在一定差异。通过对 Hypervisor、存储、网络、虚拟资源分配管理与虚拟资源计量分析的支持情况进行分析，可以对各开源云平台的基本功能做出综合比较和评判。

可扩展性：体现开源云平台的定制化程度。虽然开源云平台源代码完全开源，但二次开发也并非将原有平台底层逻辑重新实现，而是通过平台提供的接口或是以插件的形式实现功能上的扩展与增强。另一方面，私有云扩展能力也包括与公有云协作实现混合云的方案能力，为此，可通过分析 4 个开源云平台的接口协议、插件模式以及与公有云的协作方案，实现可扩展性的比较。二次开发涉及开源云平台对客户个性化需求的满足程度，二次开发成本是一定需要考虑的因素。通过分析 4 个开源云平台的团队再开发难度、再开发所需要的技术与二次开发提供商的能力，比较开源云平台的二次开发成本。

版本更新：体现开源云平台的软件更新能力。开源云平台通常会持续推进并发布新的版本，版本发布周期一定程度上影响了用户的使用。若版本更新太快会导致用户系统更新过于频繁，若版本更新太慢会导致新功能的延迟提供。通过比较 4 个开源云平台以往的版本发布周期来预测评估社区对新版本发布的反应能力。

适应度：体现开源云平台适配客户现有技术资源的能力。选用的开源云平台应该最大限度地适应客户现有云管理平台的需求，并结合企业现有的技术实力与团队技能，降低后期平台的开发、维护工作量，以避免平台建设的投入过大，导致收益下降。

3. 开源云平台的比较

OpenStack、CloudStack、Eucalyptus、OpenNebula 四大开源云平台针对规模、市场、开放、功能等因素的比较情况详见表 3-1。

表 3-1　常用开源云平台比较

比较因素		OpenStack	CloudStack	Eucalyptus	OpenNebula	比较情况分析
社区规模		大	较大	较小	较小	在社区规模上，OpenStack 的社区人数、活跃度都遥遥领先，CloudStack 社区次之，Eucalyptus、OpenNebula 社区规模整体较弱
市场使用程度		IBM/英特尔/爱奇艺/携程等	中国电信/诺基亚/DATAPIPE 等	索尼/中国工商银行/国防科技大学/镇江政府等	中国移动/BlackBerry/CentOS 等	每一个开源云平台都有重量级的企业级用户，在开源版本的基础上通过二次开发实现自身需求。在总体用户数量上，OpenStack 和 CloudStack 人气较高
开放性	开源 License 类型	Apache2.0	Apache2.0	GPLv3	Apache2.0	
	API 齐全情况	OpenStack+AWS	CloudStack+AWS	AWS	AWS+开放云计算接口（Open Cloud Computing Interface，OCCI）	各个平台都支持 AWS API，除 Eucalyptus 以外都有原生 API，目前 CloudStack API 功能更全面，OpenStack API 数量增长较快
	文档齐全情况	详细	齐全	齐全	齐全	各个社区都有较为齐全的文档，其中 OpenStack 的社区文档更为详细。此外，社区外参考文档也是 OpenStack 更多

续表

比较因素		OpenStack	CloudStack	Eucalyptus	OpenNebula	比较情况分析
功能性	多租户的支持能力	有	有	无	有	
	Hypervisor 的支持能力	Xen、KVM、vSphere、HyperV、QEUM、LXC、Baremetal	VMWare、KVM、XenServer、Xen、Hyper-V	KVM、Xen、VMWare	Xen、KVM、VMWare	各个开源云平台都不支持 Power 系列服务器，而 IBM 企业版本的 OpenStack 通过 PowerVC 支持 Power 系列服务器。2013 年 12 月，甲骨文宣布加入 OpenStack，OpenStack 未来将会支持 Oracle SPARC 服务器
	虚拟资源调度策略	30 种策略，并支持策略客户化	4 种策略，通过修改配置文件进行修改	2 种算法，通过修改配置文件进行修改	5 种策略，通过修改配置文件进行修改	OpenStack 对于虚拟资源调度策略的支持更为灵活，且可以灵活方便地实现策略客户化
	存储的支持能力	块存储 Cinder，对象存储 Swift	块存储（两级存储）	块存储 Storage controller，对象存储 Walrus	块存储	
	网络的支持能力	插件实现网络控制与管理，包括 SDN	二层到七层，包括 DHCP、NAT、Firewall、VPN 等	4 种模式，简单逻辑的虚拟网络	包含 VLAN、Firewall 等简单功能的虚拟网络	各个平台自身都实现了基本的网络功能，OpenStack 网络模块通过第三方插件提供更多的网络功能，如对 SDN 的支持等
可用性和可靠性	平台架构	松耦合，模块式	核心节点控制，数据中心模型	5 个主要组件，克隆 AWS	层次化，三层设计	OpenStack 和 Eucalyptus 在 SOA/组件化/解耦上占有优势
	是否有高可用方案	有	有	有	有	各个平台都有各自较为成熟的高可用方案，在社区文档中都有相关资料
二次开发成本	技术难度	易	难	较易	难	为降低技术团队开发的难度，云平台的整体软件架构必须做到松耦合，通过组合组件、模块和服务来构成整个系统；同时需要组件、模块和服务功能内聚以便于小团队独立维护，方便独立的设计、开发和演进。OpenStack 在 SOA 和服务化组件解耦上做得更好，Eucalyptus 在 SOA 层面上做得较好，但 CloudStack 与 OpenNebula 在 SOA 层面较差
	需要的技能	Python、PostgreSQL、MySQL、SQLite	Java、MySQL	Java，C、PostgreSQL	C++、Ruby MySQL、SQLite	
	版本发布的周期	每年两个版本	每年两个小版本左右	每年两个小版本左右	每年三个小版本左右	

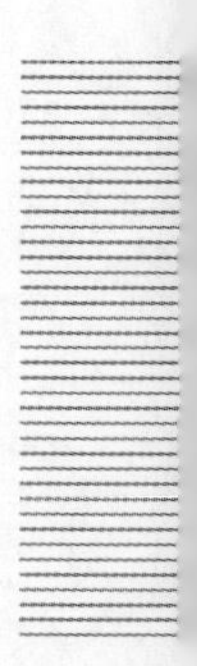

4．商用云平台和开源云平台的选择

选择商用云平台还是开源云平台创建私有云是企业需要决定的问题。

开源云平台具有先天优势，是当下的流行趋势。开源云平台技术新、起点高，同时定制开发自由度大，总体拥有成本低。但是在选择开源云平台技术之前要考虑清楚，企业是否真的准备好了去应付高昂的开发费用和人力成本，而且这将是持续不断的投入过程。开源云平台和商用云平台相关指标的对比分析情况详见表 3-2。

表 3-2　开源云平台与商用云平台比较

对比指标	开源云平台的情况	商用云平台的情况
方案成熟度	需要自行组装各部件	成熟
交付周期	较长（6 个月以上）	较短（2～3 周）
最终用户信任度	一般	信任
二次开发能力	有	有
支持业务类型	仅有 IaaS 层基础业务	完整的 IaaS 业务，提供 SaaS 和 PaaS 层业务
混合云支持能力	弱	强，可满足企业级私有云、混合云等大中型企业客户的需求
方案构建总体成本	较低	较高
企业级应用支持能力	弱	强
技术更新能力	依赖开源社区的个人行为	长期承诺，明确技术路线

根据《中国私有云发展调查报告（2018）》提供的统计数据，在开源私有云管理平台的选型中，OpenStack 依然最受欢迎。相比传统的闭源虚拟化技术，开源虚拟化技术 KVM 占比略有提升。KVM 仍然是最受企业欢迎的开源虚拟化技术。

3.3　混合云

3.3.1　混合云的概念

公有云的最大优势是能够以低廉的价格为最终用户提供有吸引力的服务，进而创造新的商业价值。公有云作为一个支撑平台，通过整合上游的服务（如增值业务、广告）提供者和下游的最终用户，打造新的价值链和生态系统。

私有云是为一个用户单独使用而构建的，能够提供对数据、安全性和服务质量的最有效控制。用户拥有基础设施，可以在基础设施上控制应用的部署方式。私有云可部署在用户数据中心的防火墙内，也可以部署在一个安全的主机托管场所内。私有云极大地解决了用户最为关注的安全问题，目前部分企业已经开始构建自己的私有云。私有云既可以由企业自己的 IT 机构构建，也可由云计算服务提供商构建。在此“托管式专用”模式中，云计算服务提供商可以安装、配置和运营基础设施，以支持一个企

业数据中心内的专用云。此模式既赋予了企业对云资源使用情况的极高水平的控制能力，同时还可以让企业获得建立并运作该环境所需的专门知识。

混合云的目标架构是公有云和私有云的结合。出于安全和控制因素的考虑，并非所有的企业信息都能放置在公有云上，因此大部分已经应用云计算的企业倾向使用混合云模式。他们同时选择公有云和私有云，因为公有云只会向你使用的资源收费，因此公有云是一种非常便宜的处理需求高峰的方式。对一些零售商来说，他们的操作需求会随着假日的到来而剧增，或者有些业务会有季节性的上扬。混合云为弹性需求提供了一个很好的基础，比如，面对灾难恢复，私有云可以把公有云作为灾难转移的平台，需要的时候再去使用它，这是一个极具成本效应的理念。另一个好的理念是，使用公有云作为一个选择性的平台，同时选择其他的公有云作为灾难转移平台。

混合云融合了公有云和私有云，是近年来云计算的主要模式和发展方向。混合云是帮助用户构建跨云、跨地域的 IT 基础设施，把用户花在构建底层工作上的精力解放出来，可以反复尝试业务在公有云与私有云之间的组合模式，而不用关心底层实现细节，从而极大地提高用户的生产力，降低业务的试错成本。混合云不是简单的一张“皮”，也不是完成连通的其中一个细节，而是包含了公有云和私有云各资源和产品的一个有机整体系统。私有云主要面向企业用户，出于安全考虑，企业更愿意将数据存放在私有云中，但是同时又希望可以获得公有云的计算资源，因而，混合云被越来越多地采用，它将公有云和私有云进行混合和匹配，以获得最佳的效果，这种个性化的解决方案达到了既省钱又安全的目的。目前运营商部署云计算多采取的是混合云的模式。

理论上，任何两个异构的云连接在一起都可被称作混合云，它可以是私有云与公有云之间，公有云与公有云之间，甚至是私有云与私有云之间。但通常意义上我们所指的混合云是指私有云与公有云的混合，而且是从应用负载的角度来看待这一混合形式。混合云作为云计算的一种形态，它要给用户带来的价值，并不是简单地把公有云和私有云堆砌在一起，而是让两者产生碰撞，从而提高用户跨云的资源利用率，催生出新的业务。对于混合云的定义，大多数厂商和用户认为只要同时有公有云和私有云就算混合云，这样的定义认知只是物理上的堆砌，两者之间如果不能发生化学反应，就不是真正的混合云，也无法催生出创新型应用，无法真正帮助用户提高业务价值。混合云不是简单地对公有云和私有云进行 1+1=2 的运算，而是要让它们产生大于 2 的价值。

3.3.2　混合云的特点

安全可控是私有云一个很重要的特点。私有云会按照用户规定的安全规范来构建，其管理也与用户的业务流程密切相连；私有云能够根据业务需要进行高度定制优化，与业务的耦合度高，从而达到高效运营的目的。私有云具有较高的稳定性和安全性，但扩展灵活度有时不尽如人意。而公有云具有即付即用的灵活性、服务的标准化、迅速的弹性伸缩等特点，不需考虑资产维护，只需要支付一定的费用，但在共享环境中，公有云的安全和隐私保护问题是用户最为担心的。公有云和私有云的特点比较见表 3-3。

表 3-3　公有云和私有云特点比较

对比因素		公有云的特点	私有云的特点
成本	预算投入	购买公有云业务和产品的初期有一定投入，根据需求增长，投入适时增加	根据自身业务和产品的需求进行建设，初期自身云系统的投入较大
	闲置资源	由所有公有云用户均摊，企业规模越大，摊到闲置资源成本越高，终会超过用户建设私有云所花闲置成本	闲置资源可控
	运维成本	可节省大量专业运维人员成本和系统运行成本	需雇佣一定数量的专业运维人员，系统运维成本相对较高
	业务即时性	可立即展开业务	一定的建设周期后，方可展开业务
安全	安全配备	公有云服务提供商都雇佣大量安全工程师，提供一定程度上的安全保护，并且能随时通过网络热点更新安全策略，在一定程度上会超过用户自身云系统的安全能力	安全能力取决于自身云系统的安全技术水平，需专门配备有经验的安全工程师团队
	数据存放	用户数据无法存放于用户自身云系统	满足用户对于数据有着与生俱来的控制欲，私有云的数据以本地存放为主
	合规要求	企业大量非标准安全和合规需求，是公有云服务提供商难以满足的	企业自身的非标准安全和合规需求可自行定制，不受公有云制约
能力	弹性能力	公有云强大的弹性能力体现在资源快速扩容、缩容，包含云主机、数据库、网络带宽、公网 IP 地址等一系列弹性资源	自身云系统规模一般较小，不具备弹性扩展能力
	运维能力	公有云服务提供商有资深专业的运维人员，可以提供一定程度的稳定性	私有云则由于外部环境的干扰因素较小，因此可控性非常高。在足够靠谱的运维人员的协助下，可达到公有云难以达到的稳定性

在做应用构架和部署时，如何利用私有云和公有云的不同特性进行资源最优配置，就是混合云要解决的问题。

1. 混合云的五大优点

混合云的目标架构结合了公有云与私有云的架构。基于安全和控制的原因，并非所有的企业信息都能放置在公有云上，大部分企业已经选择使用混合云模式。选择混合云并不是说私有云和公有云各自为政，而是私有云和公有云同时协调工作。目前已经有很多企业都朝着这种混合云的架构发向发展，这也是实现利益最大化的有效举措。

由于混合云提供了许多重要的功能，可以使各种类型和规模的企业受益。这些新功能使企业能够利用混合云通过前所未有的方式扩展 IT 基础架构。混合云有以下五大优点。

（1）降低成本

降低成本是云计算最吸引人的优势之一，也是驱使企业管理层考虑云服务的重要因素。升级预置基础设施的增量成本很高，增加预置的计算资源需要购置额外的服务器、存储、配套电源，甚至在某些极端情况下需要新建数据中心。混合云可以帮助企业降低成本，利用即用即付的模式来减少购买本地资源的投资。

（2）增加存储可扩展性

混合云为企业扩展存储提供了经济高效的方式，云存储的成本相比等量本地存储要低得多，是备份、复制虚拟机和数据归档的不错选择。除此之外，云存储没有前置成本和建设本地资源的需求。

（3）提高可用性和访问能力

虽然云计算目前并不能保证服务永远正常，但公有云通常会比大多数本地基础设施具有更高的可用性。云内置有冗余功能，并提供关键数据的异地数据同步。另外，像 Hyper-V 副本和 SQL Server Always On 可用性组等技术可以利用云计算来改进高可用性并进行灾备。云还提供了几乎无处不在的连接，使全球组织几乎可以从任何位置访问云服务。

（4）提高敏捷性和灵活性

混合云最大的好处之一就是灵活。混合云使用户能够将资源和工作负载从本地迁移到云端，反之亦然。对于开发和测试而言，混合云使开发人员能够轻松搞定新的虚拟机和应用程序，而无需 IT 运维人员的协助。此外，用户还可以利用具有弹性伸缩的混合云，将部分应用程序扩展到公有云中，以应对峰值处理需求。混合云还提供了各种各样的服务，如高性能计算、智能制造、游戏开发、云上办公、企业云盘、物联网应用等，用户可以随时使用这些服务，而不用自己构建。

（5）获得应用集成优势

大多应用程序都提供了内置的混合云集成功能，例如 Hyper-V 副本和 SQL Server Always On 可用性组。SQL Server 的 Stretch Database 功能也能够将数据库从内部部署到云中。混合云已经成为许多企业 IT 基础架构的核心组件。混合云即付即用的模式使其成为一种低成本高效益的选择，可以为各类企业带来诸多好处。

2. 混合云的典型用户场景

IT 应用负载非常复杂，很难按单一标准分类。下面从应用负载的两个维度介绍混合云的典型用户场景。

（1）应用负载的生命周期及其过程的运维服务管理维度

开发测试部署：一个应用的开发测试过程一般需要搭建灵活、便捷的环境，而且期间需要经常重构，这种场合下公有云是个不错的选择，而一旦正式上线，则希望运行在安全稳定的环境中，届时就会考虑私有云。这种情况下，对于同一工作负荷，不同阶段相互之间是相对独立的，并无直接联系，通过构建混合云，利用内置开发者流程与工具，就可同时获得公有云灵活快捷和私有云安全稳定的优势。

容量短时扩充或调峰：在这种场景下，应用部署在私有云中，在某一特定时间，应用访问或使用突然增加，而企业无法很快添置硬件扩展私有云容量去适应这一变化，此时就可以通过公有云弥补暂时的容量不足，达到调峰的目的。通常在月末或季末，企业的财务系统都需要计算并生成大量的报表，这时就可以短暂租用公有云来弥补计算资源的不足，而不是扩容私有云，不然会造成大部分时间下资源的浪费。

灾难恢复：灾难恢复通常都是主从架构，若都使用私有云，则运维成本太高。采用混合云的企业可以考虑把灾备部分放置在公有云上，用于在私有云主服务器宕机时短时内能够确保服务的连续性。通过这样的混合方式，在保证一定 SLA 的情况下，降低了成本。

备份保存：备份保存与灾难恢复的场景有类似之处。备份的目的是希望把某一时间的数据或应用保存在一个安全可靠的地方，所以通常的做法是将应用运行在公有云上，而将备份存储在私有云中，以期达到安全稳定的目的。

迁移优化：与开发测试生产场景类似，迁移优化主要应用在一个大型的企业系统中，在私有云和公有云之间依据应用的情况变化将应用迁入或迁出。例如，一个企业建设了规模可观的私有云，但当一个新服务上线试运行时，可能会考虑先部署在公有云上，如果服务反馈不错，用户量将会增加，企业就可把该服务迁入私有云，假如用户反馈不佳，也许就直接在公有云上关闭该服务了，这样就不会对私有云上的业务产生太大影响。另一种场景是，企业的私有云上原来有个很重要的服务，但随着企业业务转型，对这个服务的需求下降，企业就可以把该服务迁移到公有云上，使私有云始终服务于企业的核心服务应用。

（2）应用负载的服务组成和优化维度

物联网（Internet of Things，IoT）应用：在 IoT 应用中，前端与各种 IoT 设备通常会有交互的部分，后端则会有复杂的数据分析处理系统。对企业而言，可以把前端放在公有云上，利用公有云上丰富的 IoT 网关和增值服务；而考虑到数据的安全性和隐私，则可以把后端数据分析处理系统部署在企业内部的私有云上，从而既保证了应用交互的灵活与敏捷，又确保了数据的安全与隐私。

服务动态调整：在进行服务动态调整时，企业通常把应用中经常动态变动的服务部署在公有云上，而把长期稳定的服务放在私有云上，组成一个既能快速响应客户需求变化，又能保证核心服务安全稳定的整体服务系统。与前面提到的服务迁移优化场景类似，只是更侧重应用内部服务本身。

3.3.3 混合云的关键能力

1. 多云管理

为满足用户成本优化、个性化需求、隐私保护、合理合规、避免供应商锁定等需求，企业通常会采用多个公有云或私有云，这样就不可避免地造成了基础设施资源池的多样化，而且还要面临管理物理机、虚拟化资源等异构环境。因此，如何更好地管理多云平台无疑是混合云的关键能力之一。

混合云多云管理如图 3-9 所示，多云管理能力一般体现在以下几方面。

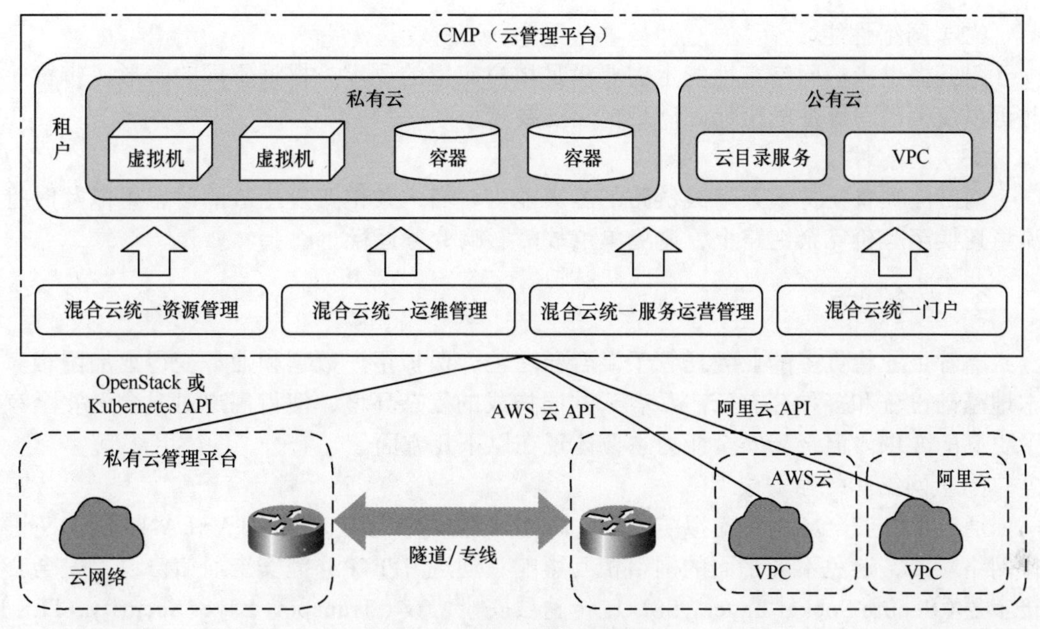

图 3-9 混合云多云管理架构

（1）资源管理

为了进行计算、存储及网络资源的统一管理和监控，将物理上分散的资源构建成逻辑上统一的云资源池。

（2）运维管理

对所有数据中心的资源进行统一运维，提供集中的告警、日志分析等故障定位手段，以及性能参数、报表统计、仪表盘显示等监控方式。

（3）服务运营管理

将云资源包装成服务，提供基于服务目录的端到端服务开通、服务监控、服务计量等一系列服务运营支撑能力。

（4）统一门户

管理员门户提供资源管理和运维管理的统一界面，对云资源进行统一管理和维护，包括虚拟资源和物理资源的统一管理。自服务门户提供用户订购云服务，并对已有的虚拟化资产进行管理，包括虚拟资源的使用和释放等。

2. 云网协同

网络一直是客户将其业务向云资源池迁移时关注的问题。混合云场景下的互联互通需要实现高质量、高稳定性、安全可靠的数据传输，避免数据在传输过程中被窃取。混合云是通过网络灵活整合客户的本地基础设施、私有云和公有云，因此，云网协同也是混合云的关键能力之一。混合云对云网协同能力的要求主要体现在以下几方面。

（1）多点互联

云网协同需要保证本地计算环境和各云资源池的互联，包括单一本地环境与多个 VPC 的连接以及单个 VPC 与多个本地环境的连接。

（2）网络性能

服务提供商的网络在性能上需要满足用户应用的要求。根据不同的情形，带宽、时延以及丢包率等性能指标应满足相应的要求。

（3）可靠性

网络应具备支持多条专线链路的容灾能力，当一条链路发生故障时，可以及时将流量切换至等价冗余链路上，避免单点故障影响业务运行。

3．安全能力

随着企业将更多的业务托管于混合云之上，保护用户数据和业务变得愈加困难。本地基础设施和多种公有云、私有云共同构成的复杂环境，使得用户对混合云安全有了更高的要求。混合云安全能力主要体现在以下几方面。

（1）网络和传输安全

通过划分安全域、对虚拟防火墙（virtual FireWall，vFW）和VxLAN等SDN进行网络隔离，避免不同平面的网络相互影响；通过HTTPS等安全通信协议，安全套接字层（Secure Socket Layer，SSL）、传输层安全协议（Transport Layer Security，TLS）等安全加密协议保证传输安全；通过IPSec VPN、MPLS VPN等安全连接方式保证网络连接的可靠性；通过安全组、防火墙、入侵防御系统（Intrusion Prevention System，IPS）、入侵检测系统（Intrusion Detection System，IDS）等安全配置对进出各类网络行为进行安全审计，保证边界安全；通过对网络流量进行实时监控，防御DDoS、Web攻击，实现对流量型攻击和应用层攻击的全面防护。

（2）数据和应用安全

通过对存储、备份和传输过程中的数据加密，防止数据被篡改、窃听或者伪造；通过使用数字签名、时间戳等密码技术，保证数据的完整性，在检测到完整性被破坏时，采取必要的恢复措施；使用安全接口和权限控制等手段对数据访问权限进行管理，避免敏感数据的泄露。

（3）访问和认证安全

通过基于密码策略、基于角色的分权分域等方式对访问进行控制，防止非授权或越权访问；采用随机生成、加密分发、权限认证等方式进行密钥的生成、使用和管理，避免因密钥丢失导致用户无法访问自己的混合云资源或数据丢失的风险。

（4）其他安全

包括但不限于保障主机等基础设施的安全以及通过日志审计等方式对混合云安全进行统一管理。

3.3.4 混合云的构建

混合云的实现涉及异构系统的连接与整合，而且与具体业务场景相关，技术实现都需要比较高的复杂度。混合云总体实现通常需要考虑以下因素：不同服务目录的整合；不同服务的统一编排与管理；不同云服务之间的安全连接；统一的DevOps流程与工具；统一的业务支持服务与门户。

构建混合云的核心思想就是保证混合云产品拥有连接一切 IT 设备和无缝结合的能力。

1. 连接一切 IT 设备的能力

实现数据层面的打通是实现混合云一切场景的前提条件。数据层面打通主要是 3 个打通：账户打通、网络打通、存储打通。

（1）账户打通

使用一套账户管理公有云和私有云，以私有云自身的账户体系和多租户权限管理为主体，公有云的访问密钥权限为辅助，将公有云访问密钥绑定到私有云的相应账户上，结合私有云和公有云各自的权限体系，可以实现灵活的多租户场景，建立起满足企业要求的账号管理体系。

（2）网络打通

将私有云的网络和公有云的网络在二层或三层上实现连通，搭建各种自定义的网络结构，如跨数据中心连通用户的两个子业务部门等。由于网络配置非常复杂，中间涉及多种设备，网络能力通常是云计算厂商综合能力的体现。

（3）存储打通

私有云和公有云之间通常很难直接将存储系统连接起来或扩展开来。所以这里指的存储打通，是快照和镜像层面的打通，即虚拟机或容器的快照和镜像，能够在私有云和公有云之间自由迁移，这种迁移的消耗应该是极小的，如完全的增量迁移或实时迁移等，从而可以使本地制作镜像模板直接在公有云上创建云主机，反之亦可。

在实现了以上 3 个打通后，用户就可以基于混合云实现很多自定义网络，比如连接多个本地数据中心和多个公有云 VPC，自由组合成星形、环形、网状等业务所需要的网络，并让镜像或快照在各地之间共享。一切的配置都可以在分钟级完成，大大加速了业务创新，彻底取缔了信息孤岛，实现“全国一张网，一个系统”。

2. 无缝结合的能力

无缝结合是指从控制面的设计来说，不论是针对用户的公有云还是私有云，都能得到一视同仁的处理。事实上，由于公有云和私有云平台模型通常不一致，很难强行用相同的界面和逻辑来操作它们。要实现无缝体验，则应该让公有云和私有云的资源在同一个平台上操作，它们操作的内在逻辑应完全一致，而非相互割裂。下面以创建云主机和创建专线连接为例简单介绍。

（1）创建云主机

当创建私有云主机时，需要选择网络、主存储、镜像、资源规格、物理机、集群等。而创建公有云主机时，需要选择镜像、安全组、网络、计算规格、AZ 等。相比之下，公有云不可能看到物理机，而私有云不可能看到 AZ，两者的计算规格和网络的模型也可能完全不同。可以将它们放在同一个页面，但是放在一个页面还是两个页面，对用户的操作路径来说都是一步，所以意义不大。真正有意义的是让用户在操作过程中感受到完全的无缝，即创建的过程是完全相同的，所有资源都不需要到公有云控制台去进行额外的查找，本地就能闭环地完成所有操作。

（2）创建专线连接

典型的跨云资源连接操作需要选择本地网络与公有云网络，这些都应该是在平台上直接进行选择或创建（如创建一个边界路由器等），然后点击连接，混合云平台自动完成剩下的连接工作。不需要用户登录到各个云平台查看类似 ID、网关、无类别域间路由（Classless Inter-Domain Routing，CIDR）等属性。从体验上来说，用户的直观感受就是选择了两个网络，并创建了连接。而这背后，则是混合云平台进行了大量的建模和数据同步工作。

因为公有云和私有云之间的模型有部分差异，因此无感知的混合云并不是要强制用户使用相同的模型去套用不同的云平台，而是在建立好对应的模型后，在后台使用完全相同的逻辑去处理它们。而从 API 设计上来说，私有云和公有云资源的操作分属不同的 API，但它们的语义、参数都是非常相近的。

如果企业本身已经有大量的传统 IT 硬件设施，要想短期内把所有业务都放到公有云上不太现实，这需要一个长期的过渡验证阶段。对于传统企业上云，通常先将非核心系统上云，积累云上运维的经验后，再逐步过渡到核心系统的上云。混合云架构无疑是上云过渡阶段的最佳选择，企业继续使用自有数据中心，同时把公有云当作自有机房的延伸，作为企业新增的自有虚拟数据中心，根据需要随时在公有云（虚拟数据中心）上开通或是释放资源，尤其是新业务可直接部署到公有云上，也可以将公有云作为自有数据中心的一个灾备机房。

企业如何选择合适的公有云，才能在使用混合云时和使用自有数据中心一样便利、安全，通过图 3-10 可以看出，关键点在专线和 VPC 上。

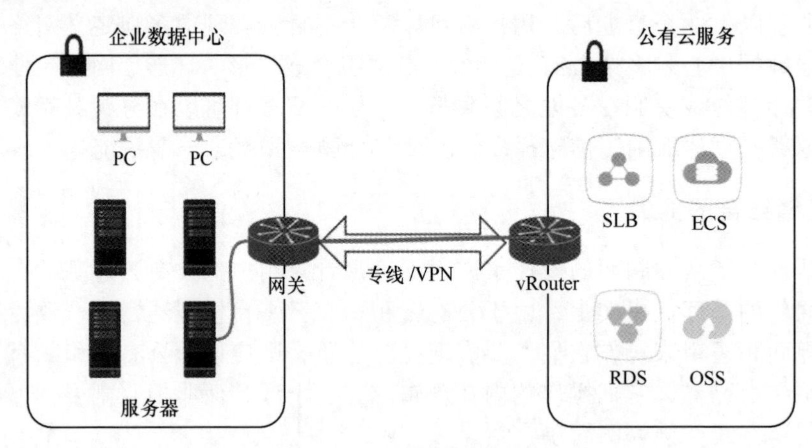

图 3-10　企业混合云架构

• 连通性上，企业需要通过专线或 VPN 来建立自有数据中心和公有云之间的网络连通。

• 专有网络 VPC 有助于用户在基于公有云的环境下，构建出一个隔离的网络环境。用户可以完全掌控自己的虚拟网络，包括选择自有 IP 地址范围、划分网段、配置路由表和网关等。

• 通过物理专线或 VPN 网关可以将自有数据中心和公有云 VPC 无缝连接起来，

打通用户网络与公有云 VPC 之间的内网，实现自有数据中心和公有云的无缝对接。

当今企业上云的方案有很多种，混合云架构无疑是相对稳妥可靠的方案。在混合云架构下选择公有云的考量标准有如下几方面。

一是便利性。对企业使用来说，公有云和自有数据中心要有一致的开发和管理体验，而对业务方使用来说是无感知的。

二是性能和稳定性。应该选择性能和技术指标能够满足企业需求的公有云服务，如充足的服务器资源、网络带宽、产品丰富性和稳定性等，尤其需要优先考虑稳定性。

三是网络和安全。网络是很重要的考量标准，通过 VPC 实现相当于物理网络的隔离能力，并允许客户定制自己的网络配置，包括网关、IP 地址、路由等，同时还要确保数据和传输的安全性。

第 4 章

云计算基础设施建设

云计算基础设施是指由硬件资源和资源抽象控制组件构成的支撑云计算的基础设施，包括为云服务客户提供计算资源、存储资源、网络资源、安全资源所需的软硬件设备及云管理平台。云计算基础设施总体架构如图 4-1 所示。

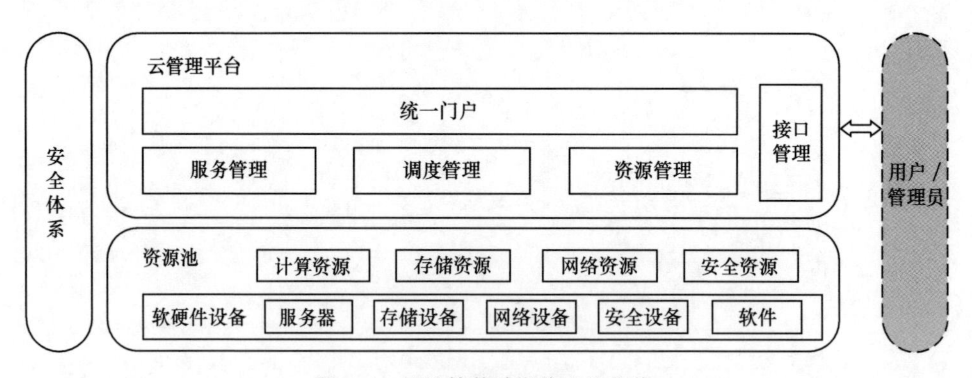

图 4-1　云计算基础设施总体架构

资源池包括计算资源、存储资源、网络资源和安全资源所需的服务器、存储设备、网络设备、安全设备、虚拟化软件和存储软件等相关软硬件设备。云管理平台对资源池的计算资源、存储资源、网络资源和安全资源进行统一管理调度，并为用户提供服务。安全体系通过多维、立体、完善的云安全防御、监控、分析和响应等手段支撑云服务运维运营安全，实现对云安全风险、威胁和攻击的快速发现、快速隔离和快速恢复。云计算基础设施应具备物理和环境安全、网络和通信安全、设备和计算安全、应用和数据安全以及管理安全等防护手段，应符合现行国家标准在安全方面的有关规定。

云计算基础设施提供服务的方式以 IaaS 为主，并通过云管理平台对计算资源、存储资源和网络资源进行快速部署和自动化管理，同时具备自服务门户，使用者可以通过自服务门户远程实现资源的订购、变更、查询和管理。

IaaS 服务主要包括计算资源租用、存储资源租用、网络资源租用等。

计算资源租用服务基于数据中心基础设施及专业服务能力，向客户提供共享或独享的计算资源租用服务，具有按需租用、快速部署、自助服务、安全可靠等显著特点。客户可以通过自服务门户便捷地进行资源申请、资源管理、资源查询与资源监控，快速部署应用，并根据需求动态、弹性扩展租用资源。

存储资源租用服务基于安全、高速、便捷的云存储服务平台，为客户提供融合多业务、支持多终端的网络存储管理与分享服务，同时可为第三方平台开展高安全性、高可靠性、高可用性、高兼容性和高开放性的存储服务提供开放的云存储能力支持。

网络资源租用服务为虚拟机提供所需的虚拟网卡、IP地址、VLAN、内外网部署、网络接入、虚拟负载均衡（virtual Load Balance，vLB）和vFW等网络服务。网络资源租用服务往往不单独提供，而多作为计算资源租用服务的配套条件提供。

基础物理资源虚拟化后形成的逻辑资源池也经常被称为云资源池。云资源池可基于独享或共享的物理资源，基于独享物理资源的云资源池主要适用于私有云客户，基于共享物理资源的云资源池主要适用于公有云客户。提供商通过合同约定用户可租用的云资源池规格、数量和资费等信息，用户可以通过服务门户实现资源的开通和交付，之后便可以管理和使用云资源池中的资源（包括虚拟机的创建、使用、监控和操作等）。

4.1　建设原则

云计算基础设施的建设原则主要有如下几条。

（1）云计算基础设施应根据业务需求进行整体规划与统一建设。近期建设规模与远期发展规划应协调一致，系统应满足性能稳定、安全可靠、兼容性好、扩展性强、绿色节能等要求。

（2）云计算基础设施的软硬件架构应充分考虑系统运行的安全策略和机制，采用多种技术手段来提供完善的安全技术保障。

（3）云计算基础设施应根据业务需求划分出不同的安全域，使具有相同保护等级要求的逻辑区域共享防护手段，并依据各安全域之间的安全互联要求和安全防护需求，设置合理的访问控制策略和安全防护手段。

（4）云计算基础设施的计算资源、存储资源、网络资源、安全资源以及云管理平台应结合业务需求或现网运行数据进行资源模型的抽象，实现软硬件资源的合理配置及优化。

（5）云计算基础设施的软硬件设备应支持IPv6，采用标准化设计的部件。

（6）云计算基础设施的关键设备应具备高可靠性，重要部件应采用负载分担，关键部件应采用热备份，并应具备故障自动倒换功能。

（7）云计算基础设施采用的虚拟化等软件应具备与不同厂商的服务器、网络、存储等硬件设备兼容的能力。

（8）云计算基础设施采用的软硬件应便于安装、升级，并提供友好的用户管理界面。

4.2 总体架构

按照云计算分布式的特点，云计算基础设施可以分布在不同的地域，形成多个逻辑隔离的区域数据中心，且各区域数据中心之间通过大带宽链路实现互联，并可纳入同一套云管理平台进行管理。

云计算基础设施的逻辑架构应视具体需求而定。典型的公有云架构可以分为区域（Region）、可用区（AZ）、数据中心（Data Center，DC）3个层面。其中，Region指物理上的不同地域，每个Region由一个或多个AZ构成。AZ指物理隔离的、有独立的供电系统的资源域。一个AZ出现故障不会影响其他AZ的使用。每个AZ由一个或多个距离相近的DC组成，一个DC只能部署在一个AZ中，AZ内的资源可灵活调度。DC指提供资源池部署环境的数据中心。每个Region由一个统一的管理平台管理，AZ和Region之间的网络通过云计算业务调度系统进行调度，AZ之间可部署双活业务。DC和DC之间互联的网络称为数据中心互联（Data Center Interconnection，DCI）。随着云计算业务的发展，采用跨区域DCI的场景逐渐增多，很多专用DCI技术随之涌现，比如当前数据中心网络中应用较多的基于VxLAN的大二层互联技术。

云计算基础设施逻辑架构如图4-2所示。

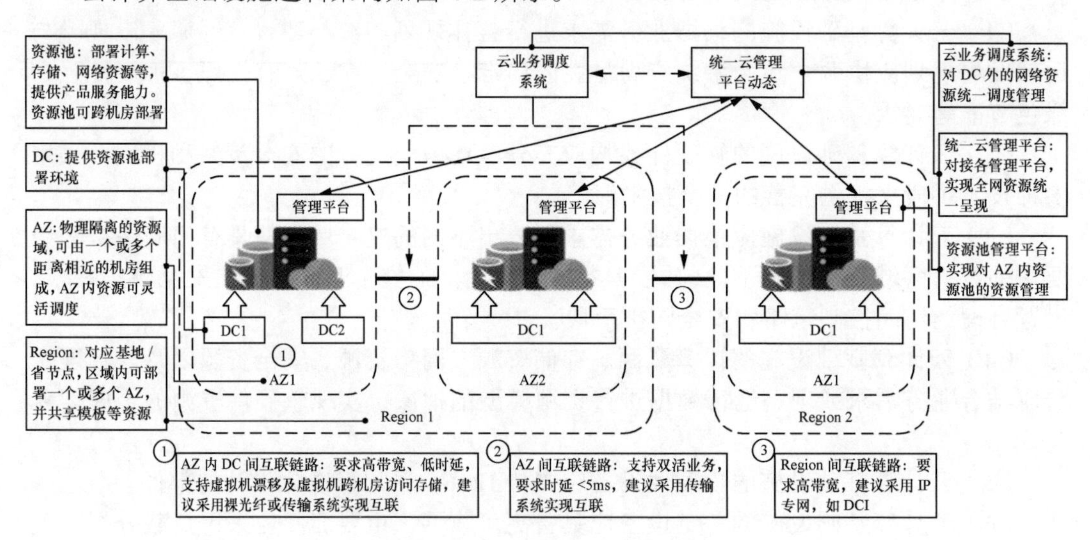

图4-2 云计算基础设施逻辑架构

资源池中部署计算资源、存储资源、网络资源及安全资源等，以提供产品服务能力。资源池可以在单一机房部署，也可以跨多个机房部署。

网络作为资源池的“血管与神经系统”，实现了服务器、交换机、防火墙、路由器等设备的互联，承载着资源池中海量数据的传输。资源池的网络系统具有区域化、模块化、层次化的特点，使网络层次更加清楚，功能也更加明确。

资源池内部的网络可以按照业务性质进行分区，比如分为核心业务区、托管业务区、运维管理区、隔离区（Demilitarized Zone，DMZ）、数据存储区等，也可以按照设备类型和功能进行分区，比如分为计算资源区、存储资源区、核心网络区、出口网络区、管理区等。图 4-3 为一个典型的单 DC 内部分区的示意。

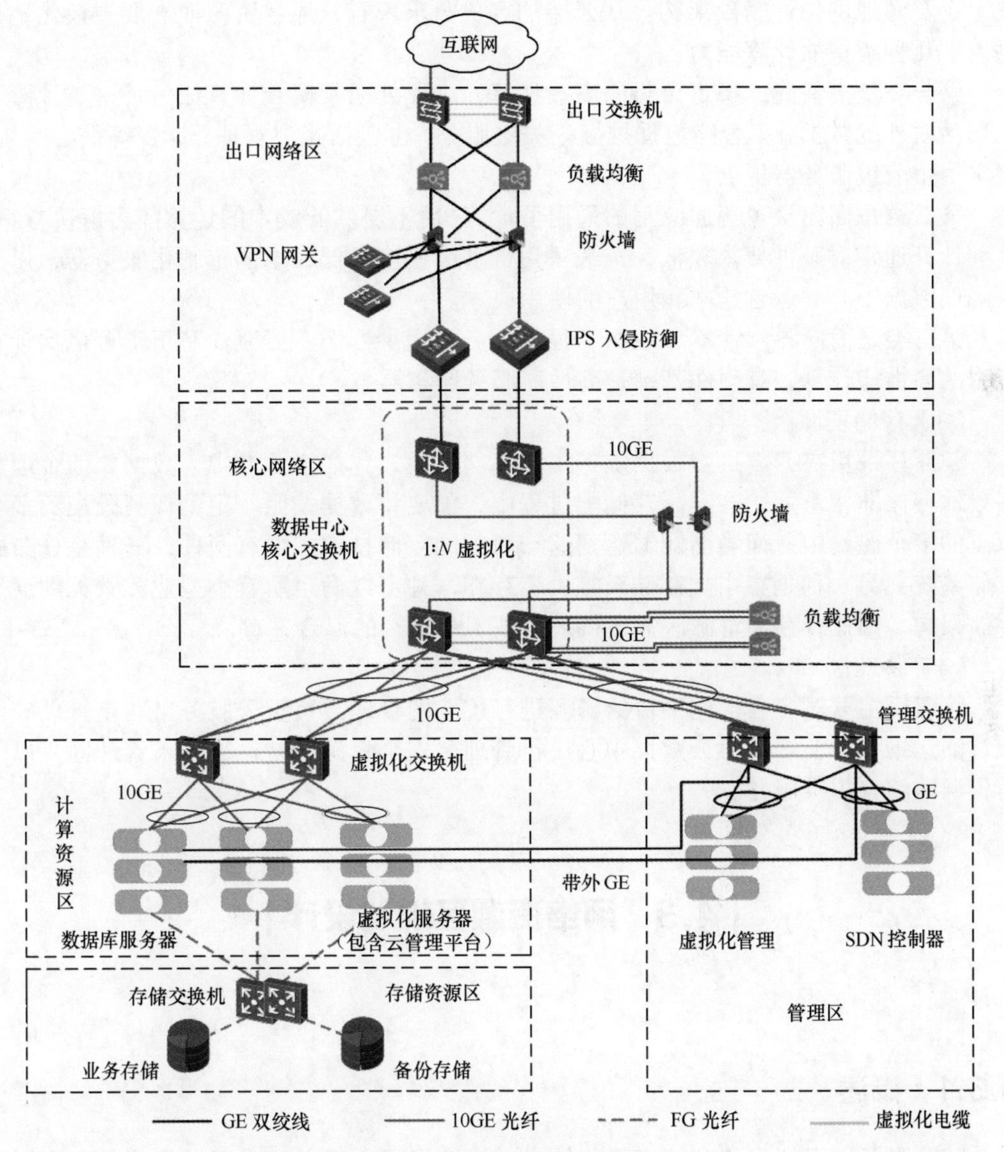

图 4-3 单 DC 内部分区示意

（1）网络交换区

按照网络结构中不同设备的作用，网络系统可以主要划分为出口层、核心层、汇聚层和接入层。出口层设备构成出口区，负载外部网络的连接以及网络层面的安全防护。核心层设备构成核心区，主要承担数据中心进出流量的高速转发，一般采用核心交换机收敛下联流量，为汇聚层提供连接，并由上联出口层与外部网络互联。

汇聚层与接入层设备分布在各计算资源区、存储资源区与管理区，是各分区内部交换的核心。

（2）计算资源区

云计算的核心特征是算力的汇集和规模的突破，资源池对外提供的计算能力类型决定了资源池的硬件基础架构。从云端的客户需求来看，通常资源池需要规模化地提供以下几种类型的计算能力。

第一类是高性能、稳定可靠的高端计算，主要处理紧耦合计算任务。这类计算不仅包括对外的数据库、智能数据挖掘等关键服务，也包括账户管理、计费等核心系统，通常由企业级服务器提供。

第二类是面向众多普通应用的通用型计算，用于提供低成本的计算能力解决方案。这种计算通常对硬件要求较低，一般采用部署高密度、低成本的定制化服务器，以有效降低数据中心的运营成本和用户的使用成本。

第三类是面向科学计算、生物工程等业务，提供万亿、百万亿乃至千万亿次计算能力的高性能计算，其硬件基础是高性能服务器集群。

（3）存储资源区

云计算采用在云端进行数据统一集中存储的模式。在资源池中，数据如何合理且高效地存储非常重要，在实际存储的过程中，需要将数据按照一定的规则分配到多个节点的多个磁盘中。而当前能够达到这一目的的存储技术主要有两种，一种是分布式存储系统，另一种是集中式存储系统。不存在一种可以满足所有类型业务数据的通用存储架构。因此，存储资源区需支持多种技术及架构的混合并存。

（4）管理区

管理区主要对各虚拟化平台的资源进行统一的管理，负责云服务自动化管理和资源智能运维，方便客户对云数据中心进行管理。安全资源通常也被划入管理区，以便为资源池统一提供服务。

4.3 网络资源区规划设计

4.3.1 概述

随着服务器虚拟化和存储虚拟化技术的迅速发展，服务器内开始集成各种虚拟化软件，一台物理服务器内可以同时运行多个虚拟机实例，虚拟机内还可以运行多个容器实例，从而最大限度地利用计算能力和资源。同时，随着各种云计算业务的频繁推出，用户可以便捷地从云计算服务提供商处直接获取云主机和云存储的租用服务，而无须进行云计算基础设施的自建和运维，从而节省了相关成本。用户无须关注计算资源、存储资源和网络资源的具体部署细节以及如何组网和实现，只需关注自身的业务应用如何快速部署和上线。

在此背景下，传统的网络已经越来越难以满足云时代用户的需求。传统网络得以迅速发展的主要原因在于网络所具备的两个特点。第一，强大的互联性，能够联通几乎所有的异构网络设备。第二，面向无连接的网络特征，把所有和业务状态相关的信息都留在主机中，网络不维护业务状态信息，只以独立的数据包传播业务状态信息，导致网络和业务是处于解耦状态的。虽然这个特性为互联网业务的快速创新提供了条件，但是业务仅是连通的，而无体验保证。

传统网络的上述特点造成了网络与业务的割裂，表现如下。

（1）网络对业务适应缓慢

由于网络和业务的割裂，业务的商用速度大于网络设备的商用速度，网络需要调整耗费多年形成的架构和特性，引入新设备，才能满足新的业务需求。同时，对于云数据中心的虚拟机和虚拟网络运营业务，传统的二层 VLAN 无法满足虚拟化的隔离需求。资源池要求虚拟机能够按需自动迁移，这对交换机提出了新的承载协议的要求，传统的交换机已经无法及时适应。

（2）网络无法保证良好的业务体验

网络中只有数据包的流入和流出，不传输保证业务连接的信息，不具备监控措施，难以保证业务质量。多数情况下，只能粗放地靠加大网络带宽来保证业务质量，这样会造成网络资源的浪费。如此一来，端到端的业务体验无法保证，网络资源的利用率也有待提高。

（3）网络影响业务部署的效率

传统网络情况下，网络侧的资源配置大部分依赖于手工，包括交换机端口配置、访问控制列表（Access Control List，ACL）配置、路由配置、安全设备的策略配置等。网络部署的自动化程度偏低，网络变更频繁会耗费大量的人力，发生网络故障时需要仔细地一一排查，从而找到连接有问题的设备。这些都会影响和推迟业务的部署。可以说，传统网络设备的各种网络配置和部署方法都限制了计算资源的部署和自由迁移。

由此可知，云计算基础设施网络发展演进的需求如下。

（1）与物理层解耦

屏蔽底层的网络设备硬件，从复杂的物理网络中提取出简化的逻辑网络设备和服务，将这些逻辑对象映射到虚拟化层，通过网络控制器和云管理平台来对这些逻辑对象进行统一的管理和控制。应用只需要和虚拟网络层进行交互，即可灵活地调度网络资源。

（2）支持多租户及安全隔离

计算虚拟化使得多种业务和租户可以在同一个数据中心中共享计算资源，网络资源也同样需要面向不同的租户提供共享机制，即在同一个物理网络平面，为多租户提供逻辑隔离和安全隔离的网络平面。

（3）网络按需自动化配置

可以通过 API 的方式自动化部署网络的各项配置，通过网络虚拟化使得每个应用对应的网络和安全拓扑可以准确、灵活地设置和变更，并同步匹配计算资源的灵活调度。

（4）网络服务抽象

虚拟网络层可以提供逻辑防火墙、逻辑交换机、逻辑路由器等，并可以保证这些网络设备和服务的监控和 QoS 的安全性，可以将这些逻辑对象像计算资源虚拟出来的虚拟中央处理器（virtual Central Processing Unit，vCPU）和内存一样提供给用户，实现任意转发策略和安全策略的组合，构建便捷、灵活的虚拟网络。

为了满足上述需求，网络虚拟化技术也随着云计算基础设施同步发展和演进。网络虚拟化技术主要用来对物理网络资源进行抽象并池化，以便于灵活拆分或合并来满足资源共享的目的。网络虚拟化产生了多种将网络服务和硬件解耦的技术，包括虚拟局域网络、虚拟专用网络、主动可编程网络、叠加网络、SDN、NFV 等。虚拟局域网络将同一区域的终端定义为同样的VLAN ID,属于统一广播域且二层联通,不同VLAN ID 的终端则需要通过网关才能三层互通。主动可编程网络把控制信息封装于报文内部，由路由器根据报文内的控制信息做出决策。

传统网络中广泛使用的 VLAN 技术,可以在物理交换机上通过划分多个 VLAN 进行隔离，并虚拟出多个逻辑网络，但其设计和配置通常是基于固定的规划，因而灵活性有限。在资源池中，大量虚拟机动态变化、弹性伸缩和漂移，对网络提出了更灵活、按需配置的要求,传统偏静态的 VLAN 规划和配置,已经越来越难以满足用户的需求。网络虚拟化需要在全网范围内和硬件解耦，以更加灵活、弹性地适应虚拟化业务，成为云时代对网络虚拟化的主要诉求。

SDN 技术通过分离网络控制部分和封包传送部分来弥补传统网络设备的缺点。处于数据通道上的网络设备退化为准硬件设备，所有网络设备的控制部分独立出来由服务器单独承担，这类服务器被称为 SDN 网络控制器。

NFV 技术通过使用 x86 服务器以及虚拟化技术来承载一定的网络功能，从而降低购置专用网络设备的高昂成本，并且通过软硬件解耦和功能抽象，使得网络功能不依赖于专用硬件，资源可以充分灵活共享，实现新业务的快速开发和部署，并可基于实际业务需求进行自动部署、弹性伸缩、故障隔离和自动恢复等。

SDN 技术和 NFV 技术的目的都是通过网络能力的软件化来满足业务系统的敏捷性和自动化要求。

4.3.2 资源池内网络方案

4.3.2.1 网络架构

资源池内分区的规模和所承载的业务类型决定了云计算基础设施网络架构的选择。网络架构经历了多年的发展和演进，主要包括两层组网架构、三层组网架构以及存储融合架构。

1. 两层组网架构

两层组网架构又可以分为扁平化组网和叶脊型（Spine-Leaf）组网。

（1）扁平化组网

小型数据中心网络通常采用如图 4-4 所示的扁平化组网架构。核心/汇聚层一般采用高性能的框式交换机，旁挂防火墙等增值服务设备。整网在一个二层网络范围内，可以通过xSTP、CSS、SVF等技术解决二层网络的环路问题。在数据中心扩容时，可以根据需要将合并的核心/汇聚层分解开，演变成由核心层、汇聚层和接入层组成的三层树形结构。

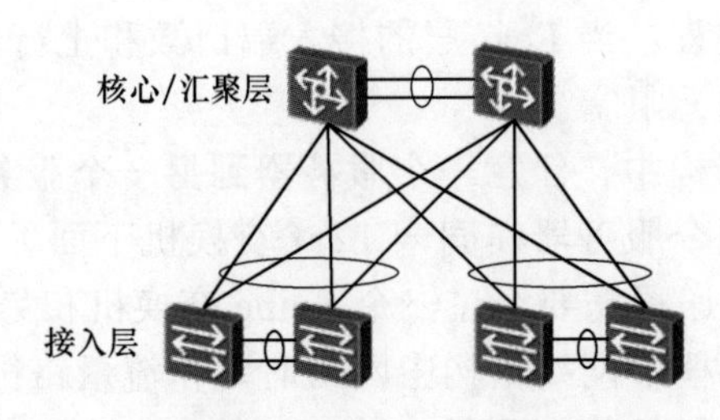

图4-4 扁平化组网架构

（2）Spine-Leaf组网

针对资源池中东西向流量越来越大的特点，新型的Spine-Leaf网络架构应运而生。事实证明，这种架构可以提供大带宽、低时延、非阻塞的服务器到服务器的连接网络。Spine-Leaf组网架构如图4-5所示。

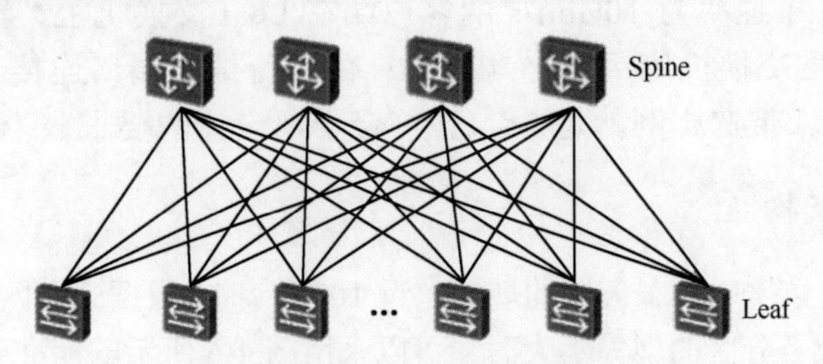

图4-5 Spine-Leaf组网架构

低层级的每个 Leaf 交换机都会连接到高层级的每个 Spine 交换机，形成一个Full-Mesh拓扑。Leaf层由接入交换机组成，用于连接服务器等设备。Spine层是网络的骨干，负责将所有的Leaf交换机连接起来。网络中每个Leaf交换机都会连接到所有Spine交换机，如果一个Spine交换机出现故障，数据中心的吞吐性能只会有轻微的下降。在这种组网方式中，任何两台服务器间的通信只经过不超过3台设备，每个Spine交换机和Leaf交换机全互联，可以方便地通过扩展Spine节点来实现网络规模的弹性扩展。

根据不同的业务需要，Spine交换机和Leaf交换机之间可以使用IP路由、VxLAN或TRILL等技术互联。Spine交换机和Leaf交换机之间使用IP路由到边缘，一般适用于协同计算业务，例如搜索。此类业务流量收敛比小（1∶1~2∶1），需要一个高效、无阻塞的网络。Spine交换机和Leaf交换机之间使用VxLAN或TRILL网络（即大二层网络）互联，适用于需要大范围资源共享或者虚拟机迁移的数据中心网络。

Leaf交换机应与资源池外部网络、防火墙和负载均衡等功能设备、服务器实现网络互通。

Spine-Leaf网络的扩展性也很强。添加一个Spine交换机就可以扩展每个Leaf交换机的上行链路，增大了Leaf交换机和Spine交换机之间的带宽，很快缓解了链路带宽不足的问题。如果接入层的端口数量成为瓶颈，那就直接添加一个新的Leaf交换机，然后将其连接到每个Spine交换机上，并进行相应的配置即可。这种易于扩展的特性大大简化了网络的扩容过程。当Leaf层的接入端口数和上行链路带宽都不是瓶颈时，这个架构就实现了整体的无阻塞。

在Spine-Leaf网络架构中，任意一个服务器到另一个服务器的连接，都会经过相同数量的设备（除非这两个服务器在同一Leaf交换机下面），这保证了通信时延是可预测的，因为数据包的传递只需要经过一个Spine交换机和另一个Leaf交换机就可以到达目的端。这也解决了树形网络结构中网络时延和流量路径有关的问题。

当然，Spine-Leaf网络架构也不是完美的。其中一个缺点就是，交换机的增多使得网络规模变大。Spine-Leaf网络架构的数据中心需要按客户端的数量，以相应比例增加交换机和网络设备。随着主机的增加，需要大量的Leaf交换机上行连接到Spine交换机。

Spine交换机Leaf交换机直接的互联需要匹配，在设计Spine-Leaf网络时，需要考虑带宽的比例关系。一般情况下，Spine-Leaf交换机之间合理的带宽比例不能超过3∶1。例如，有48个速率为10Gbit/s的客户端在Leaf交换机上，预计所需的带宽是480Gbit/s。如果叶层交换机使用4个40Gbit/s的上行链路端口连接Spine交换机，其带宽就是160Gbit/s，带宽比例就是3∶1，符合合理设计的要求，不会超负荷。

2．三层组网架构

一般情况下，当数据中心服务器的规模超过1000台时，数据中心网络都会进行服务器的分区管理，单个业务分区的规模不大时，可以采用图4-6所示的标准三层组网架构。

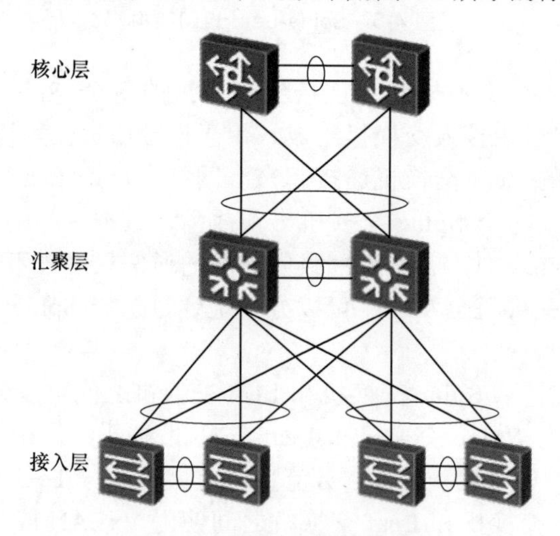

图4-6 标准三层组网架构

在这种组网方式中，交换核心区是整个数据中心网络的枢纽，核心设备通常需要部署2～4台大容量的高端框式交换机，既可以独立部署，也可以通过多虚一虚拟化技术成组部署。分区内的汇聚层和接入层通过xSTP等技术实现二层破环，当然也可在汇聚层和接入层应用纵向虚拟化技术实现接入层的简单管理及节点扩展。

三层网络是数据内常见的一种网络架构，即常说的树形网络架构。接入层收敛各服务器集群的链路。汇聚层由各汇聚交换机组成，进一步收敛链路。核心交换机下联汇聚交换机，上联路由器连接外部网络。防火墙、负载均衡交换机等功能设备可以旁挂在核心交换机两侧，也可以串接在网络中。

接入交换机和汇聚交换机之间往往会运行 STP，以保证二层网络没有环路。STP 有许多好处，配置简单、即插即用，每个集群内的服务器都属于同一个 VLAN，因此服务器无须修改 IP 地址和网关就可以在集群内部任意迁移位置。但是，STP 无法使用并行转发路径，因为它会禁用 VLAN 内的冗余路径。某台服务器与网络中的其他非相同网段的服务器通信都是从起点服务器经过接入交换机、汇聚交换机、核心交换机，以路由方式到达目的服务器。当然，在同一个网段的服务器通常连接到同一个接入交换机，可以通过接入交换机互相通信。由此可知，树形网络架构中的网络流量大多数是南北向的传输模式。

思科提出了虚拟端口捆绑技术来解决 STP 的限制。虚拟端口捆绑解放了被 STP 禁用的端口，提供接入交换机到汇聚交换机之间的双活上行链路，充分利用可用的带宽。使用虚拟端口捆绑技术时，将 STP 作为网络链路备用机制。但即便如此，网络上的主机相互访问时需要通过一层一层的上联口，会导致时常十分明显的性能衰减。三层网络的设计会加剧这种性能衰减，虽然虚拟端口捆绑增大了内部交换层的带宽，有助于改善三层结构网络的传输阻塞，但其对于改善带宽瓶颈的能力是有限的。与此同时，服务器到服务器的通信时延也会随着流量路径的不同而不同。

后来，网络设计者们又提出了 Fabric 扁平化网络，整网在一个二层网络范围内，可以通过设备虚拟化技术（堆叠）以及跨设备链路聚合技术来解决二层网络环路以及多路径转发问题，但是存在规模限制、扩展性不足的问题。

3. 存储融合架构

前面说的网络架构主要是指计算业务相关的网络。实际上，除了用于计算的网络以外，还存在另外一个独立的网络，即 SAN。

一般情况下，服务器需要主机总线适配器（Host Bus Adapter，HBA）和网络接口控制器（Network Interface Controller，NIC）两种网卡才能实现与两种网络的互联。随着服务器数量的大幅增加，布线复杂、维护成本高等一系列问题逐渐暴露，业界针对这些问题提出如图 4-7 所示的融合网络架构。

融合网络中，服务器通过网卡，上行接入支持以太网光纤通道（Fibre Channel over Ethernet，FCoE）的架顶（Top Of Rack，TOR）交换机，在一根以太网链路上同时传输局域网（Local Area Network，LAN）业务数据信息和 FC SAN 存储数据信息。两类业务流量逻辑上彼此隔离，属于不同的 VLAN。TOR 交换机进行流量分离，其中存储流量通过 FCoE 接口分流到 SAN，数据流量通过以太接口转发到 LAN。融合网络采用数据中心桥接（Data Center Bridging，DCB）技术来满足 FC 存储协议无丢包的需求。

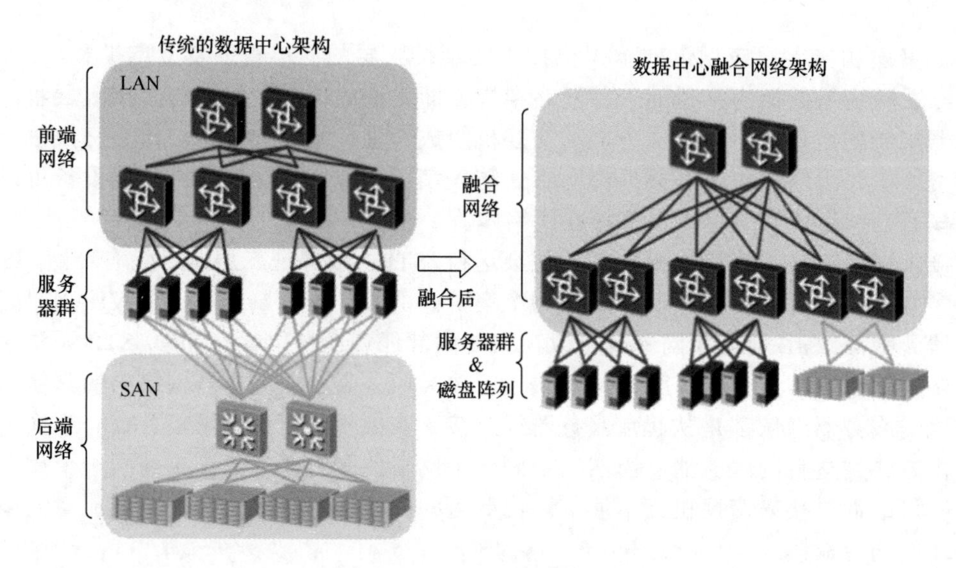

图 4-7　融合网络架构

4.3.2.2　网络流量

资源池网络内传递着多种类型的网络流量，包括以路由器或者网络边界设备为界限的内外部流量、内部服务器传递的业务和管理流量、存储节点之间互访产生的存储流量等。下面从服务器视角出发，对网络流量进行分类，具体如下。

（1）外联网络

外联网络中流转的是资源池对外访问的业务流量，通常以出口路由器或者出口交换机为边界设备，流量流转路径通常为：服务器用于传输外网业务流量的端口→外网接入交换机→外网汇聚/核心交换机→出口交换机→出口路由器→外部传输网络或专线。

（2）内部业务网络

内部业务网络中流转的是资源池内互相访问的业务流量，通常以内网核心交换机为中心组网，流量流转路径通常为：服务器 A 用于传输内网业务流量的端口→服务器 A 所属的内网接入交换机→内网汇聚/核心交换机→服务器 B 所属的内网接入交换机→服务器 B 用于传输内网业务流量的端口。

（3）带内管理网络

带内管理网络中流转的是内部管理组件互访流量及管理服务流量，通常也以内网核心交换机为中心组网，流量流转路径通常为：服务器用于传输带内管理流量的端口→服务器所属带内管理接入交换机→内网汇聚/核心交换机→管理组件集群接入交换机→管理服务器用于传输带内管理流量的端口。

（4）带外管理网络

带外管理网络中流转的是各类设备的带外管理网络的流量，连接服务器的 IPMI 及存储、网络设备的管理口，最终连接带外管理平台，带外管理网络的带外接入、汇聚/核心交换机均需要与业务网络完全分开，其流量流转路径通常为：设备的管理端口→所属带外接入交换机→带外汇聚/核心交换机→带外传输网络或专线→带外管理平台。

（5）存储网络

存储网络中流转的是计算资源访问存储资源的流量及存储设备间互相复制的流量。存储网络以存储核心交换机为中心组网，以计算资源访问存储资源的流量为例，其流量流转路径通常为：计算服务器用于传输存储流量的端口→存储接入交换机→存储汇聚/核心交换机→存储集群服务器所属存储接入交换机→存储集群服务器用于传输存储流量的端口。

上述网络流量中，除带外管理网络需要和业务网络完全独立外，外联网络、内部业务网络、带内管理网络、存储网络的汇聚/核心交换机均可以合设，甚至在带宽满足要求、运维管理许可的条件下，各层的接入交换机也可以合设，网络结构更趋于精简。

需要提及的是，数据中心网络中还少不了防火墙、负载均衡交换机、IPS 设备、WAF 设备等功能设备，以提供相应的网络及安全功能。它们往往会采用旁挂或者串接的方式部署在路由器/核心交换机/Border-Leaf 交换机附近，并根据设定的策略对网络流量进行相应的处理和转发。

以云数据中心采用 OpenStack 组件为例，各集群服务器一般需要接入不同的网络，具体连接关系如图 4-8 所示，便携式优化数据中心（Portable Optimized Data center，POD）是云数据中心标准化的资源业务模块。

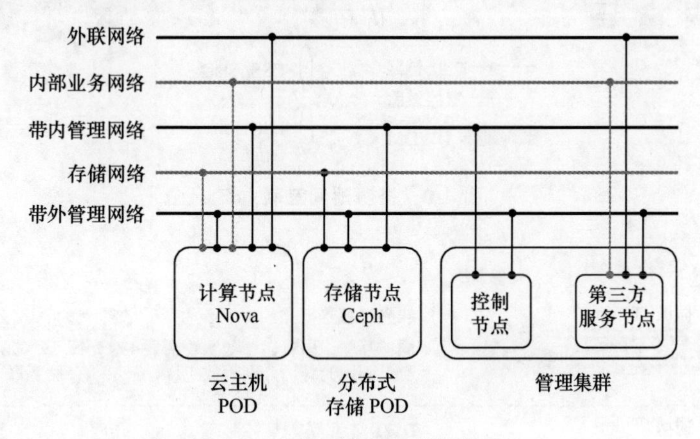

图 4-8　流量区分组网连接关系

4.3.3　资源池间互联方案

多个资源池之间的互联网络存在如图 4-9 所示的 3 种互联方案。

三层 MPLS/IP 互联也称为数据中心前端网络互联，主要实现数据共享、文件复制、邮件访问等应用层级别的互访。一般情况下，企业都会实现数据中心间的三层网络互联。

二层互联经常被称为数据中心服务器间网络互联，主要实现跨站点服务器集群或虚拟机动态迁移等业务的需要。

存储互联也被称为 SAN 互联，主要实现数据中心存储网络中磁盘阵列的数据同异步复制。

根据选择的互联网络不同，可以选择裸光纤、密集波分复用（Dense Wavelength Division Multiplexing，DWDM）、多业务传送平台（Multi-Service Transport Platform，MSTP）、VPN 等不同的技术实现方案，如图 4-10 所示。

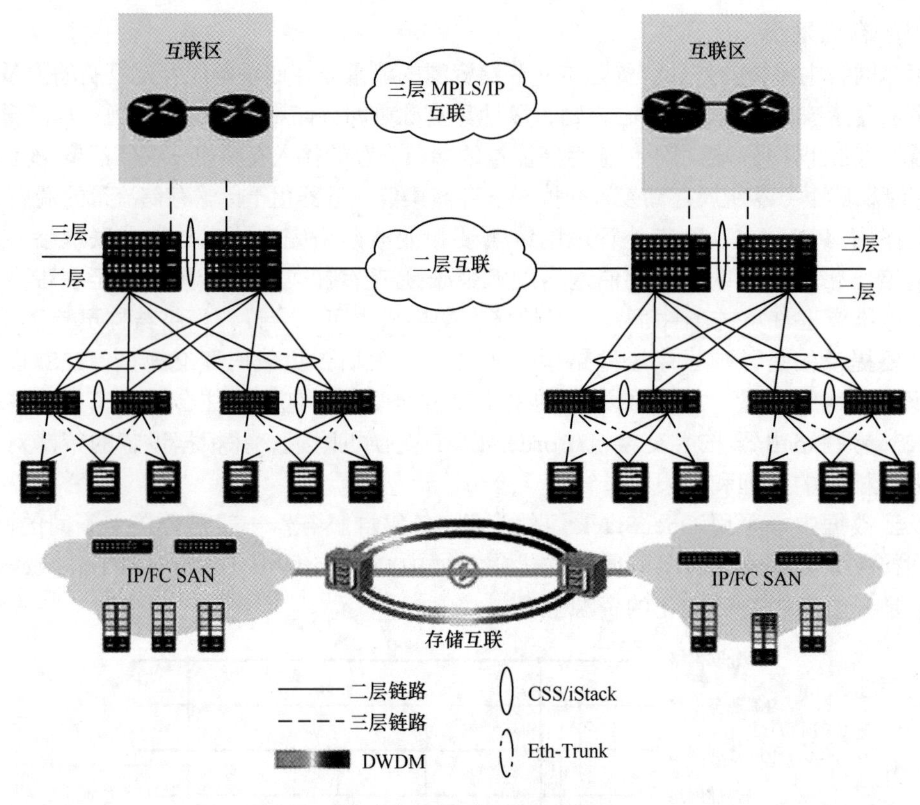

图 4-9　资源池间互联方案

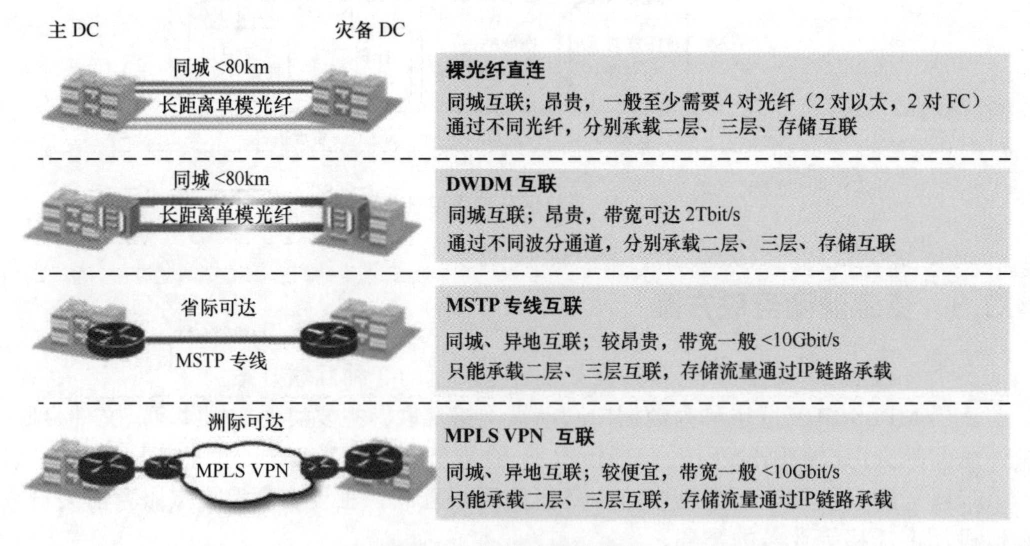

图 4-10　资源池互联方案

裸光纤/DWDM/MSTP 二层互联从本质上来说，都是通过物理连线延伸的方式实现二层网络的扩展，安全性比较高，而且带宽也比较大。但这类实现方式的传输距离相对较短，因此一般适用于同城数据中心的互联；而且从部署成本来看，带宽越大越贵，距离越远越贵。除此之外，这类方案在实现二层网络扩展的同时，实际上也大大扩展了二层网络中环路、广播风暴的影响范围，其解决方案与一般二层网络一样，是通过引入破环协议、虚拟化技术、链路聚合等实现的。二层网络得到扩展后，这些技术将涉及跨数据中心的部署，对网络维护人员的能力要求将变得更高。

MPLS VPN 二层互联先通过 MPLS 网络实现三层互联，在此基础上部署 VPLS（一种点到多点 VPN）/VLL（一种点到点 VPN）完成数据中心的二层互联。这种方式从成本上来说比较经济，最主要的是还能实现长距离的数据中心互联。

不过，虚拟专用局域网业务（Virtual Private LAN Service，VPLS）组网方案本身的技术比较复杂，部署及运维管理难度较大，对人员的能力要求比较高。2012 年思科、Juniper、AT&T、阿尔卡特-朗讯等公司一起提出了 EVPN 草案。EVPN 全称 BGP MPLS-Based Ethernet VPN。EVPN 在 VPLS 互联方案的基础上做了一些优化。首先，采用 BGP 发布 MAC 地址，一定程度上缓解了以流量泛洪形式进行的跨站点 MAC 学习带来的网络互联链路带宽浪费的问题。需要注意的是，EVPN 方案并没有解决骨干边缘路由器（Provided Edge，PE）需要学习所有站点 MAC 的问题，这个问题直到后来发布 PBB-EVPN 方案才得到解决。其次，引入 BGP AD 简化了全连接的配置。最后，在采用 BGP 发布 MAC 地址的基础上引入用户侧水平分割，解决了二层网络中流量路径必须唯一的问题，从而实现了流量的负载分担。

鉴于 EVPN 方案仍需要借助 MPLS 技术，也就依旧保留了运营商解决方案的色彩，在一般企业进行推广和应用时仍然有较大阻力。在这种背景下，不依赖 MPLS 的数据中心的二层解决方案应运而生，这类方案可以统一归类为基于 IP 网络的二层互联方案。

基于 IP 网络实现二层互联只要求数据中心之间的 IP 网络可达，在此基础上可通过建立隧道来实现数据中心的二层互联。目前已经发布的基于 IP 网络的二层互联方案主要包括思科的 OTV（Overlay Transport Virtualization）、新华三的 EVI（Ethernet Virtual Interconnect）、华为的 EVN（Ethernet Virtual Network）。其中，OTV 和 EVI 方案均使用扩展的 IS-IS 协议来发布 MAC 地址，公网隧道采用 GRE 方式；而华为的 EVN 方案使用扩展的 BGP 来发布 MAC 地址，公网隧道采用 VxLAN 的封装方式。

4.3.4 基于 SDN 的云网协同方案

在云网融合背景下，云计算在网络技术领域有 3 个主要的发展趋势：一是网络资源的虚拟化，也就是基础网络为了更好地支撑云计算，需要更多地考虑业务虚拟化的需求，自身能力也需要逐步向虚拟化服务能力方向迁移；二是网络服务的抽象化，也就是网络服务需要进行一定的抽象化处理，以提供更灵活的网络能力，或者将网络服务进行封装后提供给上层应用调用，对云计算上层应用屏蔽掉底层具体的网络实现细节；三是网络的智能化，传统的以手工方式、偏静态为主的网络运维手段已经不能满足虚拟化和云化服务的要求了，网络控制面必须先行实现智能化，这是实现网络资源虚拟化和网络服务抽象化的基础，也是在云网融合场景中大量考虑应用 SDN 的原因。

SDN 是解决云网协同的方式之一。业界普遍认为，SDN 并非一项具体的技术，而是一种新型的网络设计框架。SDN 最为核心的理念是改变传统网络控制数据流的方式。在传统网络中，网络一般采用分布式控制面，报文从源地址到目的地址的转发行为和转发路径由各个网络节点独立控制和完成，各个网络节点均采用独立的配置。而在 SDN 框架中，网络控制面和网络转发面是独立的，转发面与具体协议无关。SDN 架构可以让网络管理员在不改动硬件设备配置的前提下，通过软件程序以集中控制的方式来重新规划网络，为控制网络数据流量提供了新的方法，也提供了网络演进及应用创新的新型平台。

云资源池 SDN 具备应用感知、网络可编程、虚拟化、弹性、可靠性以及跨机房多资源池整合等主要特点。SDN 目标网络架构如图 4-11 所示，具备如下的多个层次。

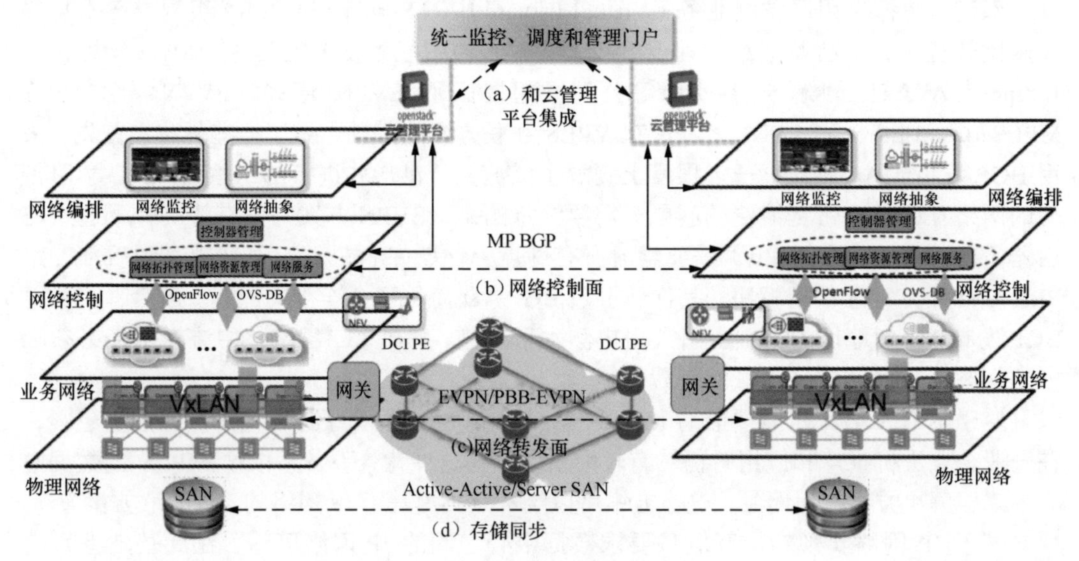

图 4-11　SDN 目标网络架构

网络编排层向上提供 API，基于统一的网络策略模型，把面向设备的低级网络需求转换为面向应用的高级网络需求。同时，如图 4-11（a）所示，网络编排层配合云管理平台实现对计算资源、存储资源和网络资源的统一编排。如图 4-11（b）所示，网络控制层提供基于全局拓扑的统一管理，对全网网元的配置管理、变更管理、系统管理以及路径（路由）计算等功能。图 4-11 中所示的业务网络层面向多租户提供灵活的、彼此隔离的网络连接和服务。各个租户独享一张虚拟网络，可以由虚拟路由器提供二层或三层的网络连接，基于 NFV 技术（vFW、vLB、虚拟 IPS 等）提供四层至七层网络服务，并结合业务链的灵活编排能力提供基于租户的灵活的网络服务。如图 4-11（c）所示，两个数据中心的 SDN 网关通过建立 EVPN MP-BGP 邻居关系传递 VxLAN 路由信息，实现 VxLAN 隧道的建立与互联互通，打通大二层网络，实现跨数据中心的网络互连。图中的物理网络层实现高速、高效且高可靠的物理链路连接与数据传输。如图 4-11（d）所示，可以通过物理网络支持上层应用在两个 DC 同时读写、存储，实现数据中心的双活。

SDN 不同制式的发展程度不同，不存在固定的解决方案，包括 OpenFlow 模式、Overlay 模式和设备 API 模式等。目前，资源池场景以 Overlay 模式为主流。

Overlay SDN 通过隧道技术在现有网络架构上叠加逻辑网络，实现网络资源的虚拟化。一般分为核心和边缘两层，实现灵活的业务逻辑与高速转发功能相分离、网络控制与转发相分离（如图 4-12 所示）。

Overlay 是建立在已有物理网络上的虚拟网络，具有独立的控制和转发平面，物理网络对于连接到 Overlay 的终端设备（如服务器）来说是透明的，从而实现了承载网络和业务网络的分离。由于 Overlay SDN 可以在现有的网络架构上叠加虚拟化技术，因而可以实现对基础网络不进行大规模修改的同时，将应用承载在网络上并且实现和其他网络业务的分离。Overlay 是物理网络延伸至云和虚拟化的一种方式，使得云资源池化能力能够摆脱物理网络的限制和枷锁，从而成为实现云网融合的关键要点所在。

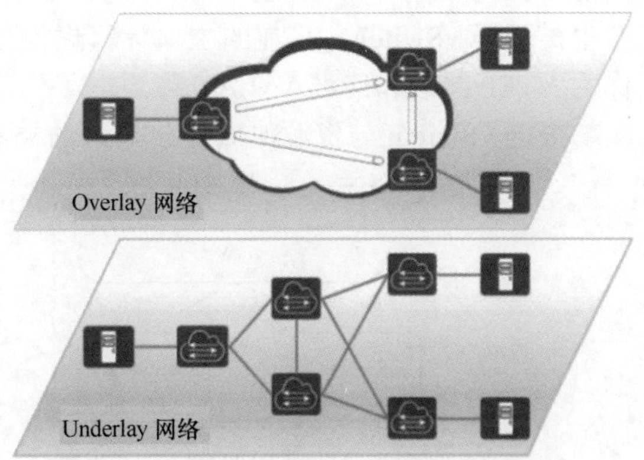

图 4-12　Overlay 网络概念

总体而言，VxLAN 是目前获得最广泛支持的 Overlay 网络技术。在 VxLAN 中，VTEP 被称为用于建立 VxLAN 隧道的端点设备，在 VTEP 节点上进行封装和解封装。同时，在 VxLAN 网络框架中还定义了两类网关单元，分别是 VxLAN 三层网关和二层网关。VxLAN 三层网关用于终结 VxLAN 网络，VxLAN 报文被三层网关转换成传统三层报文再送至 IP 网络，适用于不同 VxLAN 网段内服务器与远端终端或服务器之间的三层互访，同时也适用于不同 VxLAN 以及 VxLAN 和非 VxLAN 互通的场景。VxLAN 二层网关用于终结 VxLAN，VxLAN 报文被二层网关转换成对应的传统二层报文送到传统以太网络，适用于同一 VxLAN 网段内服务器与远端终端或服务器的二层互联。当不同网络中的虚拟机进行迁移时，如果传统网络中的服务器与 VxLAN 网络中的服务器出现在同一个二层网络中，需要通过 VxLAN 二层网关来打通 VxLAN 网络和传统网络。

根据 VxLAN 组网中 NVE 以及 VxLAN 网关的软硬件形态的不同，实现基于 VxLAN 技术的 Overlay 分为三大类方式：纯软件部署、软硬件结合部署以及纯硬件部署。

纯软件部署方案即采用软件方式将 SDN 控制器部署在服务器上，提供 SDN 网络策略引擎、控制命令和业务流表下发等功能，同时 NVE 由集成在 Hypervisor 中的 vSwitch 来承担，再结合部署软件 VxLAN 网关，支持二层及三层路由转发功能。典型产品如 VMWare 的 NSX。该种方式支持底层硬件的异构，无须调整底层硬件网络结构，仅需完成相关软件部署和相应配置即可实现。同时，往往会采用四层至七层网络的软件协同方案，部署 vFW/vLB 等四层至七层 NFV，具体配置数量按照性能需求和部署范围而定。

纯软件模式采用 vSwitch 作为 NVE。vSwitch 的出现最早是因为虚拟机迁移后配置在网络设备上的相关策略无法随之迁移，因此服务器虚拟化厂商就在 Hypervisor 层面内嵌了 vSwitch 功能，由 vSwitch 取代原来的物理接入交换机执行基本的二层转发和接入策略执行功能。后来发现这样的方式简化了整体网络策划管理和部署，通过软件实现的 vSwitch 功能可以快速实现各种新的转发技术，解决当前云数据中心网络遇到的各种问题，vSwitch 逐渐成为虚拟化软件中的一个重要组件，SDN 的各种解决方案也离不开 vSwitch。目前的主流计算虚拟化软件均在 vSwitch 内支持 VxLAN 技术，作为 VTEP 封装和终结 VxLAN 隧道。

根据 vSwitch 与资源池 Hypervisor 的关系，有两种部署模式，如图 4-13 所示。

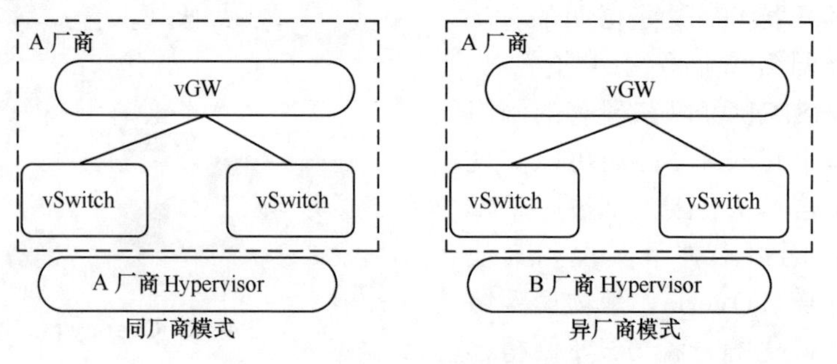

图 4-13　纯软件 SDN 部署模式

当 SDN 方案与 Hypervisor 方案由同一厂商提供时，SDN 和底层 Hypervisor 的兼容性佳，但由于生态链单一和封闭，不可避免地存在被厂商绑定的风险。当 SDN 方案与 Hypervisor 方案由不同厂商提供时，有利于降低厂商绑定的风险，但 SDN 和底层 Hypervisor 的兼容程度又存在难以保证的风险。

软硬结合的方式与纯软方式基本一致，差异在于网关采用硬件设备部署。由于此方案仍采用 vSwitch 作为 NVE，软硬结合的 SDN 方案同样须考虑与资源池 Hypervisor 的兼容性，具体如图 4-14 所示。

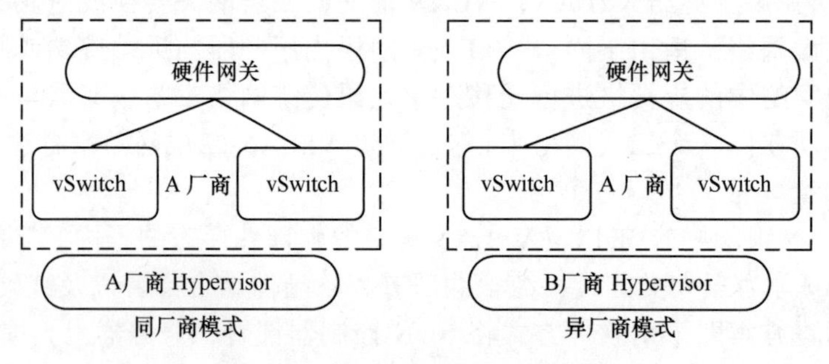

图 4-14　软硬结合 SDN 部署方案

模式 1 中，SDN 与底层 Hypervisor 的兼容程度高，但由于生态链封闭，存在被厂商绑定的风险。模式 2 有效降低了被同一厂商绑定的风险，但 SDN 与底层 Hypervisor 的兼容程度则较难保证。

在纯硬件的部署方案中，网络交换机需要增加对 VxLAN 协议的支持，往往由接入交换机/Leaf TOR 交换机承担 NVE 的功能，核心交换机/Spine 交换机或者某些 Leaf TOR 交换机承担东西向的 VxLAN 网关，出口交换机承担南北向的 VxLAN 网关功能，控制器软件需要部署在单独的几台服务器设备上，提供 SDN 网络策略引擎和 SDN 控制命令下发等功能。典型产品如思科的 ACI、新华三的 H3C VCF 等。该方案基本上需要采用同一家厂商的整体 SDN 方案，其异构的标准化问题有待解决。

不管采用硬件还是软件的 SDN 部署方案，目的均是为了通过 VxLAN 实现大规模的二层网络，业务资源的大范围互通。计算的部署将和网络物理位置无关，实现网络和计算的解耦，通过管理平台协同 SDN 控制器实现对 VLAN、VxLAN、安全组、QoS 等网络配置的管理和操作。

综上所述，SDN 基本配置方案如下。

（1）控制层面

由控制器或控制器集群实现对网络的统一和集中控制，通过北向接口向上层应用开放，用户可定义和配置虚拟网络转发规则，通过南向接口控制转发行为，向转发面设备下发转发信息。以上均由软件方式部署在服务器上的 SDN 控制器提供相应功能。

（2）转发层面

转发面基于 VxLAN 等隧道协议构建 Overlay 网络，转发面设备包括虚拟边缘设备 NVE 和 VxLAN 网关。NVE 负责提供 Overlay 网络接入服务，可由虚拟交换机或硬件交换机承载。网关用于连接不同租户的 Overlay 网络及外部网络（二层/三层），存在软件网关或硬件网关两种形态。其中，软件网关适合在中小规模的私有云场景以及对网关性能要求不高的场景下使用。硬件网关适合在中大规模的私有云场景以及对网关性能要求较高的场景下使用。此外，根据网关部署的形态不同，可以分为分布式网关或集中式网关。集中式网关对三层网关设备的各种转发、封装表项的要求较高，适合规模适中的私有云组网方案。分布式网关在解决硬件 NVE 集中式网关规格问题的同时，会引入运维复杂化问题。

可以看出，软件实现方案对硬件网络设备无依赖，灵活性较高，因此在对原有云平台的升级改造场景中较为适用；而硬件方案对服务器资源消耗小，同时能获得较好的性能，但是需要将硬件网络设备升级或替换为支持 VxLAN 协议的设备，一般情况下硬件实现方案的建设成本比软件实现方案高。

4.3.5 设备配置方法与模型

网络设备配置及功能应符合下列总体原则。

（1）网络设备应具有良好的突发流量缓存能力并支持优先级控制，宜具备线速转发能力。

（2）交换机应根据流量收敛比、端口数量和速率、网络吞吐量等因素进行配置，各层交换机功能及配置原则应符合下列规定。

- 核心交换机、汇聚交换机和 Spine 交换机均应支持二层功能及基于 VxLAN 组网和三层交换功能；
- 核心交换机、汇聚交换机和 Spine 交换机应具备较强的背板处理能力，宜为双主控、插槽式机箱设备；
- 接入交换机应支持二层功能；Leaf 交换机应符合接入交换机功能要求并应支持基于 VxLAN 的组网功能，与资源池外部网络以及防火墙、负载均衡等功能设备互联时，应支持三层交换功能。

（3）防火墙、负载均衡等功能设备应根据网络吞吐量、TCP连接数、端口数量和速率等因素进行配置，可根据业务需求采用硬件或软件部署方式；应支持网络虚拟化功能，应支持硬件多租户或软件实例部署方式。

下面以资源池内最为常见的几种网络设备为例，详细说明网络设备配置方法和模型参考。

在进行网络设计时，首先需要充分了解网络中需要部署的业务应用及其特性，明确网络架构和流量模型。云资源池典型组网架构如图4-15所示。

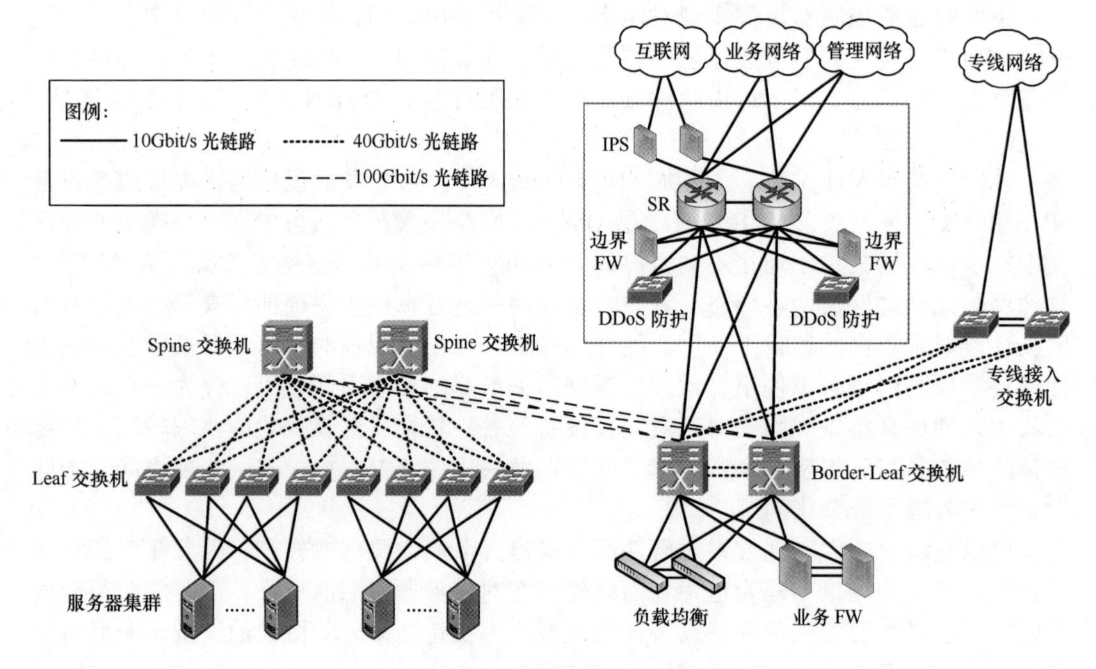

图 4-15 云资源池典型组网架构

1. 路由器

路由器通常部署在网络出口边缘，用于对接外部网络。各主流网络厂商均推出了各种档次和规格的路由器设备以供选择，包括各种双主控大型框式、紧凑插卡盒式和固定盒式设备。需要考虑的设备主要参数包括设备交换容量、转发性能、端口容量、最大单板能力、业务槽位数、单槽业务端口数、端口类型、支持的路由协议、支持IPv6/IPv4能力等。

实际配置时，应主要考虑网络上下联设备互联所需的端口和带宽需求，配置模型见表4-1。

表 4-1 单台路由器配置模型

序号	对端连接设备	端口类型（如 10GE）（个）	备注
1	互联网络 1-出口设备	A1	上联
2	互联网络 2-出口设备	A2	上联

续表

序号	对端连接设备	端口类型（如 10GE）（个）	备注
3	……	……	上联
4	互联网络 *n*-出口设备	A*n*	上联
5	IPS 设备	B1	上联
6	核心交换机	B2	下联
7	边界防火墙	B3	下联/旁挂
8	DDoS 防护设备	B4	下联
9	其他功能设备	C	下联/旁挂
10	2 台路由器互联	D	设备互联
合计		S=A1+A2+…+A*n*+B1+B2+…+B4+C+D	以上各端口数量之和

具体配置板卡时，需要考虑上下行端口是否要分居在不同板卡上，以进一步提高设备可用性，还需留有一定的端口余量，以满足后续的扩容及调整需求。

2．交换机

交换机可以说是数据中心中数量最多的网络设备，其类型一般有核心交换机/Spine 交换机、汇聚交换机、接入交换机/Leaf 交换机、专线接入交换机等。市场上也同样有各种双主控大型框式、紧凑插卡盒式和固定盒式交换机可供选择。

一般而言，为保证数据中心具备稳定可靠的数据交换和转发能力，核心交换机、汇聚交换机、Spine 交换机、Border-Leaf 交换机会采用双主控插槽式交换机设备，接入交换机、Leaf 交换机、专线接入交换机采用小型盒式交换机设备，具体依据网络需求而定。需要考虑的设备参数包括交换容量、包转发率、业务槽位、交换架构、支持设备虚拟化能力，以及对 M-LAG、VxLAN、BGP-EVPN、QinQ 等网络虚拟化协议的支持能力等。

以采用 Spine-Leaf 网络架构为例，说明交换机的配置模型，实际配置时应主要考虑网络上下联设备互联所需的端口和带宽需求，单台 Spine 交换机配置模型见表 4-2。

表 4-2　单台 Spine 交换机配置模型

序号	对端连接设备	端口类型 1（如 100GE）（个）	端口类型 2（如 40GE）（个）	备注
1	Border-Leaf 交换机	A1		上联
2	服务器集群 1-Leaf 交换机		B1	下联
3	服务器集群 2-Leaf 交换机		B2	下联
4	……		……	下联
5	服务器集群 *m*-Leaf 交换机		B*m*	下联
6	两台交换机设备互联	C		设备互联/堆叠，不做则不需要
合计		S1=A1+C	S1=B1+B2+…+B*m*	以上各端口数量之和

单台 Border-Leaf 交换机配置模型见表 4-3。

表 4-3 单台 Border-Leaf 交换机配置模型

序号	对端连接设备	端口类型 1（如 100GE）（个）	端口类型 2（如 40GE）（个）	端口类型 3（如 10GE）（个）	备注
1	Spine 交换机	D1			上联
2	路由器			D2	上联
3	专线接入交换机		E3		上联
4	业务防火墙			E1	下联/旁挂
5	负载均衡			E2	下联/旁挂
6	其他功能设备 1			E4	
7	……			……	下联/旁挂
8	其他功能设备 *m*			E*m*	下联/旁挂
9	2 台交换机设备互联	F			设备互联/堆叠，不做则不需要
合计		S1=D1+F	S2=E3	S3=D2+E1+E2+E4+…+E*m*	以上各端口数量之和

单台 Leaf 交换机配置模型见表 4-4。

表 4-4 单台 Leaf 交换机配置模型

序号	对端连接设备	端口类型 1（如 40GE）（个）	端口类型 2（如 10GE）（个）	备注
1	Spine 交换机	G1		上联
2	接入的服务器端口数量		H1	下联
3	2 台交换机设备互联	I		设备互联/堆叠，不做则不需要
合计		S1=G1+I	S2=H1	以上各端口数量之和

需要说明的是，设计网络时需要考虑的一个重要参数是各层的网络收敛比。通常用一个系统所有南向（下行）接口的总带宽与这个系统所有北向（上行）接口总带宽的比值来表示网络收敛比。低收敛比的设计需选用更高上行端口带宽的设备，意味着更多的投入。在不计成本的情况下，1∶1 的收敛比呈现最为理想的网络转发效果。另外，服务器也并非每时每刻都工作在高负荷下，占用 100%的带宽，这意味着即使不是 1∶1 的收敛比，也不会出现数据报文因拥塞丢包的情况，业务仍可以正常运行。因此，设计最适合的网络收敛比并找到网络建设成本和业务高可用性之间的平衡就显得十分有必要。

收敛比反映了网络线速转发流量的能力，因此通常我们会把收敛比作为衡量一个高性能网络的因素来考虑。一般在园区网络中，流量压力没有那么大，园区网络一般都会存在较大程度的流量收敛。但云数据中心网络对网络性能要求相对较高，流量收敛的设计就十分重要。

接入层网络收敛比：假设每台服务器配备 2 个 10GE 业务端口，以 1 个 10GE 端口连接到每台 Leaf 交换机，一个集群假设由 40 台服务器组成，那么每组 2 台 Leaf 交换机需要接入 10Gbit/s × 40 × 2=800Gbit/s 带宽的流量。根据经验值，接入层的收敛比一般控制在 3∶1 以内，主要取决于为接入交换机设计的上行带宽的大小。当前来说，接入交换机的单个上行端口可以达到 40Gbit/s 的带宽，在实际部署中一般采用每台 Leaf 交换机通过 4 个 40GE 端口接入 Spine 交换机，也即提供 40Gbit/s × 4 × 2=320Gbit/s 的上行带宽。这样接入层的收敛比为 2.5∶1（800Gbit/s ÷ 320Gbit/s=2.5），很好地控制在 3∶1 以内。

核心层网络收敛比：假设数据中心共具备 8 台 Leaf 交换机（不含 Border-Leaf 交换机），每台 Leaf 交换机通过 4 个 40GE 端口接入 Spine 交换机，那么核心层下行带宽为 40Gbit/s × 4 × 8=1280Gbit/s。当前插槽式交换机已经可以提供最大 100GE 的端口，假设采用 2 台 Spine 交换机通过 4 个 100GE 端口连接 Border-Leaf 交换机，也即提供 100Gbit/s × 4=400Gbit/s 的上行带宽。这样核心层的收敛比为 3.2∶1（1280Gbit/s ÷ 400Gbit/s=3.2）。

出口层的网络收敛比：Border-Leaf 交换机北向主要是连接出口路由器，南向连接不同的 Spine 交换机，承担 Spine 交换机间东西向流量的转发，假设连接出口路由器的链路为 8 根 10GE 链路，上行带宽达到 80Gbit/s，那么出口层的收敛比为 5∶1（400Gbit/s ÷ 80Gbit/s=5）。由于实际上大部分的流量都是流转在数据中心内部，即为东西向流量，少部分流量才进入南北向，因此出口层的收敛比相对偏大也是可以接受的。

各层网络收敛比逻辑示意如图 4-16 所示。

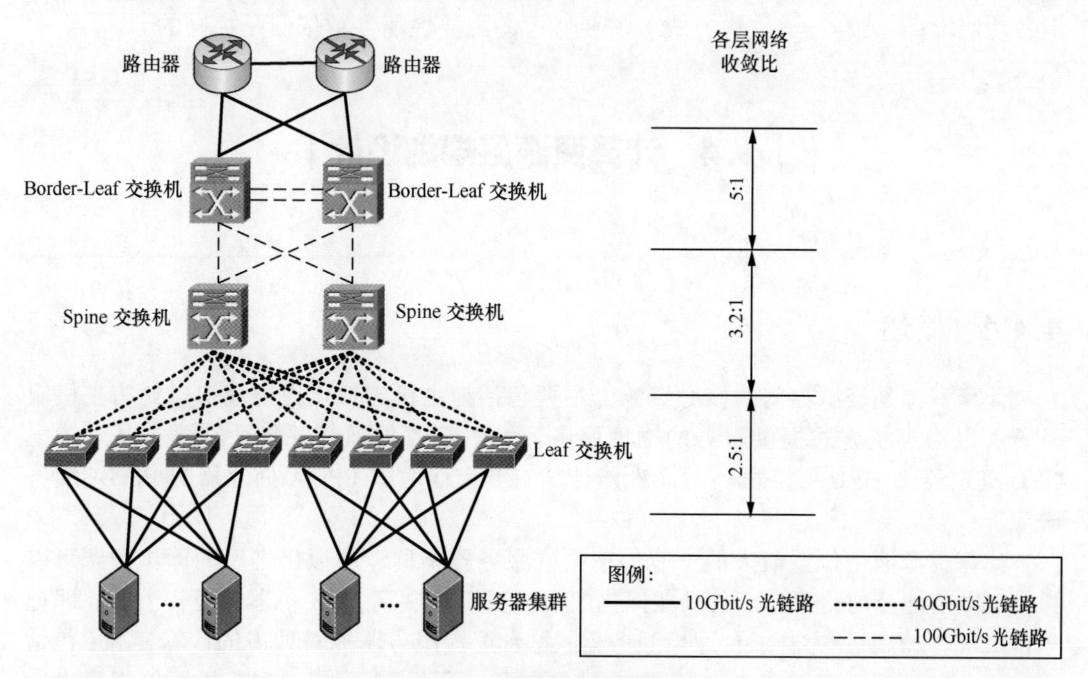

图 4-16 网络收敛比逻辑示意

综上，在设计数据中心网络收敛比时，需要根据网络业务和流量模型，综合考虑东西、南北流量的大小和比例来制定合适的收敛比，并选择相应的网络设备，配备合适的上下联端口。根据经验值，可参考以下设计。

- 服务器接入的 Leaf 层：南北向收敛比一般控制在 3∶1 以下；
- Spine 层：考虑和 Leaf 层的收敛比接近为宜；
- Border-Leaf 层：收敛比一般较大，应根据出口路由带宽灵活设计。

3．防火墙、负载均衡、IPS 等功能设备

设计防火墙、负载均衡、IPS 等功能设备时，应结合网络业务和流量模型，确定其吞吐量、TCP 并发连接数等技术需求后进行选择。功能设备往往根据其防护流量和区域采用旁挂或串接的方式部署在网络的相应位置。

防火墙的主要参数包括：整机三层及应用层吞吐量、最大 TCP 并发连接数、TCP 新建连接速率、业务端口类型和数量、vFW 支持能力、病毒库容量等。

负载均衡设备的主要参数包括：四层吞吐量、七层吞吐量、四层和七层最大并发连接数、四层和七层新建连接速率、DNS 每秒查询率（Query Per Second，QPS）容量、业务端口类型和数量、vLB 支持能力等。

IPS 设备的主要参数包括：应用层单向攻击防护能力、TCP 新建连接数、TCP 并发连接数、业务端口类型和数量等。

其他功能设备依据网络需求而定，在此不再赘述。

在云计算发展背景下，SDN 将是云数据中心网络发展和演进的方向，网络网元功能将越来越多地采用软件方式实现，其部署形态将会变化为服务器集群方式，通过交换机实现网络数据包的转发和传递,其网络控制策略将由网络控制器集中制定和实施。但各功能设备（服务器+软件方式）需要考虑的主要性能参数依旧是相同的。

4.4 计算资源区规划设计

4.4.1 概述

计算资源是资源池内的核心资源，主要包括为主机虚拟化提供虚拟机的宿主机服务器、以物理机方式提供服务的物理服务器、对图像处理等并行计算要求高而增配 GPU 处理器的 GPU 服务器、对高性能计算有要求而增配 FPGA 处理器的 FPGA 服务器等。

计算资源区中体量最大的一般为宿主机服务器集群，虚拟化之后的计算资源可以弹性、快速地分配给用户。主机虚拟化的思想可以追溯到 IBM 机器的逻辑分区，即把一台 IBM 机器划分为若干台逻辑服务器，每台逻辑服务器拥有独占的计算资源（包括 CPU、内存、硬盘、网卡等），可以单独安装和运行操作系统。IBM 机器价格昂贵，

相对当时的计算任务来说，机器的计算能力太过强大，所以需要划分为更小的计算单元。后来随着 x86 服务器处理能力的不断增强，1998 年 VMWare 公司成立，这家公司专注于 x86 服务器虚拟化的软件解决方案，这使得服务器可以通过直接安装 VMWare 虚拟化软件来模拟粒度更小的虚拟机，然后再在这些虚拟机里面安装操作系统和应用软件，为虚拟机灵活配置内存、CPU、硬盘和网卡等资源。

虚拟化软件层消耗的计算资源很少，一般在 10%以内。各虚拟化厂商还推出了云端虚拟化管理工具，实现对虚拟机的创建、删除、复制、备份、恢复、热迁移和监控等功能的统一管理。目前一台虚拟机的计算能力尚不能超过其所在物理机的计算能力。

后来，不断有新的公司加入主机虚拟化软件市场，竞争日益激烈。除 VMWare 以外，微软、思杰、红帽、甲骨文、华为、中兴等均陆续推出了自己的主机虚拟化产品。VMWare 在主机虚拟化领域的霸主地位受到冲击，但其主打的虚拟化产品 VMWare vSphere 仍然以优良的性能和兼容性成为不少大企业构建数据中心的不二之选。

由于每台虚拟机都需要独立安装和运行操作系统，仍然浪费了不少计算资源和能力。为此，市场上出现了应用软件容器产品，即在操作系统层之上创建容器，且这些容器共享下层的操作系统内核和硬件资源，但是每个容器可以单独分配 CPU、内存、硬盘和网络带宽，且拥有单独的 IP 地址和操作系统管理员账户，可以关闭和重启。与虚拟机最大的不同是，容器中不用再安装操作系统，因此可以节省单独安装和运行操作系统的计算能力。这样，一台服务器就可以分配出性能更佳的逻辑服务器给客户使用。但是容器的安全隔离效果比虚拟机差，在安全性要求高的场合，如公有云中，虚拟机的使用率要远远高于容器，而在安全性要求不高的场合，如私有云、公司内部 IT 环境中，容器的使用率会越来越高。

在早期，很多客户对应用的弹性需求通过 PaaS 平台方案得到了初步解决。但是在容器技术之前，一套 PaaS 平台的构建面临着量级大、组件多、改造成本高等不少挑战，而且应用部署和运行在不同 PaaS 平台上，难以避免应用对平台的高度依赖。而容器技术的出现，很好地解决了上述问题。容器以应用为中心搭建虚拟化环境，与编程语言和技术栈等无关，对应用的支撑比底层平台多，比传统 PaaS 模式更加灵活，可以更好地发挥和体现微服务架构的优势。同时，由于容器采用的是轻量级虚拟化的技术，具有天生高密度的特性，相比虚拟机可以更加高效地利用和使用资源。现阶段，PaaS 平台较多地采用容器云的形式实现。

无服务器架构（Serverless）将应用与基础设施彻底分离，开发人员无须关心基础设施的运维工作，只需专注于应用逻辑的开发，仅在事件触发时才调用计算资源，真正做到了弹性伸缩与按需付费。不过，函数服务的载体是容器，而容器运行在物理/虚拟的服务器上。无服务器架构的安全需要从容器安全、函数安全和鉴权管理 3 个方面综合考虑。

虚拟机、容器以及无服务器架构并非可以完全相互替代，需要根据各自业务应用的特点、需求来选择合适的架构部署。在过去的十年中，虚拟机的性能已经发生了重大转变，但是低时延、可预测的高性能以及更好的隔离环境，仍然使其成为静态单体架构应用程序和高性能计算应用（如视频编码、机器学习）的部署首选。对于大型应用程序，虚拟机也是最主要的部署对象，特别是强调数据持久性和有状态应用。虚拟机提供的强大安全性和隔离功能使其成为 IT 运营、风险管理和开发人员可以达成一致的默认计算抽象。

对于微服务架构的应用程序，容器是最佳的部署方式。微服务很好地支持了语言技术栈的多元化，它通过切分系统的方式，为不同功能模块划定了清晰的边界，边界之间的通信方式很容易做到独立于某种技术栈，因此也就为纳入其他技术带来了空间。但是采用了不同技术栈的微服务之间的通信，需要考虑的因素除了通信机制外，还包括将这些技术整合成一个有效的工作系统所需要耗费的成本。容器技术将其上部署的所有应用都标准化为可测试、易迁移、可管理的镜像，因此提供了整合管理不同技术栈的良好途径。容器可以运行在裸机内核基础架构上而不需要 Hypervisor 层，避免了虚拟化带来的性能消耗，也使得业务的部署管理更为简化。因此，容器化部署也是面向裸金属服务器的工作负载的资源利用率和管理复杂性的一个重要解决方案。由于资源占用空间较小，容器可以在主机上支持更高的租户密度，从而进一步加强服务器整合。

无服务器架构使开发人员能够专注于由事件驱动的函数所组成的应用程序。无服务器计算的主要优点是支持运行代码，且无须关心底层基础架构的运行。由于后端资源的自动缩放属性，无服务器可以实现更轻松的水平扩展。当使用公有云的函数服务时，无服务器架构做到了真正的按需消费，没有空闲资源或孤立的虚拟机或容器，资源仅在触发时调用，处理完成后便会迅速释放。

以上简单介绍了主机虚拟化、容器以及无服务器架构的原理和优劣势，但资源池中也同样存在不少以物理裸机方式运行的服务器，这是因为不少具备高性能或高稳定性等特点的应用可以被部署在物理机上，从而让应用获得更优的性能和效果，具体包括以下 3 类应用。

- 存在频繁、大量 I/O 读写的应用：部署在物理机上可以获得更好的性能和稳定性；
- 大数据平台：由于大数据平台对 I/O 和性能要求往往较高，直接部署在物理机上效果更佳；
- 由于 Ukey 以及证书加密器等特殊要求，类似于加密机、代理机等一般不部署在虚拟机上。

在服务器的物理形态上，除了传统的机架式服务器、刀片式服务器，定制化服务器也越来越多地被运营商、互联网厂商等广泛使用。定制化服务器的 CPU、内存、硬盘、机箱结构、主板结构等均可按照行业客户的需求进行定制化的设计和生产，以满足行业客户的个性化需求。由于定制化服务器能有效提升数据中心性能，节约电力成本，改善散热制冷，灵活满足行业特性要求等，其应用场景将越来越广泛。

除定制化服务器外，还有不少企业推出了云计算一体机，也被称为箱式数据中心。云计算一体机是将云数据中心做成一个集装箱，在其中部署多台服务器、磁盘阵列、网络设备、不间断电源（Uninterruptible Power Supply，UPS）、制冷设备等，并且安装好虚拟化软件和云管理工具。云计算一体机可以为有需要的企业提供一站式云计算产品服务。

4.4.2 计算资源模块化建设

云业务产品具备规模大、可靠性高、通用性强、按需服务等显著特点，传统的项目建设模式已经逐渐无法满足这种新常态的要求。模块化建设给资源池建设提供了一种新思路，可以有效化解资源储备经常不足从而无法跟上业务发展速度的尴尬，并可以对云资源和设备进行更加标准化的管控，提高日常运维效率。

模块化建设的思路具体是指固定服务器资源配置、存储容量和 IOPS 配置、网络规划、模块集成方案，使得资源可以以模块化和标准化的方式进行建设及共享。

模块化建设具备以下几个显著的优点。

• 加快资源交付，实现快速响应：由于设备配置标准化了，因此可以一次提交采购、分批采购到货，进行标准化设计和集成工作，提高资源的交付速度。

• 提升资源部署灵活性：硬件部署方案基本固定，更多的差异在于通过软件方式提供不同的网络服务，资源部署的灵活性得到进一步提高。

• 提高运维效率：统一的设备配置和组网方案，标准化的设计、施工和集成工作，有效降低后期运维的压力和工作量。

资源池模块化为企业应对当今业务驱动、快速增长的市场挑战提供了一种新的解决方案，其通过简化的部署模型，确保资源的标准化、综合成本的降低、建设效率的提高和资源提供弹性的提升。这种方式在快速响应具体的业务需求的同时，保持了资源池未来进一步扩展的张力，这种灵活性使得建设者们能够根据其当前的业务需要进行合理的建设投资和预算设计。此外，资源池模块化建设过程中资源模块可以被方便地复制和推广，加快了项目建设的速度，增加了资源配置的可靠性，并确保了在需要时已准备就绪了每一项功能。

下面以一个例子来介绍资源模块化，包括服务器配置、存储配置以及组网结构。宿主机业务模块需要提供 A1 台 4vCPU/8GB 内存虚拟机、物理裸机模块以两路 PC 服务器和 4 路 PC 服务器结合的方式组成模块。

CPU 可以进行超配的原因是 CPU 可以按照时间切片进行分时处理来执行任务。当某一个核完成目前计算进程后，该频段时间内可以安排其他应用或者主机使用。但需要注意的是，如该主机使用的是 8 核 vCPU，则需要 8 个核都空闲时才会启用该主机下的指令进行运算，否则会一直处于等待状态。

为提高虚拟化调度的效率，假设采用超配比 A3 和超线程 A4 配置物理核，即综合来说，一个物理核可虚拟为 A3×A4 个虚拟核使用。

宿主机模块服务器需求测算过程见表 4-5。

表 4-5 宿主机模块服务器需求测算表

编号	因素	计算公式	数值	单位
A1	虚拟机数（4vCPU/8GB）		输入	台
A2	虚拟机核数目标值	A2=4×A1		核
A3	超配比		输入	
A4	超线程		输入	
B1	实际使用宿主机的物理 CPU 核总数	B1=A2/A3/A4		核

续表

编号	因素	计算公式	数值	单位
A5	每服务器物理核数		输入	核
A6	系统冗余系数		输入	
B2	需要宿主机数量	B2=B1/A5×(1+A6)	向上取整	台

综上，宿主机模块均为单模块配置 B2 台单台具备 A5 数量的 CPU 核的机架式服务器，可以满足业务需求。

内存是所有程序运行的基础环境，在 CPU 容量和系统软件处理能力的范围内，内存越大，则会带来越好的服务器处理性能。虚拟化环境中，推算主机内存需求时通常要考虑两个因素：一是虚拟机上的应用程序使用的内存量，它反映了虚拟机的任何内存共享、交换和释放的情况；二是因虚拟化本身带来的内存开销。如果为应用程序分配的内存太少，应用程序在运行时将进行频繁的磁盘分页操作，这会加重磁盘资源的使用，导致性能降低。

本案例中，假设宿主机模块服务器的内存需求按 CPU 核 1∶16 配置，那么若宿主机模块的虚拟化主机采用单台 PC 服务器 CPU 配置为 2×10Core，则单台内存配置为 320GB 内存，一个模块共可以提供的内存能力达到 B2×320GB，应可以满足提供 A1 台 4vCPU/8GB 内存的虚拟机计算能力。

物理裸机模块根据需求，可以采用 2 路机架式服务器和 4 路机架式服务器结合的方式进行提供。为方便管理，物理主机模块可考虑采用同样 B2 台机架式服务器组成一个模块，由 1/2×B2 台低配 2 路和 1/2×B2 台高配 4 路服务器组成，单台物理裸机服务器的 CPU 和内存配置可依据具体业务需求选定。

硬盘方面，宿主机服务器和物理裸机服务器均可以按需采用固态盘（Solid State Disk，SSD）或 SAS 硬盘作为系统盘。

因此，本案例假设宿主机模块和物理裸机模块的单个模块均配置相同数量的 PC 服务器，采用 SAS 磁盘阵列和串行先进技术总线附属接口（Serial Advanced Technology Attachment Interface，SATA）磁盘阵列两类磁盘阵列作为共享存储，提供多样化的存储能力。每个模块中均配备一定数量的 FC SAN 交换机，并以 2 台为一组集群构建 SAN。

业务模块 POD 架构如图 4-17 所示。每个模块内具备固定数量的服务器，通过 HBA 端口连接光纤交换机以访问存储设备，每个模块 POD 设置固定数量的光纤交换机以及 SAS、SATA 磁盘阵列。

组网方面，考虑采用树形三层结构组网，网络出口层可以采用 2 台插槽式核心交换机或者 2 台多业务边缘路由器，核心层可采用 2 台插槽式核心交换机，接入层可区分不同的流量并采用多台接入交换机。物理裸机模块组网与宿主机模块基本一致如图 4-17 所示。

资源池内外部流量可以大致分为以下几类。

- **外部网络**：云主机对外访问的流量，接入层设置外网接入交换机。
- **内部网络**：云主机互相访问的流量，接入层设置内网接入交换机。

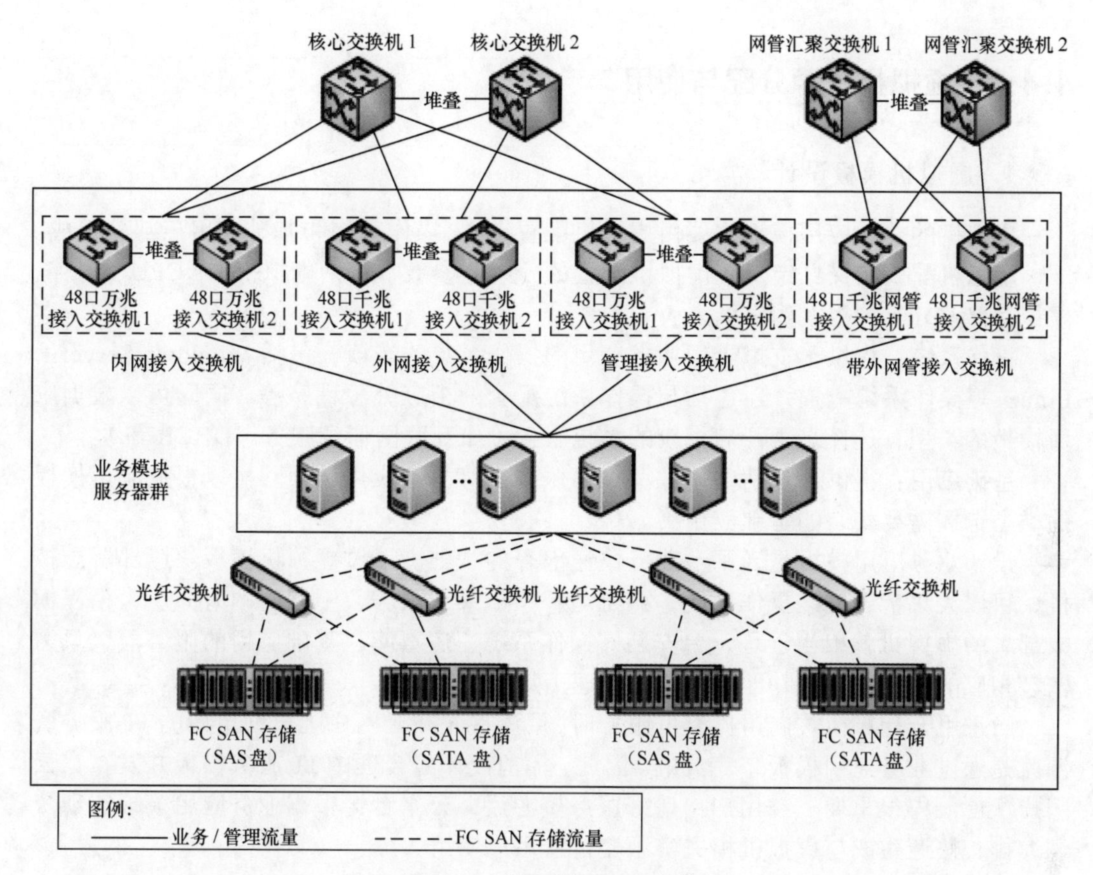

图 4-17　业务模块 POD 架构

- **管理网络**：管理组件互访流量及服务流量，接入层设置管理接入交换机。
- **存储网络**：计算资源向存储资源访问的流量及存储节点间彼此复制传递的流量，如采用多台 FC SAN 磁盘阵列或 IP SAN 磁盘阵列的方式，接入层需设置 FC SAN 交换机或 IP SAN 交换机；如采用分布式存储的方式，接入层则需设置存储接入交换机。
- **带外管理网络**：各类设备的带外管理网络，带外管理平台通过网络连接服务器的 IPMI 接口及网络设备的管理接口，实现对各类设备的基础网管。接入层需要设置带外接入交换机。

根据流量区分设置不同组的接入交换机的好处在于，不同流量走在不同的接入网络链路中，网络结构细分程度高。当某种类的流量发生拥塞或者故障时，对网络整体的影响度降低，排障也更为方便。但由此带来的劣势在于网络设备增加，网络结构看上去更加复杂，网络资源的配置方面存在一定的浪费。接入层也可以不区分各种流量以精简接入交换机的数量，多种流量混在同一组接入交换机和链路中，带来的问题就是流量之间互相影响，网络排障方面增加了难度。

4.4.3 虚拟机资源分配与使用

1．虚拟机模板设计

虚拟机的业务应用模板主要由虚拟机配置定义、操作系统和基础应用三部分组成。

虚拟机配置定义：定义了虚拟机配置的一系列参数，包括虚拟机的 vCPU、内存、虚拟存储 vDisk、网络策略等。

操作系统：提供了支撑上层业务应用的操作系统的选项，包括 Windows Server、Linux 等操作系统配置，还包括与操作系统配套的相应补丁程序等。同时可以根据应用模板的类型，选择是否开启相应的系统服务（如互联网信息服务、DHCP 等）。

基础应用：提供了包括中间件、Web 服务端等基础应用选项，可以根据应用模板的类型选择需要安装的基础应用集。

设计业务应用模板是云平台业务快速部署的基础。通过虚拟机模板快速部署虚拟机，可以大幅节省安装操作系统、病毒与补丁、系统服务、中间件的时间。由相应模板部署的虚拟机就相当于是一台安装好操作系统、病毒库、基础应用的服务器，只需安装相应的业务应用软件即可让业务快速上线。

当采用云计算模式向用户交付服务时，用户首先在云门户上自助申请的 IT 服务资源就是通过业务应用模板来完成的。因此，提前设计好合理的 IT 服务模板并发布在云门户上便显得很重要。当用户申请好服务资源后，云平台会根据业务应用模板实现资源编排，快速生成与虚拟机相关资源交付给用户使用。

模板的设计一定要具有通用性，避免设计大而全的模板，没有通用性的模板使用率极低。

2．虚拟机的物理分布

资源池内的虚拟机在宿主机服务器上的分布，需要尽量考虑平衡负载的原则，也就是保证资源池内的各宿主机服务器的 CPU、内存资源占用率尽量均衡，避免某单台宿主机服务器上的负载特别高，而其他宿主机却处于闲置状态。

个别业务应用可能会在某个峰值时段存在资源负载突发上升的情况。对于这类应用，可以通过部署分布式资源调度（Distributed Resource Scheduler，DRS）程序和动态资源扩展（Dynamic Resource Extension，DRX）程序来解决问题。DRS 集群的部署可以避免当单台虚拟机负载过高时，位于同一台宿主机服务器上的其他业务应用虚拟机被“饿死”。而 DRX 集群的部署可以实现当单台虚拟机负载需求超过宿主机服务器的性能阈值后，系统能快速克隆出多台同样配置的业务虚拟机，配合资源池内的负载均衡设备，完成对应用负载的分担。

4.4.4 设备配置方法与模型

在建设计算资源区之前，首先要确定资源池的数量、规模和种类。资源池的计算资源区主要由各类服务器资源组成。服务器可能为利旧服务器，也可能为需要新购的服务器，其配置归类的标准通常需参考服务器的 CPU 类型、型号、内存、硬盘、网卡配置以及物理位置等因素。通常会将属于同一个资源池的服务器视为一组可互相替代的资源，因此，一般都是将 CPU 相同或相近、配置相近、物理位置相同的服务器作为一组资源池。

在做资源池规划的时候，还需要考虑资源池的规模和功用。单个资源池的规模越大，越能给云计算基础设施提供更大的灵活性和容错性，越能部署更多的应用，并且当单台物理服务器发生宕机时，整个资源池受到的影响越小。但是，资源规模越大也会给出口网络的吞吐带来更大的压力，还可能造成各个不同应用之间的干扰增大。资源池的功用主要取决于其上承载的业务应用，可以考虑对应用进行分级，将级别高的应用部署在独立而规模较小的独立资源池内，并同步配备较高级别的存储、网络设备和高级别的运维值守。而级别低的应用则可以部署在规模较大的共享资源池中。

一般来说，单台服务器所能支持开启的虚拟机数量主要取决于以下两方面。

（1）服务器的硬件配置

• CPU 性能——CPU 的多核高主频技术使其成为性能瓶颈的可能性逐步降低；

• 内存大小——作为虚拟机性能的硬指标，内存配置越高，所能开启的虚拟机数量越多；

• 业务用网络端口——万兆网络端口当前已被普遍使用，网络带宽基本上都能满足业务需求，更多地从流量区分和管理角度来考虑配置网卡的数量；

• 存储用 HBA 卡或网络端口——存储访问性能会对虚拟机数量产生一定影响，为满足存储链路对性能的要求，通常配置 10GE 以太网或者 16Gbit/s 速率的 FC 端口；

• 本地磁盘——不建议在服务器内置磁盘上存放虚拟机，因为内置磁盘的可用性及 I/O 吞吐能力均较弱，推荐使用外置的高性能磁盘阵列。

（2）应用负载大小

• 由于宿主机服务器自身性能的限制，应用负载越大，所能同时开启的虚拟机数量越少；

• 不同的应用对资源属性的占用和要求存在差异，为提高资源的利用率，建议将不同特性的应用混合部署在同一宿主机服务器上；

• 灵活运用 DRS 和虚拟机迁移（vMotion）等动态调度和迁移技术将宿主机与虚拟机的比率关系调到最优；

• 考虑到高可用性（High Availablity，HA）及 DRS 所要求的资源冗余，在所有运行的虚拟机正常负载状态下，总体资源使用率低于 2/3 较为合理。

综合以上分析，在部署虚拟化时，对宿主机的硬件配置考虑需要兼顾以下要素。

• 可用的 CPU 核数量尽可能多，单台服务器建议配置 8 个以上的 CPU 核。

• 使用具有扩展 64bit 内存技术（Extended Memory 64 Technology，EM64T）能力的 Intel VT 或 AMD V 技术的 CPU，这样 32 位和 64 位的虚拟机均可以支持运行。

• 为获得更佳的虚拟机迁移兼容能力，应采用同一厂商、同一产品家族和同一代处理器的服务器组成的集群。

• 事实证明，内存资源比 CPU 资源成为性能瓶颈的可能性更大，应尽可能配置单条容量大的内存条，例如单条 32GB 内存条的性能和表现会优于两条 16GB 内存条。

- 尽量具备双网卡以获得更加灵活的网络连接和模式选择。宿主机网卡通常会采用网卡虚拟化技术，接入网络时将按照业务流量创建不同的虚拟交换机端口进行连接；配置两张网卡可以采用双网卡绑定，并在负载均衡的工作模式下完成网络连接；不进行虚拟化的物理裸机服务器则可以根据用户需求配置多张网卡，在采用两两绑定后，选择负载分担模式或者主备工作模式均可。
- 设备投资和运营成本方面，2 路服务器的购置成本略高，而 4 路服务器由于功耗高导致运营成本略高。
- 机房配套成本方面，云数据中心机房的各项基础配套建设成本较高，因此在选择服务器类型时，应尽量考虑高密度安装和部署，节省机架空间，降低基础配套成本的占比。

根据经验，以下各类服务器数量的定量测算方法可供参考。

第一步：为需承载的各业务或应用建立业务处理能力需求模型，对资源池的虚拟机或者物理机提出资源需求，虚拟机资源需求的粒度至少要包括多少 vCPU、多少内存，物理机资源需求的粒度为需要多少台何等配置的物理机，GPU 服务器资源需求的粒度为输入的需处理的视频类数据量等。

第二步：上述需求汇总后考虑一定的资源冗余度，形成对资源池的计算能力总需求。

第三步：选定某种最优配置的服务器用以满足业务需求，计算能力总需求除以单台服务器的计算能力，即得到所需服务器数量。

（1）宿主机服务器处理能力测算模型参考

- 按照 vCPU 需求测算

按照 vCPU 需求测算宿主机服务器处理能力模型见表 4-6。

表 4-6 宿主机服务器处理能力测算模型参考（按照 vCPU 需求）

类型	因素	计算公式
A1	vCPU 总需求数（个）	
S1	超线程	经验值
S2	超配系数	经验值
A2	计算能力需求（以建议的 CPU 核处理能力计所需 CPU 核数）	A2=A1/S1/S2
S3	单台宿主机 CPU 数量	取定宿主机单台配置
S4	单 CPU 核数（个）	取定宿主机单台配置
S5	冗余系数（%）	经验值
A3	需要配置的宿主机数量（台）	A3=A2/S3/S4×(1+S5)，向上取整

- 按照内存需求测算

内存是所有程序运行的基础环境，因此，在 CPU 容量和系统软件处理能力一定的情况下，内存配置越大则会带来越好的服务器处理性能，但内存不可超配。因此，宿主机的所有内存总和不得小于内存总需求，同时需要考虑一定的冗余系数。按照内存需求测算宿主机服务器处理能力模型见表4-7。

表4-7 宿主机服务器处理能力测算模型参考（按照内存需求）

类型	因素	计算公式
B1	内存总需求数（GB）	
S6	单台宿主机内存容量（GB）	取定宿主机单台配置
S7	冗余系数（%）	经验值
B2	需要配置的宿主机数量（台）	B2=B1/S6×(1+S7)，向上取整

所需宿主机台数为A3和B2中取大的那个值，即为max{A3,B2}。

（2）GPU服务器处理能力测算模型参考

GPU处理器用于满足图像分析、视频处理类业务需求，业界一般用浮点计算能力（单位为Flops）来表征GPU处理器能力。GPU服务器处理能力测算模型见表4-8。

表4-8 GPU服务器处理能力测算模型参考

业务类型	数据源	算法	数据量（Mbit/s）	实际算法处理的数据量（倍）	视频路数	数据计算量（MFlops）	GPU需求（TFlops）
类型1	如视频流	算法1	D1	E1	F1	G1	H1=D1×E1×F1×G1/1024/1024
类型2	如图片	算法2	D2	E2	F2	G2	H2=D2×E2×F2×G2/1024/1024
……	……	……	……	……	……	……	……
类型 *n*		算法 *n*	D*n*	E*n*	F*n*	G*n*	H*n*=D*n*×E*n*×F*n*×G*n*/1024/1024
合计					F*N*=SUM(F1～F*n*)	G*N*=SUM(G1～G*n*)	H*N*=SUM(H1～H*n*)
冗余系数							S10
每GPU单浮点计算能力（TFlops）							S11，根据GPU卡配置性能
所需GPU总计算能力（TFlops）							I=H*N*×(1+S10)
GPU卡配置数量							J=I/S11，向上取整

注：数据计算量表示处理每兆数据带来的GPU能力消耗，一般按经验值取定。

（3）物理服务器处理能力测算模型参考

物理服务器按照常规服务器处理能力进行测算即可，可以沿用业界较为公认的TPC-C测算模型或者SPE-C测算模型。

基本模型见表4-9（以TPC-C测算模型为例）。

表4-9 TPC-C测算模型

类型	因素	计算公式
C1	系统总体处理能力需求（tpmC）	根据话务模型测算系统容量要求
S8	单台服务器处理能力（tpmC）	取定服务器单台配置
S9	冗余系数（%）	经验值
C2	需要配置的物理机数量（台）	C2=C1/S8×(1+S9)，向上取整

注：tpmC在国内外被广泛用于衡量计算机系统的事务处理能力，为“每分钟内系统处理的新订单个数”的英文缩写。

4.5 存储资源区规划设计

4.5.1 概述

云计算的精髓就是把有形的产品（如网络设备、服务器、存储设备、软件等）转化为服务产品，并通过网络远程供人们使用。在资源池中，存储设备的主要作用有两项：一是提供作为各虚拟机的共享存储；二是作为存储各项业务数据和系统数据的介质。

存储资源的设备形态主要分为传统磁盘阵列设备和分布式存储两类。

1．传统磁盘阵列设备

传统磁盘阵列设备包括FC SAN磁盘阵列、IP SAN磁盘阵列、NAS磁盘阵列等，其存储协议多为块存储接口方式以及文件存储接口方式。当前传统磁盘阵列设备仍在资源池中被广泛使用，一般采用SAN磁盘阵列作为核心业务存储，而NAS磁盘阵列更多地是作为备份介质来使用。磁带库以及虚拟带库设备形态一般也是用来做备份归档的介质，但近年来由于磁带备份不方便、容量较低、扩展性差等原因，其应用在逐渐萎缩。

2．分布式存储

近年来，SDS由于其较强的扩展性、灵活性、良好的性价比等优势，开始在云数据中心中得到越来越广泛的应用。SDS通过软件实现存储的诸多高级特性，包括精简配置、克隆、快照、容量分配、高速缓存等都不依赖于存储硬件设备，并且能基于策略灵活地和应用的存储需求进行匹配，同时可简化存储管理，实现在统一的可视化管理界面上对存储的全局管理。

作为SDS的一种典型实现方式，分布式存储软件将多台x86服务器的硬盘聚合起来并行工作，并采用应用软件或应用接口对外提供数据读写和业务访问的功能。例如，分布式块存储系统（Server SAN）是基于 x86 服务器的分布式块存储，该存储系统在数据中心中的应用越来越普遍，发展较快。此外，应用在网盘、云盘业务领域的云存储系统也属于分布式存储系统的一种，其显著特点是采用了对象存储接口方式，支持多租户、大规模、高并发的数据存储，访问便捷、管理高效。

传统磁盘阵列设备在各类数据中心被大量使用，但随着云计算技术和模式的发展，分布式存储在云计算基础设施中也开始得到广泛的应用。分布式存储系统在通用的 x86 服务器上部署分布式存储软件，组成存储系统。管理员和租户可以通过丰富灵活的软件定义策略和开放的接口，进行自动化的资源调度管理和系统管理。分布式存储技术及其软件产品近年来在 IT 行业得到了广泛的验证和使用，成熟度日渐提高，例如，互联网搜索引擎中经常使用分布式文件存储，商业化的公有云经常使用分布式块存储等。

分布式存储系统具有以下明显的特点。

第一，高扩展。不存在集中式控制柜，平滑扩容方便，几乎没有容量限制。

第二，高性能。采用分布式 HASH 数据路由的方法使得数据分散在多个节点存放，实现了全局负载均衡，没有集中的数据热点和性能瓶颈。

第三，高可靠。采用集群管理方式克服了单点故障，不同数据副本存放在不同的服务器和硬盘上。单台设备发生故障，系统检测到设备故障后可以自动重建数据副本，对业务使用的影响几乎降至零。

第四，易管理。摒弃了存储专用硬件设备，存储软件通过直接部署在服务器上工作，不需要软件配置和管理可以通过 Web UI 方式进行，配置简单方便。

业界比较主流的分布式存储形态主要有 3 种：第一种为分布式块存储，第二种为分布式文件存储，第三种为分布式对象存储。

（1）分布式块存储

分布式块存储一般指的就是 Server SAN 系统，包括以下形式。

• 企业应用存储资源池：一般用于运营商、金融、石油等各大中型企业私有云资源池的建立；呈现出性能线性扩展、存储容量共享精简分配、多应用分时复用共享性能、成本性价比高等典型特点。

• 公有云存储服务：一般用于运营商建立公有云服务系统中的弹性共享块存储系统，如电信的天翼云云主机中的共享存储、Amazon EBS 等；呈现出多租户具备不同 SLA 要求、多应用负载混合、性能好、扩展性强、成本性价比高等典型特点。

（2）分布式文件存储

分布式文件存储包括以下形式。

• 企业应用文件存储：分布式文件存储的行业应用十分广泛，包括多媒体行业、大数据行业、企业办公等；呈现出存储数据海量大规模、性能线性扩展等典型特点。

• 公有云文件服务：可用于公有云中的弹性文件服务，提供给各个租户按需收费的文件存储服务，如 Amazon 弹性文件系统（Elastic File System，EFS）；呈现出高扩展能力、按需弹性调度、跨 AZ/DC 的共享访问等典型特征。

（3）分布式对象存储

分布式对象存储在企业私有云中一般仅仅用于海量视频、音频资料等归档备份，使用场景比较少，而在公有云中分布式对象存储往往作为一个典型的存储服务向公众推出，可以作为租户应用数据存储、虚拟机镜像存储等，如 Amazon S3；呈现出低成本、跨 AZ 容灾、扩展性强等典型特点。

存储的性能评价指标包括容量、硬盘读写速度、IOPS、可用性等。存储空间的裸容量需要按照磁盘和数据冗余系数折算为有效容量，才能真正体现可用数据的存储空间。IOPS 体现的是存储请求并发性和随机访问能力。IOPS 与 Cache 缓存、磁盘的转速、磁盘读写速率、平均寻道时间等息息相关。提高 IOPS 的方法有很多，比如采用读写性能更好的硬盘（固态硬盘等），增加磁盘数量并让访问分散到多个硬盘，或者提供缓存配置，让经常访问的内容驻留在缓存中以更高的速率进行处理。存储可用性也是经常被提及的性能指标，该指标表示保存在存储设备上的数据不丢失的概率。由于磁盘故障而导致用户数据丢失，将会是非常致命的问题。通常用几个“9”来衡量数据存储的可用性，如 3 个“9”的可用性，表示该数据保障制度下，数据丢失的概率将是 0.1%。提高可用性的方法也很多，如增加数据冗余、提高数据备份频率、建立异地灾备中心、部署双活中心等。

4.5.2 存储技术架构选型

应用对存储的需求是不一样的。根据前文的分析，目前存在多种主流存储设备，其技术特性各不相同，分别适配不同类型的应用。

表 4-10 对各主流存储设备和技术的成本、性能、适用场景等方面做了比较和汇总。

表 4-10 各主流存储设备和技术特征对比

序号	存储系统类型	特征比较
1	FC SAN 磁盘阵列	高性能、高成本、高可靠性的块存储，满足核心平台的虚拟机文件系统和业务数据库存储需求，一般配置的磁盘类型为 FC SAS，性能要求不高时也可配置 FC SATA 类型的磁盘
2	IP SAN 磁盘阵列	较低成本、中等性能和稳定性的块存储，满足非核心平台的虚拟机文件系统和业务数据库存储需求
3	NAS 磁盘阵列	较低成本、较低性能、部署方便，支持跨平台、长距离的共享文件服务器，可以满足对性能要求不高的平台存储非系统类文件，例如大容量的音视频、办公资料、邮件备份文件、虚拟机镜像文件等
4	磁带库	成本低、容量大、成熟度高，可以作为各类平台的主要数据备份和归档存储，一般存放历史冷数据，例如日志文件、话单、档案文件、虚拟机镜像文件以及数据库文件的备份
5	对象存储	成本低，适用于多租户、大规模对象存储，可以作为各类数据的存储，包括虚拟机镜像文件、数据备份文件、互联网音视频和图片数据，同时也可作为云盘底层存储。对象存储可以替代磁带库作为大容量数据备份和归档使用，相比较磁带库的优势是支持多租户架构，可支持在线高并发备份和恢复，访问简单、管理高效
6	分布式块存储	新兴的基于 x86 服务器的分布式块存储的主要优点在于部署简单、扩容容易、管理较简单，并且可以支持高并发访问，成熟度、性能、可靠性等尚需进一步验证，未来可能会代替传统的 FC SAN 存储，成为块存储的主要手段
7	分布式文件存储	以 HDFS 为代表的大数据存储系统，主要适合于存储大文件（GB、TB 量级的文件），计算存储一体化，文件存储的节点同时也是计算的节点，适合作为大数据分析应用的存储介质

不存在一种可以满足所有业务类型数据的通用存储架构。因此，存储资源池需支持多种技术及架构混合并存。此外，存储池还需支持分级、分域组建。

在存储分级方面，应综合考虑灵活性、经济性以及隔离度的平衡。基于不同业务的重要性和优先等级，划分通用和专用存储资源池，例如为核心系统划分专用存储池，保证物理隔离并实施安全策略，提升保护级别。为普通应用系统划分通用存储资源池。不同技术类型的存储资源池均可定向至通用资源池和专用资源池。针对存储资源池可制定 SLA，例如构建生产、测试开发存储资源池，利旧存储资源尽量往 SLA 较低的资源池进行转移。

在存储分域方面，应以业务类型的数据存储特点以及承载的软件计算技术架构为依据。

在存储管理方面，应具备集中的虚拟化管理平台。一切资源池设备通过统一的供应层实现资源供应虚拟化，资源具象为虚拟的卷、空间、节点等形式，统一向上层计算架构供应存储能力，并实现回收、备份、容灾等高级功能。

4.5.3 传统存储配置方法与模型

传统存储设备的主要形态为磁盘阵列，当然还包括用于备份的磁带库设备等。资源池中常见的传统存储设备包括 FC SAN 磁盘阵列、IP SAN 磁盘阵列、NAS 磁盘阵列、磁带库等。FC SAN 磁盘阵列和 IP SAN 磁盘阵列较多地用于存储业务系统数据库数据，对存储性能和容量均有一定的要求，而 NAS 磁盘阵列和磁带库则一般作为数据中心的备份归档设备，其容量需要满足备份空间需求，而对性能的要求往往不高。

下面我们以共享的业务存储采用 FC SAN 磁盘阵列为例来说明如何进行配置测算。从存储容量和性能两方面进行考虑，为满足不同用户的存储需求，假设采用 SAS 盘和 SATA 盘两种类型的磁盘阵列。其他存储类型设备均可根据实际需求借鉴使用。

假设单个虚拟化集群业务模块包含一定数量的主机，可提供的虚拟机数量为 A1 台，每台虚拟机需要配置的有效存储空间为 A2（GB），包括虚拟机文件的系统空间、用户空间，磁盘采用高端的 SAS 盘和低端的 SATA 盘的比例为 1∶3（具体比例可根据实际业务需求调整），并考虑独立磁盘冗余阵列（Redundant Arrays of Independent Disks，RAID）系数 A3 以及系统冗余系数 A4，则单个业务模块虚拟机存储空间需求见表 4-11。

表 4-11　单个业务模块虚拟机存储空间需求

序号	名称	计算公式
A1	虚拟机数量（台）	输入
A2	每虚拟机配置存储有效容量（GB）	输入
A3	RAID 系数	输入，按照 RAID 方式而定
A4	系统冗余系数	输入
S1	有效存储容量小计（TB）	S1=A1×A2/1000
S2	SAS 盘有效容量（TB）	S2=S1×1/4

续表

序号	名称	计算公式
S3	SATA 盘有效容量（TB）	S3=S1×3/4
S4	SAS 盘裸容量（TB）	S4=S2/A3/A4
S5	SATA 盘裸容量（TB）	S5=S3/A3/A4

根据工程经验及业务分析，存储性能需求测算过程和模型见表 4-12。

表 4-12　存储性能需求测算过程和模型

项目	单位	备注
虚拟机应用平均 IOPS	IOPS	业务参考取值
I/O 并发率	%	参考值
读取 IOPS 占比	%	参考值
写入 IOPS 占比	%	参考值
读 Cache 命中率	%	参考值
单 SAS 盘 IOPS	IOPS	按照盘类型确定
单 SATA 盘 IOPS	IOPS	按照盘类型确定
单 SAS 盘配置容量	TB	按照盘类型确定
单 SATA 盘配置容量	TB	按照盘类型确定

RAID 级别 IOPS 计算公式见表 4-13。

表 4-13　RAID 级别 IOPS 计算公式

RAID 级别	计算公式
RAID0	I/Os perdisk=［reads×（1－读命中率）+writes×（1－写命中率）］/number of disks
RAID1	I/Os perdisk=［reads×（1－读命中率）+2×writes×（1－写命中率）］/2
RAID5	I/Os perdisk=［reads×（1－读命中率）+4×writes×（1－写命中率）］/number of disks
RAID10	I/Os perdisk=［reads×（1－读命中率）+2×writes×（1－写命中率）］/number of disks

选定单个 SATA 盘和 SAS 盘的规格，可测算出存储的性能需求。以 RAID5 为例，具体见表 4-14。

表 4-14　RAID5 级别存储性能需求

项目		单位	计算公式
虚拟机总 IOPS 测算（SATA）	虚拟机总 IOPS	IOPS	虚拟机总量×单虚拟机应用平均 IOPS×I/O 并发率
	读 IOPS 总计	IOPS	虚拟机总 IOPS×读占比
	写 IOPS 总计	IOPS	虚拟机总 IOPS×写占比
	RAID5 方式 IOPS 需求	IOPS	读 IOPS×（1－Cache 命中率）+写 IOPS×4
	SATA 盘数不少于	个	总 SATA 盘 IOPS/单 SATA 盘 IOPS

续表

项目		单位	计算公式
虚拟机总IOPS测算（SAS）	虚拟机总 IOPS	IOPS	虚拟机总量×单虚拟机应用平均 IOPS×I/O 并发率
	读 IOPS 总计	IOPS	虚拟机总 IOPS×读占比
	写 IOPS 总计	IOPS	虚拟机总 IOPS×写占比
	RAID5 方式 IOPS 需求	IOPS	读 IOPS×（1－Cache 命中率）+写 IOPS×4
	SAS 盘数不少于	个	总 SAS 盘 IOPS/单 SAS 盘 IOPS

由上述计算过程可以推导出需要配置多少块SATA硬盘和SAS硬盘可以满足IOPS的性能要求。综合容量及性能要求，取两者最终结果较大的数值来确定磁盘阵列的容量及磁盘配置。

在确定好磁盘阵列配置后，系统中还需要配备一定数量的 FC SAN 交换机，用以连接服务器和存储设备。一般考虑以两台 FC SAN 交换机为集群，采用双链路上下联主机和存储，构建高可用性的 FC SAN。

4.5.4 分布式存储配置方法与模型

分布式存储系统采用通用的 x86 服务器，部署分布式存储软件构建出存储资源池，允许管理员和租户通过开放灵活的软件定义策略和接口，进行自动化和智能化的存储资源管理。当前，分布式存储系统技术及产品已经日趋成熟，并且在 IT 行业得到了越来越多的使用和验证。根据业界常用的存储接口技术分类，典型的分布式存储系统形式有分布式块存储、分布式文件存储和分布式对象存储等几种形态。按照使用和业务场景分类，分布式存储系统主要应用于构建资源池内部的块存储资源池，为计算资源提供共享存储；或者作为一种典型的对象存储服务——云存储系统（如 Amazon S3），在公有云中对外提供海量数据存储；或者仅以分布式架构提供文件存储服务（如 Amazon EFS）等。

下面以IaaS资源池内最为典型的两种场景详细阐述分布式存储系统的配置和测算模型，一类为可为资源池内部的计算资源提供共享存储的分布式块存储（Server SAN），另一类为可独立对外提供对象存储服务的云存储系统。

1. 分布式块存储

Server SAN 是一种典型的 SDS 技术，可用于构建资源池的块存储资源，具体是由若干台配置了大容量硬盘的存储型服务器结合分布式存储软件组成的分布式块存储系统。存储型服务器可以采用 SSD 硬盘作为系统盘，大容量 SATA 硬盘作为数据盘，以在保证存储性能的前提下提供充足的存储容量。Server SAN 架构属于超大规模，需借助高速网络（Infini Band 或万兆以太网）连接各节点，由软件方案来管理数据一致性。Server SAN 多协议存储兼容机械硬盘和闪存，确保高可用性。

分布式块存储资源池常见的数据冗余方案主要涉及以下两种方式。

（1）“3 副本”模式

同一个存储单元分别存储在 3 组服务器上，当一台设备出问题时，数据可恢复，可正常存取。

（2）“9+3”模式

把一个存储单元分成 9 份，通过计算生成 12 份数据块，并分别存储到 12 台主机上，当任何小于等于 3 台设备同时出问题时，数据可恢复，可正常存取。

“3 副本”模式安全但是耗费存储空间，“9+3”模式相对经济实惠。为满足各类客户需求，云存储资源池一般可以同时包含“3 副本”和“9+3”两种存储冗余方案，最直接而又容易理解的设计方案是以 12 台存储服务器作为一组，一个资源池由 3 组存储服务器组成，这样便可以方便地应用“3 副本”和“9+3”两种冗余方案。当然，在实际部署时，存储策略往往会比上述理想情况复杂。

Server SAN 通常作为数据中心内部计算资源的共享存储来使用，其组网如图 4-18 所示。

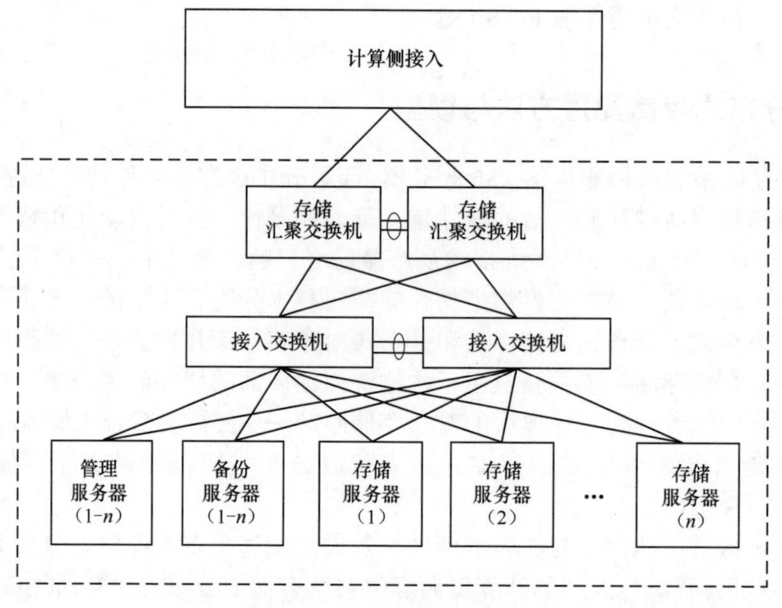

图 4-18 Server SAN 的组网

根据规模可采用一层或二层网络结构。一层只包括接入层，二层分为存储汇聚层和存储接入层网络，具体如下。

存储汇聚层：由汇聚交换机组成，上行对应用侧的数据读写流量进行汇聚；下行对存储资源进行汇聚。主要实现业务流量、I/O 写入时产生的跨接入交换机的副本流量以及数据重构时跨接入交换机的重构流量等流量的转发。

存储接入层：由接入交换机组成，上行接入汇聚交换机，下行实现对存储资源的接入。主要实现业务流量、I/O 写入时产生的跨服务器的副本流量以及数据重构时跨服务器的重构流量等流量的分发。

存储资源层：主要由存储服务器节点、管理服务器节点、备份服务器节点等组成，实现存储资源服务。各类型服务器可独立部署，也可视情况混合部署。服务器具体配置时，应综合考虑容量、性能要求以及成本等因素。

Server SAN 的硬件设计一般需关注的方面包括 x86 服务器数量、服务器 CPU 和内存配置、服务器本地磁盘数量、本地磁盘的类型和配置；SSD 硬盘或者 PCI-e SSD 卡的数量和配置；对外接存储支持情况；本地硬盘槽位排序限制。

Server SAN 的软件设计一般需要关注的方面包括对主流虚拟化平台的支持力度，如 VMWare、Hyper-V 以及 Xen 等；同时支持主流操作系统，例如 Windows 和 Linux 系统。目前主流 Server SAN 产品在底层软件的实现机制上不尽相同，即使在相同硬件配置下，I/O 性能方面也表现不一，可能存在较大差异。

Server SAN 整体的部署实施需注意如下几个方面。

副本数量：副本数量的设置将影响到系统整体 I/O 性能、存储硬盘数量和成本、文件的安全性，较多情况下副本数量设置为 3 个较为合适。

硬盘配置：单台服务器的 SAS 硬盘、SATA 硬盘、SSD 硬盘或卡的配置比例会影响到系统 I/O 的性能，对系统建设成本也有着明显的影响。

网络平面设计：一般由存储数据平面和存储管理平面组成，需根据系统性能要求配置接入交换机、汇聚交换机。两个平面可以从物理上彻底分开，或者从逻辑上分开。当前接入交换机一般采用万兆光口交换机，同时数据重构流量尽量下沉，由接入交换机层完成。

安全级别设置：可以跨服务器、机柜、机房设置副本，跨服务器设置副本可保证当单台服务器发生故障时，存储业务整体不受影响，以服务器为单位进行扩容；跨机柜设置副本可保证当单个机柜发生故障时，存储业务整体不受影响，以机柜为单位扩容；跨机房设置副本可保证最高的安全级别保障，当单个机房发生故障时，存储业务整体不受影响，但对机房之间的互联网络要求较高。

下面以 Server SAN 作为资源池中宿主机模块、物理裸机模块、管理集群等所需的共享存储为例说明分布式存储的配置测算过程。同样从容量需求和性能需求两方面进行考量。

假设宿主机数量为 A1 台，每台宿主机可以虚拟出 S2 台虚拟机，每台虚拟机需要配置 S1（GB）的裸存储空间，其中包括虚拟机文件系统空间、用户空间；假设物理裸机数量为 B1 台，单台物理裸机需要配置 B2（TB）的裸存储空间；假设管理服务器数量为 C1 台，单台管理服务器需要配置 C2（TB）的裸存储空间；磁盘采用高端的 SAS 盘和低端的 SATA 盘的比例为 1∶3；存储副本数量为 S3 份；单台分布式存储服务器配置的硬盘裸容量为 S4（TB）。存储容量需求测算模型见表 4-15。

表 4-15 存储容量需求测算模型

类型	因素	计算公式	数值	单位
S1	单台虚拟机所需存储容量		输入	GB
S2	单台宿主机可虚拟机数量		输入	台
A1	宿主机台数		输入	台
A2	单台宿主机所需存储容量	A2=S1×S2/1024		TB

续表

类型	因素	计算公式	数值	单位
A3	宿主机所需存储容量	A3=A1×A2		TB
B1	物理裸机台数		输入	台
B2	单台物理裸机所需存储容量		输入	TB
B3	物理裸机所需存储容量	B3=B1×B2		TB
C1	管理服务器台数		输入	台
C2	单台管理服务器所需存储容量		输入	TB
C3	管理服务器所需存储容量	C3=C1×C2		TB
S3	副本数量		输入	个
A4	资源池分布式存储服务器容量	A4=(A3+B3+C3)×S3		TB
S4	单台分布式存储服务器容量		输入	TB
A5	资源池分布式存储服务器数量	A5=A4/S4	向上取整	台

由此得出，按照容量需求需要具备A5台存储型服务器搭建存储系统。

存储性能的测算过程如下：假设单台虚拟机所需吞吐量为S0（IOPS）；单台物理裸机所需吞吐量为B1（IOPS）；单台管理服务器所需吞吐量为C1（IOPS）；系统采用的单台分布式存储服务器吞吐量为S4（IOPS）。存储性能需求测算模型见表4-16。

表4-16 存储性能需求测算模型

类型	因素	计算公式	数值	单位
S0	单台虚拟机所需吞吐量		输入	IOPS
S2	单台宿主机可虚拟机数量		输入	台
A6	单台宿主机所需吞吐量	A6=I1×S2		IOPS
A1	宿主机台数		输入	台
A3	宿主机总共所需吞吐量	A3=A1×A2		IOPS
B4	单台物理裸机所需吞吐量		输入	IOPS
B1	物理裸机台数		输入	台
B5	物理裸机总共所需吞吐量	B5=B1×B4		IOPS
C4	单台管理服务器所需吞吐量		输入	IOPS
C1	管理服务器台数		输入	台
C5	管理服务器总共所需吞吐量	C5=C1×C4		IOPS
A7	资源池分布式存储系统吞吐量总需求	A7=A6+B5+C5		IOPS
I3	单台分布式存储服务器单盘吞吐量		输入	IOPS
I4	单台分布式存储服务器磁盘数量		输入	块
B6	资源池分布式存储服务器数量	B6=A7/I3/I4		台

由此得出，按照性能需求，需要具备B6台存储型服务器作为存储主机搭建存储系统。

综合容量及性能要求，取两者最终结果较大的数值来确定需要采用的存储型服务器台数。需要说明的是，各存储服务器需要另外配备系统盘。

在确定好分布式存储服务器的具体配置和数量后，系统中还需要配备一定数量的 IP 接入交换机和汇聚交换机，用以构建 Server SAN 系统组网。一般考虑以两台 IP 交换机为一组集群，采用 10Gbit/s 速率以上接口建立双链路来连接各存储服务器，同时以 10Gbit/s、40Gbit/s 或更高速率的光口双上联汇聚交换机，以构建高可用性的 IP 存储网络。

2. 云存储系统

此处的云存储系统是指基于通用 x86 服务器的本地硬盘，通过分布式存储软件构建，一般采用 HTTP、REST 等接口对外提供存储服务的分布式对象存储系统。云存储系统一般应用在公有云环境中，而在私有云环境中应用较少，这是因为事实上基于对象的存储访问接口是随着公有云的兴起而逐渐成为业界标准的。

此处的云存储系统和上文中阐述的分布式块存储的最大差别在于，云存储系统可以作为典型的存储服务独立对外提供服务，其存储容量和性能需求来源通常并不是来自资源池中的计算资源，而往往是独立按照业务需求和输入进行建设的分布式对象系统。

云存储系统和 Server SAN 系统均为 SDS 的典型架构，在系统组成、物理组网、服务器配置、数据冗余方案等方面有很多相似之处。同样都为由若干台配置大容量硬盘的存储型服务器结合分布式存储软件组成的存储系统。存储型服务器可以采用 SSD 作为系统盘，大容量 SATA 硬盘作为数据盘，从而在保证存储性能的前提下提供充足的存储容量。云存储系统也需要搭建高速网络（Infini Band 或万兆以太网）连接各服务器节点，并由软件方案来管理数据的一致性。

云存储资源池常见的数据冗余方案也包括多副本模式和 Erasure Code（N+M）模式。Erasure Code（N+M）方式是指将一个文件切分为 N 个数据块，计算出 M 个校验块，总共 N+M 个数据块，空间有效利用率达到 N/（N+M），其空间利用率相比多副本方式得到有效提升。对于可用性要求较高的系统，可以增加校验块数量，但是会使重建时的开销增大。

云存储总体架构及网元组成如图 4-19 所示：对象存储设备（Object Storage Device，OSD）和元数据服务器（Metadata Server，MDS）是对象存储的两个核心；OSD 的主要功能包括负责管理和存储所有的对象数据并提供安全有效的访问；MDS 控制客户端与 OSD 的交互，为客户端提供元数据，提供文件与目录的访问管理等。

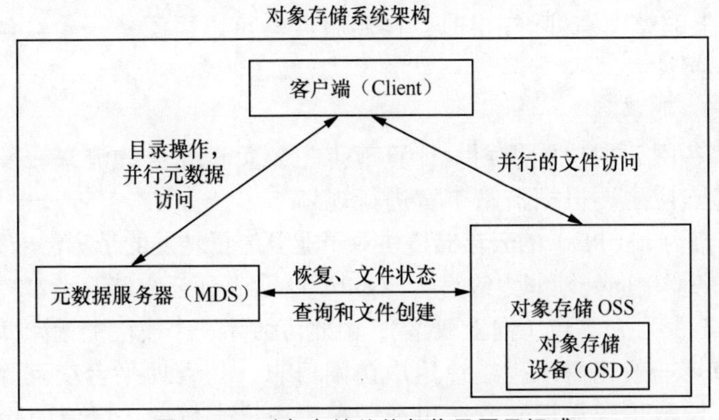

图 4-19　对象存储总体架构及网元组成

云存储系统的物理组网与Server SAN相似，服务器集群通过上联接入交换机完成内部流量的互通，接入交换机上联到汇聚/核心交换机完成二层收敛。云存储系统的服务器集群一般由大容量硬盘的存储节点服务器、计算节点服务器、元数据服务器、元数据管理服务器以及管理服务器等组成。云存储各服务器的主要功能详见表4-17。

表4-17 云存储各服务器的主要功能

序号	服务器	主要功能	备注
1	存储节点服务器	若干台存储节点服务器上的硬盘组成了统一的存储资源池；对象数据被打散后实际存放到存储节点服务器的各硬盘上	单台服务器需要采用多块大容量硬盘
2	计算节点服务器	负责接收客户端访问请求、实现业务流量转发功能；统计用户访问日志；与管理平台交互等	考虑CPU/内存/端口/一定容量的硬盘等因素
3	元数据服务器+元数据管理服务器	主要负责存储对象属性文件，提供对元数据的存储、管理和监控功能；负责管理存储节点和数据块映射信息，配置副本策略，处理计算节点请求等功能	考虑CPU/内存/端口等因素
4	管理服务器	提供系统监控和运维功能，包括部署跳板机、NAT服务器等节点，提供NAT服务，实现用户的访问、鉴权等功能；其他运维管理功能等	性能要求相对较低

云存储资源池也可以和计算资源池一样，采用标准模块化建设，提高业务上线速度，简化维护难度。模块化建设通过固定资源配置、存储容量、IOPS配置，存储网络规划，从而便于存储资源的共享。

下面以建设一个裸容量为N（PB）的分布式存储模块为例说明各项资源配置设计方案。

（1）存储节点服务器

分布式对象存储采用通用x86服务器和软件结合的方式进行存储池化，并提供服务，存储介质全部为x86服务器上的硬盘。因此，存储型服务器通常采用大容量的硬盘，其配置测算过程与Server SAN存储系统的配置测算过程基本相似，具体如下。

存储裸容量需求为N（PB），单台存储服务器业务磁盘数量为m个（操作系统所需磁盘另外考虑），单个硬盘容量为S（TB），则至少需要的存储服务器数量为$N\times1024/(m\times S)$台（向上取整）。实际应用时，存储服务器可以再配备一定数量的备机，用于资源调配和数据缓冲。

（2）计算节点服务器

根据云存储各网元的功能规划，计算节点主要负责业务的流量转发功能。因此，系统配置计算节点应主要根据流量带宽进行规划。

假设一个容量为N（PB）的云存储模块对于业务流量转发的带宽需求为M（Gbit/s），已知单台计算服务器单向处理能力约为T（Gbit/s）（含普通云存储双副本转发能力），所需计算服务器数量至少为M/T台（向上取整），由此可估算一个模块配置计算服务器的数量。

由于计算节点一般还需承担统计用户访问日志、与管理平台交互等功能，因此计算节点应配置一定数量的数据硬盘，用于缓存用户日志数据，以便校验及重传。

（3）元数据服务器

对象存储的核心由两部分组成，即元数据节点和存储节点。其中元数据服务器为控制节点，提供元数据的存储、管理和监控功能。元数据即为存储对象的属性信息，也就是对象数据被打散存放到若干台分布式服务器中的索引信息。当用户访问对象时，访问请求先到达元数据服务器，元数据服务器负责反馈对象存储分布在哪些 OSD，假设反馈文件 A 存储在 B、C、D 三台 OSD，那么用户就会再次直接访问 3 台 OSD 服务器去读取数据。

元数据服务器控制客户端与 OSD 对象的交互，主要功能如下。

对象存储访问：元数据服务器构造、管理和描述每个文件分布的视图，为客户提供访问该文件所含对象的能力，OSD 在接收到客户访问请求时将先验证客户是否能使用该能力，待验证通过后提供访问。

文件和目录访问管理：元数据服务器构建了一个文件和目录访问的结构，包括目录和文件的创建、删除、限额控制、访问控制等。

考虑到分布式存储的备份机制，一个云存储模块的元数据服务器的部署节点不宜小于 3 台。具体配置可综合考虑 CPU/内存/端口等因素确定。

（4）元数据管理服务器

一个容量为 N（PB）的云存储模块可以部署 2 台元数据管理服务器，采用主备工作模式，用于管理分布式节点的节点和数据块映射信息，配置副本策略，处理计算节点请求等功能。元数据管理服务器的计算能力和存储速度要求不高，可以考虑和元数据服务器采用相同配置。

（5）管理服务器

运维部门通过部署管理服务器来对存储资源系统进行监控和维护。管理服务器的主要功能为向业务提供 NAT 服务，实现用户的访问、鉴权等业务功能，部署跳板机、NAT 服务器等，以及其他业务管理功能。

根据运维经验，管理服务器运行的虚拟机数量可见表 4-18，实际应在满足管理需求下进行具体部署。

表 4-18 管理服务器运行的虚拟机数量汇总

序号	虚拟机	配置举例	台数
1	时间同步服务器	4vCPU/8GB 内存/100GB 硬盘	2
2	运维管理服务器	4vCPU/8GB 内存/100GB 硬盘	2
3	运营管理服务器	4vCPU/8GB 内存/100GB 硬盘	2
4	虚拟化管理服务器	4vCPU/16GB 内存/100GB 硬盘	2
5	域控制管理服务器	4vCPU/8GB 内存/100GB 硬盘	2
6	NAT 服务器	4vCPU/8GB 内存/100GB 硬盘	2
7	邮件服务器	4vCPU/8GB 内存/100GB 硬盘	2
8	跳板机	4vCPU/8GB 内存/100GB 硬盘	2
数量合计			16

表 4-18 为虚拟机需求，实际部署时还需要转化为物理机需求。可以参考计算资源配置方法和模型中阐述的测算方法，兼顾对 CPU 和内存的需求，推算出所需要的管理服务器配置和台数。此处，按照管理服务器单台配置 2 路 10 核 CPU、128GB 内存为例：每台管理服务器配置 20 核的 CPU，超配后可达 32 核，2 台共提供 64 核 vCPU，可以满足对 CPU 的需求；每台管理服务器配置内存 128GB，2 台共提供 256GB 的内存，也可满足对内存的需求。因此，至少需要配置 2 台 2 路 10 核 CPU、128GB 内存的服务器。考虑部分资源冗余及扩容需求，在本案例中，统筹考虑以配置 3～4 台管理服务器为宜。

| 4.6 云管理平台规划设计 |

4.6.1 概述

随着云计算技术和模式的发展，应用于计算资源、存储资源、网络资源、虚拟化软件、安全系统等方面的新技术层出不穷，云管理平台如何对云数据中心整体进行高效、统一、集约的管控成为一个重要命题。云数据中心的发展离不开云管理平台的发展和演进。

云计算资源池发展初期，云计算服务提供商往往采用虚拟化软件自带的管理套件对资源池进行管理，如 VMWare 公司的 vCenter 套件。但这种方式开放性不强，在兼容多厂商设备方面遇到了困难，不利于云管理功能的扩展。

采用虚拟化软件自带的管理套件对资源池进行管理的方式在数据中心的应用较少，设备异构复杂性不高，针对相对单一的业务系统或者新建的业务系统等场景较为适用。

特别是在开源云平台逐步盛行后，云管理平台更多地向能够统一管理多个异构或者开源的云计算技术或者产品转变，如能够统一管理 CloudStack、OpenStack、Docker、VMWare、KVM 等。

以下场景需要建设一套统一的云管理平台。

- 大型的企业云数据中心，内部部署较多的业务系统；
- 系统异构性差异较大，有多种不同类型的计算资源、存储资源、网络资源；
- 数据中心内存在多种虚拟化平台，如以 VMWare 为主的虚拟化，结合 KVM 或者其他商业虚拟化平台；
- 已经建设了基于 CloudStack、OpenStack 云平台或者其他种类的云平台，需要统一管理；
- 已经建设了多套私有云，需要统一集成管理；
- 部分业务运行于公有云，需要与内部私有云统一管理。

业界比较经典的几个开源类云管理平台的特点如下。

- OpenStack 云平台：组件扩展比较丰富，旨在帮助服务提供商和企业内部实现类似于 Amazon EC2 和 S3 的云基础架构服务。基于 OpenStack 含有的丰富组件，可以提供计算、存储、网络、数据库、计量计费、编排等多种基础架构云服务。

• CloudStack 云平台：开源云计算平台，可以进一步提高公有云和私有云 IaaS 层的部署、管理和配置速度。基于 CloudStack 的组件可提供多种计算、存储、网络等基础架构云服务。

• Hadoop 云平台：可以说，OpenStack 成为云计算领域内的标准配置，Hadoop 则是让云计算时代的大数据发展有了更强有力的依托。Hadoop 是开源的分布式云数据处理框架，框架中最核心的设计就是 HDFS 和 MapReduce，目前也逐渐增加了其他核心模块，比如 Spark、HBase 等。基于 Hadoop 的丰富组件和模块可以提供各种数据存储和数据计算服务。

• Apache Mesos：开源的集群管理器，是为成百上千台主机的大规模集群而设计的。Mesos 支持在多租户、多个应用运行框架间分发工作负载，一个用户的 Docker 容器运行可以和另一个用户的 Hadoop 任务紧密衔接。基于 Mesos，可以运行多种应用框架，包括 Marathon、Spark、Yarn 等，进而提供类型多样的资源服务。

其中，OpenStack 是目前最为流行的开源云操作系统框架。自 2010 年 6 月首次发布以来，经过开发者们和使用者们的共同努力，OpenStack 不断成长和成熟。目前 OpenStack 的功能非常强大和丰富，已经在私有云、公有云和混合云中得到了广泛的应用。OpenStack 兼容了 IT 业界大部分主流厂商的设备和软件，可以说基本上已经成为开源云计算框架的主流标准。

OpenStack 为构建完整的云平台提供了便利，但是并不意味着它具备独立构建完整的云平台所需的所有能力。在投入实际生产和应用时，仍然需要结合实际需求进行各项功能的定制化开发，以满足投入商用的需求。因此，OpenStack 是一个云操作系统和管理框架，基于这个框架可以有效地集成各类的不同组件，实现满足不同场景需要的云平台，并在此基础上构建完整的云计算管理平台。

4.6.2　云管理平台功能方案

云管理平台通过对云计算基础设施的各种资源进行数据统一建模，进而向上层应用以用户可见的形式提供资源的统一视图和管理界面，在接入不同的物理设备和虚拟化资源环境时，上层应用不可感知。云管理平台对全网资源提供统一管理、呈现和分配的能力，并支持用户通过门户完成对资源的自助申请和操作。

具体来说，云管理平台应主要提供统一的资源管理、监控管理、调度管理、服务管理、统一门户、接口管理等几项功能，其功能架构如图 4-20 所示。

1. 统一资源管理

云管理平台管理的资源应包括资源池提供的计算资源、存储资源、网络资源和安全资源等。统一资源管理支持发现其管辖范围内的物理设备以及他们之间的组网关系，包括服务器、存储设备、交换机、防火墙、路由器、负载均衡设备等。支持将这些物理设备进行池化和集中管理，支持将纳管资源灵活地提供给上层应用使用，满足应用对资源的需求，提高资源的共享程度。

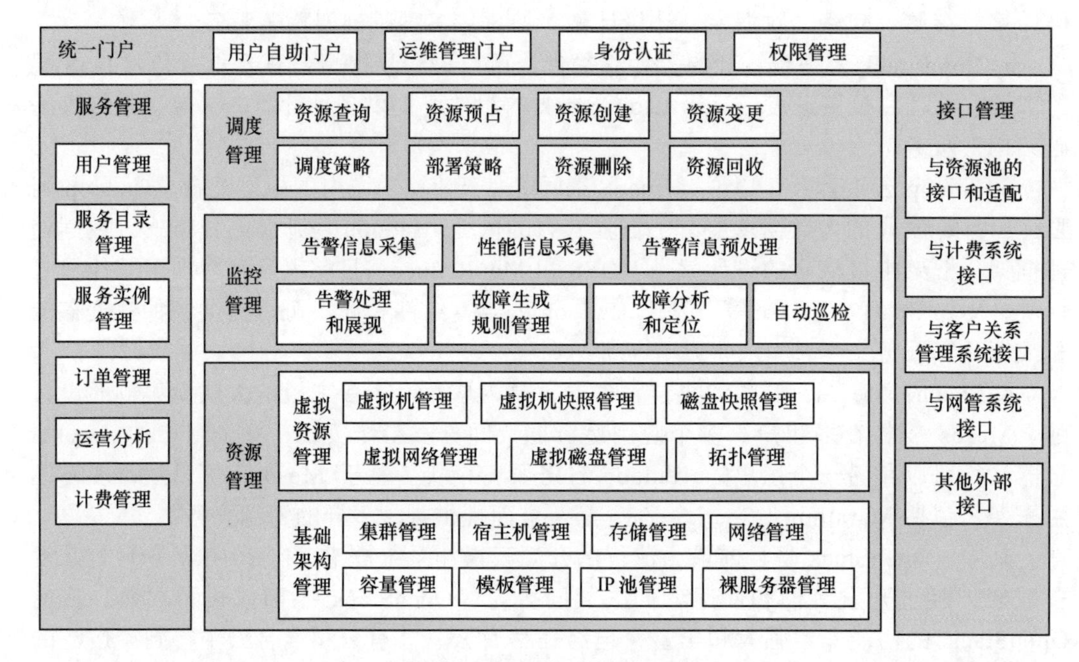

图 4-20　云管理平台功能架构

虚拟化资源管理应该在同一界面上统一管理不同厂商的虚拟化平台系统，如VMWare、微软 Hyper-V、华为 FusionSphere、思杰 XenServer、OpenStack 等虚拟化平台，实现对包括虚拟计算资源、虚拟网络资源、虚拟存储资源等在内的不同资源的全生命周期管理功能。这里，为顺利纳管各厂商的虚拟化平台系统，云管理平台往往需要在底层建设一套适配层，负责和各厂商的虚拟化管理工具进行对接，适配层应支持各类主流管理软件的接口，包括但不限于：网管软件、存储管理软件、物理机管理软件、主机虚拟化管理软件、包括上述多个管理软件功能的第三方综合管理软件等。

资源管理应根据用户对计算、存储、网络及安全等资源的操作请求提供对资源的创建、修改、查询和删除等功能。资源管理应包括物理机管理、虚拟机管理、模板管理、镜像管理、存储管理和网络管理等。

资源管理具备以下几项典型的管理能力。

- 支持对网络中各项设备的自动发现；
- 提供完整的设备拓扑结构，并在系统界面上直观展示；
- 支持对计算资源、存储资源、网络资源的配置、查询、导出功能，支持通过全网资源统计，监测资源的使用状况；
- 支持对资源池资源的容量管理，包括总容量、已使用的资源容量、可用资源容量等信息的管理和查询；
- 提供对各项资源的生命周期管理，包括创建、修改、查询、删除等操作；
- 提供对各项资源的操作和配置接口。

2. 监控管理

云管理平台应能够实现对纳管范围内的各类设备及资源进行监控，提供对设备和资源的性能监控、告警监控、故障分析、故障定位和自动巡检等功能。此外，为能了解关键性能的变化情况和趋势，应能按需提供最小粒度的关键性能监控。监控管理应包含如下功能：设备和资源性能信息采集；设备和资源告警信息采集；告警信息预处理；告警处理和展现；故障生成规则管理；故障分析和定位；自动巡检。

3. 调度管理

调度管理应包括调度策略管理和资源调度管理。调度策略管理应根据资源使用、SLA 等相关信息提供资源调度策略，并根据预先设定的策略自动选择服务实例资源和启动相应部署流程，同时允许管理人员手工干预部署。

云管理平台应能统一管理资源池内的物理和虚拟资源，应综合不同管理工具提供资源的自动调度，支持根据管理员预先设置的策略自动实现资源的选择和部署。云管理平台应具备预留、创建、变更、操作、查询以及删除资源等功能，并应支持资源动态弹性调度、按需求进行分配和实时监控。

4. 统一门户

统一门户应为管理员和用户提供访问入口，应在统一的门户入口下提供不同的门户功能模块，支持角色定义和权限控制功能。

通过自助门户，用户能够直观地进行资源的自助申请，完成对云主机、云磁盘、裸金属服务器、云网络等资源的申请、使用、释放、查询等操作；应提供虚拟机控制台功能，用户可以通过控制台，自助完成虚拟机管理、虚拟磁盘管理、磁盘快照管理、虚拟机快照管理、自助监控、自助告警等功能，以及更多的虚拟机批量自助操作功能。

通过管理门户，能够直观地展示各个资源池的运行情况，实现全局的资源池情况展示、资源池容量展示、监控告警展示等。通过多种数据可视化的图表组件，可将各项数据从多种维度进行综合展示。

统一门户应具备集中的鉴权认证中心，提供身份认证和权限管理功能，并采用认证加密技术，以保证各类门户使用者能够安全登录并访问属于其权限范围内可见、可操作的门户界面。

5. 服务管理

服务管理应对基于底层资源形成的各类服务进行统一管理，应支持用户管理、服务目录管理、服务实例管理、订单管理、运营分析、计费管理等功能。应基于服务管理实现资源服务能力和业务自动开通能力。

6. 接口管理

接口管理应支持管理平台与外围系统的数据交互，接口类型应包括与资源池的接口和适配、与计费系统接口、与客户关系管理（Customer Relationship Management,

CRM）系统接口、与网管系统接口等，并应符合下列规定。

- 与资源池的接口应支持管理平台对资源的统一封装与管理；
- 与计费系统接口应支持计费清单采集和结算单采集；
- 与 CRM 系统接口应支持产品预约/订购、产品受理结果同步和管理平台受理结果回执等；
- 与网管系统接口应支持将特定级别的告警信息发送至上级网管系统，应支持根据上级网管系统指令将实时采集的性能指标和统计分析数据发送至上级网管系统。

4.6.3 云管理平台部署方案

云管理平台支持多级部署，当资源池节点数量较少时，宜采用一级云管理平台；当资源池节点达到一定规模时，可部署两级云管理平台，也可在每个资源池节点内建设区域云管理平台，并通过综合云管理平台对多个区域云管理平台进行统一管理。

一级/综合云管理平台负责统一管理全网各类资源，包括物理形态和虚拟形态的各类计算资源、存储资源、网络资源、安全资源等，并和二级/区域云管理平台建立资源管理接口，实现资源管理指令的下发，提供资源的创建、变更、操作、查询以及删除等功能，支持对资源进行动态调度、按需分配、实时监控等，以促进资源的有效使用。

二级/区域云管理平台负责管理本级/本区域范围内的各类 IT 资源系统或设备，接收并执行来自一级/综合云管理平台的资源管理指令，完成调度资源、部署资源、操作资源等任务，并支持向一级/综合云管理平台上报资源的使用和计量信息。

多级部署时也应具备统一的云管理平台门户，根据登录人员的角色和权限推送其权限范围内的门户展示和操作界面，对用户而言可以提高其使用感知，对内部运维管理者而言可以提供资源管理的整体统一视图。

具体来说，云管理平台的软硬件部署与其他应用系统并无差异，也可以利用资源池中的虚拟机或者物理机资源进行平台的部署。这种情况下，云管理平台的服务器集群只是资源池中的集群类型之一，也同样可以共享资源池中的存储系统用于存储平台数据。

如前所述，OpenStack 提供了一系列快捷、标准化的部署云的操作平台和工具集，其宗旨在于帮助组织搭建和运行采用虚拟计算或存储服务的云平台，可以是公有云、私有云或者混合云，建设一个灵活、功能丰富和扩展性强的云平台架构。随着 OpenStack 套件的广泛使用，云管理平台也越来越多地采用以 OpenStack 套件为基础进行定制开发的方式来提供功能。

在资源池内，云管理平台需要单独划分为一个区，并配备以下典型的服务器集群，这些服务器可以部署在物理机上，也可以以虚拟机方式提供。

（1）云管理平台数据库服务器

数据库服务器一般至少要采用双机，并以双机热备方式部署。此外，也可以采用多节点的集群方式，以提供高可用性。

OpenStack 中的认证服务、镜像服务、计算服务、网络服务、块存储服务、裸机管理服务都需要采用数据库来存储各自的服务数据,因而数据库的高可用性非常重要。采用多节点的集群方式可使数据库集群中的所有节点都同时提供数据库服务，并使得各数据库操作都是以同步方式进行。

数据库集群服务器如采用有状态服务的 MySQL 数据库，为避免双节点产生脑裂（Split-Brain），需要采用仲裁机制。例如，可以在两台高可用服务器的基础上再配置一台仲裁服务器，以 3 台服务器为集群进行横向扩展。

根据运营经验，当资源池的规模逐步增大，需纳管的主机数量达到一定数量时，单个数据库的查询时间和响应时间会上升，影响数据处理，导致影响云平台的各种服务。因此，为了实现数据处理的快速、高效、可靠，需要按照纳管主机数量规模，以 3 台数据库服务器为单位进行横向扩展。

（2）云管理平台各应用服务器

资源管理服务器：承担资源管理功能，可以部署在两台或更多虚拟机上，以双机热备或者集群方式运行，需要随着资源池规模的逐步增大而进行扩容。

监控管理服务器：承担监控管理功能，可以部署在两台或更多虚拟机上，以双机热备或者集群方式运行，需要随着资源池规模的逐步增大而进行扩容。

调度管理服务器：承担调度管理功能，可以部署在两台或更多虚拟机上，以双机热备或者集群方式运行，需要随着资源池规模的逐步增大而进行扩容。

服务管理服务器：承担服务管理功能，可以部署在两台虚拟机上，以双机热备方式运行。该功能不一定随资源池规模变化而变化，应根据实际业务运营情况进行扩容。

接口管理服务器：承担接口管理功能，接口功能包括与资源池各资源的专业管理软件的接口适配，以及和 CRM、计费、网管等外部系统的接口对接，可以部署在多台虚拟机上，以集群方式运行。

门户服务器：承担统一门户功能，可以部署在两台虚拟机上，以双机热备方式运行。

（3）消息队列服务器

消息队列可以使用 RabbitMQ。RabbitMQ 是当前流行的开源消息队列系统，是一套实现了高级消息队列协议（Advanced Message Queuing Protocol，AMQP）的开源消息代理软件，其本身已经具备了较强的并发处理速度及运行稳定性，但在大规模的实际应用中，往往还需要使用集群配置来保证系统中消息通信部分的高可用性、并发处理性能及异常恢复能力。

OpenStack 计算服务、网络服务、块存储服务、裸机管理服务采用微服务架构，组件间通信均需要消息队列服务。各服务内部的关键功能、通信、服务器探活、服务心跳汇报都需经过消息队列服务。其中，网络服务采用多 Agent 微服务架构，由于消息数量较大，一般而言，每个 RabbitMQ 集群至少部署 3 台服务器。

消息队列 RabbitMQ 集群可随着资源池规模增大，以 3 台服务器为一个集群进行扩容。

（4）存储节点服务器

平台需要存储的数据包括数据库数据、资源监控采集数据以及平台的各类管理数据。

OpenStack 采用 Cinder 提供块存储服务，可以按需以卷方式提供存储空间，也可以采用多台存储节点服务器搭建块存储系统，具体配置数量应根据需要存储的平台数据容量以及 I/O 需求而定。

（5）时钟服务器，软件源包和域名解析服务器

提供时钟服务、软件源包和域名解析服务，可使用两台虚拟机，以高可用方式部署。

（6）跳板机和安全组件服务器

部署跳板机及其他安全组件，可使用两台虚拟机，以高可用方式部署。

（7）备份服务器

为平台提供数据备份服务，由于备份服务器为非生产系统，因而可以采用单台虚拟机进行部署。

云管理平台所需服务器部署情况详见表 4-19。表 4-19 仅为以虚拟机方式的举例，具体应根据实际需求进行配备。

表 4-19 云管理平台所需服务器部署情况

序号	服务器名称	虚拟机数量（台）	配置举例	配置/部署要求
1	云管理平台数据库服务器	3	8vCPU/16GB 内存/500GB 硬盘	采用集群部署方式
2	云管理平台资源管理服务器	2	8vCPU/16GB 内存/100GB 硬盘	采用双机热备方式
3	云管理平台监控管理服务器	2	8vCPU/16GB 内存/100GB 硬盘	采用双机热备方式
4	云管理平台调度管理服务器	2	8vCPU/16GB 内存/100GB 硬盘	采用双机热备方式
5	云管理平台服务管理服务器	2	4vCPU/8GB 内存/100GB 硬盘	采用双机热备方式
6	云管理平台接口管理服务器	4	4vCPU/8GB 内存/100GB 硬盘	采用集群部署方式
7	云管理平台门户服务器	2	4vCPU/8GB 内存/100GB 硬盘	采用双机热备方式
8	消息队列服务器	3	4vCPU/8GB 内存/100GB 硬盘	采用集群部署方式
9	存储节点服务器	3	4vCPU/8GB 内存/1TB 硬盘	采用集群部署方式
10	时钟服务器，软件源包和域名解析服务器	2	4vCPU/8GB 内存/100GB 硬盘	采用双机热备方式
11	跳板机和安全组件服务器	2	4vCPU/8GB 内存/100GB 硬盘	采用双机热备方式
12	备份服务器	1	4vCPU/8GB 内存/100GB 硬盘	非生产系统，单台即可
数量合计		28		

上述为虚拟机需求，实际部署时还需要转化为物理机需求。可以参考计算资源配置方法和模型中阐述的测算方法，兼顾满足 CPU 和内存的需求推算出所需要的管理服务器配置和台数。具体方法和思路前文已有阐述，在此不再赘述。

4.7 安全体系建设

云计算模式通过将数据统一存储在云端服务器中来加强对核心数据的集中管控，由于数据的集中，使得安全审计、安全评估、安全运维等行为更加简单易行，也使得数据安全性比传统分布在大量终端上时更高，同时更容易实现系统容错、高可用性、数据冗余及灾备恢复。

但云计算在带来方便的同时也带来了新的挑战。因为云系统的开放性，使得云的安全性面临严峻的考验。众多企业和用户的隐私数据集中存储在云端，更容易成为不法分子集中攻击的对象。在云计算的服务模式下，将削弱用户对物理资源直接的控制，用户使用云计算服务时的唯一保障便是用户与云计算服务提供商之间签订的服务协议。用户将更多地考虑数据安全和个人隐私可能受到的威胁，这一点正在成为用户向云端迁移的重大障碍。

因此，云资源池的安全防护能力已经越来越重要，如何系统、有效地保护资源池的安全成为一个重要命题。因此，研究如何在建设云平台安全体系、保障云安全的同时仍能保持云计算服务的性能和优势，对云计算的长久健康发展具有重要意义。

4.7.1 安全需求分析

1. 云计算面临威胁

云端存储着大量的用户数据、业务数据、隐私信息和其他有价值的数据信息，很容易受到别有用心的人的攻击，这些攻击可能来自于滥用资源的合法云计算用户、窃取服务或数据的恶意攻击者或者云计算服务提供商以及运营商的内部人员。当遇到严重攻击时，云计算系统将面临数据泄露、系统崩溃等各种危险，无法提供高可靠性的服务。

从安全建设原则、安全保护对象和安全建设目标来看，云安全与传统的信息安全并无本质的区别。同时，一些传统的、行之有效的信息安全技术和策略也可以继续应用在云计算平台及其终端设备的安全管理与防护上。

但云计算作为一种新型的计算模式，其安全建设必然与传统的信息安全建设存在区别，其安全性也必有其特殊的一面。经过提炼业界近几年的安全实践和研究，云计算环境下的安全威胁包括以下几个方面。

（1）安全边界不可见

云计算平台与传统的 IT 组织架构上的差异导致其在安全防护理念上存在差异。在传统的安全防护中，基于边界的安全隔离和访问控制是一个很重要的原则，并强调针对不同的安全区域设置差异化的安全防护策略，这依赖于各区域间清晰的边界划分；但在云计算环境中，计算和存储资源高度整合，基础网络架构统一化，传统的控制部署边界减弱或者消失。

（2）虚拟化网络内部的流量不可控

物理计算资源共享进行虚拟化使资源利用率、资源提供的自动弹性扩展等方面得到改善，但是虚拟化技术在提供便利的同时也带来了大量安全风险，如系统漏洞、不安全的接口、开放的应用程序编程接口，这种情况下如何对虚拟机之间的通信和流量进行监控、如何对虚拟机之间实现有效的隔离控制等都涉及了云计算环境下的安全防御问题。

（3）用户访问安全风险

云计算环境中，各个云中的应用属于不同的安全管理域，每个安全域都管理着各自的本地资源和用户。攻击者可能会假冒合法用户进行一些非法活动，例如窃取用户数据、篡改用户数据等。

（4）安全管理体系风险

云计算客户把大部分数据控制权交给了云计算服务提供商，但服务水平协议中云计算服务提供商对各安全问题的承诺可能不全面，存在身份、凭证和访问管理不足，账户劫持，恶意内部人士攻击等风险。

（5）云计算安全的合规建设

在传统模式下，信息安全建设能够较清晰地按照等级保护、ISO 27001 等国内外先进的安全标准要求进行合规检查。但在建设云平台后，传统业务系统都移植到云上，业务架构和形态发生变化，传统安全防护措施也发生改变。传统的标准需要升级以匹配新的场景。云平台应根据最新的标准制定安全解决方案，部署防御策略。

没有安全合规与标准遵从的云计算基础设施安全犹如在流沙上建楼，都是空谈，因此下面将对安全合规展开进一步分析。

2．云安全合规分析

安全合规和标准遵从是业界普遍视为评估云计算服务提供商（Cloud Service Provider，CSP）基础设施安全和云服务安全的基线。此外，对于云服务租户而言，CSP基础设施的透明度和开放度较低将直接影响 CSP 的云安全可信度，云计算服务提供商通过第三方的合规认证，也可以使租户更放心地上云。

作为目前国际上具有代表性的信息安全管理体系标准，ISO 27001 已广泛应用在世界各地的政府机构、银行、证券、保险公司、电信运营商、网络公司及许多跨国公司，可以认为是当前世界上应用最广泛、知名度最高的信息安全管理标准。ISO/IEC 27001 是由英国标准 BS7799 转换而成的。该标准重新定义了对信息安全管理体系的要求，旨在确保企业对安全有足够并有针对性的控制。通过信息安全管理体系的投入使用和不断改进，企业相关的信息管理工作得到进一步规范，从而减少甚至避免在企业云计算服务方面发生安全问题。

作为资产的拥有者，企业首先走出了信息安全管理的第一步。目前企业在进行信息安全实施的过程中主要依照的是下列国际信息安全管理体系标准。

- ISO/IEC 27001：2013《信息技术—安全技术—信息安全管理体系—要求》；
- ISO/IEC 27002：2013《信息技术—安全技术—信息安全控制实践规范》；
- ISO/IEC 27017：2015《信息技术—安全技术—基于 ISO/IEC 27002 的云服务信息安全控制实践规范》，针对云服务的信息安全控制提供了实施指导；
- ISO/IEC 27018：2019《信息技术—安全技术—公有云中作为个人身份信息处理器保护个人身份信息实践规范》，是首个专注于云服务中个人数据保护的国际行为准则。

信息安全等级保护制度是符合我国国情的“分级保护”制度。2007 年 6 月，我国正式出台了《信息安全等级保护管理办法》，最终在 2008 年发布了《信息安全技术 信息系统安全等级保护基本要求》《信息安全技术 信息系统安全等级保护定级指南》等一系列信息安全等级保护标准，形成等保 1.0 版本。

2017 年 6 月 1 日，《中华人民共和国网络安全法》正式实施，正式将网络安全提高到国家安全的高度，也通过法律的形式明确提出了加强对关键基础设施及其数据保护的要求。

为了配合《中华人民共和国网络安全法》，同时为了满足云计算、大数据、物联网、移动互联、工业控制等新技术、新应用的安全要求，国家相关部门在等保 1.0 版本的基础上起草并制定了等保 2.0 版本的相关标准，包括《信息安全技术 网络安全等级保护基本要求》《信息安全技术 网络安全等级保护测评要求》《信息安全技术 网络安全等级保护安全设计技术要求》等，并于 2019 年 5 月发布，2019 年 12 月 1 日开始实施。此系列标准可有效指导网络运营者、网络安全企业、网络安全服务机构开展网络安全等级保护安全技术方案的设计和实施，指导测评机构更加规范化和标准化地开展等级测评工作，进而全面提升网络运营者的网络安全防护能力，对加强我国网络安全保障工作，提升网络安全保护能力具有重要意义。

以下相关文件对我国关于网络安全的相关政策、法律法规作了详细说明。

（1）法律法规

《中华人民共和国网络安全法》

（2）技术标准

《信息安全技术　网络安全等级保护基本要求》（GB/T 22239-2019）

《信息安全技术　网络安全等级保护定级指南》（GB/T 22240-2020）

《信息安全技术　网络安全等级保护安全设计技术要求》（GB/T 25070-2019）

《信息安全技术　网络安全等级保护测评要求》（GB/T 28448-2019）

《信息安全技术　网络安全等级保护测评过程指南》（GB/T 28449-2018）

《计算机信息系统安全保护等级划分准则》（GB 17859-1999）

《信息安全技术　信息系统通用安全技术要求》（GB/T 20271-2006）

《信息安全技术　网络基础安全技术要求》（GB/T 20270-2006）

《信息安全技术　操作系统安全技术要求》（GB/T 20272-2019）

《信息安全技术　数据库管理系统安全技术要求》（GB/T 20273-2019）

《信息安全技术　服务器安全技术要求》（GB/T 21028-2007）

《信息安全技术　终端计算机系统安全等级技术要求》（GA/T 671-2006）

（3）管理标准

《信息安全技术　信息系统安全管理要求》（GB/T 20269-2006）

《信息安全技术　信息系统安全工程管理要求》（GB/T 20282-2006）

《信息技术　安全技术　信息安全管理体系要求》（GB/T 22080-2016）

《信息技术　安全技术　信息安全控制实践指南》（GB/T 22081-2016）

（4）服务标准

《信息安全技术　信息安全风险评估规范》（GB/T 20984-2007）

《信息技术　安全技术　信息安全事件管理　第 1 部分：事件管理原理》（GB/T 20985.1-2017）

《信息技术　安全技术　信息安全事件管理　第 2 部分：事件响应规划和准备指南》（GB/T 20985.2-2020）

《信息安全技术　云计算服务安全能力要求》（GB/T 31168-2014）

《信息安全技术　云计算服务安全指南》（GB/T 31167-2014）

《信息安全技术　网络安全等级保护基本要求》（GB/T 22239-2019）针对共性化安全保护需求提出了安全通用要求，针对云计算、移动互联、物联网、工业控制和大数据等新技术、新应用领域的个性化安全保护需求提出了安全扩展需求。安全通用要求针对共性化保护需求提出，等级保护对象无论以何种形式出现，必须根据安全保护等级实现相应级别的安全通用要求。安全扩展要求针对个性化保护需求提出，需要根据安全保护等级和使用的特定技术或特定的应用场景实现安全扩展要求。

定级对象从原先单一的信息系统扩展为 3 类，分别是业务处理类对象（信息系统、工业控制系统、物联网系统等），基础服务类对象（网络、云服务平台、大数据分析平台等）以及数据资源类对象。

等保实施内容在原先定级、备案、建设整改、等级测评、监督检查 5 个规定动作的基础上增加风险评估、安全检测、通报预警、事件调查、数据防护、灾难备份、态势感知和应急处置。

在等级划分方面，按照信息系统在国家安全、经济建设、社会生活中的重要程度，遭受破坏后对国家安全、社会秩序、公共利益以及公民、法人和其他组织的合法权益的危害程度等，由低到高划分为 5 个安全保护等级。不同级别的等级保护对象应具备的基本安全防护能力如下。

第一级，安全防护能力：应能够防护来自个人的、拥有很少资源的威胁源发起的恶意攻击、一般的自然灾害，以及其他相当危害程度的威胁所造成的关键资源损害，在自身遭到损害后，能够恢复部分功能。

第二级，安全保护能力：应能够防护来自外部小型组织的、拥有少量资源的威胁源发起的恶意攻击、一般的自然灾害，以及其他相当危害程度的威胁所造成的重要资源损害，能够发现重要的安全漏洞和处置安全事件，在自身遭到损害后，能够在一段时间内恢复部分功能。

第三级，安全保护能力：应能够在统一安全策略下防护免受来自外部有组织的团体、拥有较为丰富资源的威胁源、较为严重的自然灾害，以及其他相当危害程度的威胁所造成的主要资源损害，能够及时发现、监测攻击行为和处置安全事件，在自身遭到损害后，能巩固较快并恢复绝大部分功能。

第四级，安全防护能力：应能够在统一安全策略下防护免受来自国家级别、敌对组织、拥有丰富资源的威胁源发起的恶意攻击、严重的自然灾害，以及其他相当危害程度的威胁所造成的资源损害，能够及时发现、监测发现攻击行为和安全事件，在自身遭到损害后，能够迅速恢复所有功能。

第五级，安全防护能力：一般适用于国家重要领域、重要部门中的极端重要系统，是最高级别的安全防护能力。

各等级保护能力适用行业及信息系统破坏后侵害严重程度见表 4-20。

表 4-20　各等级保护能力适用行业及信息系统破坏后侵害严重程度

等级保护级别	适用于信息系统及行业	信息系统破坏后侵害程度
第一级（自主保护级）	一般适用于小型私营、个体企业、中小学，乡镇所属信息系统、县级单位中一般的信息系统	信息系统受到破坏后，会对公民、法人和其他组织的合法权益造成损害，但不损害国家安全、社会秩序和公共利益
第二级（指导保护级）	一般适用于县级某些单位中的重要信息系统；地市级以上国家机关、企事业单位内部一般的信息系统。例如非涉及工作秘密、商业秘密、敏感信息的办公系统和管理系统等	信息系统受到破坏后，会对公民、法人和其他组织的合法权益产生严重损害，或者对社会秩序和公共利益造成损害，但不损害国家安全
第三级（监督保护级）	一般适用于地市级以上国家机关、企业、事业单位内部重要的信息系统，例如涉及工作秘密、商业秘密、敏感信息的办公系统和管理系统；跨省或全国联网运行的用于生产、调度、管理、指挥、作业、控制等方面的重要信息系统以及这类系统在省、地市的分支系统；中央各部委、省（区、市）门户网站和重要网站；跨省连接的网络系统等	信息系统受到破坏后，会对社会秩序和公共利益造成严重损害，或者对国家安全造成损害
第四级（强制保护级）	一般适用于国家重要领域、重要部门中的特别重要系统以及核心系统。例如电力、电信、广电、铁路、民航、银行、税务等重要部门的生产、调度、指挥等涉及国家安全、国计民生的核心系统	信息系统受到破坏后，会对社会秩序和公共利益造成特别严重损害，或者对国家安全造成严重损害
第五级（专控保护级）	一般适用于国家重要领域、重要部门中的极端重要系统	信息系统受到破坏后，会对国家安全造成特别严重损害。信息系统安全等级保护的定级准则和等级划分

根据以上国家标准要求，云资源池的安全体系要从以下几方面进行建设。

（1）在满足国际/国家安全标准的基础上建设安全防护体系

云的安全问题已经突破了传统信息系统安全边界防护范围，由局部安全防护变为全局安全防护，云安全服务提供商应在满足国际/国际安全标准的基础上制定云安全防护方案，由专业技术团队提供保障，进行云安全防护体系建设，形成统一、完善的云安全防护体系。

云安全防护体系应对云计算平台的物理和环境安全、网络和通信安全、设备和计算安全、应用和数据安全等技术体系以及管理体系等进行全面覆盖。

（2）建立安全管理体系

云安全管理体系是云安全技术体系得以有效实施和运行的重要保障。各项安全技术措施应遵从安全管理体系规定的范围、流程、方针和制度来实施和运维。安全管理体系应包括安全管理制度、安全组织机构设置、维护作业和应急响应等方面。

（3）建立安全技术体系

安全技术体系应包括物理和环境安全、网络和通信安全、设备和计算安全、数据和应用安全。可采取的主要安全措施和技术包括建立门禁及视频监控系统、设置统一安全策略、部署网络安全设备、安全域划分、网络访问控制、主机防病毒、主机安全加固、漏洞扫描、虚拟补丁防护、虚拟化安全隔离、应用控制、Web 安全防护、数据加密、敏感数据保护等，为云计算服务环境中的数据传输安全、数据存储安全、数据审计安全提供支撑。

云资源池应遵循的安全标准、技术和管理体系的矩阵关系如图 4-21 所示。

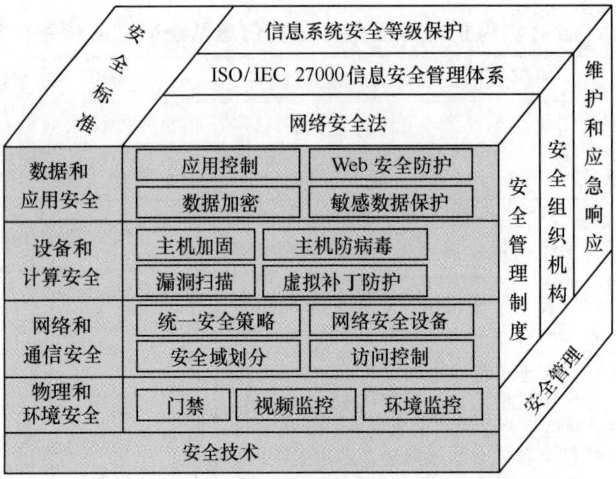

图 4-21　云安全标准、技术和管理体系的矩阵关系

4.7.2　安全责任模型

云计算是一种共享技术模式，涉及诸多角色，而安全是一项系统工程，需要明确责任分工，辅以恰当的技术手段并配合日常的管理措施才能达到设定的安全目标。并不是说企业上云以后，所有的安全责任都由服务提供商承担。根据服务模式的不同，租户也应当承当相关的安全责任。双方都应该明确自己的职责，共同搭建安全可靠的业务环境/业务应用，避免产生安全短板。本小节主要阐述云平台中各方角色应承担的安全责任。

安全职责将涵盖所有的相关角色且职责由不同的角色分担。这通常被称为共享责任模型，它是围绕云计算特定功能和产品从而建立起来的云提供商和云消费者的服务模型和部署模型的责任矩阵。

从宏观上讲，安全职责是与角色对架构堆栈的控制程度相对应的，具体如下。

SaaS：云消费者只能访问和管理其使用的应用程序，无法更改应用程序，而云计算服务提供商承担几乎所有的安全职责。例如，SaaS 的云计算服务提供商负责应用的安全，提供日志、监控、审计功能，而消费者可能只能够管理授权和权利。

PaaS：云消费者负责他们在平台上所部署的应用，包括应用相关的所有安全配置，云计算服务提供商负责平台的安全。在 PaaS 模式下，云消费者和云计算服务提供商的职责几乎是均等的。例如，提供一个数据库作为服务时，云计算服务提供商需要负责基本的数据库安全、修复和核心配置，而云消费者则对其他方面负责，包括数据库要使用的高级安全功能、账户管理，甚至是身份验证的原则。

IaaS：云计算服务提供商负责底层基础设施基本的安全，而云消费者负责建立在该基础设施上的其他所有的安全，IaaS 模式下的消费者比 PaaS 和 SaaS 模式下的消费者需要承担更多的责任。例如，IaaS 模式下的云计算服务提供商可能只需要监视他们的网络边界所受到的攻击，而云消费者通过服务提供商提供的工具要全权负责如何定义和实现各项虚拟网络安全。

1．服务提供商的安全责任

服务提供商的安全责任在于保障 IaaS、PaaS 和 SaaS 的各项云服务，以及涵盖云数据中心的物理环境设施和运行其上的基础服务、平台服务、应用服务等的安全。这不但包括保障云基础设施和各项云服务技术的安全功能和性能本身，也包括运维运营安全，以及更广义的安全合规遵从。

云计算服务提供商应负责所提供的云服务的运维运营安全，例如，对安全事件实现快速发现、快速隔离、快速响应，确保云服务的快速恢复。同时采用适合云服务的漏洞管理机制，对云服务安全漏洞及时应急响应，保证适合 CSP 运维周期的快速发布和不影响租户服务的持续部署，包括不断优化云产品默认安全配置、补丁装载前置于研发阶段和灵活简化安全补丁部署周期等措施。另外，服务提供商的安全责任还表现在开发有强大市场竞争力的、为租户业务增值的云安全服务。

服务提供商应将其基础设施的安全与隐私保护视为运维安全的重中之重。重点负责其作为 CSP 的基础设施和 IaaS、PaaS 和 SaaS 的各项云服务的安全保障。基础设施主要包括支撑云服务的物理环境、软硬件设备，以及运营各项云服务（包括计算、存储、网络、数据库、平台、应用、身份管理和高级安全服务等）的系统设施。例如，CSP 也应当负责集成了第三方安全技术或服务的设施的安全运维。

云计算服务提供商对租户数据提供机密性、完整性、可用性、持久性、认证、授权等方面数据的全面保护功能，并对相关功能的安全性负责。但是，云平台只是租户数据的托管者，租户对其数据拥有所有权和控制权。云平台绝不允许运维运营人员在未经授权的情况下访问租户数据。例如，根据客户的要求并经安全部门高层主管授权后，运维运营人员可以在为客户提供技术支持和故障排除服务所必需的范围内访问租户数据。

云计算服务提供商应关注内外部合规要求的变化，遵从云服务所必需的安全法律法规，开展所服务行业的安全标准评估，并且向租户分享合规实践，保持应有的透明度。

此外，如果云计算服务提供商本身是云技术的研发者，还需要保持从研发到运营的整个流程的云安全质量基线。

2．租户安全责任

云租户的安全责任在于对 IaaS、PaaS 和 SaaS 的各项云服务内部的安全以及租户定制配置进行安全有效的管理，包括但不限于虚拟网络、虚拟主机和访客虚拟机等操作系统、vFW、API 网关和高级安全服务、各项云服务、租户数据，以及身份账号和密钥管理等方面的安全配置。

租户所使用的各项服务最终决定租户的安全责任细节，具体到租户负责执行什么默认和定制的安全配置。对于各项云服务，服务提供商只提供租户执行特定安全任务所需的所有资源、功能和性能，而租户需负责各项租户可控资源的安全配置工作。

租户负责其虚拟网络的防火墙、网关和高级安全服务等的策略配置，租户空间的虚拟网络、虚拟主机和访客虚拟机等云服务所必需的安全配置和管理任务（包括更新和安全补丁），容器安全管理，大数据分析等平台服务的租户配置，以及其他各项租户租用的云服务内部的安全配置等。租户也负责对其自行部署在云平台的任何应用程序软件或实用程序进行安全管理。

在配置云服务时，租户负责各项安全配置在部署到生产环境前做好充分测试，以免对其应用和业务造成负面影响。对大多数云服务的安全性而言，租户只需配置账户对资源的逻辑访问控制并妥当保管账户凭证。少数云服务则需要执行其他任务，才能达到应有的安全性，例如，在使用数据库服务时，在云平台执行数据库整体安全配置的同时，租户还需设置用户账户和访问控制规则。各项监控管理服务和高级安全服务具有较多的安全配置选项，租户可寻求云计算服务提供商的技术支持，以确保安全性。

无论使用哪一项云服务，租户始终是其数据的所有者和控制者，负责各项具体的数据安全配置，对数据的保密性、完整性、可用性以及数据访问的身份验证和鉴权进行有效保障。对于数据安全的重中之重，即在使用身份认证、访问管理服务和密钥管理服务时，租户负责妥善保管其自行配置的服务登录账户、密码和密钥，并负责执行密码和密钥设定、更新和重设规则。租户负责设置个人账户和多因子验证，规范安全传输协议与云资源通信的使用，并且设置用户活动日志记录用于监测和审计。

租户负责保证其自行部署于云上、不属于云提供的各项应用和服务遵守所必需的安全法律法规，并自行开展所服务行业的安全标准评估。

4.7.3 安全架构设计

云平台安全架构的设计应从分层、纵深防御思想出发，首先应遵照国家等级保护的合规性要求；其次，建立一套完善的安全管理组织架构和管理制度；再次，结合物理安全、网络安全、主机安全、虚拟化安全、数据安全、应用安全和统一云安全管理等多个维度来进行云平台安全架构的设计。具体的云安全技术架构如图 4-22 所示。

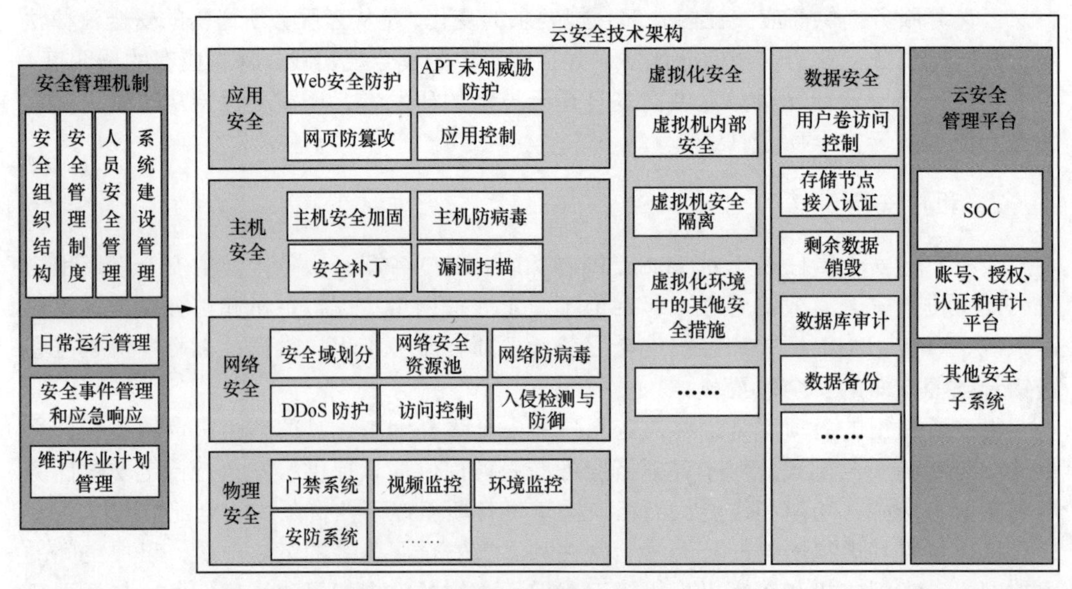

注：APT 即 Advanced Persistent Threat，高级持续性威胁；SOC 即 Security Operations Center，安全营运中心。

图 4-22 云安全技术架构

首先，云计算服务提供商应建立完善的安全管理组织和体制，包括设置全面而有效的安全人员和组织结构；建立包含安全管理制度、人员安全管理、系统建设管理、日常运行管理、安全事件管理和应急响应、维护作业计划管理等安全技术规范以及操作响应流程的一套安全管理策略体系。人员管理和制度管理的建立是保障系统安全可靠的根本前提。安全技术和安全防御系统的建立是为了帮助组织架构更高效、更智能、更有效地执行安全防护措施。

云平台安全技术架构各层面主要完成以下功能。

物理安全：即物理设施安全，重点保证数据中心环境、物理访问控制、设施层面的安全；安全措施包括门禁系统、视频监控、环境监控、安防系统等。

网络安全：重点实现对网络系统中的系统和通信数据进行保护，不因偶然的或者恶意的原因而遭受破坏、更改、泄露，网络服务不中断、系统连续可靠正常地运行。安全措施和手段包括建立云安全资源池中的防火墙、IPS/IDS、WAF 设备、Anti-DDoS 攻击系统、安全接入 VPN 等。随着 NFV 技术和模式的推行，以上安全网元的功能将越来越多地以软件的形式部署在虚拟机中。

主机安全：重点实现对资源池中的虚拟机、操作系统、中间件和数据库的安全防护，保障用户虚拟机、操作系统、中间件和数据库不受数据中心内外网络的病毒感染威胁、黑客入侵威胁、安全漏洞威胁，使得业务得以长期、稳定的运行。主要安全措施和手段包括主机安全加固、病毒查杀、安全补丁等。

虚拟化安全：重点实现同一物理机上不同虚拟机之间的资源隔离，避免虚拟机之间的数据被窃取或遭受恶意攻击，保证虚拟机的资源使用不受周边虚拟机的影响。终端用户使用虚拟机时，仅能访问属于自己的虚拟机的资源（如硬件、软件和数据），不能访问其他虚拟机的资源，保证虚拟机隔离安全。

数据安全：数据是企业的核心资产。通过数据传输加密、数据存储加密、数据备份、数据库审计、剩余信息销毁等技术，实现对数据的安全防护，避免发生数据泄密、丢失、篡改等行为，并可以在数据异常操作发生后通过对安全事件的追溯找到原因，从根本上保障数据安全。

应用安全：重点实现对基于 HTTP/HTTPS/FTP 的蠕虫攻击、木马后门、间谍软件、灰色软件、网络钓鱼等基本攻击行为，以及对 SQL 注入攻击、跨站脚本（Cross Site Scripting，XSS）攻击等 Web 攻击的应用防护，主要技术措施为在资源池中部署 Web 应用网关设备。此外，还要实现对于数据中心的关键应用，如电子邮件、Web 应用、门户网站等的安全防护，保障用户的应用数据能够不受破坏、更改、丢失和泄漏，主要技术手段包括部署网页防篡改、应用控制、APT 威胁防护等。

云安全管理平台：对云数据中心实现集中的安全管理服务，一般由 SOC，账号、授权、认证和审计（Account，Authorization，Authentication，Audit，4A）集中管理系统及相关安全子系统构成，相关安全子系统包括安全评估子系统、Web 网站监测子系统、Web 页面防篡改子系统、数据库审计子系统、流量监控分析子系统、防病毒管理系统等。

4.7.3.1 物理安全设计

云资源池的物理安全设计即为物理基础设施进行安全设计，主要是通过对云数据中心安装门禁系统，严格控制人员的进出，无合法授权的人员则不能进入。部署视频监控设备及环境监控系统，实现实时监控和告警，并方便事后审计，实现云资源池的安全管理。部署防盗报警系统和监控报警系统，防止无关人员和不法分子非法接近网络并使用网络中的主机盗取信息、破坏网络和主机系统、破坏网络中的数据的完整性和可用性。此外，还包括以下这些方面的安全内容：防盗窃、防破坏、防雷击、防火、防水、防潮、防静电、湿度控制、电力保障电磁防护。

考虑到本书主要阐述云计算基础设施相关内容，不涉及物理机房环境，此处不对物理安全展开深入讨论。

4.7.3.2 网络安全设计

网络安全防护设计主要包括以下手段：安全域划分、构建网络安全资源池、入侵检测与防御、网络防病毒、访问控制、DDoS 防护、网络安全设备配置等。可以通过部署防火墙、WAF 设备、IPS/IDS 设备、负载均衡交换机等网络安全设备实现，也越来越多地采用 NFV 方式将功能软件部署在虚拟机上进行功能提供。

1. 安全域划分

安全域是一个逻辑范围或区域。同一个安全域中的信息资产具有相同或相近的安全属性，如安全级别、所面临的安全威胁、安全弱点、风险等。同一安全域内的系统有相同的安全保护需求，相互信任，并具有相同的安全访问控制和边界控制策略的子网或网络，相同的网络安全域共享相同的安全策略。安全域级别定义与划分是各类安全控制设计和部署的基础。

（1）安全域划分原则

技术划分原则：在技术层面上对云计算环境进行安全域划分。

业务保障优先原则：结合云内部各系统的状况，建立持续保障机制，在保证业务正常运行的前提下，保护相关网络及系统的安全，优先保障云上承载业务的正常持续运行。

结构简化原则：明确防护需求，分析和修正系统的风险、安全需求，把复杂而巨大的系统分解为简单而结构化的小区域，以便于防护和管理。安全域数量过少会导致安全防御能力不足，但如果安全域数量过多、过杂，则会导致安全域的管理过于复杂和困难。因此，安全域划分应适度、合理，而并非粒度越细越好。

等级保护原则：属于同一安全域内的系统应互相信任，即保护需求相同，要做到每个安全域的信息资产价值相近，具有相同或相近的安全等级、安全环境、安全策略等。

全生命周期原则：考虑到由于需求、环境不断变化带来的影响，安全域的划分还需要考虑在网络及系统的需求设计、建设、运行维护等各个阶段进行审查和修正，以保障安全域划分的有效性。

（2）安全域划分方法

云平台中应采用合理的安全域划分，将网络功能分区划分到不同的安全域内，采用各项网络安全基础设施，包含防火墙、入侵防御、防病毒、VPN 等，实现所划分安全域间的隔离和访问控制。

云平台的安全域可以整体划分为网络域和业务域。

网络域可按照网络分区分为核心网络交换区域、互联网出口区域、专线接入区域等。

业务域承载了云资源池中各内部应用系统，可以根据安全域中数据的分类划分为交互网络域、计算域、存储域、服务域、维护域等几个安全子域（如图 4-23 所示）。

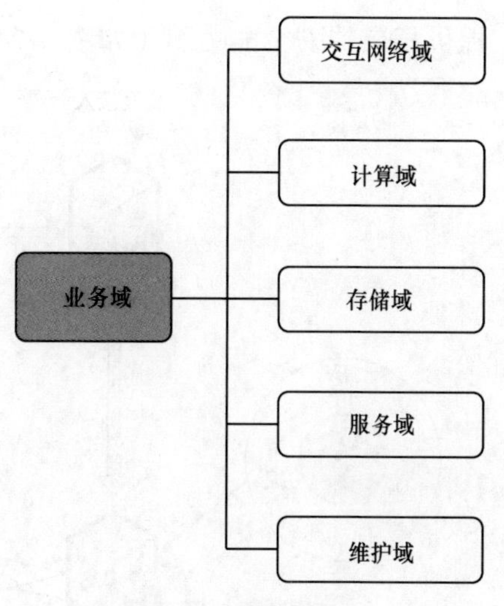

图 4-23　安全域划分

交互网络域：交互网络域是由连接具有相同安全等级的计算域、维护域和服务域的网络设备和网络拓扑组成的，通常包括交换机、防火墙、入侵防护、入侵检测等设备，通常也是安全子域与承载网的统一接口区域。

计算域：计算域是指在安全域范围内负责存储、传输、处理业务数据的计算机（主机/服务器）或集群组成的区域，例如应用服务器、数据库服务器等。

存储域：存储域指在安全域范围内由各存储设备组成的区域，例如磁盘阵列等。

服务域：服务域是由提供业务功能、实现业务运营的基础组件及提供安全服务管理控制的服务组件组成，通常分为对外服务区和对内服务区。对外服务区，是指为安全域提供统一对外服务的网络设备和服务器组成的区域，例如对外提供服务的 Web 服务器等；对内服务区，是为安全域提供安全认证、事件管理、策略管理、补丁管理等统一服务的区域，例如各种接口机、补丁服务器、病毒服务器等。

维护域：维护域是由能访问同类数据的维护终端或进行业务维护、业务处理的维护终端组成。维护域可根据维护终端所处物理位置的不同，分为本地维护区和远程维护区；也可根据维护用户主体和对象的不同进行区分，例如云管理平台、网络管理设施、维护终端等。

安全域划分后，安全域之间的信息流控制应该遵循如下原则：首先，所有跨安全域的数据访问必须在已定义的边界控制组件的控制下进行；其次，在边界控制组件中，除了明确被允许的流量，其他所有流量的通行都将被阻止；再者，边界控制组件发生故障时，也不允许跨越安全域的非授权访问；最后，严格防御和监控所有来自互联网的流量，每个连接都必须在被授权和审计的状态下进行。

2. 构建网络安全资源池

在云化环境中，应通过构建安全能力资源池统一为所承载的应用提供全面的网络与信息安全服务。统一、集中的安全能力资源池可采用安全虚拟化、SDN/NFV 等技术构建，安全能力资源池应具备灵活的弹性扩展能力，提升云环境下的安全协同和调度能力，实现联动分析和处理，从而确保云中各应用的安全运行。

安全能力资源池具备包括防火墙、网络病毒防护、IDS/IPS、Anti-DDoS、Web 应用安全防护等安全防护功能。安全能力资源池为整个云平台提供全面的网络安全隔离、安全攻击监测防护，并且可为承载的各种应用按需提供安全防护服务。不同的应用所需要的安全防护能力是不同的，安全能力资源池可以在统一管理策略下按照应用需求提供相应的安全能力组（如图 4-24 所示）。

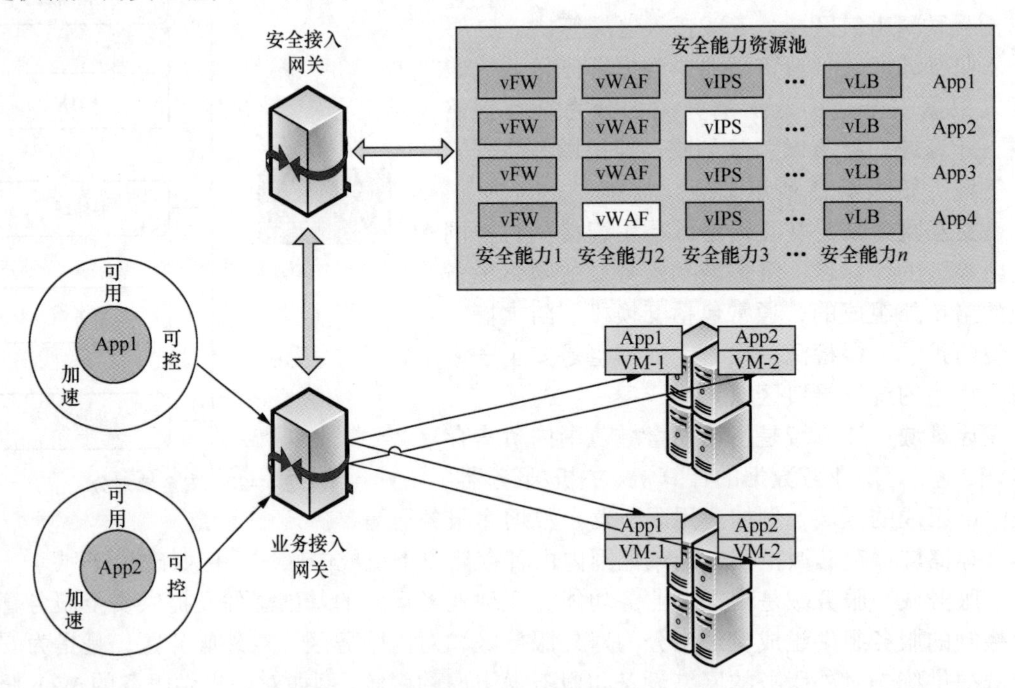

图 4-24　安全资源池针对业务进行安全防护

安全资源池部署如图 4-25 所示。

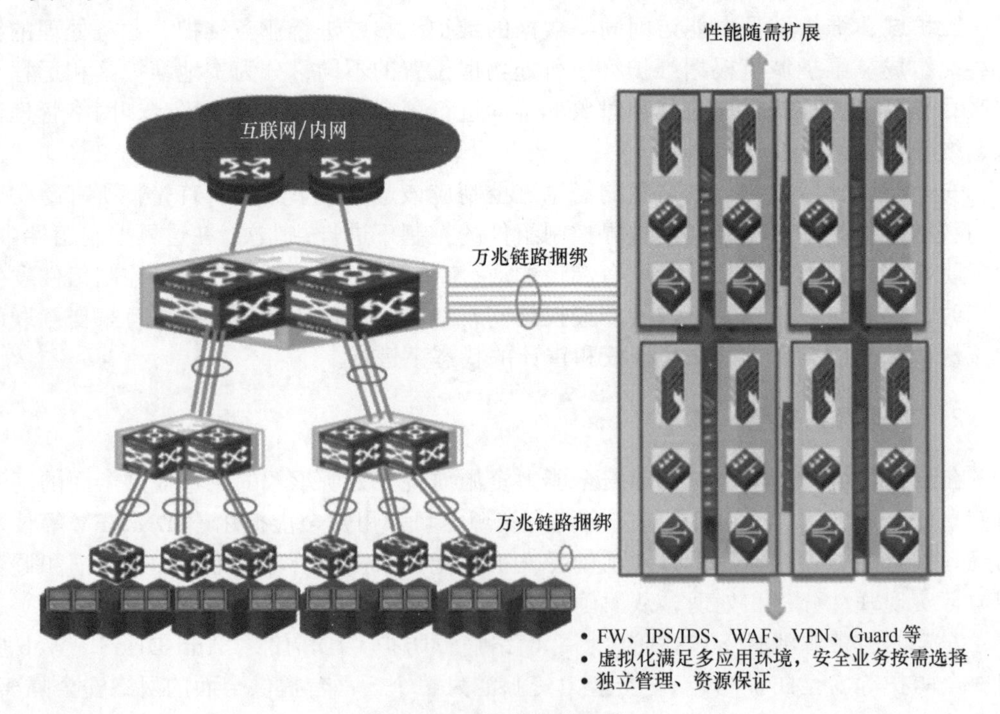

图 4-25　安全资源池部署

核心层通常由两台核心安全交换网关构建，负责整个资源池上各应用平台业务数据的高速交换。核心安全交换网关上部署防火墙、IDS/IPS 等功能设备（可以是外置设备或者网关上插卡方式），实现资源池各业务的安全防护与应用交付，并建立安全网络资源池，满足资源池纵向各业务平台安全域、网络边界、不同等级防护要求及横向各区域安全防护需求。

两台核心安全交换网关可采用虚拟化技术，简化路由协议运行状态与运维管理，同时在设备及链路出现故障后能快速切换，避免网络震荡，保证高可靠及横向互访大带宽。

在访问控制和网络隔离方面，防火墙与业务交换网关直接建立三层连接，也可以与上游或下游设备建立三层连接，不同连接方式取决于应用平台的访问策略。可以通过静态路由和缺省路由实现三层互通，也可以通过动态路由协议提供动态的路由机制。安全控制策略可根据业务平台访问控制要求进行配置。

在核心安全交换网关上可旁挂或串接部署 IPS/IDS 功能设备，提供对用户端、服务器以及四层至七层网络型攻击的防护，如病毒、蠕虫与木马程序以及各种应用层攻击等。在实际的部署中，IPS/IDS 功能的部署方式采用按需分配，用于防护外部应用层的攻击，并保证高可靠性。同时，可以根据不同应用的实际需求，决定哪些业务流需要开启 IPS/IDS 进行在线安全防护，对于不需要进行在线安全防护的流量则直接从核心安全交换网关进行转发，降低对 IPS/IDS 性能的负担。WAF 功能的工作方式与 IPS/IDS 类似。

（1）安全资源池设计方案

安全资源池应采用虚拟化技术建设，同时兼顾传统的安全设备及技术，符合将来技术发展的趋势，综合利用 SDN/NFV+VxLAN 等相关技术构建，实现各种安全功能、性能的弹性扩展。

安全资源池由支持虚拟化技术的核心安全交换设备构建，满足性能、功能要求，核心安全交换设备应支持 VxLAN。根据业务需要，可将整网的网关设置在核心安全网络交换设备上，用核心网关来固定和牵引应用的流量通过安全设备。

根据云内应用的安全需求，在核心安全网络区配置应用防火墙、IPS/IDS、WAF、VPN、负载均衡（Load Balance，LB）等设备。这些设备可以旁挂于核心交换机两侧，也可以串接在核心网络当中，针对“南北”向流量，进行专业的四层至七层的安全策略防护，满足资源池内各种应用平台的安全防护需求。

根据不同业务平台、不同安全区域边界防护的需要，将各个安全功能设备进行虚拟化，建立智能安全网络资源池。每个虚拟化功能（如 vFW、虚拟 IPS/IDS、WAF、vLB 等）对应一个业务系统，进行有针对性的安全策略部署。

对于资源池内“东西”向流量的访问控制、网络隔离，可以采用虚拟化层面的虚拟防火墙技术进行控制，也可通过 SDN+VxLAN 技术基于安全业务链按需提供安全服务。

（2）基于 SDN 的安全业务链实现方案

使用 SDN 控制器，可以按照租户下发业务，保证各租户之间的隔离性，同时还提供外部网络访问的安全控制，以及内部网络互访的安全控制和流量控制。SDN 架构的这些安全机制，保证了云内部网络的隔离和基本访问安全。

外部网络的访问控制：SDN 控制器使用 NAT 或弹性 IP 向租户网络提供对外部

网络的访问功能，使得所有对外网访问的流量都会经过 vFW，用户在 SDN 控制器上对 NAT 或弹性 IP 配置的安全策略，最后都会下发到 vFW 上来具体执行安全策略控制。

内部网络的访问控制：租户内部的虚拟机之间的网络访问。内部网络的访问控制是通过安全组功能来实现的。安全组功能可以部署在虚拟交换机上，也可以部署在物理交换机上，同时也支持子网之间的流量经 vFW 来做安全策略控制。

同时，基于不同的组网和硬件配置，SDN 控制器可以支持多种粒度的 QoS 控制，如基于虚拟机端口的 QoS、基于子网的 QoS、基于租户的 QoS。用户可以通过灵活配置来实现相应的流量控制。

由于当前传统的硬件安全设备大多数尚不支持 VxLAN 技术，因而可以通过在传统安全设备（FW、IPS/IDS、WAF、LB 等）边缘引入支持 VxLAN 的两台交换机作为安全资源池的核心交换设备，同时可作为 VxLAN 代理设备，通过配置实现传统安全设备的 VLAN 到 VxLAN 的映射转换。

通过 SDN 中的流量引流，再通过资源编排与业务链确定安全域内的安全策略和需求，进而按需分别访问不同的安全系统。

3. 入侵检测与防御

在弹性资源池中一般通过部署专业入侵防御产品 IPS/IDS 设备或在高性能防火墙上开启入侵防御功能来解决以下问题：针对 HTTP、FTP、DNS、邮件等服务器的各种攻击，包括缓冲区溢出、系统或服务漏洞攻击、暴力破解等；Web 应用相关攻击，包括注入攻击、跨站脚本、目录穿越等攻击；防护蠕虫、木马、间谍软件、广告软件、僵尸网络等恶意软件，从而实现防护—检测—响应一体化的解决方案。

（1）漏洞快速防御

随着信息技术的发展，新型的攻击层出不穷，威胁日新月异。当新的漏洞被发现时，IPS 产品用来防御针对该漏洞的已知的和未知的攻击，实现防御。

IPS设备对这些威胁进行分析和验证，生成保护各种软件系统（操作系统、应用程序、数据库）漏洞的签名库。在此基础上，在最短时间内发布最新的签名，并遵从国际权威组织公共漏洞披露（Common Vulnerabilites and Exposures，CVE）的兼容性认证要求，及时升级检测引擎和签名库，及时防御已知威胁攻击。

（2）环境感知

传统 IPS 设备就像是一个黑盒子，可 24 小时持续不断地记录攻击事件。记录下的数量庞大的事件日志需要花费大量的人力和时间去分析，该过程中，管理人员很难进行有效的风险管理。任何环境的变化，包括系统、应用的变化等，如果不进行人工调整，策略都会保持不变。这样的结果是系统会产生大量的误报或者无须关注的告警日志。

近年来，IPS 设备逐步提升对环境的感知能力，能知晓所保护的网络的各种应用、漏洞等，并通过静态风险展示出来，让管理人员知晓环境中的可能潜在的风险并进行相关的预防工作。此外，通过流量应用感知能力，设备能知晓环境中的各种网络应用，结合各种应用可能被利用的潜在风险，识别环境的动态风险并展示出来，让管理人员能清楚知晓流量的变化及各种潜在风险并做出预防措施。

更重要的是，IPS/IDS 设备能基于环境感知，通过敏捷的引擎，识别环境的动态变化以及这些变化带来的威胁和风险，自动判断威胁的相关性与严重性，再根据这些信息，自动提供调整策略的建议或者自动进行调整，使得在系统始终处于一个最佳的防御状态。

环境的变化可能是由于客户环境的操作系统、应用程序出现了更新、搬迁，也有可能是 IPS 本身的签名进行了更新。不管是哪种，IPS/IDS 设备都可以自动地感知这些变化并动态地自适应环境。

（3）信誉体系

现今的安全态势表明，从攻击开始到完成控制主机再到最初的数据泄露的耗时越来越短，往往在数小时即可完成，甚至有些攻击会是分钟级或是秒级。这么短的时间不太可能完全依赖于人工响应的方式，必须有一种自动化的方法来控制威胁的发展，直接阻截相关流量，防止重大危害的发生。

IPS/IDS 设备应支持本地和云端的信誉系统，利用自身或者第三方提炼出恶意软件信息、动态域名信息、命令控制服务器地址信息，进行整合形成各种类别的信誉库。IPS/IDS 设备利用云端信誉库可以得到更完整的信誉信息来进行自动化的快速攻击防御。

（4）加密流量防御

为保护数据传输安全，越来越多的网站或企业采用 SSL 方式对流量进行加密传输。由于 SSL 流量是加密传输的，对其进行威胁检测的难度较大，加上针对 SSL 流量的攻击行为也越来越多，安全的盲区也越来越多。

因此，云环境下的 IPS/IDS 设备应能够支持对 SSL 加密流量的解密和检测的能力，应支持对 SSL 流量进行解密，当 HTTPS 请求报文匹配解密策略时，IPS/IDS 设备作为 SSL 代理首先对客户端（或服务器）发来的 HTTPS 流量解密，再对解密的流量完成威胁检测，然后重新加密发送给服务器（或客户端），最后通过检测解密后的流量，实现对加密流量的威胁识别和拦截。

4．网络防病毒

根据国际计算机安全协会（International Computer Security Association，ICSA）的统计报告，磁盘传播的病毒仅仅占 1%，93%来自 E-mail，2%来自互联网下载，另有 4%来自其他途径。随着全球经济运行对互联网的依赖，企业也需要应对越来越多的病毒和黑客的入侵，网络病毒防护机制也被越来越多的企业所接受和采纳，以对网络实行更为有效的多重防护。

首先，传统的终端杀毒软件不能在第一时间内查杀病毒。当病毒成功入侵企业网络后，扩散性和变异性使客户查杀变得十分被动，难以实现全面有效的查杀。

其次，传统的终端查杀软件并不能有效地抵御类似于 SQL Slammer 的新型蠕虫的攻击。如果企业服务器站上的终端查杀软件未及时更新或已被禁用，那么病毒仍然有机会感染企业服务器或和服务器相关的终端设备。

再者，因为互联网的开放性，网络攻击非常普遍地发生。基于网络层的攻击频繁发生的原因包括攻击手段的变化多样、攻击工具更容易获取、僵尸网络 DDoS 攻击层出不穷等。针对网络层的攻击也是传统的终端杀毒软件较难应对的。攻击者通过网络威胁攻击占用数据带宽，导致网络带宽拥挤，使正常业务受到影响，或通过对服务器的扫描，探测服务器自身存在的漏洞，为下一步的入侵做准备。

为抵御网络病毒攻击，可以在安全资源池中部署专业的防病毒网关，也可以通过在 IPS/IDS 设备上开启防病毒功能，引入专业的文件级防病毒引擎，集成多重检测扫描技术，从网络层到应用层进行全面扫描、隔离和查杀，快而准地除去各种加壳、压缩、加密病毒，以及木马、蠕虫、恶意软件等网络威胁。专业的防病毒网关设备具备高性能的病毒检测能力，可以摒弃传统防病毒设备通常会有的网络性能瓶颈问题，在业务效率与安全之间达到平衡，主要包括以下功能。

① 对网络层到应用层进行全面扫描、隔离和查杀，快速、准确地排除各种加壳、压缩、加密病毒，以及木马、蠕虫、恶意软件等带来的网络威胁；实现高性能的病毒检测能力，在业务效率与安全之间达到较好的平衡，有效避免传统防病毒设备带来的网络性能瓶颈问题；

② 能够对 HTTP、POP3 及 SMTP 传输的数据进行病毒扫描，当用户通过网页请求数据下载时，若防病毒网关检测到下载文件中存在病毒数据，将立刻向用户推送病毒告警提醒页面；若检测到邮件附件里存在病毒文件，将对附件进行隔离或者删除操作，并立即在邮件明显位置打上标签告知用户；

③ 支持扫描压缩类型文件的病毒，可以对多重压缩文件的病毒实施扫描，且用户可对扫描的压缩层数进行设置。但有些病毒为了逃避检测会应用各种加壳工具对病毒程序进行加壳，以躲避病毒扫描，防病毒网关支持对病毒文件进行脱壳操作。

5. 访问控制

一般对平台边界的访问控制，都是通过部署硬件防火墙和 Anti-DDoS 设备来防护大流量的攻击，减少云安全资源池的压力，并对出口的规则做双重限制，部署链路负载，用于多线路的同时接入。

而在安全架构内，资源池可提供多套 vFW，实现对云平台内部的安全域划分和不同业务系统的访问控制，提供网络层的访问控制措施。

防火墙的 ACL 提供了细粒度的访问控制功能，实现粒度包括有源 IP、目的 IP、源端口、源区域、目的区域、用户及用户组、应用类型、服务类型、时间组等的细化控制。防火墙的 ACL 还能够识别多种应用类型，支持 IPv4 及 IPv6 NAT，支持源地址转换、目的地址转换和双向地址转换，支持针对源 IP 或者目的 IP 的连接数控制，支持基于应用类型、网站类型、文件类型进行带宽分配和流量控制。此外，防火墙的 ACL 可以应用于防火墙端口的进出流量，也可以应用于不同的域间流量。因此，网络层面通过防火墙可实现较为细粒度的用户安全访问控制。

对于云平台，防火墙需要满足对网络环境中安全域的隔离，也需要实现对虚拟化环境中各安全域的隔离，包括生产域及其子区、服务域及其子区、管理域及其子区、DMZ 及其子区等。一般可采用传统防火墙通过传统部署方式来满足传统网络环境中的安全域隔离需求，而对于虚拟化环境中的安全域，则更多地采用虚拟化防火墙的方式来实现。以虚拟化平台为例，虚拟化防火墙的部署方式如图 4-26 所示。

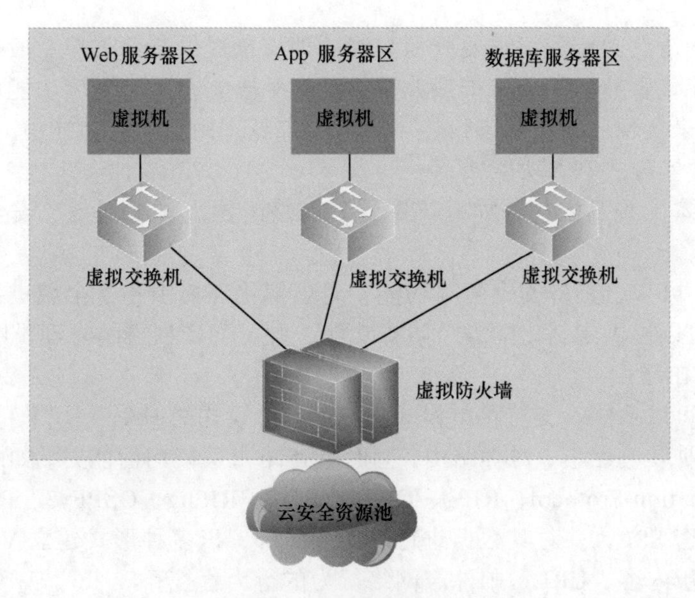

图 4-26　虚拟化防火墙部署

6. DDoS 防护

DDoS 防护流程如图 4-27 所示，DDoS 应提供多种防护攻击方式，包括基于数据包的 DDoS 攻击、基于 IP 报文的 DDoS 攻击、基于 TCP 报文的 DDoS 攻击、基于 HTTP 的 DDoS 攻击等，实现对网络层、应用层等各类服务攻击的防护，实现二层至七层的异常流量清洗。

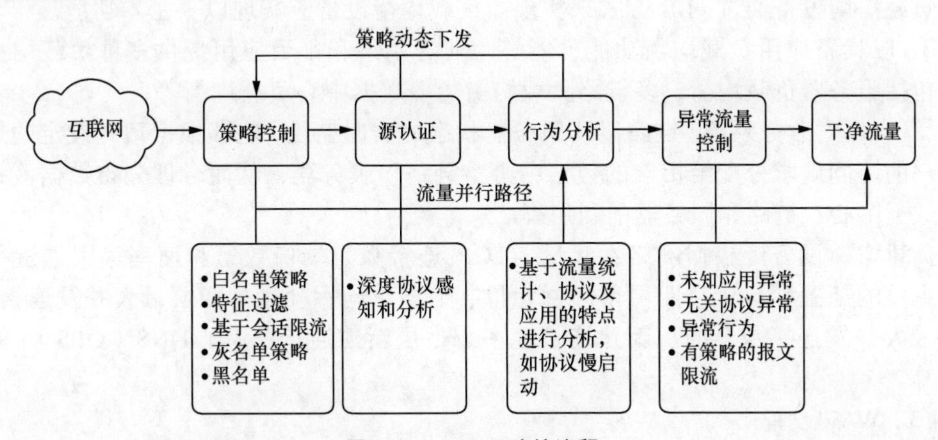

图 4-27　DDoS 防护流程

7. 常见网络安全设备配置

（1）防火墙

随着云上业务越来越多、租户 IT 应用的不断增加以及来自外部访问的增多，边界安全依旧是最重要的安全问题之一。访问流量包括虚拟网络内部的东西向访问流量和来自外部网络的南北向流量，需要分别为这两种流量提供安全防护手段。防火墙依旧是网络中进行流量管控和安全防护最典型的设施手段之一。防火墙功能可以通过硬件防火墙或 vFW 来实现。云化基础设施中将有越来越多的防火墙功能由 vFW 方式来实现。防火墙需要实现的基本功能如下。

① 支持基本配置及维护，如系统配置、网络配置、对象配置、安全配置、日常维护；

② 可开启 vFW，具备安全隔离功能，对虚拟化环境中各安全域进行隔离，每一个虚拟系统都可以提供定制化的安全防护功能，并可配备独立的管理员账号；

③ 需支持 IPv6；

④ 具备高可用功能，支持路由模式的 HA 和桥模式的 HA；

⑤ 支持多种动态路由、对称路由，同时具备路由负载均衡能力，如路由信息协议（Routing Information Protocol，RIP）、OSPF、BGP、RIPng、OSPFv3、BGP4+；

⑥ 支持解密 SSL，并对其数据进行应用层防护，以多种形式建立 VPN 隧道；

⑦ 支持基于内容、URL、邮件、网络行为的行为管控；

⑧ 具备全方位风险信息展示及分析功能，着重突出失陷主机、威胁事件、重点关注对象。

防火墙设备应根据网络吞吐量、TCP 连接数、端口数量和速率等因素进行配置，主要的配置参数包括整机三层及应用层吞吐量、最大 TCP 并发连接数、TCP 新建连接速率、业务接口等。

（2）负载均衡设备

负载均衡功能可以采用硬件负载均衡或 vLB 来实现。云化基础设施中将有越来越多的负载均衡设备通过 vLB 方式来实现。负载均衡设备应实现以下基本功能。

① 应具备应用负载均衡功能，能够为业务系统和平台应用提供多种负载均衡功能，包括服务器负载均衡、多链路负载均衡、多数据中心负载均衡等；

② 实现对业务系统、链路以及服务器状态的实时监控，能够根据预先设定的规则将用户的访问请求分配给相应的数据中心、链路和服务器，从而合理分布数据流，提高各数据中心、链路和服务器的利用率。

负载均衡设备应根据网络吞吐量、TCP 连接数、端口数量和速率等因素进行配置，主要的配置参数包括四层单向吞吐量、七层单向吞吐量、四层最大并发连接数、七层最大并发连接数、四层新建连接速率、七层新建连接速率、DNS（QPS）、业务接口等。

（3）WAF 设备

WAF 设备，即 Web 应用防火墙，部署在应用层，通过执行一系列针对 HTTP/HTTPS 的安全策略来为 Web 应用提供保护。WAF 设备对来自 Web 应用程序客户端的各类请求进行内容检测和验证，对非法的请求予以实时阻断，确保应用请求和连接的安全和合法，有效防护各类网站站点。WAF 设备的功能要求如下。

① 对网站及 Web 应用系统的应用层提供专业安全防护，缓解网站及 Web 应用系统面临如 OWASP Top10 中定义的常见威胁；

② 快速地应对恶意攻击者对 Web 业务的攻击；

③ 对黑客入侵行为、SQL 注入应用攻击、跨站脚本 Web 应用攻击、DDoS 攻击等进行有效检测、阻断及防护；支持的防护类型包括 HTTP 合规性检测、Web 特征防护、爬虫防护、防盗链、防跨站请求伪造、文件上传下载防护、敏感信息检测；

④ 提供网页防篡改功能，可集中管理控制各网页防篡改点，并提供监控、同步、发布功能；

⑤ 具备日志审计功能，提供管理员行为日志，包括时间、事件、操作对象、行为、IP 地址等详尽信息，方便区分是正常更新过程还是篡改攻击行为；支持保护日志查询审计功能。

WAF 设备应根据整机应用层的吞吐量、最大 TCP 并发连接数（条）、TCP 新建连接速率（条/秒）、端口数量和速率等因素进行配置。

（4）入侵防御/检测设备

入侵防御系统即 IPS 设备，一般部署于防火墙和外来网络出口设备之间，依靠对数据包的检测进行防御。入侵检测系统即 IDS 设备，采用的是积极主动的安全防护技术，负责实时监控网络传输的进行。当发现可疑或危险网络传输时，设备将发出警报，进而采取主动反应措施。IPS/IDS 设备的功能要求如下。

① 支持针对系统、应用漏洞的入侵防御规则；

② 对已知的漏洞进行虚拟修补，在虚拟机系统及应用不进行安全补丁升级的情况下，防御针对漏洞的攻击；

③ 对 SQL 注入攻击、跨站脚本攻击及其他的利用 Web 应用程序漏洞的攻击的防护；

④ 系统自动侦测虚拟机系统的内容，动态地调整用于检测的入侵检测的规则库，提高检测的效率；

⑤ 具备自动更新功能，及时防御针对最新漏洞的攻击。

IPS/IDS 设备应根据应用层单向攻击防护能力、最大 TCP 并发连接数、TCP 新建连接速率、防护路数、端口数量和速率、具备旁路功能等因素进行配置。

（5）安全审计系统

安全审计系统可以通过专用一体化硬件实现，也可以通过软件部署在虚拟机上实现相应功能，应满足以下基本要求。

① 应对网络系统中的网络设备进行运行状况、网络流量、用户行为等的日志记录；

② 审计记录应包括事件发生的日期、事件发生的时间、涉及用户和角色、发生事件的类型、事件发生是否成功等信息；

③ 应支持对记录数据的分析功能，并能按照需求生成相应审计报表；

④ 应支持保护审计记录，避免审计记录受到非法的删除和更改等；

⑤ 审计功能一般应包括网络审计和数据库审计功能模块；

⑥ 应具备日志缓存功能，所有日志应均支持对外导出；

⑦ 支持旁路部署方式，不干扰原有业务网络，网络审计产品的故障不影响被审计系统的正常运行。

另一种常见的安全审计设备为堡垒机，可以是专用设备，也可以通过软件部署在虚拟机上实现相应功能。虚拟堡垒机为虚拟机和网络设备提供安全的访问控制，对用户操作权限进行粒度细分。虚拟堡垒机中预设系统管理员、运维人员、口令管理员、审计管理员等角色为服务器、虚拟机和其他网络设备提供全面的安全访问控制。

虚拟堡垒机一般需具备六大功能，包括账号集中管理、统一管控、单点登录、记录与审计、动态授权、敏感指令复核，具体如下。

① 账号集中管理：管理用户与审计，三权分立。

② 统一管控：管理员可以对用户操作进行统一管控。

③ 单点登录：用户可以通过堡垒机管理系统单点登录到相应的虚拟机与服务器。

④ 记录与审计：通过堡垒机管理系统的访问历史记录回放功能，可随时查看每个用户对所属服务器、虚拟机和网络设备的访问情况。

⑤ 支持动态授权：堡垒机可以将虚拟机与服务器的权限进行细粒度权限划分，不同的角色对应不同的权限。

⑥ 支持敏感指令复核。

配置安全审计设备和虚堡垒机设备时需要考虑的参数一般包括网络吞吐量、授权管理设备数、认证因素要求、业务接口（10Gbit/s 口、Gbit/s 口）等。

4.7.3.3 主机安全设计

云计算环境中使用了大量操作系统（Operating System，OS）、数据库（Database，DB）、Web 应用等通用软件，病毒入侵、漏洞攻击、木马侵袭、拒绝服务等安全威胁时有发生，从而对系统正常运营产生不良影响。云计算环境中基础的安全能力主要通过系统加固、防病毒、安全补丁、防火墙、IPS 设备等安全措施和手段来提供保障。

主机包括资源池中的宿主机服务器、物理裸机服务器、运营管理系统及其他应用系统的主机及集群，其作为信息传递、存储和处理的重要主体，自身安全性涉及虚拟机安全、应用安全、数据安全、网络安全等各个方面。任何一个主机节点的安全出现问题都有可能影响到整个资源池系统的安全。主机安全主要包括对操作系统、数据库、Web 服务器的加固、安全防护、访问控制等方面。

1. 主机安全加固

系统自身漏洞、不安全的系统账号/口令、人员不当配置和操作、服务本身存在的不安全性等都为病毒、黑客、蠕虫、木马的入侵提供了温床，给系统安全带来隐患。为了减少以上不安全因素带来的影响，相应的主机安全配置防护必不可少。根据互联网安全中心（Center for Internet Security，CIS）的调查显示，80%～90%的已知的漏洞都可以通过基本的安全配置来消除，通过额外部署主机安全加固所达到的效果将超过仅使用防病毒软件和安装补丁。

主机安全加固主要是通过部署系统加固产品的方式，对操作系统的安全配置实施检查，并调优和整改存在安全隐患的配置。此外，也可以采用人工加固的方式，对应用服务器及数据库服务器的操作系统进行加固。人工加固对象包括资产管理系统、办公自动化（Office Automation，OA）系统、外网网站、内网网站等。

随着业务系统的增加和新安全漏洞的不断涌现，安全策略需要适时调优，定期或不定期对系统进行安全加固。同时，由于信息系统安全的复杂性和专业性，也可采用安全服务公司提供的专业安全服务定期对网络进行安全漏洞扫描和系统安全加固。

主机安全加固涵盖主机及各虚拟机的操作系统、数据库、中间件等方面的安全加固，具体加固策略可按照相关安全基线配置策略进行，对所有系统进行全面的安全评估，并进行安全加固。

2. 安全补丁

通常来说，软件因自身设计缺陷可能存在很多漏洞，杜绝系统漏洞的有效方式便是定期为系统安装补丁修补这些漏洞，以防止不法分子利用这些漏洞攻击系统。

因此，云资源池中应提供集中的安全补丁管理方案，实现补丁测试、自动补丁安装、回退等机制；并结合虚拟机迁移控制，保证补丁安装期间如需重启服务器不会对业务造成中断。

3. 主机防病毒

对于资源池内的 Windows 与 Linux 服务器（包括物理主机、虚拟机等），应采用企业级病毒防护产品来进行集中管理和监控。

防病毒工作主要面临以下问题。

（1）防护间歇

通过服务器虚拟化技术可让云具备更高的灵活性和负载均衡能力。但由于资源动态调整而随时关闭或开启虚拟机，会导致防护间歇问题的出现，如某台一直处于关闭状态的虚拟机在业务需要时会自动启动，成为后台服务器组的一部分，但这台虚拟机在启动时，其包括防病毒在内的所有安全防护都与其他一直在线运行的服务器相比处于滞后和脱节的状态。

（2）防病毒软件对资源的占用导致防病毒风暴

如果让每台虚拟操作系统都安装传统的防病毒客户端来进行病毒防护，则虽然在防护效果上可以达到安全标准，但在资源占用方面存在一定安全风险。由于每个防病毒客户端都会在同一个物理主机上产生资源消耗，当客户端同时扫描和更新时，资源消耗的问题会愈发明显。

按照传统的方式，每一台虚拟机上都需要安装杀毒软件，这样将会较大地消耗宿主机的存储空间和内存资源。同时，当成百上千台虚拟机在同一时刻进行病毒查杀或者安装病毒库升级时，对整个数据中心的网络资源以及共享存储等都会带来巨大的压力，甚至导致带宽耗尽，共享存储无法正常读写，业务瘫痪等，这就是所谓的“防病毒风暴”。因此，针对云数据中心的主机防病毒系统，一定要极力避免防病毒风暴的发生。

为解决虚拟化环境中防病毒系统带来的资源消耗问题，无代理病毒防护功能应运而生，将有效利用虚拟化层相关的 API 来实现全面的病毒防护。通过底层无代理病毒防护功能来实现针对虚拟系统和虚拟主机之间的全面防护，无须在虚拟主机的操作系统中安装 Agent 程序，即对虚拟主机系统采用无代理方式实现实时的病毒防护，这样无须消耗分配给虚拟主机的计算资源和更多的网络资源，将在最大化利用计算资源的同时提供全面、实时的病毒防护。

传统式部署和无代理安全模式对比如图 4-28 所示。无代理安全模式从宿主机整体考虑出发，以一台物理机为一个管理单位，用户不用在每个虚拟机中都进行安全防护代理程序的部署，而是将安全防护进程集中部署在一台虚拟安全服务器中运行。由虚拟安全服务器分时扫描各应用服务器的虚拟机，集中控制其他所有虚拟机的安全防护。因为虚拟安全服务器机直接部署在虚拟化平台上能够完全明了和控制底层资源的配置和利用情况，分时利用虚拟化环境下对资源的请求，进行统一集中调度和资源复用。这样，无须各虚拟机中并发运行相同的安全防护进程，可避免同时占用底层资源。在虚拟安全服务器的管控下串行运行，可有效均衡负载和资源的利用。

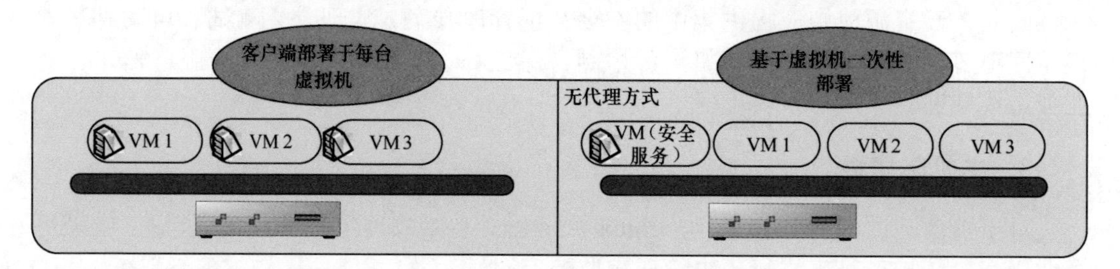

图 4-28 传统式部署和无代理安全模式对比

虚拟安全服务器可采用加固专用系统，实现高级别的安全等级，能够显著提升无代理模式下的整体安全性。用户需要做的是安装和部署安全防护套件，并在线升级和维护好这台虚拟安全服务器，这种方式将大为降低对虚拟环境性能的影响。只要实现这台虚拟安全服务器的安全保障，就能够对其他所有虚拟机提供最新的安全防护。

从这一点看，在虚拟化环境中，集中式的无代理安全防护模式要优于分散式的有代理安全防护模式。无代理安全模式克服了有代理模式下产生的诸多负面效应，与云计算、虚拟化、透明化、资源整合、集中统一管理的理念和技术潮流趋于一致。

无代理模式下主机防病毒系统和虚拟化平台接口直接进行无缝衔接，对于恶意代码的扫描和防护可直接在虚拟化底层实现，实现对虚拟机全生命周期的安全扫描和防护，并实现对关闭的虚拟机的安全扫描和防护。同时，系统可以提供虚拟化层的访问控制，通过安全域的划分，可针对各安全域边界（或主机）提供全面的基于状态检测细粒度的访问控制功能，实现针对虚拟交换机基于端口的访问控制，并实现虚拟系统之间区域的逻辑分隔，同时能够识别和阻拦各种泛洪攻击。

针对虚拟主机的安全防护，全新的防病毒查杀模式和部署模式将是设计的重点。从技术角度看有以下两种模式：第一种是安全虚拟机（SVM）方式，第二种是云环境下优化的 Agent 方式，具体如下。

① SVM 方式

SVM 的解决方案即为上述提及的无代理虚拟化防病毒方案，具体是通过在每台宿主机中部署 SVM，根据策略把虚拟机内的实时扫描任务对应到各虚拟机（如图 4-29 所示）。

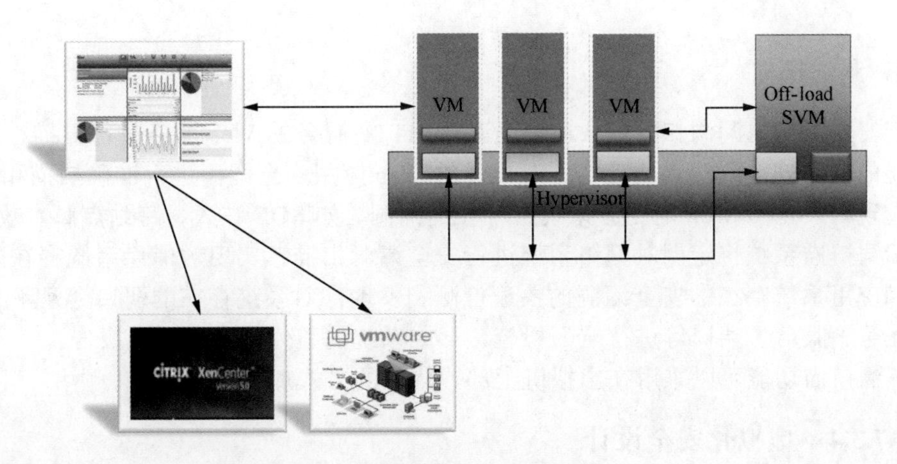

图 4-29 安全防护 SVM 方式

查杀的过程中仅需要消耗 SVM 的资源，因而优化了虚拟服务器上防病毒占用的CPU、内存及 I/O 资源；同时，每台虚拟机的安全策略可以通过管理服务器集中管理，实现了安全管理的统一。

这类防病毒方式无须在虚拟主机的操作系统中安装 Agent 程序，且无须消耗业务主机的虚拟计算资源和更多的网络资源消耗，实现在充分利用计算资源的同时提供全面的病毒实时防护。

该技术的典型代表产品是趋势科技的 DeepSecurity，由于防病毒软件是安装在虚拟化层的，因而对用户透明，因此，病毒代码库的升级可以通过统一升级的方式来管理，避免出现因主机未启动而错过病毒库升级的情况。在许可证方面，也不需要因虚拟机爆炸式增长而额外购买，只需要根据宿主机的 CPU 数量购买即可。

② 云环境下优化的 Agent 方式

该方式针对虚拟化环境的安全，通过优化的技术对虚拟机的安全进行防护，更好地规避病毒扫描风暴的产生。该方式有两个特点：一是运行用户对所有“基准镜像”的文件不进行扫描；二是由一台独立的服务器用于客户端共享扫描结果，运行客户端对已被其他客户端扫描过的文件则跳过扫描。

该技术的典型代表产品是赛门铁克的 SEP（Symantec™ Endpoint Protection）。这款产品比较适合雷同文件比较多的桌面虚拟化，而对雷同文件比较少的服务器环境，这些优化后的功能无法很好地体现。

病毒库升级需要配置两台专用防病毒管理服务器，同时也可以用虚拟机部署。在安全上，通过防火墙设置白名单，并禁止外部用户对该服务器进行访问。

综上所述，对于虚拟服务器系统，应当像对待一台物理服务器一样地对它进行防病毒安全防护，过滤蠕虫、病毒、恶意代码等“灰件”，防止不安全的虚拟机对其他虚拟机系统或网络造成影响。应采用适用于虚拟机虚拟环境下的病毒安全防护对虚拟服务器进行保护，把虚拟化病毒安全防护组件安装部署在虚拟层上，直接从虚拟层对所有虚拟机提供统一的安全防护，并实现安全防护组件的统一升级与监管，实现系统安全策略统一下发，支持通过手动或自动模式进行病毒库升级。

4．漏洞扫描

云安全资源池漏洞扫描模块能够对基于HTTP服务的Web业务进行扫描，并进行自动化的应用安全漏洞评估工作，对常见的Web应用安全漏洞进行准确扫描和监测，主动发现客户基于Web的业务系统所存在的漏洞，如SQL注入、跨站点脚本攻击等。

漏洞扫描系统将定期对网络系统进行安全漏洞扫描，实现对信息系统存在的安全漏洞和应用系统存在的安全漏洞的快速检测和发现，对系统存在的弱口令及不必要开放的账号、服务、端口等进行全面检查，形成系统的整体的安全风险报告。

漏洞扫描功能可以采用在虚拟机上部署软件的方式加以提供。

4.7.3.4 虚拟化安全设计

云计算安全在层级架构上与传统信息系统安全的最大差异在于增加了“虚拟化安全”层。虚拟化带来的最大威胁就是虚拟机间资源未完全隔离。虚拟化安全主要需要关注两方面，包括虚拟机内部的安全隔离和虚拟机之间的安全隔离。

1．虚拟机内部安全

毋庸置疑，云计算构建于虚拟化技术之上，虚拟化层的安全程度在很大程度上决定了云计算系统整体的安全程度。目前主流服务器虚拟化软件有VMWare ESX、思杰XenServer、微软Hyper-V、红帽KVM等。华为、新华三、中兴等国内厂商近两年也纷纷推出自己的虚拟化产品。VMWare ESX和思杰XenServer虚拟软件都采用在硬件上直接部署的方式，而物理机无须预先安装操作系统；微软Hyper-V和红帽KVM则将服务器虚拟化软件融入操作系统，使虚拟化软件成为操作系统的组成部分，安装虚拟化软件的同时也部署好操作系统。其中，VMWare ESX的部署成本较高，发展最为成熟，支持的操作系统最多，应用最广泛，安全解决方案最为丰富；思杰XenServer和红帽KVM则重点支持UNIX/Linux操作系统平台，产品本身免费，但后续需收取技术支撑服务费，部署成本较低，应用相对不广泛；微软Hyper-V仅支持Windows平台，采用与操作系统捆绑销售的方式，部署成本中等，当虚拟机大量采用Windows平台而产生量化效应时，部署成本将进一步降低。

虚拟化层安全方案中最为成熟的是VMWare ESX上的安全方案，其他虚拟化软件的安全方案的原理基本相同。VMWare ESX安全方案的原理是通过ESX的VMsafe接口，即虚拟化软件对外开放的管理接口，部署第三方安全防护软件，实现对镜像文件完整性、虚拟化配置、虚拟化软件补丁管理、虚拟机防病毒、虚拟机异常操作等的各项监控功能，提供对虚拟化软件和虚拟机的安全防护，工作原理如图4-30所示。

以图4-30中VMWare的VMsafe接口为例，该接口通过虚拟机监控程序以透明方式动态分配硬件资源。VMsafe提供的接口可使第三方安全产品顺利接入，清晰监视虚拟机的运行情况，从而发现并删除蠕虫病毒、特洛伊木马病毒和击键记录程序等恶意软件。第三方安全产品可利用VMsafe接口检测并清除无法在物理机上检测到的恶意软件，可按照此方式实现虚拟机入侵检测、安全防护、网站应用程序防护等功能。此方案的关键点在于虚拟化软件开放出来的管理接口能力，只有管理接口能力的进一步完善，才能使系统实现更高的安全控制。同时，管理接口的开放性也直接决定了系统和第三方安全厂商的兼容性。另外，通过该管理接口进行监控以及操作的权限是比较高的，因此保障接口自身的安全也至关重要，可以采用双向密匙校验等安全措施加强和第三方安全产品的接入认证以及鉴权，以降低非法调用的风险。

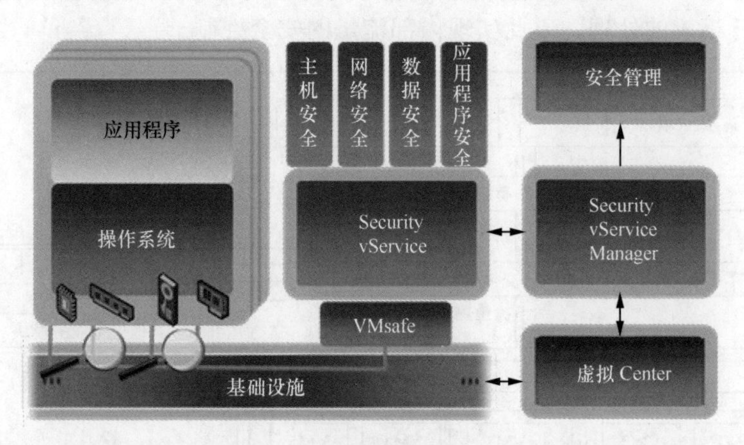

图 4-30 虚拟层安全防护原理

综上所述，虚拟机内部安全主要依靠虚拟化厂商开放的安全接口，结合第三方独立安全产品提供的安全解决方案来实现。这种方式也称为“无代理安全解决方案”。理论上，也可以通过在虚拟机上加装代理来实现安全监控，这种方式和传统的物理机监控方式非常相似。但是，在某些应用场景下，无代理的安全解决方案会具有明显的优势，例如虚拟机病毒查杀模式。

2. 虚拟机安全隔离

虚拟化层的 Hypervisor 能够在同一物理机的不同虚拟机之间进行资源隔离，让虚拟机之间无法进行数据窃取或恶意攻击，保证虚拟机无法影响到周边每台虚拟机的资源使用。终端用户使用虚拟机时，仅能访问属于自己的虚拟机的资源，包括软件、硬件、系统、数据等，而访问不到其他虚拟机的资源，从而达到虚拟机安全隔离的目的。

云计算环境下，系统中虚拟机之间互访的东西向流量较大。如何保障跨物理机的不同虚拟机之间的安全防护和流量控制，成为资源池中虚拟机安全隔离和防护的重点内容。常见的防护措施如下。

（1）软件防火墙方案

通过在虚拟机上部署软件防火墙，保证同租户相同 VLAN 下虚拟机之间的访问控制，与此同时，可基于业务需求和访问流量进行资源的动态扩展，如基于不同虚拟机间的流量需要进行应用层的过滤和攻击防范。

（2）虚拟机流量控制方案

① 流量外引

为了保证虚拟机间流量转发的性能，也可以将每个虚拟机流量引入物理安全设备上进行处理，通过标准 VEPA 引流或专用 VLAN 引流，将 vSwitch 的二层不可视流量引入物理安全设备，实现基础隔离和四层至七层 IPS 等高级安全功能。此方案并不过多占用主机资源，能维持清晰的网络和服务器管理边界。

虚拟流量外引的工作原理如图 4-31 所示，将内部虚拟流量外引至接入交换机，接入交换机旁挂防火墙、IPS、流量清洗等传统的网络安全设备，然后由这些网络安全设备对流量进行相应的处理，以此实现内部流量的安全控制。

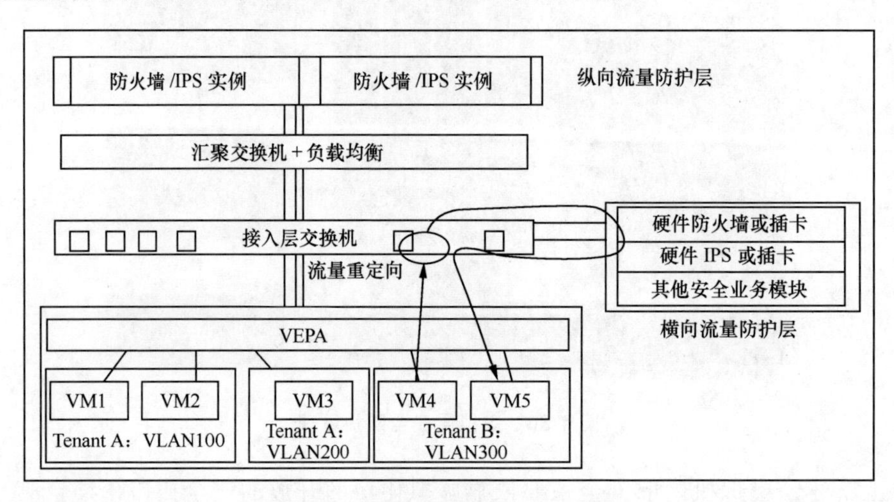

图 4-31　虚拟流量外引的工作原理

虚拟流量外引技术本质上是通过导出内部流量，使得在云计算场景下可以继续使用传统的网络安全控制技术，具有容易部署、与传统网络安全策略兼容等显著优点，缺点是牺牲了资源池网络设备的兼容性，两种不同标准的设备或者支持新标准的设备与普通设备之间较难协同工作。

② 内部流量管控

内部流量管控技术的工作原理是新增虚拟安全网关（Virtual Security Gateway，VSG），通过 VSG 与虚拟化软件的有机结合，提供对虚拟机内部流量管控的功能。虚拟机之间的所有通信只有先经过 VSG 才能接着流转，以此实现有效流量隔离和管控。

当前，思科、VMWare、趋势、赛门铁克等公司都已经推出了 VSG 相关方案和产品，思科、VMWare 等公司推出的虚拟安全网关侧重提升网络安全功能，包括防火墙控制、异常流量监控等。趋势、赛门铁克等公司推出的虚拟安全网关则具备更完善的功能，不仅包括网络安全，还提供了很多附加安全防护能力，如网络病毒传播控制等。以思科产品为例，虚拟安全网关部署架构如图 4-32 所示。

对比流量外引方案，内部流量管控方案具有不产生额外流量传递的显著优点，缺点是需针对 VSG 额外制定一定的网络安全策略，加大了安全管理复杂度。因此，应进一步加强 VSG 与传统的网络安全控制的集成，着重降低安全管理的复杂度，提高安全策略统一部署控制的效率。

（3）vCPU 调度隔离安全

为了保护指令的运行，x86 架构设置了指令的 4 个不同特权级别，称为 Ring，按照优先级从高到低排列，依次为 Ring0（用于运行操作系统内核）、Ring1（用于操作系统服务）、Ring2（用于操作系统服务）、Ring3（用于应用程序），对各个级别分别限制其相应范围内可以运行的指令。由 Hypervisor 负责调度 vCPU 的上下文切换。Hypervisor 使虚拟机操作系统运行在 Ring1 上，将可以对虚拟机 GuestOS 直接执行特权指令进行有效阻止；应用程序运行在 Ring3 上，将为操作系统与应用程序之间进行隔离提供保证。

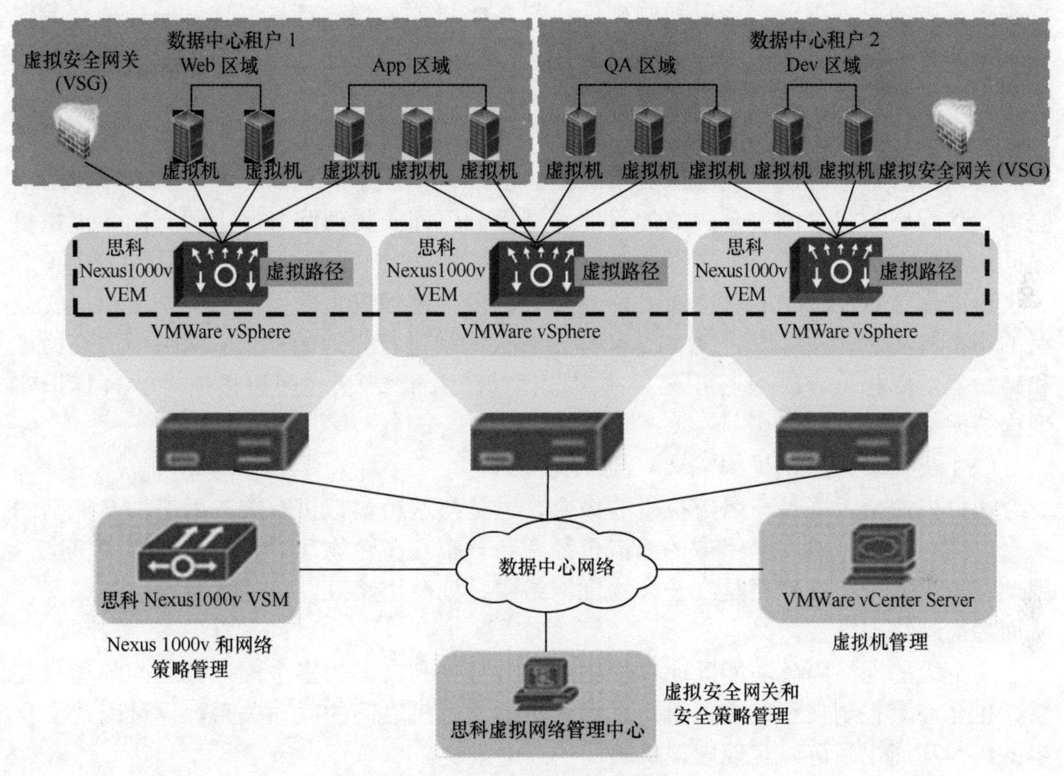

图 4-32　虚拟安全网关部署架构

（4）内存隔离

不同虚拟机之间的内存隔离是通过虚拟机内存虚拟化来实现的。在客户机已有地址映射（虚拟地址和机器地址）的基础上，内存虚拟化技术引入一层新的地址，即“物理地址”。在虚拟化场景下，客户机 OS 将“虚拟地址”映射为“物理地址”；Hypervisor 层负责将客户机的“物理地址”映射成“机器地址”，地址映射完成后，再交由物理处理器来执行。

（5）内部网络隔离

Hypervisor 提供虚拟防火墙—路由器（Virtual Firewall-Router，VFR）的抽象化处理，在逻辑意义上，每个客户虚拟机都拥有一个或多个附属于 VFR 的虚拟接口（Virtual Interface，VIF）。从初始虚拟机上发出的数据包，先到达 Domain0，再由 Domain0 来实现数据过滤和完整性检查，并执行插入和删除规则；经过认证后会带着许可证，由 Domain0 转发至目的虚拟机；目的虚拟机执行对许可证的检查，以决定接收还是拒绝数据包。

（6）磁盘 I/O 隔离

Hypervisor 实现 I/O 的虚拟化是通过分离设备驱动模型。该模型将设备驱动划分为 3 个部分，依次是前端驱动程序、后端驱动程序和原生驱动，其中前端驱动运行在 GuestOS，后端驱动和原生驱动则运行在 HostOS。前端驱动负责将 GuestOS 的 I/O 请求传递到 HostOS 中的后端驱动，后端驱动对 I/O 请求进行解析并映射到物理设备，再提交到相应的设备驱动程序以控制硬件执行 I/O 操作。换句话说，Hypervisor 会截取并处理所有的虚拟机 I/O 操作，同时保证虚拟机只能访问分配给它的物理磁盘空间，使得不同虚拟机的存储空间得到有效隔离。

（7）支持 VLAN 的网络隔离

可以采用虚拟网桥实现虚拟交换功能，虚拟网桥通过 VLAN 标签功能实现 VLAN 隔离，达到虚拟机之间安全隔离的目的，进而确保同一物理服务器上运行的各虚拟机之间的通信数据安全。

Bridge 支持 VLAN 标签功能，使得分布在多个物理机上的属于同一个虚拟机安全组的虚拟机实例，并可以通过 VLAN 标签对数据帧进行合理的标识。网络中的交换机和路由器可以根据 VLAN 标识结果决定数据帧路由和转发，也可以根据 VLAN 标识实现虚拟网络的隔离功能。

（8）支持安全组的网络隔离

虚拟机安全组既是一组虚拟机的集合，也是与这组虚拟机有关的网络安全规则的集合。同一个虚拟机安全组中的虚拟机经常会分布在多台物理位置分散的物理机上，因此虚拟机安全组的作用是在一个物理网络中，划分出相互隔离的逻辑虚拟局域网，从而提高网络安全性。

安全组的网络隔离功能既允许最终用户自行控制自己的多个虚拟机之间的通信关系，也允许其控制自己的虚拟机与其他人员的虚拟机之间的联通关系。通过配置安全组的组间互通规则可以实现虚拟机之间的互通限制。

一个用户允许创建多个安全组，但单个安全组仅归一个特定用户所有。用户在创建虚拟机时，便可以同步指定或创建该虚拟机所在的安全组。虚拟机如果属于同一个安全组，则默认全部互联互通。虚拟机如果属于不同安全组，则默认全部隔离。

安全组规则执行一种单向白名单规则。用户可以设置允许自己的某安全组虚拟机接收来自其他安全组虚拟机的请求，或允许接受来自某 IP 地址段的请求。可以配置请求类型，比如 TCP、互联网控制报文协议（Internet Control Message Protocol，ICMP）请求等。安全组规则在虚拟机启动时会自动生效，当虚拟机迁移时则跟着在服务器之间迁移。用户只需要将规则设好，不需要关注虚拟机在何处运行。

（9）不同业务区域之间的安全隔离

不同业务区域之间的安全隔离可以通过将流量引导至核心区防火墙来实现。

3. 虚拟化环境中的其他安全措施

（1）防止虚拟机之间攻击的方案

防止虚拟机和虚拟机之间的攻击，主要是防止虚拟机地址欺骗。在 Hypervisor 中，防止虚拟机地址欺骗由以下机制保证，而不需要做多余的配置：Hypervisor 中的虚拟交换机绑定虚拟机的 IP 地址和 MAC 地址，并限定虚拟机只可以发送本机地址报文，防止虚拟机 IP 地址欺骗和 ARP 地址欺骗；虚拟交换机为交换型，并非共享型，不同虚拟机的数据包会被转发到指定的虚拟端口，即使是在同一台宿主机上的虚拟机也接收不到来自其他虚拟机的数据包，防止来自虚拟机的恶意嗅探。

（2）虚拟机防病毒

与物理系统相同，运行在虚拟机中的客户操作系统也存在安全风险。虚拟化无法清除类似这样的风险。不过与物理环境不同的是，对单个虚拟机的攻击一般只会危及该虚拟机自身安全，而不会轻易对宿主机服务器产生威胁。

虚拟机的防病毒系统通常有两种部署方式，一种为传统的有代理模式，也即在每一个运行的虚拟机上都部署防病毒软件客户端，用于保护各虚拟机的安全，由后台集中部署的防病毒服务器统一设置整个网络的主机防病毒、主机 IPS、主机防火墙策略，收集日志，更新病毒码、扫描引擎等组件等。另一种为无代理模式，具体是以单台宿主机为单位，将安全防护进程集中部署在一台虚拟安全服务器中运行，分时扫描各应用服务器虚拟机，集中对其他所有虚拟机实施安全防护，从而有效避免对各虚拟机资源的消耗和占用，尽量避免出现“防病毒风暴”。

（3）虚拟机资源管理

虚拟化平台能够精确控制主机资源的分配。通过云管理平台的资源管理功能可以控制虚拟机所消耗服务器资源的范围。因此，受到攻击的虚拟机不会对在同一台物理主机上运行的其他虚拟机造成影响。这一机制可以被用来抵御拒绝服务类攻击，服务类攻击通常会占用被入侵虚拟机的大量主机资源，造成同一台主机上的其他虚拟机无法正常运行。

（4）虚拟流量可视化

在云平台安全体系中，虚拟机内部的流量是不可视的，为满足合规要求，实现虚拟流量的可视化显得尤为重要。虚拟流量可视化指的是将虚拟机内部流量镜像、虚拟安全设备等获取的云环境中的流量等以虚拟流量的拓扑示意图的形式，在云管理平台的界面上进行统一的呈现，并按照预设规则对云环境内核心以及关键流量中存在的异常进行监控和告警。通过采集监测获取的威胁数据包括信息采集行为、获取权限、远程控制、盗取数据、破坏系统、木马攻击、病毒入侵、僵尸网络、入侵攻击与病毒泛滥带来的网络流量异常、黑客组织攻击行为等。

4.7.3.5　数据安全设计

数据安全是数据中心安全的重点。用户和业务数据放在云端后，用户对数据的控制力降低，甚至无法确切知道数据的实际存储位置，这将加大用户对数据安全的担忧。事实上，云端也经常发生难以控制的数据窃取等恶意行为和攻击。

在数据的传输、交换、转移与分享过程中，可以通过标准的加密传输协议对数据进行保护，以满足云平台与外界系统间敏感数据的传输需求。在任何客户端/服务器模式的模块中，从客户端向服务端传输敏感数据时均应采用 HTTPS 方式，传输通道采用 SSL 加密。日常维护时，使用 SSH 协议进行登录以保护系统数据与应用数据。

而对于资源池内部数据的隔离，大多可通过 vFW 和多租户功能来实现。即将物理防火墙虚拟成逻辑上互相独立的多台防火墙，使每个 vFW 均彼此独立，互不干扰，拥有独立的系统资源、接口、会话表、路由表、用户管理策略、安全配置策略等。通过 vFW 和多租户形式，可将用户的应用和数据进行隔离，使其相互独立和封闭，从而确保互不干扰和数据隔离。

数据库是客户数据信息的最终载体，是整个信息系统安全的核心。与网络传输不同，如果数据在数据库中被篡改或缺失，是难以恢复并可能造成严重后果的安全事件。数据库目前经常面临的安全威胁有合法权限滥用、越权使用、权限盗用、SQL 注入、数据库平台漏洞、拒绝服务攻击、鉴权机制弱等问题。

因此，云平台具备数据库安全审计功能十分重要。数据库审计功能将监视并记录对数据库服务器的各种操作行为，实时智能解析这些操作行为，并记入审计数据库中以供日后的查询和分析，实现对目标数据库系统用户操作全方位的监控和审计。

综上所述，云平台中为了保证保障用户的数据安全，应从数据加密、数据隔离、访问控制、加强认证等多个方面采取措施。数据保护方面的措施主要有用户卷访问控制、存储节点接入认证机制、剩余数据销毁、数据备份、数据库审计等。

1. 用户卷访问控制

应按需对每个卷定义不相同的访问策略，卷与卷之间互相隔离，只有卷的合法使用者才能访问该卷，没有获得该卷访问权限的用户不得访问。

2. 存储节点接入认证机制

存储节点间采用标准 iSCSI 协议进行访问，并应支持挑战握手身份认证协议（Challenge Handshake Authentication Protocol，CHAP）认证功能。CHAP 认证功能可以提高应用服务器访问存储系统的安全性。CHAP 将通过三次握手来周期性地校验对方身份，校验可以重复进行，包括在初始链路建立时、完成时以及在链路建立后。采用可变的询问值和递增改变的标识符，可以有效防止外来的重复攻击，使服务器暴露于单个攻击的时间和机会得到限制。

存储系统采用 CHAP 认证方式后，对端应用服务器侧也同样需要启用 CHAP 认证功能，并在存储系统中将应用服务器的信息添加到存储系统合法 CHAP 用户名单中。只有通过 CHAP 认证后，服务器才能够正常连接到存储系统并读写所需的数据。

3. 剩余数据销毁

当用户把卷信息卸载释放后，系统会对卷执行格式化操作以保证卷上的重要用户数据不泄露，然后再对该卷进行重新分配。

存储的用户文件信息或对象数据被删除后，存储区会对数据进行完整销毁，并标识为只允许新数据写入，从而避免数据被恶意恢复和窃取。

销毁剩余数据的机制保障了用户存储于云中数据的安全性，避免了其他用户租用相同的物理存储资源而造成用户数据泄露的情况，降低了用户对使用云业务的担心。

4. 数据备份

云数据中心的数据存储可以采用多重备份机制。在数据存储前，对数据进行分片，分片后的数据在集群中按照一定的规则保存在多个副本节点上，且每一份数据均复制保存多个副本。当有限个存储介质出现故障时，不会导致数据丢失，也不影响业务系统对数据的正常使用。

与此同时，云数据中心在保证数据的可靠性方面除了可以采用传统的 RAID 模式外，还可以采用新的校验编码方式，使得数据块和相匹配的校验信息存储于不同的磁盘上。当一个数据盘发生故障时，系统可以通过同一带区的其他数据块和校验信息来实现重构数据。

5. 数据库审计

与传统数据库相比，云端数据库面临更多的风险和威胁。数据库审计主要通过对数据库的各种访问操作进行审计控制，以此提高数据库的安全性。数据库审计设备通常由内置的捕包、解析、响应模块组成：首先，捕包模块负责捕获和重组网络数据包，并根据预置的审计范围进行初步过滤，为后续解析做准备；其次，解析模块利用状态检测、协议解析等技术，分类过滤和解析网络数据库包，然后依据审计规则审计相关的重要事件和会话，与此同时也可以检测数据包是否携带关键的攻击特征；最后，响应模块会在接收到审计事件、会话和攻击记录后，负责根据审计策略执行响应。常见的响应措施包括将审计日志上传数据中心进行存储、发送事件到告警界面进行提示、对关键性的威胁操作进行阻断，支持通过邮件、Syslog、SNMP 信息等方式导出审计日志到外部系统。

实现机制方面，一般采用 Agent 代理方式实现，主要是通过在目标数据库服务器上安装 Agent 客户端插件来完成对目标数据库访问行为的采集。此外，还有反向代理方式，主要是针对云上共享数据库服务器无法安装 Agent 而研发的一种云上数据库安全审计的补充解决方案。Agent 代理方式部署方案如图 4-33 所示。

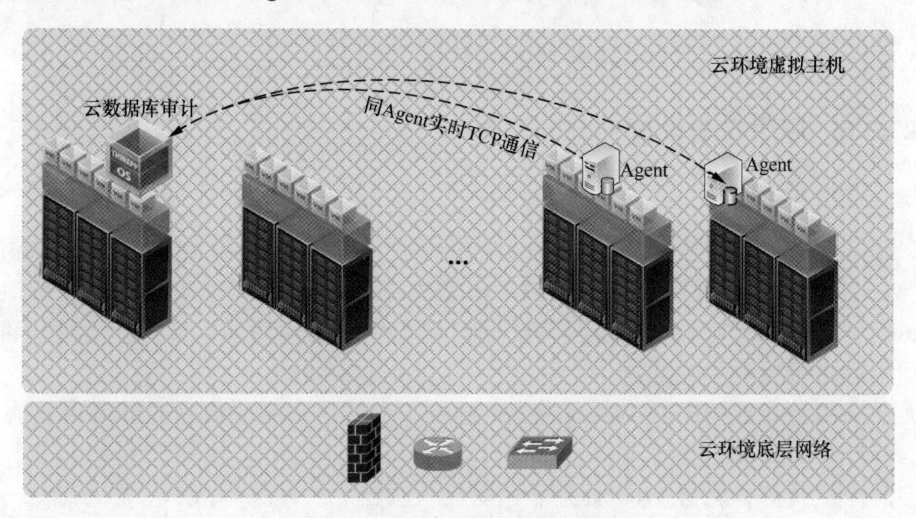

图 4-33 Agent 代理方式部署方案

数据库审计工作可以由专业级的数据库安全审计硬件设备来承担。该设备支持对主流数据库的审计，能够按照各种数据库协议结构还原出全部的操作细节，给出细致的操作返回结果，并通过可视化方式将访问过程和信息都呈现在管理者面前，极大提高用户敏感数据的安全，避免数据泄露或被篡改。

数据库审计系统的产品也可以以云虚拟资源池软件的形态部署到云安全资源池环境中，可以选择旁路或在线部署。其中，旁路部署的引擎通过策略路由技术导出数据流量并进行分析。该部署方式不用改动用户的原有配置，对业务系统和数据库的影响很低，非常适合大访问流量场景下的数据库审计。

随着越来越多的应用上云，数据也跟着进入云端存储。虚拟的云端数据库增加了数据安全风险，数据库审计功能越来越重要，因而可以建立独立的数据库审计系统。数据库审计系统可实现数据库操作行为审计、事件追踪、威胁分析、实时告警等多种功能，保障云环境下核心数据的安全防护。数据库审计实现将数据库上所有操作日志同步到数据库审计组件上，实现对数据库操作行为的审计，其功能要求如下。

- 支持多种数据库类型，如 Oracle、MS-SQL、DB2、MySQL、Cache DB、Sybase、PostgreSQL；
- 支持多个系统的审计；
- 支持权限分离；
- 支持独立审计，保持中立性；
- 具备字符型协议审计功能，除支持对各种数据库访问审计外，云数据库审计系统还支持 Telnet、FTP 等各种字符型协议对数据库服务器的访问，并可对其设置告警条件；
- 支持自定义审计策略，如根据 drop、delete、alter 等危险操作行为制订数据库危险操作策略，根据不同工具的数据库备份信息制定数据库备份策略库等；
- 支持数据库备份审计，记录数据备份行为；
- 可输出多种数据分析统计报表，如会话行为报表、SQL 行为报表、政策性报表、自定义报表；
- 支持多种告警方式，如邮件、短信平台、Syslog、SNMPTrap 告警。

4.7.3.6 应用安全设计

1. Web 安全防护

在云安全资源池中应部署虚拟Web应用防护设施，用于执行应用会话内部的请求，保护 Web 应用通信流量和所有相关应用资源免遭 Web 协议类的攻击行为，包括 SQL 注入、网页篡改、跨站脚本和挂马等。同时还提供防病毒功能，支持对各种病毒、木马、蠕虫等进行检测和过滤。

为了抵御针对数据中心 Web 服务器的攻击，在安全资源池中需要部署专业的 WAF 设备，将流经 Web 服务器的流量通过交换机策略传送至 WAF 上进行处理，以提供 Web 应用实时深度防御，保护 Web 服务器免受注入攻击、跨站脚本攻击、恶意编码（网页木马）、缓冲区溢出、信息泄露、应用层拒绝服务（Denial of Service，DoS）、DDoS

攻击等各类网站安全问题。此外，还需要实现 Web 应用加速、敏感信息泄露防护及网页防篡改功能等，为 Web 应用提供全方位的防护解决方案。

WAF 设备可实时监测网站服务器相关信息是否被非法更改，一旦发现被篡改，将第一时间通知管理员，形成详细的日志信息报告。与此同时，WAF 设备将对外显示被篡改前的正确页面，避免不当内容被访问。

WAF 设备通过内置自学习功能可以获取 Web 站点的页面信息，并对整个站点执行爬行操作，再根据设置的文件类型（如 html、css、xml、jpeg、png、gif、pdf、docx、swf、xslx、zip 等）进行缓存操作，生成唯一的数字水印，然后进入保护模式提供防篡改保护功能。在比较客户端请求页面与 WAF 自学习保护页面的过程中检测到网页有被篡改的痕迹时，WAF 设备将第一时间传递告警至管理员，并对外仍显示篡改前的正常页面，不影响用户对网站的正常访问。事后还可对原始文件及篡改文件进行下载比较，查看和分析篡改记录，也可设置仅检测模式，即只对篡改进行告警，但不提供主动操作防护。

WAF 设备除了对已知可防护的攻击类型实现全面的拦截外，还对应用访问做全审计，即对所有的 Web 请求都执行审计分析记录，不仅可以提供细致的访问日志分析，还可以通过图表形式展现 Web 服务的访问状况。通过分析访问记录，可以发掘出潜在的威胁情况，并可以对遗漏的攻击防护请求追根溯源。

2．应用控制

云安全资源池中提供应用控制，即应用负载均衡功能，能够为业务系统和平台的应用发布提供全方位的解决方案，包括服务器负载均衡、多链路负载均衡、多数据中心负载均衡等。结合单边加速、性能优化、多重智能管理等技术，可实现对业务系统、链路以及服务器状态的实时监控，并支持将用户的访问请求根据预设规则合理分配到相应的数据中心、链路及服务器，以达到数据流合理分配的目的，提高数据中心、链路和服务器的利用率。应用控制不仅能够扩展应用系统的整体处理能力，提高其稳定性，更能够切实改善用户访问的体验。

3．网页防篡改

伴随信息技术不断发展的脚步，互联网已经成为当今社会信息传播、流通及交换的重要手段。人类依靠信息高速公路的兴建完全突破了传统的信息交流方式，整个世界存储在计算机中的政府资料都在逐年增加，随之而来的是对信息的保护比以往更为重要，也更为困难。由于互联网的开放性，网站发布的信息随时都可能被查询、阅读、下载、转载。网站内容容易复制，转载速度很快，网页被篡改后，篡改网页也将会被迅速、广泛传播，产生难以预计的后果。尤其是政府网站上发布的一些重要新闻、方针政策和法律法规等，一旦被黑客篡改，将严重损害政府形象，造成政治经济损失和不良的社会影响。

网站防篡改系统的主要功能是实时监测用户的 Web 站点，第一时间观察黑客、病毒等对网站网页、电子文档、图片等的破坏或修改。一旦发生破坏文件的情况，系统会立即启动恢复文件，并发出报警信号。网站防篡改系统应支持主流的 Web 服务器软件和操作系统。

云安全资源池具备网页防篡改功能后，即使黑客绕过安全防御体系修改了网站内容，系统也可以重定向到备用网站服务器或者指定的其他页面，并及时地通过短信或者邮件方式通知管理员。这种情况下，修改的内容不会发布到最终用户处，从而避免因网站内容被篡改给组织单位造成的形象破坏、经济损失等问题。

资源池中可以采用 WAF 硬件设备、服务器结合功能软件或者 NFV 的方式建立网站防篡改系统，提供网页防篡改服务。通过防篡改软件对用户页面进行实时防护可减少用户页面被恶意篡改的可能性。使用 WAF 硬件设备实现动静态网页防篡改功能的方式，相比于主机部署防篡改软件而言，其优势在于客户无须在服务器上安装第三方软件，易于使用和维护，在防篡改部分基于网络字节流的检测与恢复对服务器性能没有影响。

4．APT 威胁防护

随着以 APT 为代表的下一代威胁登场，传统安全防护手段面临更严峻的挑战。APT 是指隐匿而持久的入侵电脑的过程，通过众多情报技术来获取敏感信息的网络间谍活动。APT 的攻击周期如下。

- 初始入侵：社交工程、钓鱼攻击、0day 攻击。
- 站稳脚跟：打开后门，隐藏远程访问。
- 提升特权：利用漏洞获取管理员权限。
- 内部勘察：收集设备、网络架构信息。
- 横向扩展：将控制权扩展到其他设备。
- 保持现状：确保之前获取到的访问权限。
- 任务完成。

资源池可以通过部署安全沙箱进行 APT 防护。安全沙箱是专门的 APT 威胁检测系统，该系统通过还原交换机或传统安全设备镜像的网络流量，在虚拟的环境内对网络中传输的文件进行检测，实现对未知恶意文件的检测。安全沙箱面对高级恶意软件时，通过实时行为分析、信誉扫描、大数据关联等本地和远程技术，可对软件的静态及动态行为进行分析和收集。此外，凭借独有的行为模式库技术，安全沙箱可以根据分析情况给出精确的检测结果，实现对“灰度”流量的实时检测、阻断和报告输出，防止未知威胁攻击的迅速扩散，造成企业核心信息资产的损失。

4.7.3.7 云安全管理平台设计

云安全管理平台对云数据中心实现集中、统一的安全管理服务，往往包括 SOC、4A，以及其他安全子系统，如安全评估子系统、Web 网站监测子系统、Web 页面防篡改子系统、数据库审计子系统、流量监控分析子系统、防病毒系统、补丁管理子系统、病毒库管理子系统等。

1．SOC

SOC 提供集中、统一、可视化的安全信息管理，通过实时采集各种安全信息，动态进行安全信息关联分析与风险评估，实现安全事件的快速跟踪、定位和应急响应。SOC 需要和安全运维管理机制有机结合，最大化发挥安全体系的优势，并对突发安全事件实现有效协同处理。

SOC 总体架构可分为 4 个层次：门户展现层、安全管理服务层、大数据分析层、数据采集层。同时，SOC 通过接口模块来提供与外部专业安全子系统、外部支撑系统的接口，实现整体安全运维流程管理（如图 4-34 所示）。

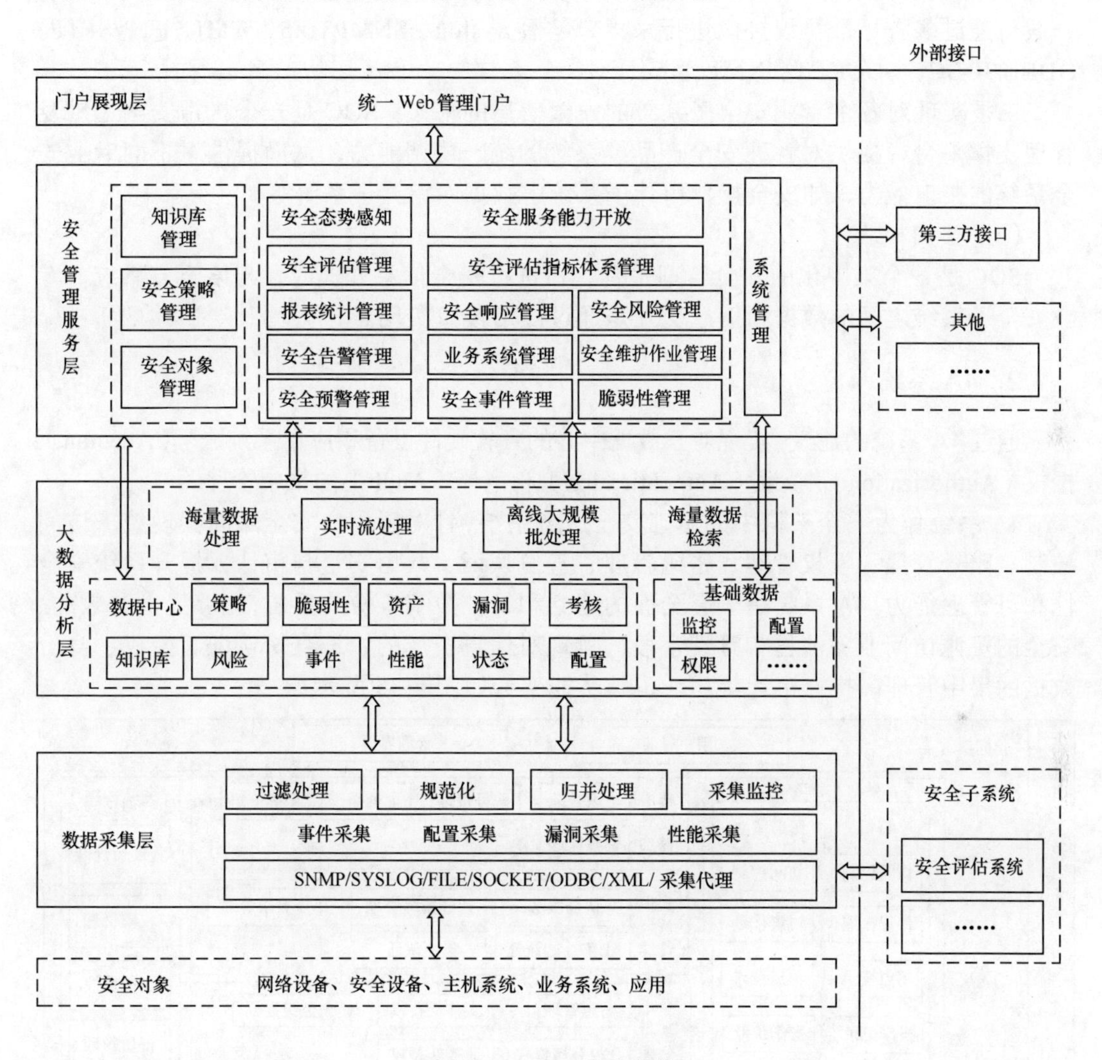

图 4-34　SOC 总体架构

（1）门户展现层

为用户提供门户管理界面，提供对系统各项管理功能的可视化展示，实现安全管理的可视、可管和可控。

（2）安全管理服务层

系统以业务安全为视角，以安全风险管理为核心，实现安全对象管理、安全事件管理、安全告警管理、安全预警管理、脆弱性管理、安全响应管理、系统管理等功能。

（3）大数据分析层

实现海量安全数据及业务数据的集中存储、实时分析以及安全事件挖掘分析，为安全管理服务层提供海量安全数据及业务数据的实时查询、统计分析和集中监控能力。

（4）数据采集层

数据采集层采集的数据主要包含两部分内容。

一是实现对各类安全对象的安全事件、安全漏洞、安全配置等安全信息的采集。一般可通过多种标准协议接口进行采集，包括 Syslog、SNMPTrap、WMI、FTP/SFTP、ODBC/JDBC、SOCKET、XML 等。

二是实现对各个专业安全子系统的安全信息的采集。SOC 是一个日常安全运维及管理支撑平台，提供对各种安全产品及系统的统一协调能力，从而提供对不同专业安全系统的接口能力，如安全操作审计子系统、数据库审计子系统等。

（5）接口模块

SOC 是一个集中化的安全管理平台，在进行安全信息处理时，与第三方系统、专业安全子系统之间的数据和信息交互是通过应用接口实现。

2．4A 系统

通过 4A 系统的建设，实现对云数据中心的各软硬件设备和应用系统账号（Account）、授权（Authorization）、认证（Authentication）和审计（Audit）的集中管理。

4A 系统作为安全架构中的基础安全服务系统，针对云用户安全层面实现统一访问控制、账号管理、授权管理、密码管理、身份认证、数据安全与审计，提升系统安全性和可管理能力。4A 系统是一套全面的建立和维护数字身份的系统，能够提供有效的、安全的资源访问业务流程和管理手段，实现对信息资产的统一身份认证、授权、身份数据的集中管理、操作审计等功能，其功能架构如图 4-35 所示。

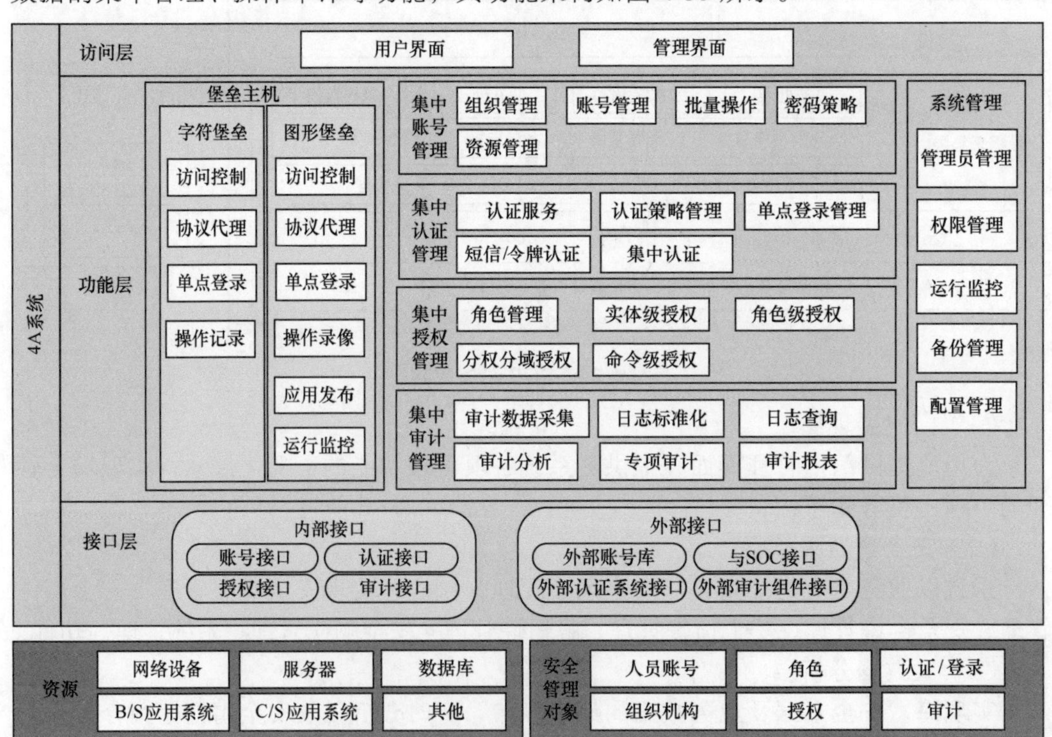

图 4-35　4A 系统功能架构

4A 系统的体系架构总共可分为 3 层：访问层、功能层和接口层，具体如下。

访问层即展现层，包括用户界面和管理界面。用户界面为用户提供统一的认证门户，实现用户对信息资源访问的单点登录。管理界面为系统管理人员提供基于企业账号、资源、权限等集中管理和策略配置的手段。

功能层由多个核心功能模块组成，分别为集中账号管理、集中认证管理、集中授权管理、集中审计管理、堡垒主机、系统管理等。集中账号管理为用户提供统一集中的账号管理，实现包括操作系统、网络设备和应用系统在内的资源账号的创建、删除等账号管理生命周期所包含的基本功能，而且也可以通过平台进行密码强度、账号密码策略、生命周期的设定。集中认证管理可以根据用户应用的需要，为用户提供不同强度的多种认证方式，既可以保持原有的静态口令方式，又可以提供具有双因子认证方式的高强度认证（短信认证、数字证书、动态令牌等）。集中授权管理对用户的资源访问权限进行集中控制，既能够实现对 B/S、C/S 等应用资源的访问权限控制，也能够执行对数据库、主机及网络设备的操作权限控制，资源控制类型既包括 B/S 的 URL、C/S 的功能模块，也包括数据库的数据、记录及主机、网络设备的操作命令、IP 地址及端口等。集中审计管理将集中记录、管理和分析用户所有的操作日志，不仅可对用户行为进行监控，还能够对审计数据进行数据分析，便于事后的安全事故责任的认定。堡垒主机通过协议代理提供各种协议的访问通道，实现对目标资源进行访问控制和操作记录。堡垒机主要包括两种类型：一种是基于字符协议实现，另一种是基于图形协议实现。系统管理主要是指为 4A 平台的管理员提供平台正常运行时所需的基本管理功能，包括管理员管理、权限管理、运行监控、备份管理、配置管理等。

接口层包含系统的内部接口和外部接口。内部接口为 4A 系统内负责主从账号管理、认证管理、权限分配和控制、审计信息采集和管理等核心组件之间的调用提供服务。外部接口支持 4A 系统与其他第三方系统之间的互联互通。

3．其他安全子系统

除了大多数云计算服务提供商都会建设的 SOC 平台和 4A 系统（具备部分功能或者全部功能）外，还可以建设其他侧重于对某方面进行加强防护的安全子系统，例如流量监控分析子系统、Web 网站监测子系统、安全审计子系统、防病毒管理子系统等。

但是，云计算体系采用的安全措施越多，建设的安全系统越全面，该云数据中心的投入和运营成本便会越高。出于安全的需求，业务运营维护效率也会相应降低。因此，在提升体系安全性的同时，怎样改善用户体验，提升系统运行效率，系统安全方面的设计者们还需要持续不断地对安全体系架构和安全措施进行改进和优化。对企业而言，要综合考虑安全系统的部署问题。系统安全问题十分重要，因为每个安全漏洞都可能给企业带来一定的损失，但是出于竞争需要，企业必须要不断创新业务模式或交易方式，而创新和改变本身就存在新的未知风险，因此企业应该在业务创新盈利和安全部署方面进行良好的平衡。

4.7.3.8　管理终端的安全设计

管理终端作为云计算系统的一个基本组件，面临蠕虫、木马病毒泛滥的威胁，不安全的管理终端可能成为一个被动的攻击源，对整个云计算系统构成极大的安全威胁。终端应能满足和保证终端安全策略的执行，主要包括终端系统安全防护、网络安全接入控制、用户行为监控三部分内容。

1. 终端系统安全防护要求

终端初始化：应支持根据安全策略对终端操作系统进行配置，支持根据不同的策略自动选择所需的应用软件进行安装，完成配置。

补丁管理：应建立有效的补丁管理机制，自动获取或分发补丁，补丁获取方式应具有合法性验证安全防护措施，如经过数字签名或HASH校验机制保护。

病毒、僵木蠕防范：终端应安装客户端防病毒和防僵木蠕软件，实时进行病毒库更新；支持通过服务器设置统一的防毒策略；可对防病毒软件安装情况进行监控，禁止未安装指定防病毒软件的客户端接入。

2. 终端网络安全接入控制要求

终端接入网络认证：终端安全管理必须具备接入网络认证功能，只允许合法授权的用户终端接入网络。

终端安全性审查与修复：应支持对试图接入网络的终端进行控制，在终端接入网络之前必须进行强制性的安全审查，只有符合终端接入网络的安全策略的终端才允许接入网络。

细粒度网络访问控制：应对接入网络的终端进行精细的访问控制，可根据用户权限控制接入不同的业务区域，防止越权访问。

3. 终端用户行为监控要求

非法外联检测：应定义有针对性的策略规则，限制终端非法外联行为。

终端上网行为检测：应支持终端用户上网记录审计，支持设置上网内容过滤，以及对终端网络状态以及网络流量等信息进行监控和审计。

终端应用软件使用控制：应支持对终端用户软件安装情况进行审计，同时对应用软件的使用情况进行控制。

4.8 业务连续性设计

容灾系统建设的主要目的就是预防不可避免的、计划外的意外灾害的发生。如果用户不能预防或提前准备灾难的应对措施，那么一旦灾难发生，用户所面临的损失将远远超过建设容灾系统的成本。随着云资源池的建设使用，一方面，高度的资源集中使得单点故障对业务损失的影响面放大；另一方面，原先具备多节点双活能力的核心业务在迁入资源池后必须要保证同等的业务连续性。因此，有必要为资源池的容灾体系建设进行适当规划，从而最大限度地保证部署在资源池上的各项业务的连续性。业务连续性包含 2 个层面，针对本地数据中心，侧重同机房内的数据备份；针对异地数据中心，侧重异地多节点之间的容灾。

4.8.1　本地数据备份

资源池建设需要考虑冗余，并启用虚拟化软件的 HA、容错、DRS 功能，保障业务高可用性。同时，资源池需要部署备份系统，对资源池、部署在资源池上的业务平台和业务数据进行备份。备份数据包括虚拟机镜像文件、平台业务数据、数据库、日志话单等。

对于虚拟机镜像、虚拟机文件，可采用虚拟化软件的备份功能或第三方备份软件进行备份。虚拟化软件自带的备份功能主要通过快照方式实现，由虚拟的备份服务器进行待备份文件的快照、复制、去重等操作，备份介质通常为磁盘阵列；第三方备份软件通过调用虚拟化软件的备份接口进行虚拟机文件的备份操作，备份软件进行复制、去重等操作，备份介质可以为磁盘阵列、磁带库、NAS 存储、虚拟带库等。

物理机数据和数据库的备份需要安装备份代理软件，使用第三方备份软件进行备份。备份介质包括磁盘阵列、磁带库、虚拟带库、NAS 存储、分布式存储等。应根据平台重要性、恢复时间要求、备份容量等综合选择备份介质。磁带库是传统的主流备份介质，通过磁带库，用户可以进行复杂、周密的介质管理，并利用备份软件实现高度的自动化。

磁带介质便于离线保存，可以定期从磁带库中取出，人工转移到另一地点，实现异地容灾。但是磁带库基于顺序读写，读写速度比较慢，数据备份和恢复的时间都非常长，且数据恢复过程中需要频繁的磁带装卸工作，只适用于数量庞大而且对恢复时间目标（Recovery Time Objective，RTO）要求较低的数据备份环境。

磁盘阵列作为数据备份的介质，可以较大地提升数据备份和数据恢复的效率。在基于磁盘阵列的备份方案中，磁盘被格式化为文件系统，提高了设备的空间利用率，降低了维护成本，投资较低，但在一个有成百上千台服务器的环境中要实现 LAN-Free 方式的备份，配置复杂性和成本都会大大提高。基于磁盘阵列的存储设备与服务器通过文件系统的方式产生关联，文件系统将成为整个备份系统的瓶颈。

虚拟带库是将磁盘组模拟成磁带方式进行读写存储的备份介质，一般由高性能磁盘组成，通过高容量缓存与 I/O 负载均衡技术来提高数据存储效率，尤其适用于对 RTO 性能要求较高的备份环境。虚拟带库既保留了在数据备份过程中磁带顺序写入的高性能，又可避免磁带容易受外环境破坏、不宜多次使用的缺点，提高了数据保存与对备份数据进行恢复验证的成功性。虚拟带库一般都能够跟现有主流备份软件实现兼容，便于维护和管理。设备价格通常比同等级磁盘阵列要高。备份方式包括 LAN 备份和 LAN-Free 备份。LAN 备份适用于所有存储类型，LAN-Free 备份只能适用于 SAN 架构下的存储类型。为保障业务，在 SAN 架构中，建议采用 LAN-Free 备份方式。

4.8.2 多节点容灾

多节点容灾方案包括数据级容灾和应用级容灾。数据级容灾只对数据进行保存，只能回传数据至本地恢复。应用级容灾同时保存应用和数据，必要时可在异地恢复应用（需要提前进行演练）。下面重点描述应用级容灾解决方案。

在常规的两地三中心建设过程中，通常面临以下3个问题。

① 切换时间太长，即使通过自动化实现，主切备或备切主都需要花费几十分钟时间；

② 操作风险太大，比如核心系统切换需涉及几十步以上的操作步骤和上百条命令，每条命令都有出错的可能；

③ 建设成本太高，同城机房按照1：2甚至1：1的比例进行建设，服务器平时完全闲置，除了一次性投入外，每年还要耗费大量的维护费用。

因此，除了一些特殊的业务，也可以通过建设同城双活数据中心来降低RTO、减少切换风险，同时降低成本。同城双活数据中心应用级容灾解决方案分为以下几个层面。

（1）负载均衡层

通过全局应用负载均衡（Global Server Load Balance，GSLB）、应用负载均衡（Server Load Balance，SLB）实现业务在两个数据中心的资源调度。

（2）双活网络层

双活网络层，根据业务访问模型的不同，提供二层或三层互联。

对于B/S应用双活，提供高可靠的三层互联；对于C/S应用双活，提供高可靠、优化的二层互联，形成跨DC的网络资源池，允许应用集群、虚拟机跨DC部署和迁移，并且能够优化访问路径，保证客户端就近访问业务所在DC；对于基于SLB的C/S应用双活，提供二层互联，以用于SLB层的高可用配置、心跳同步。

（3）应用层、平台层

双活应用层，支持应用集群跨DC部署，典型的如Oracle Extended RAC；支持虚拟机跨DC迁移。

应用集群和虚拟机迁移技术，可提供给用户跨DC的高可用、负载均衡、应用负载迁移调度的特性。

（4）数据库层

通过数据实时应用集群（Real Application Clusters，RAC）部署或集群方式实现两个数据中心间双活。

（5）双活存储层

双活存储层可实现上层应用在两个DC同时读写存储，保证两个DC的存储同时写入，使数据可靠性得到最大保证，并且降低存储读写的时延，保证数据存储的良好性能。

一个典型的双活数据中心组网如图4-36所示，其容灾切换过程如下。

第一步：当数据中心A发生故障

数据中心A的服务器、存储全部意外中断，数据中心A对应的监控数据全部变成0，每秒发生的业务交易量全部变为0。

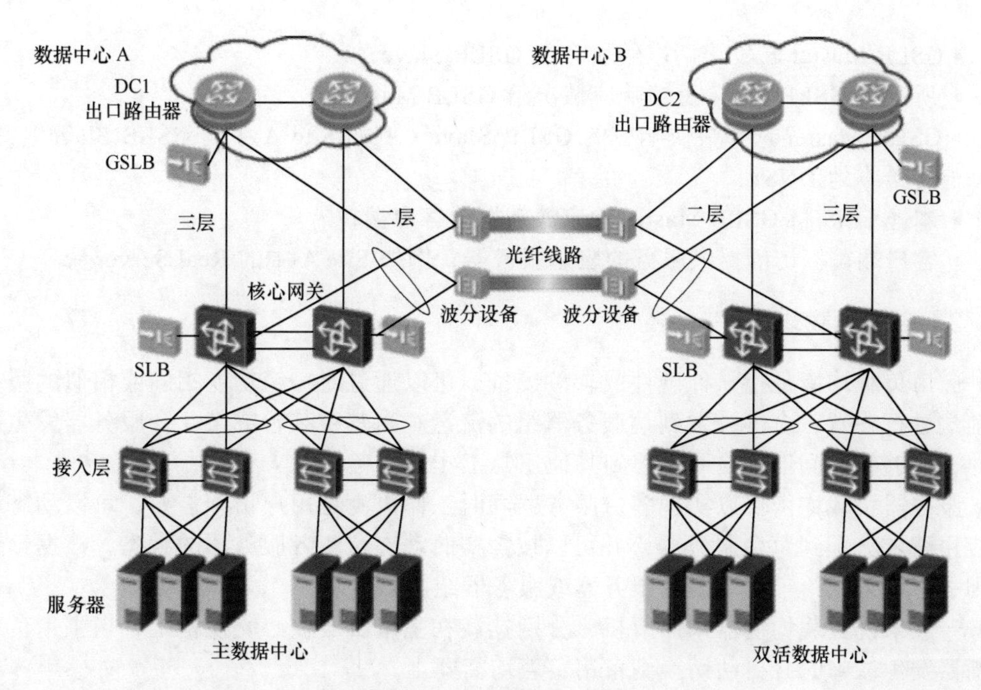

图 4-36　双活数据中心组网

第二步：GSLB 设备自动重定向业务请求

GSLB 将新的用户请求全部重定向到数据中心 B，此时数据中心 B 的应用服务器还能够正常接管业务，在线用户数有明显增加，但是由于数据库处于集群恢复状态，用户提交交易的操作将会挂起。

第三步：数据库集群故障自动恢复

由于底层数据库采用双活集群，当集群中一台服务器发生故障时，另外一台服务器需要进行业务接管和同步操作，导致在该段时间内数据库不能写入，所有数据中心无法提交交易，用户提交交易看到的现象将是等待状态，数据库切换完毕后恢复正常。

第四步：数据中心 B 全面接管业务

数据库恢复后，在切换过程期间积累的交易将会在短时间内快速处理，每秒的交易数将达到峰值，之后回落到正常水平，此时可以观察到数据中心 B 的在线人数和每秒交易数已经是故障之前的两倍，即数据中心 B 已经接管数据中心 A 的全部业务。

4.8.2.1　负载均衡设计

1. 全局应用负载均衡

绝大部分使用负载均衡技术的应用都通过域名来访问目的主机。用户在发出任何应用连接请求时，必须首先通过 DNS 请求获得服务器的 IP 地址，基于 DNS 的 GSLB 正是在返回 DNS 解析结果的过程中进行智能决策，给用户返回一个最佳的服务 IP 地址。

GSLB 对于 DNS 请求的处理流程大致如下。

- 站点查询请求由客户端向本地 DNS 发起；
- 如果本地 DNS 中无该站点对应的 IP 地址信息时，则转发请求至 GSLB Master；

- GSLB Master 转发该请求给所有的 GSLB Slave；
- 所有的 GSLB Slave 反馈响应情况给 GSLB Master；
- GSLB Master 选择最快响应的 GSLB Slave（例如 Site A 中的 GSLB Slave），并返回应答给本地 DNS；
- 本地 DNS 将 GSLB Master 的应答转发给客户端；
- 客户端可以访问提供服务的应用服务器，例如 Site A 中的 Real Server。

2. 应用负载均衡

应用负载均衡是指一种硬件或软件设备，可以通过对一组功能相同或相似的服务器前端进行设置，合理分发到达服务器组的流量。当其中某台或某几台服务器发生故障时，能够将访问请求自动转移到其他正常工作的服务器上。

服务器负载均衡可以实现多台服务器同时工作以满足用户访问需要，可以动态地将应用请求分配到每台服务器，并可以按需实时动态监测各服务器的状态，根据预设规则将请求分配给最有效率的服务器或服务器组。

一般来说负载均衡器采用双机，分别挂载在主备二层核心交换机上，当主用负载均衡器发生故障时会自动切换到备用负载均衡器上。

负载均衡器支持 NAT、直接路由（Direct Routing，DR）和 Host 3 种数据包转发模式。其中，性能最优的是 DR 模式，其次是 NAT 模式，Host 模式是基于内容的解析，性能一般。NAT 模式要求真实服务器默认网关指向负载均衡器的地址，而 DR 模式则要求所有服务器在同一个网络内，并且真实服务器需要添加本地回环 IP 地址为负载均衡器上虚拟服务的 IP 地址。

4.8.2.2 网络层双活设计

1. 跨数据中心网络

为保障方案的可靠性，通常采用数据传输链路和心跳链路分离设计的原则。通过 VLAN 或 VRF 隔离端到端的数据流量，同时分配好各自独立的物理互联链路，充分分离业务流量与集群心跳流量，使两者互不影响。可采用 FC 链路实现同城双数据中心间的数据实时同步，采用二层以太网络实现双数据中心间主机应用集群的心跳、同步互联链路通信。

2. 业务访问网络架构

（1）B/S 应用网络架构

B/S 应用多为 Web 应用，对外提供域名访问。采用 Web-App-DB 三层结构，推荐采用虚拟机部署 Web/App，只在数据中心内部署虚拟机集群，推荐采用物理机部署 DB，跨数据中心部署数据库集群。Web/App 层提供双活访问，DB 仅对 Web/App 提供服务。

在 Web/App 层业务访问网络设计中，两站点的网关相互独立，属不同网段，对外发布网段路由。而在 DB 层业务访问网络设计中，两站点之间需要二层互联，属同一网段，每个站点部署双活网关，向数据中心内发布数据库的主机路由，本主机路由不会向广域网发布。

（2）C/S 应用网络架构

C/S 应用多为中间件应用，对外提供 IP 访问，无需 GSLB。采用 App-DB 两层结构，采用虚拟机部署 App、集群部署虚拟机、物理机部署 DB。App 层在单个数据中心运行，DB 仅对 App 提供服务。

在 DB 层业务访问网络设计中，两站点之间需要二层互联，属同一网段，每个站点部署双活网关，向数据中心内发布数据库的主机路由，本主机路由不会向广域网发布。而在 App 层业务访问网络设计中，两站点之间需要二层互联，属同一网段。

3. 存储网络双活方案

双活存储镜像采用 FC 光纤互联。可采用裸光纤直连或光传送网（Optical Transport Network，OTN）波分设备来构建两个数据中心的同城网络。

在部署 OTN 波分设备时，可以采用 1+1 主备线路双发选收的方式，保证物理链路的可靠性。如果发生一对裸光纤中断的情形，另一条裸光纤可马上恢复对业务流量的传输，上层网络及应用对切换过程无感知。

4.8.2.3　应用层双活设计

1. B/S 应用双活

对于 B/S 架构的应用，一个从浏览器发送的 HTTP 请求经过 Web 服务器之后会被重新定向给应用服务器。这个重定向操作是由 Web 服务器来完成的。

一般情况下，需设置一台 Web 服务器来对应一个应用服务器集群，从而达到负载均衡效果。

一个站点部署多台 Web 服务器，但不组成集群时，需在 SLB 上创建两个资源池，如 DC1 资源池和 DC2 资源池，然后跨站点将同类应用服务器组成双活集群。

两个数据中心的应用服务器集群均需要与跨 DC 的数据库集群间建立连接。

2. C/S 应用双活

对于 C/S 类应用系统，业务往往是由某一台物理服务器或虚拟机直接提供，主机的 IP 地址就是业务访问的 IP 地址。当业务系统需要提升业务的可用性或负载分担时，就需要部署主备集群技术，对于无数据一致性要求的应用（如 App 服务器），则可选择 SLB 集群或应用集群。对于有数据一致性要求的应用（如 DB 服务器），则需要选择应用集群，依赖应用自身集群机制进行切换和负载分担。

C/S 业务一般对外提供 IP 访问，部署客户端软件，用户使用 IP 地址、用户名和密码登录某应用。

（1）应用不支持分布式部署

如果 C/S 应用不可以采用分布式部署，那么主路由只能在一个数据中心发布，则所有的 C/S 应用只能在单数据中心内运行，且支持发生故障、自动切换业务至备站点。

对于 DB 层服务器以及少量 App 层服务器，往往采用物理 IP 地址直接提供业务，这种模式仅用于数据类应用（C/S 模式）。如果采用跨 DC 集群，业务 IP 地址由虚拟 IP（Virtual IP，VIP）地址取代。当应用集群切换时，需考虑 VIP 在主备节点间切换带来的流量模型变化。集群心跳网络及集群业务网络通常需要接入同一个二层域。

对于虚拟机承载的数据类应用系统，业务是由虚拟机直接提供访问的，因此虚拟机的 IP 地址就是业务的访问 IP 地址。当服务器虚拟化后，其最大的特征是动态性与资源复用特性。由于应用直接由虚拟机提供服务，因此无法借助于 SLB 进行资源调配，只能将虚拟机迁移到更空闲的物理机上运行。应用管理员可以根据应用的资源需求（如 CPU 性能需求、内存需求），灵活调度、调整虚拟机运行位置、上下线状态。

当虚拟机资源池扩展到两个数据中心后，则可以更加灵活地利用备中心的物理服务器资源，实现跨中心的虚拟资源灵活调度，大幅提升资源利用率。

对于部署在虚拟机中的数据类应用服务器（主要为 App 服务器），采用虚拟机的 IP 地址直接提供业务。当虚拟机发生迁移后，虚拟机的 IP 地址将漂移至另一侧主机，因而需要考虑虚拟机 IP 地址漂移造成的流量模型变化。由于业务管理网络（包括虚拟机管理、迁移网络）、业务网络通常需要接入同一个二层域，因而可采用裸光纤、波分传输、Overlay 的大二层互联技术等技术进行二层互联。

（2）应用支持双活分布式部署

如果 C/S 应用支持分布式部署，那么应用可以同时在两个数据中心运行（对外使用不同 IP 地址），也可以通过手动配置客户端与对应的服务器侧 IP 通信，将客户请求负载均衡到两个数据中心。

4.8.2.4 云平台层双活设计

基于云平台的双活方案设计采用一套云管理平台跨数据中心的部署方式，实现云平台各种资源在两个站点双活运行，当一个数据中心发生故障时，业务自动切换到另外一个数据中心继续运行，实现 RPO 为 0，RTO 近似分钟级。

以华为产品为例，双活云平台整体架构如图 4-37 所示。

ManageOne SC 实现运营能力，管理员可以定义服务产品、服务计量、租户操作日志记录、发布云服务等。ManageOne SC 采用跨站点 HA 部署，当单数据中心发生故障后，ManageOne SC 可自动切换到灾备中心，继续对外提供服务。

FusionSphere OpenStack 控制节点管理整个云平台，使得所有的计算、网络和存储资源都通过控制节点进行统一管理，如申请云主机，都需要通过 OpenStack 控制节点下发创建云主机业务，再去计算节点创建。再如 Nova、Cinder 等无状态服务可以根据业务量横向扩展，服务的数据库跨数据中心，部署为主备集群模式。

FusionSphere 计算节点提供计算资源，将租户申请的双活云主机下发到计算节点上，云主机是租户实际使用的计算资源。在云平台双活场景下，当数据中心发生故障后，通过双活容灾服务可将云主机自动切换到灾备中心，RTO 近似分钟级。

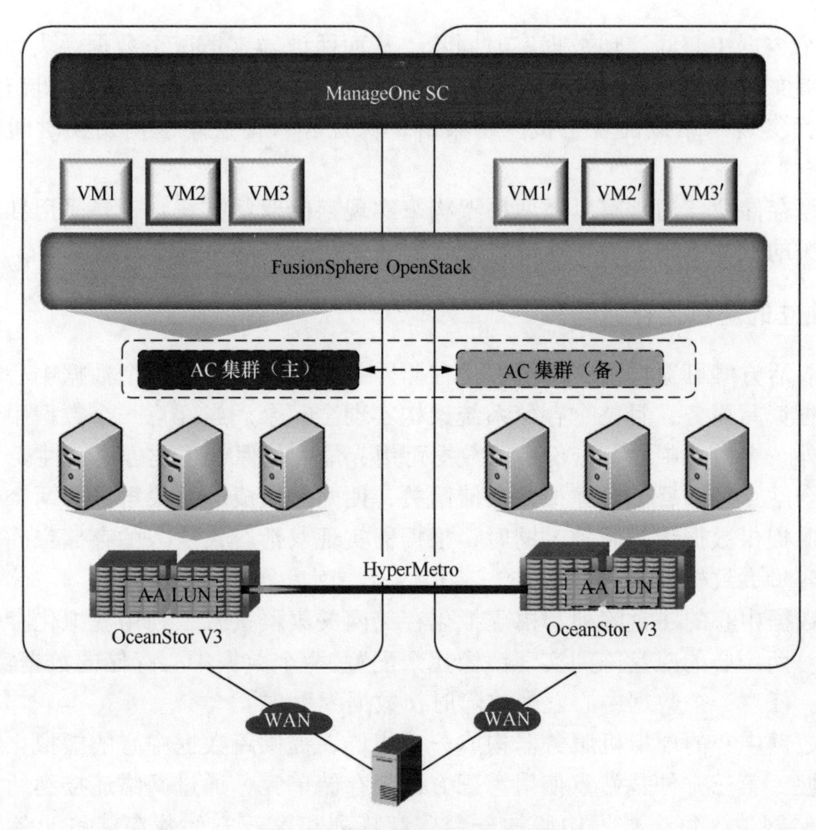

图 4-37　双活云平台整体架构

OceanStor V3 提供存储双活能力，通过将两台 OceanStor V3 创建双活卷，并挂载给双活云主机使用。双活卷自动实现数据实时同步，确保双活云主机的业务数据在两个 DC 间实时一致，RPO 为 0。

第三方仲裁站点为双活容灾服务、FusionSphere OpenStack 和存储提供仲裁能力，当两个数据中心之间的链路发生故障后，通过仲裁机制，可确保数据中心存活并对外提供服务，防止出现脑裂现象。

涉及不同的组件存活在同一个数据中心时，需要保证仲裁后的组件存活数据中心保持一致，避免出现各个部件在不同的数据中心运行。

4.8.2.5　数据库双活设计

数据库层双活一般通过数据库集群来实现，业界主流的方式主要有两类：A/S（Active-Standby）集群与 A/A（Active-Active）集群。

A/A 集群的多个集群节点可以同时为同一项应用提供服务。采用 A/A 集群时，由于集群节点同时工作，使得应用系统整体性能更佳，并且可以做到发生故障后的无缝切换。

4.8.2.6　存储层双活规划设计

存储双活作为整个系统实现双活的基础要素，主要解决以下两个核心问题：一是如何在两个数据中心间实现数据实时同步，从而保证异常情况下数据丢失为零（RPO 为 0）；二是如何实现存储资源的虚拟化，提供可同时被两个数据中心主机访问的共享存储，从而实现跨站点部署主机应用集群，保证异常情况下应用切换时间几乎为零（RTO 几乎为 0）。

当前，存储业务通常有以下两种架构来实现存储双活方案：一是采用独立的虚拟化存储网关的双活方案；二是通过磁盘阵列叠加存储双活功能的双活方案。

1. 独立的虚拟化存储网关

存储双活方案可通过独立的虚拟化存储网关来实现，可为两个数据中心的存储同时提供数据读写服务，且整个存储系统架构实现全冗余。当任意一个数据中心发生故障时，另外一个数据中心有一份相同数据可用，最大化保证了业务连续性。

在两个站点各部署一台虚拟化存储网关，使两者组成一个集群，为两个数据中心的业务同时提供数据读写服务。同时，根据需实现双活容灾业务的存储空间需求，配置等级和容量大致相当的磁盘阵列。

两个数据中心的磁盘阵列都由虚拟化存储网关集群接管，利用虚拟化存储网关的镜像技术对两中心的磁盘阵列实现镜像冗余配置,两个数据中心存储的数据实时镜像，互为冗余。任意一个数据中心发生故障时，数据零丢失。

两个数据中心的虚拟机服务器构成一个集群，提供跨数据中心的虚拟化业务连续性和移动性。第三方仲裁站点使用第三方仲裁存储单元，通过网络连接到两个站点的虚拟化存储网关。每个数据中心的一台磁盘阵列和第三方仲裁存储单元各提供一个 LUN 供仲裁使用。

2. 通过磁盘阵列叠加存储双活功能

双活的基本原理是通过两台高端存储设备的物理 LUN（不同的 LUN ID）虚拟出同一个 LUN ID 的虚拟卷，并把虚拟卷映射给同一个主机。对于主机来说，只是增加了一条路径。利用多路径负载均衡软件，可自动实现到两个物理 LUN 的数据写入。两个物理 LUN 的差异会通过两台高端存储之间的协同机制来保证数据的一致性。

设备配置要求如下：两台高端存储系统相互之间通过 FC 相互连接，保持数据一致；主机间通过集群软件实现高可用；配置存储双活软件。

仲裁卷部署在高端存储之外的第三台存储设备上，用于防止高端存储集群发生脑裂。可以利用现有的其他存储，划分几十兆字节的空间，通过 SAN FC 网络连接到两台高端存储即可。最优方式是将仲裁卷放在第三数据中心，这样安全性最好。此外，也可以将其部署在主中心。

在双活数据中心的整体架构下，两边的高端存储可以为同一业务同时提供两边的读写访问。当其中的一个数据中心发生灾难时，业务系统可以不间断地自动切换至第二个中心，整个切换过程对于前端的业务访问是透明的。切换效果可以达到 RPO 和 RTO 均为 0。

由于高端存储方案是单纯基于高端存储实现的双活功能，因此，高端存储方案可以对前端业务提供高端存储的读写性能，以及高端存储的可靠性和安全性，同时保持了架构的简洁，避免了传统高可用模式所采取的增加额外设备而导致的故障点增加和性能降低的情况。

| 4.9 云网融合 |

从最早的 IT 系统虚拟化，到私有云、公有云、混合云，今天的云已经成为非常复杂的多云。在多云环境下，云和云之间的连接成为 “痛点”，网络的重要性日渐凸显，云和网的协同成为云计算发展中的关键一环。单纯的“大带宽、低时延”已经不能满足企业“多系统、多场景、多业务”的上云要求。在这种背景下，业务需求和技术创新并行驱动，加速网络架构发生重大变革，云和网高度协同，不再各自独立，云网融合的概念应运而生。

4.9.1 概述

云网融合作为云计算和网络的交叉领域，随着企业上云进程的不断推进，其行业发展也在趋于成熟。最初云网融合服务于企业上云，通过上云专线保障企业上云的连贯性、完整性和速度。随着产业的成熟，云网融合也成为云计算的一个独立领域，出现在云计算的多个场景中。

当前，云网融合已经成为云计算领域的发展趋势。云网融合旨在高度协同云和网，是促进云和网互为支撑、互为借鉴的一种概念模式。云网融合包含云和网两个方面，以云为核心和以网为核心会催生两个不同的业务方向。以云为核心，云计算业务的开展需要强大的网络能力的支撑，即云间互联；以网为核心，网络资源的优化同样借鉴云计算的核心理念，云和网双向互相支撑，即产生了通信技术（Communication Technology，CT）云。

本节主要阐述云间互联场景及其解决方案。在云间互联场景下，云网融合的趋势逐渐由简单的“互联”向“云+网+应用”过渡，云间互联只是过程，最终目的是促进云网和实际业务的高度融合，包括服务资源的动态调整、计算资源的合理分配以及定制化的业务和网络互通等。云间互联主要应用在以下 3 类典型场景。

1. 混合云场景

指企业本地与公有云资源池之间的高速连接，企业本地可以有私有云、本地数据中心、企业私有 IT 平台等形式，最终实现本地计算环境与云上资源池之间的数据迁移、容灾备份、数据通信等需求（如图 4-38 所示）。

混合云场景下的互联互通同时要实现高质量、高稳定性、安全可靠的数据传输，并要保证网络质量稳定，避免数据在传输过程中被窃取。混合云作为云网融合方案中的重要应用场景，可定义以下两种主流的场景模型。本地计算环境（用户自有 IT 系统、监控中心、数据平台）与云上资源池的互联；本地数据中心（私有云）与云上资源池的互联。

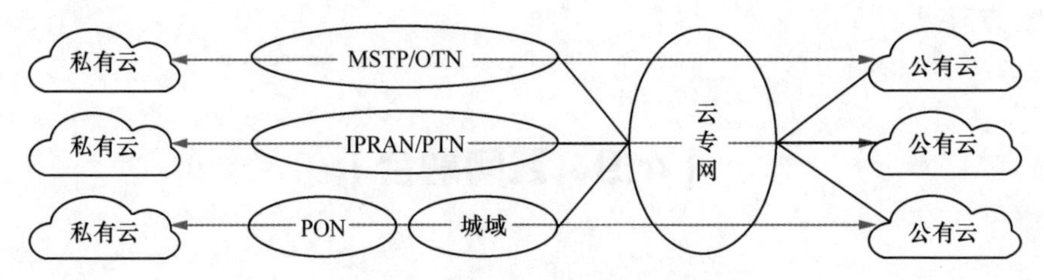

图 4-38 混合云的云间互联场景

基于以上两种连接场景，企业用户在构建混合云场景下的互联互通时，第一步要实现企业内部多个云之间的互联；第二步要实现私有云和公有云之间的网络互通，使企业可以对资源进行弹性调度，像使用自己的私网一样；最后一步是实现多云之间的统一管理。从整个过程中能够看到，打造云和云之间的互联网络尤为重要。混合云服务提供商通常会通过高质量云专线和云专网的组合来保证混合云端到端的网络连接，这样既保证了网络的稳定、高速、安全，也可以规避绕行公网产生的网络质量不稳定等问题，降低数据在传输过程中的被窃取风险，同时能让企业在使用正常公有云资源的同时，通过本地数据中心保障核心数据安全。

2. 跨云计算服务提供商的互联场景

指不同云计算服务提供商的公有云资源池间的高速互联（如图 4-39 所示）。该场景主要解决来自不同厂商的公有云资源池网络互联的问题，最终是以实现跨云计算服务提供商的跨云资源池的互联为目标。跨云计算服务提供商的跨云资源池互联也称为多云互联。

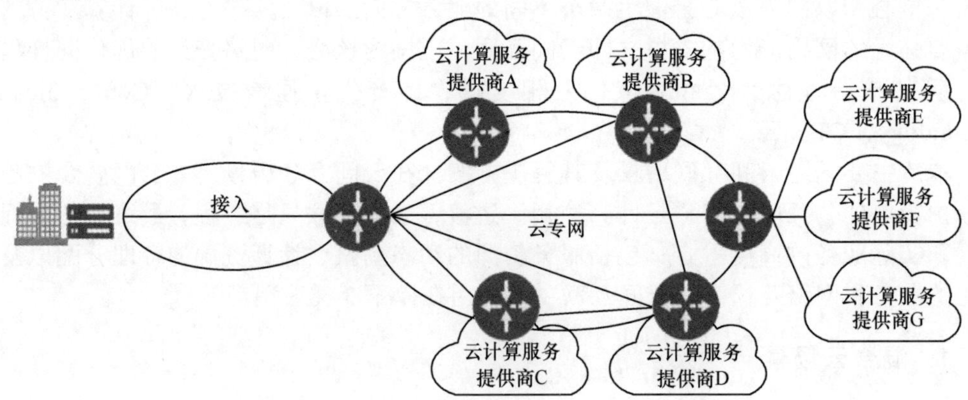

图 4-39 跨云计算服务提供商的互联场景

经过云计算多年的发展，目前已经进入多云时代，包含私有云、公有云、混合云和各种异构资源。多云必将成为企业未来的首选，其中企业将部分业务分别部署在两个或多个不同的公有云服务提供商平台上也已经成为越来越多大中型企业的部署方式，因此能够统一管理多云环境的多云管理平台必将成为企业的刚需，在管理端企业开始利用云管理平台进行多云管理外，多云之间的网络仍然制约着多云环境的管理。

在该场景下，网络服务提供商依托于自身的网络覆盖能力，将不同的第三方优质公有云资源接入自身网络之中，最终形成一种网络资源与公有云资源互相补充的合作伙伴模式。网络资源是跨云计算服务提供商的云资源池互联场景的核心部分，即提供网络资源的网络服务提供商需要根据各云计算服务提供商的数据中心、POP部署位置，在光缆资源、云连接节点、光纤基础设施等网络资源上做到全方位地覆盖，以提供端到端的服务质量保证和快速开通业务能力。同时，网络服务提供商的各云连接节点需要具备与各类云计算服务提供商网络自动对接的能力。

在通过网络服务提供商云专网为跨云计算服务提供商构建异构多云资源池的同时，企业站点需要灵活访问部署在不同云上的系统和应用，需要网络提供“一线”灵活多云访问能力，即企业终端只需申请一根专线，在不需要任何手动切换的情况下，即可通过各种接入方式接入云专网，云专网可根据终端访问的目的地灵活调度到不同的云资源池，企业侧则不需要感知网络细节和云端应用的具体部署位置。

3. 多中心互联场景

指同一云计算服务提供商的不同资源池间的高速互联（如图 4-40 所示）。解决分布在不同地域的云资源池互联问题。企业可通过在不同的资源池部署应用，完成备份以及数据迁移等任务。

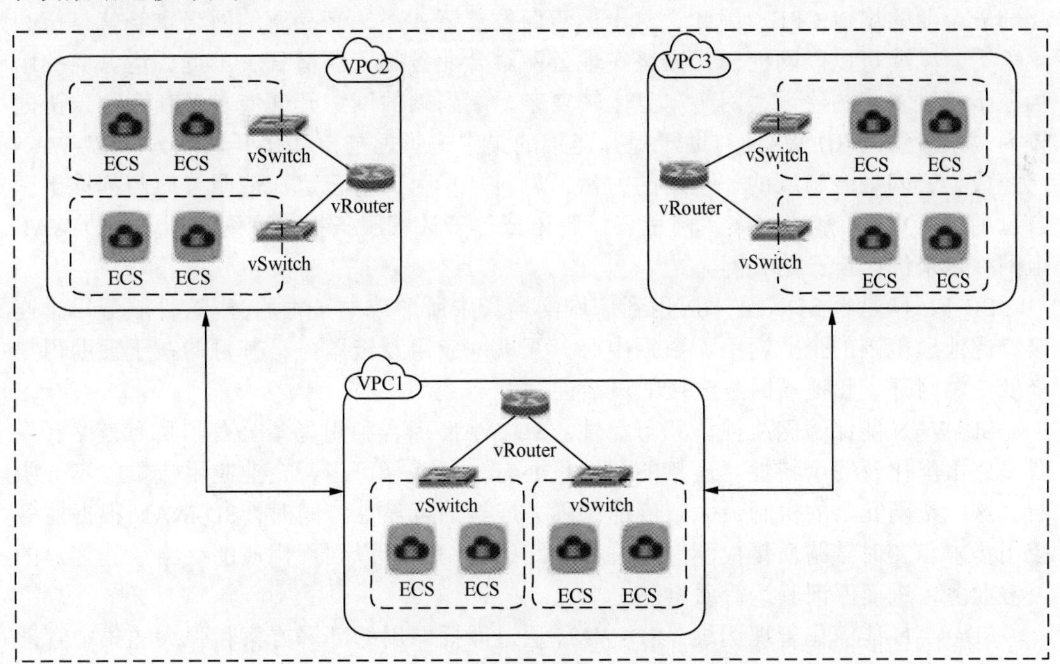

图 4-40 同一云计算服务提供商的多中心互联场景

同一公有云的多中心互联是云网融合的一个典型场景。实际应用中，很多用户的云主机的分布位置及区域可能因为业务关系、开通顺序而有差异，对于跨区域的云主机数据互访，主流的云计算服务提供商往往提供了 PoP 到 PoP 的传输服务来实现公有云之间的数据交互。通过云计算服务提供商的云专网实现不同地域的 VPC 间私网通信，既可以避免绕行公网产生的网络稳定性等问题，又可以解决数据传输的安全问题，同时还可以保证海量数据的实时高速传输。

现如今企业的用户和企业分支机构遍布全球各地，企业云上业务应用需要多地部署或跨国部署，因而要实现企业分支机构及用户就近快速、实时访问和业务直连，同时实现 IT 资源全局统一优化管理和自动化敏捷交付。在当前业务国际化和云网融合的大背景下，快速构建适应业务需求的跨地域云网融合，实现分布在不同地域的多中心云上资源池间数据交互和 VPC 间高速互联，对企业用户来说可以很大程度提升其业务服务能力。

目前仍处于云网融合的早期阶段，市场格局并不明朗，设备厂商、网络运营商、公有云运营商等如何在未来的广域网市场中找到准确的定位，行业是否会发生新一轮的洗牌，是有待继续观察与思考的深刻命题。未来，希望 WAN 的生态能够向着更加开放、标准化、服务化的方向发展，为用户提供更为灵活、丰富的连接能力。

4.9.2 运营商云网融合解决方案

对于运营商而言，其存量资源可覆盖网络连接的端到端，包括广泛的端局节点，以及高品质的企业专网。对于本网客户而言，还掌握着“最后一公里”的接入权，以及部分企业的出口 CPE。因此，对于运营商发展云业务，高品质的网络本身就是核心竞争力，先期可以以网促云，最终实现云网融合业务收入双增长。不过，运营商的困难在于经过多年的建设，网络本身比较复杂，端到端的网络开通涉及多套系统，协同较为复杂。引入 SD-WAN 有助于提升连接的集中式管理与自动化开通能力。SD-WAN 已经成为云网融合领域的一个新的力量，思科、华为、青云、深信服等厂商都推出了自己的 SD-WAN 解决方案，阿里云、腾讯云等云计算服务提供商纷纷引入 SD-WAN 组网技术来优化自己的专网。

SD-WAN 是将 SDN 技术应用到广域网场景中所形成的一种服务。这种服务用于连接广阔地理范围的企业网络、数据中心、互联网应用及云服务，其目的在于帮助用户降低广域网开支和提高网络连接的灵活性。

SD-WAN 能保障网络性能和可靠性。SD-WAN 综合利用多条公有和私有链路，具有多路由优化及冗余特性。连接的两端只要有一条路径可用，企业应用流量就不会中断，这一整网冗余的机制最大限度地保障了连接的可靠性。同时，SD-WAN 根据业务应用需求和实时链路质量检测，通过智能路径控制即可以利用优质的链路承载客户的关键业务，进而保证其运行质量。

SD-WAN 能简化管理运维。SD-WAN 通过即插即用的部署方案和强大的集中管理系统，可对全网可视可控，掩盖大部分网络实现的复杂性，大幅降低客户的管理投入和对网络运维人员的能力需求，因此可简化网络运维，增加管理效率。

SD-WAN 能降低成本。Gartner 报告称，SD-WAN 部署比传统广域网架构节省 60% 的费用。SD-WAN 方案利用现有的基础设施进行流量传输，允许快速分支部署和实时访问，网络的所有部署和管理均由集中控制系统进行，自动化运维减少了问题识别和相关补救成本，从各方面节省了硬件、软件和 IT 资源开销，尤其在分支机构较多时，采用 SD-WAN 模式节省成本的效果更加明显。

下面针对以运营商云端为核心的 SD-WAN 解决方案进行介绍。这种方案是对传统的 MPLS VPN 方案的延伸，相比于端到端的 Overlay，该方案中的两端的“最后一公里”用 Overlay，而中间的骨干段交给运营商的专网。除了传统的网络运营商以外，目前一些公有云运营商也有自己的骨干网。下文介绍的方案适用于网络运营商以及公有云运营商。

1. 基于 SDN 网关的解决方案

要整合运营商的线路资源，需要在运营商的 PoP 中部署接入网关，由 SD-WAN 网关来衔接用户侧 CPE 的“最后一公里”以及网络侧的 IP/MPLS 骨干线路，此时用户侧的 CPE 就相当于 CE，而 SD-WAN 网关就相当于 PE，符合传统的组网模型。由于中间引入了 SD-WAN 网关进行解耦，因此传统的企业出口路由器也可以接入 SD-WAN 的组网中。另外，CPE 还增加了一项最为主要的工作，就是自动地把流量牵引到 SD-WAN 网关上，或者在识别出关键应用后将其流量牵引到 SD-WAN 网关上。

针对接入段，即 CPE 与 SD-WAN 网关间的“最后一公里”。如果该段网络不是由运营商提供服务，那么 CPE 与 SD-WAN 网关间的传输承载在互联网上，两端用 IPSec 打通，SD-WAN 网关的选择将直接决定接入端的质量，因此 CPE 需要优选一个 SD-WAN 网关进行就近接入。如果该段网络由运营商打包提供，则可以直接利用以太网/PON 等现有的接入技术。不过，这些现有的接入技术的灵活性一般都比较差，因此也可以在适当的位置上引入 VxLAN 等 Overlay 技术，通过控制器来实现新型业务的自动化开通。

针对骨干段（即 SD-WAN 网关终结封装、识别租户后通过骨干网传输的链路）的网络配置也有多种情况。如果流量目的地与发起端在同一个 SD-WAN 网关下，那么 SD-WAN 网关可直接发送给目的 CPE；而如果流量目的地与发起端不在同一个 SD-WAN 网关下，那么两端的 SD-WAN 网关间就需要通过骨干网进行传输。SD-WAN 网关间的传输实现方式有如下几种。

（1）SD-WAN 网关间通过 MPLS VPN 传输，且 SD-WAN 网关自身具备建立 MPLS VPN 的能力，这时可以为出向流量标记 Service 标签，此时流量模型为 CPE→SD-WAN 网关→SD-WAN 网关→CPE；

（2）SD-WAN 网关间通过 MPLS VPN 传输，但 SD-WAN 网关并不具备建立 MPLS VPN 的能力，那么 SD-WAN 网关就要通过 VLAN 子接口和存量的 PE 做背靠背连接，同时与 PE 间采用静态协议或 eBGP 打通路由，然后由 PE 完成 MPLS VPN 的工作，此时流量模型为 CPE→SD-WAN 网关→PE→PE→SD-WAN 网关→CPE；

（3）如果骨干网不具备构建 MPLS VPN 的条件，也可以直接通过 IP 隧道、MPLS over GRE 或 VxLAN，通过 Service 标签或者 VNI 来隔离租户，此时流量模型为 CPE→SD-WAN 网关→SD-WAN 网关→CPE。

如果骨干传输还要实现两个运营商间的跨域，路径中不可避免地要引入两个运营商的自治系统边界路由器（Autonomous System Boundary Router，ASBR），流量模型可能为 CPE→SD-WAN 网关（运营商 A）→PE（运营商 A）→ASBR（运营商 A）→ASBR（运营商 B）→PE（运营商 B）→SD-WAN 网关（运营商 B）→CPE。除了网络模型比较复杂以外，还需要在不同运营商间进行业务的协同。

对于互联网流量，可以由企业分支站点的 CPE 实现分流，CPE 还需要在本地完成 NAT、QoS、安全等处理。引入 SD-WAN 网关后，流量模型可能会变为 CPE→SD-WAN 网关→互联网，由 SD-WAN 网关完成互联网流量与 VPN 流量的分流。对于企业来说，这种区域性 SD-WAN 网关分流的优势在于既可以通过 SD-WAN 网关为本地的多个分支集中地提供 NAT、QoS、安全等服务，避免以分支为单位去使用这些服务的成本与复杂性，也可以避免互联网流量绕行所造成的时延与带宽消耗。

2．基于云化 CPE 的解决方案

在网络运营商传统的端局节点中，为了支撑话音、宽带、专线等不同专业的业务，需要采购大量专用的硬件设备，开放性和灵活性很差。在云计算/SDN/NFV 等新型架构的驱动下，全球各大运营商纷纷投身于端局云化的重构进程中。端局云化后，各类专用的硬件设备在形态上将被基于通用 x86 平台的 VNF 所替代，在架构上将实现转发和控制的分离解耦，这对于运营商具有巨大的价值：一方面，提高了开放性、灵活性，长期来看能够有效地降低成本；另一方面，运营商得以将各种增值服务的 VNF 以服务的形式提供给客户，这将是一笔相当可观的业务增收，也是破局“管道化”困境的有效方式。

在这一大背景下，SD-WAN 的架构也得到了新的延伸，以 vCPE 为核心的解决方案得到迅速发展。从字面上看，vCPE 指一个与 CPE 具有相同功能的 VNF，但实际上业界对于 vCPE 的定义并非如此。由于传统的企业级 WAN 涉及路由、安全、深度报文检测（Deep Packet Inspection，DPI）等诸多技术，因此对 CPE 进行虚拟化的结果，通常并不是一个 VNF，而是 vPE、vFW、vDPI 等多个 VNF，它们各自完成一部分功能，然后通过服务链串接在一起，共同交付 vCPE 的能力。vPE 也可以作为 vCPE 方案中的一个 VNF，vPE 强调的是接入能力，用于终结“最后一公里”的封装，而 vCPE 要为企业提供接入和其他增值服务的能力，虽然在某些产品和语境下，vCPE 可以指代一个特定的 VNF，但是在通用语境下，vCPE 是指一套完整的解决方案。

一套完整的 vCPE 方案的实现需要云计算、NFV 和 SDN 技术的紧密协同。首先，要有一个 x86 的平台来提供虚拟化的能力，可以是在基于 x86 的白盒上，也可以是在云化端局的 x86 资源池中。其次，要有一套虚拟化的中间件及云管理平台，如开源的 KVM+OpenStack。然后，需要一套虚拟网络功能管理器（VNF Manager，VNFM）+ NFV 编排器（NFV Orchestrator，NFVO）对 VNF 进行管理和编排。SDN 部分，云化端局的控制器与 SD-WAN 的控制器可能是同一套，也可能是两套。另一些方案中还会包括接入网的网管/控制器。

如果所有的能力都由企业侧提供，则称为分布式 vCPE。与之相对应的是集中式 vCPE，即所有能力都位于云化端局的资源池中，并由运营商以服务的形式来集中提供，因此也可以称为云化 CPE。分布式 vCPE 中有一种特例称为 uCPE（通用客户端设备），uCPE 自身即具备单独作为 vCPE 载体的能力。uCPE 把 VNF 都集成在企业边缘，因此对 CPU 和内存的配置要求较高，而且这些 VNF 都是为企业所单独使用的。而云化 CPE

部署于运营商的 x86 资源池中，企业侧的 CPE 可以只具备简单的二层功能，三层业务和其他增值业务都由云中的 VNF 实现，这些 VNF 可以为不同企业所复用。从上述方面来看，云化 CPE 相比 uCPE 可能在价格上会具备一定的优势，另外，云化 CPE 的运维则完全由运营商来负责，减轻了客户的运维负担，而 uCPE 的运维目前还没有明确的模式。从长期来看，网络云化大势所趋，不过对于运营商来说需要一个长期的演进过程，在技术与商业模式上还并不足够成熟。在此过程中，厂家一体化的 uCPE 可能会存在一定的先发优势，对于一些并不在乎成本的大客户来说，uCPE 可能会是更为直接的选择。

云化 CPE 的目标是最大限度地简化企业侧的设备，最理想的是只留下二层的功能，把路由也上提到云化的端局中。对于运营商来说，自然希望借此更深入地参与到企业的组网业务中，对于一些中小型的企业用户来说，这也能够避免路由的配置工作，实现 CPE 的即插即用。因此，目前在很多的 vCPE 应用案例中，都会见到这种二层接入的方式，企业的流量都会发到端局中，由云化的 CPE 来进行业务接入、控制与分流。

如果将不同的能力集成到一个 VNF 中去实现，流量模型会比较简单，例如 SD-WAN VNF 就会集路由、安全、DPI 等能力于一身。如果不同的能力被解耦打散到不同的 VNF 中去实现，由于不同的 VNF 可能分布在资源池中的不同位置，流量模型就会变得比较复杂。下面介绍最常见的串接顺序 vRouter-vFW 下的流量模型，vFW 采用路由模式。

vRouter 对流量的处理主要包括对流量进行识别；为企业侧的接入设备分配 IP 地址；对流量进行限速；将流量发给 vFW。vFW 对流量的处理主要包括对流量进行识别；对公网流量和 VPN 流量进行分流；执行安全策略；公网流量送给核心路由器，VPN 流量送给 PE。

客户侧 CPE 接入 vRouter 部分，常见的拓扑是 CPE→OLT/Switch→PoP GW→Spine→Leaf→vSwitch→vRouter，由于需要接入二层网络，因此可以在 CPE 和 vRouter 间打通专用的 VLAN 通道，考虑到 VLAN 的数量限制，可以在特定设备间使用 QinQ 或 VxLAN。使用 VxLAN 的优势在于与物理拓扑的解耦，结合控制器可在不同端局节点或不同 vRouter 实例间分流，从而实现负载分担。

vRouter 到 vFW 的部分，如果在同一个节点上，拓扑是 vRouter→vSwitch→vFW，直接 VLAN 本地转发即可；如果不在一个节点上，拓扑是 vRouter→vSwitch→Leaf→Spine→Leaf→vSwitch→vFW，源 vSwitch 和目的 vSwitch 间或者源 Leaf 和目的 Leaf 间采用 VxLAN 协议进行通信。

vFW 到核心路由器/PE 的部分，较为常见的拓扑是 vFW→vSwitch→Leaf→Spine→PoP GW→核心路由器/PE，最直接的方式在 vSwitch 与核心路由器/PE 间采用 VxLAN 协议进行通信，如果核心路由器/PE 无法终结 VxLAN，还需要引入 PoP Border-Leaf 交换机来实现 VxLAN-VLAN 的转换。

可以看到的是，由于涉及运营商的网络，底层的连接变得非常复杂，要针对现网的实际环境来做具体的方案设计，控制器也可能需要进行定制化的开发。

4.9.3 企业云网融合解决方案

以企业边缘为核心的 SD-WAN 是对传统的 IPSec VPN 方案的延伸，在企业各个站点边缘的CPE间建立隧道，如果要入云就要在云里部署一个软件CPE，无论采用互联网、MPLS或其他的WAN线路，不同线路只是传输质量上有所区别而已。从部署的位置来看，CPE可部署在企业的总部、数据中心、分支、服务网点，也可部署在IDC、公有云的机房。

相比传统的IPSec VPN，SD-WAN主要的增强可概括为以下几点。

- CPE中集成了WAN线路监测与协同、应用识别的能力，支持为不同的应用提供不同的WAN处理策略，有效提高了WAN线路的投资回报率。
- 增加了一个控制器的角色，能够自动发现CPE，并向其推送密钥和路由，省去了复杂、易出错的手工配置，在一些场景下还可以实现路由的调优。
- CPE集成了安全和广域网加速的能力，同时CPE还允许以虚拟机等形式提供其他增值服务并对其进行串接，用户可按需进行订购。
- 通过集中式的Portal，支持对上述以及其他功能的策略进行统一的管理与配置，并为网络、线路、流量、应用等提供了丰富的可视化能力。

企业的SD-WAN架构是围绕CPE设计的，因为企业本身并不具备网络基础设施，所以企业要实现云网融合，其方案与运营商是不同的。

CPE从功能上划分，包括控制平面（Control Plane，CP）、数据平面（Data Plane，DP）和服务平面（Service Plane，SP）。这些都部署在x86服务器上，且各个平面绑定不同的CPU。CP通常会运行在Host OS的用户态，而DP目前一般都会通过DPDK做I/O加速，这样DP也是运行在Host OS的用户态。SP用来内置VNF，形态上是虚拟机或者容器，以便与Host OS中的CP、DP进行隔离。同时，由于VNF的处理通常是CPU密集型的，因此集成SP的CPE通常需要额外的CPU，或者提供一定数量的x86板卡插槽。另外，SP可能对于存储也会有所要求，这时可提供相应的动态随机存储器（Dynamic Random Access Memory，DRAM）和SSD的存储能力。这种能够为各种VNF提供一体化的集成平台的资源高配的x86 CPE也被称为uCPE。

对于控制器，不同的SD-WAN方案会有不同的设计。这里所说的控制器是广义上的，主要的功能包括Staging、Control和Analytics。Staging主要实现认证和自动发现，与CPE间通常采用私有协议，条件允许的话可以使用DHCP扩展项。Control主要实现密钥和路由分发，与CPE间的协议可采用OpenFlow/BGP/Netconf等，也可采用私有协议。Analytics主要实现数据采集和分析处理，与CPE间的协议可采用NetFlow/IPFIX/SNMP/Syslog等。控制器的北向上多以RESTful API为主。

控制器的部署位置可以是企业本地、数据中心甚至部署在CPE的虚拟机上，也可以是云上，只要拥有一个可访问的IP地址即可。考虑金融、零售、餐饮等SD-WAN主要的目标客户拥有较大的分支站点规模，一套控制器的集群可能会需要带起数以千计的CPE，实际上这也是很多厂家会采用私有控制协议的原因之一，控制协议越定制化、越轻量，就越容易把握性能。

下面对企业SD-WAN的关键特性进行介绍。

1. CPE零接触部署

CPE通常采用零接触方式完成部署，即通过提前预制功能软件，远程自动完成配置。每个 CPE 要有唯一的标识，这个标识可以是发货前配好的，有条件的话可以固化在硬件中。对于软件 CPE，一般在初次启动的时候会生成序列号并完成注入。这个标识需要被手动录入或以其他方式注册到系统中，以便后续的识别。等到客户收到 CPE 并加电后，CPE 会通过 DHCP/PPPoE 来获取 IP 地址，后续即利用这一 IP 地址进行通信。之后，CPE 需自动获取控制器的信息，包括 IP 地址、端口和认证信息等。获取的方式有很多，发货前由厂家配好或者客户自己手动开局。如果要实现即插即用，可以通过在加电后触发 DHCP/DNS 来请求控制器信息。获取信息后，CPE 会主动联系控制器，彼此之间完成双向认证，待认证成功后就可以通信了。

2．路由

对于 Underlay，保证隧道目的地址的路由可达是在 CPE 间建立隧道的基础。如果 CPE 是通过单根 WAN 线路接入的，那么直接利用 DHCP 或其他方式分配到默认路由即可。如果 CPE 是通过两条互联网线路接入的，那么要考虑好默认路由的策略是采用主备还是明细，尽量避免出现次优路径。如果 CPE 是通过互联网和 MPLS 混合接入的，那么还要考虑互联网与 MPLS 网络间的连通性，通常 MPLS 网络可主动访问互联网，而互联网不可主动访问 MPLS 网络，路由设计上可以让默认路由采用互联网线路，MPLS 网络的明细路由采用 MPLS 线路，也可以根据线路质量与其他策略进行选择。另外，由于一些协议和隧道习惯上会在环回口上发起，这时环回口的地址和路由也都需要使用控制器去做规划和配置。如果出于可用性的考虑，希望 IPSec 或者其他的最外层隧道也要在逻辑接口上发起，那么还需要确保该逻辑口在运营商网络中的路由可达。

打通 Underlay 还面临着 NAT 的问题。如果企业分支没有公网 IP 地址，或者企业分支出口有公网 IP 地址，但 CPE 部署在企业内网中无法使用出口的公网 IP 地址，那么在跨越互联网的时候，无论是在 CPE 间建立隧道还是 CPE 与控制器间的通信，都需要穿越网络运营商的 NAT 设备。GRE/VxLAN 作为隧道，原生上都穿越不了 NAT，只要隧道一端的 CPE 有公网 IP 地址，IPSec 可以通过 NAT-T 实现穿越。因此，IPSec 的好处不仅是安全，而且在穿越 NAT 方面也有先天的优势。数据平面基本上都需要叠加在 IPSec 之上，控制平面上 OpenFlow 可以原生穿越，Netconf 需要 Call-Home 机制来实现穿越，而 BGP 则需要通过在 IPSec 之上叠加来实现穿越，私有的控制协议则可以通过自己设计机制来实现 NAT。

对于 Overlay，传统的 IPSec 方案打通 Overlay 的方式中，LAN 侧主要是静态路由或者 IGP，隧道侧通常是 IGP over GRE 逻辑接口，此外也可以选择手工配置静态路由，或者做 IPSec 的反向路由注入。至于多点 VPN，以思科的 DMVPN 为例，还需要支持下一跳解析协议（Next Hop Resolution Protocol，NHRP）和多点 GRE。

对于 SD-WAN 而言，由于 LAN 侧也可能会接入路由器，因此 CPE 需要保留 IGP 的能力，隧道侧主流上是由控制器来集中完成隧道的建立和路由的分发，CPE 需要完成 LAN 侧和隧道侧的路由重分布。CPE 与控制器交互路由的手段很多，有 BGP/OpenFlow/Netconf 等，私有协议也很常见，具体的选择取决于厂商的技术背景。其中，采用私有协议的也不在少数，其好处是可以轻量化实现，而且不仅仅是控制平面，有的厂商连隧道的封装，甚至 CPE 中的协议栈都进行了定制。如果企业客户不考虑跨厂商互通，对于开放性也没有要求，那么标准化的必要性确实就比较弱了。

由于控制器的存在，路由可能会采用集中分发的方式，此时就不用在隧道上运行 IGP，GRE 也不是必要的，而点对点和点对多点在实现上的区别不大。一些 SD-WAN 方案对于 Overlay 在隧道侧的路由仍然选择保留传统的控制方式，路由是否集中到控制器上并不是 SD-WAN 的唯一判别标准。

3．服务链

uCPE 必须支持服务链，由于涉及策略问题，因此只能通过控制器来集中控制服务链的路径。通过 Netconf 接口配置策略路由（Policy Based Routing，PBR），BGP 引流，OpenFlow 引流，或者通过私有协议发布 Service 路由都是可行的。如果物理网络功能（Physical Network Function，PNF）或者 VNF 都部署在 CPE 本地，就不需要通过隧道，如果要求集中部署在总部做统一处理，就需要通过隧道。目前支持网络服务报文头（Network Service Header，NSH）的还很少，在串接多个服务的时候，可对流量标记 Service 标签，相当于 NSH 中业务路径指针（Service Path Index）的作用，再额外地对入端口进行识别，相当于 NSH 中业务指针（Service Index）的作用。

4．混合云的连接

入云面对的是隧道、加密、NAT 穿越等问题，IPSec 仍能解决且并不需要特殊的新技术。但是，在公有云侧，除了一些超大的客户可以在资源池的机房里放硬件的 CPE 外，绝大部分的客户都只能用纯软件 CPE。在实际的部署中，需要利用公有云提供的路由 API 去控制混合云流量的分流。另外，大多数运营商会自己提供 VPN 网关产品实现入云，不过其组网能力较为单一，接口的权限可能并不会开放给 SD-WAN 的控制器，因而较难纳入 SD-WAN 的体系中。

为了打通 IPSec，站点侧和云侧至少要有一个公网可访问的 IP 地址。如果是云侧需要这个地址，就需要在公有云上申请一个弹性 IP 地址并关联到软件 CPE 所在的虚拟机上，一端面向企业本地的设备，一端面向云侧的设备，具体部署时需要考虑好放置控制器的位置。另外，要注意放开软件 CPE 所在虚拟机的安全组的限制，否则流量会被直接丢弃。目前来看，企业做混合云主要还是为了打通三层网络，在站点和公有云间连通二层网络的需求比较少见，公有云自身也不会提供与企业间打通二层网络的产品与服务。

5．互联网流量的处理

除了打通 VPN 以外，由于 CPE 的位置放在了站点的边缘，因此站点访问互联网的流量也是由 CPE 来完成处理。

访问互联网有两种流量模型。第一种是分支的互联网流量先送到总部/数据中心，防火墙统一过滤后再送到互联网上，那么控制器可能要修改分支 CPE 上的默认路由和 IPSec 兴趣流，覆盖网络运营商分配的默认路由，并通过 IPSec 将互联网流量回传总部/数据中心。该种方式的好处在于可以做到安全的集中部署与管理，但是流量绕行后会带来时延的增加，而且对总部/数据中心的出口带宽提出了较高的要求。第二种是企业分支 CPE 上保留网络运营商分配的默认路由，IPSec 兴趣流也要放行互联网流量到互联网线路上，实现 CPE 的本地分流，从而降低时延，并减轻总部/数据中心的带宽压力。不过，这对于 CPE 的 NAT 能力提出了较高要求，一般要支持有状态的会话机制。另外，本地分流还必须要解决安全的问题，否则公网上的流量一旦攻破分支 CPE，不仅会对该分支造成影响，还可以通过 VPN 跳入总部的数据中心，造成不可接受的损失。CPE 需要支持 ACL 以及防火墙的一些高级策略，uCPE 也可以通过 Service 路由把 IPS/WAF/NGFW 等串接到互联网流量的路径中，实现更为高级的安全防护。另外，也可以把互联网流量通过 IPSec 就近地向云中牵引，使用云化的安全服务来保障。

在各种互联网流量中，SaaS 服务于企业办公，需要得到优化与保障。在分支 CPE 上进行互联网流量的本地分流，可缩短 SaaS 流量的访问路径，同时结合 DNS 嗅探/代理和 SaaS 质量监测等手段，可以有效地对 SaaS 流量的访问目标进行优化。另外，CPE 要具备识别 SaaS 流量的能力，提高其在 WAN 口的转发优先级，对于其他非办公用途的互联网流量，需在 WAN 口上进行限速或者直接丢弃。

6．面向应用的处理

SD-WAN 最原始的出发点之一就是应用路由，其前提是要能够对应用进行准确的识别。识别的手段有很多，最常用到的是 DPI，CPE 收到数据包后，先进行预分类以获取流的信息，并均衡到不同的核上进行深度检测。逐包模式下，所有的数据包都要经过检测引擎处理，性能较差。逐流模式下，流的前几个数据包经普通的路由转发，同时通过镜像复制到检测引擎，完成识别后，引擎会将流与应用间的映射关系缓存在转发平面，该流后续的数据包将直接匹配缓存来实现应用识别，避免再次绕行检测引擎，提高处理的效率。DPI 的特征库需要支持在线升级，同时也应该允许用户自己对应用的特征进行定义。

DPI 难以处理加密的流量，而当前互联网上 HTTPS 流量的占比很大，有相当一部分的 SaaS 流量都是承载在 HTTPS 上。对于这些 HTTPS 流量，一种思路是实现 SSL 卸载，帮助 DPI 完成加解密，不过目前这种方式实现得还比较少。另一种思路是绕过 DPI 并通过其他方式来识别应用，比如可以通过对流的行为模式进行观察与分析来判别应用，比如可以通过监听 DNS 来记录目的 IP 地址和 URL 的关系，这样看到目的 IP 地址就可以大概知道这个流所属的应用，或者直接内置一个周知的 IP 地址列表，虽然简单但是也不失为一种有效的手段。匹配出应用后，流量可能会被进行标记，后续包括路由、QoS、安全、广域网加速、监控与分析等都应该支持围绕应用的标记来进行的差异化处理，从而实现完整的面向应用的处理，而并非单纯的应用路由。

7．WAN 线路的监测

除了应用路由以外，基于线路质量进行转发是 SD-WAN 的另一项重要的能力。线路的质量主要包括丢包、时延、抖动等几个方面。当线路质量出现波动时，SD-WAN 能够动态地调整应用的转发线路，以保证应用的 SLA，这就要求 CPE 能够对线路的质量进行测量。测量的方式可分为被动和主动两种，被动测量是根据实际业务流的统计信息来进行分析，主动测量是指在业务流外生成探针来进行探测。被动测量基本上都是厂家私有的方式，主动测量常见的方式有 ICMP、双向转发检测（Bidirectional Forwading Detection，BFD）、连接故障管理（Connectivity Fault Management，CFM）、单向主动测量协议（One Way Active Measurement Protocol，OWAMP）、双向主动测量协议（Two Way Active Measurement Protocol，TWAMP）等。得到测量数据后，厂家会采用私有的算法对数据进行处理，得到线路体验质量（Quality of Experience，QoE）的评价值，并与控制器推送的 SLA 策略进行比较，如果不能够满足 SLA，CPE 可能会自动触发线路的切换，以保证其实时性。

另外，对于 WAN 线路，还要探测最大传输单元（Maximum Transmission Unit，MTU），因为 CPE 可能会对原始的数据包进行隧道的封装，如果 MTU 的选择不恰当，则会导致大量分片的出现，不仅会过多占用 WAN 线路的带宽，而且还会降低转发的性能。通常有两种方法来解决该问题：第一种方法是路径 MTU 检测，CPE 会主动探测 WAN 路径上的最小 MTU，从而更准确地了解 WAN 的传输参数；第二种办法是插入 TCP 最大报文段长度（Maximum Segment Size，MSS）参数，CPE 可以监听 TCP 的同步段（Synchronization Segment，SYN），并根据自身所采用的封装格式，插入合适的 MSS 值，从而减小主机发来出的包的长度，避免分片。将这两种方式结合起来就可以获得较为理想的数据包长度。

8．WAN 线路间的协同

一些大型的企业站点通常会采用不同的 WAN 线路，比如双互联网、互联网与 MPLS 混合等，随着 4G/5G/LPWAN 的成熟与发展，未来无线也可能会成为 WAN 线路中的一个重要选择。有了应用识别和 WAN 线路监测，还需要在不同的 WAN 线路间进行有效的协同，提高整体的利用效率。WAN 线路间的协同，通常也被称为 WAN 绑定，即把多条 WAN 线路打包在一起为流量传输提供服务。绑定可以是逐流的，如通过 HASH 计算将不同的流静态地映射到不同的 WAN 线路上，这种实现较为简单，不过无法有效保证应用的 SLA。

SD-WAN 中最常被提到的是基于应用的绑定，即根据应用对于 SLA 的要求，结合应用识别与 WAN 线路监测的结果，将不同应用的流量分配到不同的线路上，不过这种方法未必能实现 WAN 线路最优的带宽利用率。绑定也可以是逐数据包的，这种方式的特点主要是优化大流量，如传输大文件时，WAN 线路的带宽利用最为充分，但是需要在对端进行数据包重排，这反过来在一定程度上会降低转发的性能。

WAN 绑定还有一个要求：当 WAN 线路监测的结果表明某条线路的 QoE 不好时，则要切换到其他的线路上或均衡一部分流量到其他线路上。值得注意的是，如果目标 WAN 线路上存在防火墙或其他带状态的中间件，直接做切换很可能会导致流量的中断，因此在部署时，要考虑好 WAN 线路和中间件间的有效联动。另外，一些 SD-WAN 方案还允许两个站点 CPE 间的流量在来去两个方向上选择不同的 WAN 线路进行传输，当然这需要在考虑中间件的情况后再决定是否启用。

9．广域网加速

要提高 WAN 的利用率，除了在不同的 WAN 线路间进行协同外，各种加速处理也是需要的。传统的广域网加速需要专用的、昂贵的硬件设备，而在大部分的 SD-WAN 方案中 CPE 中都内置了相应的功能，少数方案中即使 CPE 自身不具备广域网加速的能力，也可以在本地启用相应的 VNF 并进行串接。

广域网加速主要包括以下几个方面：数据压缩，即采用一定的算法对报文头或载荷进行压缩/解压缩，以降低信息的冗余度；数据消重，即对传输过程中出现频次较高的数据进行编号，并使用指针进行替换，以节约编码所占用的空间；内容缓存，即将热点内容进行本地缓存，使得对热点内容的后续访问在本地即可直接返回，避免对于 WAN 线路带宽的占用；TCP 优化，即通过代理的方式将端到端的标准 TCP 切成多段，并对其中 WAN 段的传输进行优化，改善标准 TCP 的拥塞控制和重传机制，或者基于 UDP 来增加吞吐量；HTTP 和其他应用层协议的优化就需要根据具体问题具体分析了。

视频会议和 VoIP 等统一通信流量的优化对企业来说比较关键。前向纠错（Forward Error Correction，FEC）常用于对视频传输进行优化，由发送方进行 FEC 编码，在原始数据包以外引入冗余校验包，再由接收方进行 FEC 解码，并通过冗余校验包对原始数据包的误码或丢包进行恢复，以降低由于 WAN 线路质量不稳定所导致的卡屏现象。Packet Duplication 常用于对 VoIP 的传输进行优化，由发送端对数据包进行复制，并通过不同的 WAN 线路进行传输，接收端会以收到第一份为准并忽略掉后续重复的数据包，不同的 WAN 线路丢掉同一个包的概率几乎为 0，保证了 VoIP 的通话质量。

10．安全与高可用

安全涉及 SD-WAN 的方方面面。前文提到过 CPE 需要一个唯一的标识，有了标识后，系统中的各个组件间需要进行相互认证，以防止非法 CPE 和控制器的接入。可以通过外接轻量目录访问协议（Lightweight Directory Access Protocol，LDAP）/远程身份认证拨号用户服务（Remote Authentication Dial-In User Service，RADIUS），也可以通过公钥基础设施（Public Key Infrastructure，PKI）体系来实现。数据转发的安全配置通常基于 IPSec 协议进行，控制信道的加密则取决于使用何种南向协议。如果使用私有协议，则基于 SSL/TLS/DTLS 协议进行设置，如果使用 BGP，最好基于 IPSec 协议进行设置。另外，还要防止 CPE 主控和控制器的 DoS，可通过一些策略来限制报文的上送速率。业务层面的安全，Log、ACL、基于区域的防火墙是基本的要求，IPS/WAF/NGNW 等通常需要通过 Service 路由去串接。另外，考虑到包括金融、零售等目标行业客户的需求，SD-WAN 产品还要尽量去符合 PCI DSS，以确保为支付业务提供一个安全合规的网络传输环境。

控制器集群的高可用需要结合控制器的工作性质进行考虑。如果只是承担纯配置类的工作，通常采用主备模式即可。如果还要负担路由控制类的工作，那么集群最好能支持多活的模式以进行负载分担。相对而言，控制器的高可用多为 IT 层面的问题，而网络层面的高可用就非常复杂了，涉及端口/设备/链路/隧道/路由/状态等，要考虑的方面很多且彼此间还要设计好关联机制。因此，高可用的实现是需要代价的，要在可用性和成本间做好平衡。

4.9.4 云网融合体验指标

随着云网融合的不断推进，各行业中企业上云的进度不断加快，企业用户的体验需求也将被逐渐唤醒，对良好体验的追求必将成为企业选择云网业务的重要考虑因素。如何评价和保障云网融合领域的体验质量，也是影响云网业务发展和规模商用的重要因素之一。各种业务体验的好坏直接影响用户对云计算服务提供商和运营商的选择，从而决定着云业务的新用户发展和存量用户的留存。

因此，我们有必要结合当前企业上云业务的实际情况，通过人因工程的主观测试、大量实验室测试和现网验证，建立一套分层次的云网融合业务体验指标体系以及网络指标映射基线，为各方提供指导和牵引。

- 上云企业：如何基于业务开展需求选择满足良好体验的网络服务和云服务。
- 运营商：如何基于服务体验保障对上云专线和云间互联的网络进行规划、运维和优化。
- 云计算服务提供商：应为各类行业业务提供何种性能要求的云服务。

表 4-21 为针对企业上云过程的部分指标定义和说明，以供读者参考。

表 4-21 企业上云部分指标定义和说明

阶段	指标	指标说明
业务订购	信息获取	通过线上 Portal 或线下客服人员获取
	一站式订购★	客户通过 Portal 可以购买到所有服务
	计费★	灵活计费方式，计费的准确性和实时性
业务开通	开通及时率	从客户下单到业务受理间隔时长
	云业务开通时长★	云相关业务从受理到开通的间隔时长
	云专线开通时长★	云专线从受理到开通的间隔时长
	云应用开通时长	云应用从受理到开通的间隔时长
	业务可用性★	业务可使用的时间相对于总时间的百分比
	业务可扩展性★	满足用户不断增长资源需求的能力，随时按能获得更多资源
	网络体验★	满足业务所需的时延、丢包率、抖动等
业务维护	状态可视	云资源、云专线资源使用情况如利用率等状态可查可视
	故障恢复时长★	恢复故障的处理时长

针对表 4-21 中部分指标（标注★）的定义的相关体验标准如下。

（1）一站式订购：统一 Portal 自助订购及服务；按需订购，资费灵活，按年按月按天计费。

（2）业务可用性：99.95%。

（3）业务可扩展：云资源弹性随选，分钟级生效；云专线路由、带宽调整分钟级生效。

（4）网络体验：跨域云专线（IPRAN）1000km 以内时延<25ms；属地云专线时延<10ms。

（5）故障恢复时长：7×24h 服务热线；平均故障修复时间≤4h。

第 5 章
云平台的应用

基础设施最终都是为上层应用服务的。本章列举了不同云计算应用的典型案例供读者参考。

5.1 运营商信息化云

众所周知，运营商业务具有高度复杂的特性，导致 IT 支撑系统也同样高度复杂，且传统基础设施环境中存在较多 IBM、EMC、Oracle 等国外品牌的小型机和高端磁盘阵列等中大型设备，不仅设备造价昂贵，而且存在自动横向扩展能力相对不足、部署效率不高、基础设施资源共享水平及利用效率较低等问题。随着运营商业务规模的不断扩大，沿用传统的“烟囱式”部署方式，运营商每套 IT 系统和设备厂商的软硬件紧密联系、无法横向打通和共享，造成 IT 设备采购和部署的成本也越来越大。因此，运营商亟待通过建设信息化云计算资源池，将现有的各类信息化平台和业务平台等应用迁移上云，利用云计算资源的高可靠性、高扩展性和高共享度等特点，解决上述问题。

5.1.1 用户需求

运营商信息化系统指运营商为支撑自有业务而建设的运营及运维系统（以下简称“IT 系统”），主要包括业务支撑系统（Business Support System，BSS）、运营支撑系统（Operation Support System，OSS）和管理支撑系统（Management Support System，MSS）。原有的基础架构中存在着网络部署复杂、无法快速承载新业务、横向扩容能力差、资源利用率不高、运维及安全体系分散、成本较高等问题。

随着运营商信息化深化改革方案的提出，运营商将以互联网思维方式构建以客户为中心的全网集中、开放的云化信息化架构，建立核心架构自主掌控的开放式信息化研发体系和全网一体化管理的集约化运营体系。

信息化云需要满足以下几个需求。

（1）性能和容量要求持续增长

运营商业务的发展带来运算量成倍的增长，市场营销电商化对运营商信息化系统的并发能力和弹性伸缩能力提出了更高的要求，数据驱动企业智慧运营的实现需要更快速的实时计算能力，以及采集和分析更多的数据。这需要信息化云具备性能和容量方面的持续增长能力。

（2）支持使用场景拓宽

运营商信息化系统及业务系统的使用者从传统的运营商内部网络、合作伙伴，拓展到互联网电商、物联网用户、公众客户等不同类型用户。市场竞争更为激烈，导致功能需求更加多元化和快速化。信息化系统云化能够提供快速响应能力及良好的体验。

（3）技术架构自主可控

IT产业链从封闭走向合作共赢，要求信息化系统架构更为开放，所以运营商信息化云需要具备更高的自主管控能力，保障企业战略落地实施。

（4）实现对信息化系统等各类应用系统的统一运营管理

现有环境下，各信息化系统相对独立，渠道协同、跨系统协同能力较弱。信息化云需基于统一的底层平台架构来承载各类业务系统应用，实现统一视图、数据一点生成、全局共享，最终实现全网集约化运营。

（5）实现完善的资源管理和资源准确配置能力

由于承载系统的多样化，造成业务受理和开通流程更加复杂，因此对资源管理系统的数据准确性、精确性要求更高，信息化云需要提供更好的服务开通及保障能力，实现配置、激活、监控、派单的自动化，减少服务开通和故障处理时间。

相对运营商网络而言，IT系统天生具备上云的便利性。首先，它们都部署在x86服务器或者小型机上，而非一体化设备，原生的软硬件解耦。其次，相对通信网元来说，网络时延响应要求不高，非常适合用集约化的资源池统一承载。

因此，在业务与技术双轮驱动下，各大运营商都不约而同纷纷选择建设对内服务云，旨在通过集约化的云资源池基础设施建设，加快业务部署速度，具备横向扩容能力，提升资源利用率，在激烈的市场竞争中占据有利位置。

5.1.2 解决方案

当前业界IT架构表现出如下发展趋势：硬件层面用开放x86平台和资源池取代高端和封闭的商用平台；软件层面以开源软件替换原有商用软件；生态层面从封闭建设走向开放平台；总体上采用分布式的架构，对应用进行微服务化拆分，配备智能化的运维管控系统，进一步提升企业投资效益和基础架构的灵活性、可扩展性，满足企业发展的需要。

在硬件技术体系上，运营商对x86标准化服务器的应用已经形成成熟的标准制定、评估、采购、运维体系。x86服务器占比日益提升，部分企业在特定领域已经实现小型机零采购。当前运行在开放x86平台的分布式软件和存储平台，可通过扩展集群规模实现处理性能的线性提升，通过软件多备份及数据多副本等策略提升整体可靠性，实现系统高可靠性目标。针对大规模系统，可以根据具体资源需求弹性分配不同软件层的集群资源规模，同等处理能力只需要小型机20%～50%的成本，因此，x86服务器集群和SSD、Flash卡等的搭配成为企业构建可扩展、高可靠、弹性伸缩、低成本的应用系统的主流硬件方案。

在软件技术体系上，数据库层面的云化方面取得突破，已验证 x86 服务器具备运行 Oracle 数据库的条件，不存在技术障碍。x86 服务器和 Linux 操作系统比 UNIX 小型机发展得更快，主流 x86 服务器处理能力与 UNIX 小型机无太大差别甚至更好。

开源技术成为主流。互联网公司纷纷采用“开源+自主研发”的模式，推动开源软件蓬勃发展，目前主流互联网公司的 IT 平台已经很少使用商业软件。随着国家对自主创新、信息安全的高度重视，开源软件的使用更提升到战略高度，已经成为 IT 架构的重要发展趋势。

封闭系统向开放平台转型。传统的运营商系统更关注的是上层业务的实现，而对于底层业务能力向上层应用和业务的开放情况并无特别的考虑，因此缺乏标准化的能力接口，底层业务能力很难灵活地被上层应用所调用。这也在一定程度上导致各系统之间的数据交换类的接口繁杂，无法共享企业的核心资源。由此，从更好地适应互联网化的架构这一角度出发，未来的系统架构必须基于开放的基础架构平台。通过平台把竖井式架构演变为分层服务化架构，既解决了企业内部软件质量、交付周期、信息共享等问题，又通过接口的开放和标准化，实现核心能力的对外开放，业务的深度开放，价值链的整合，提升企业的核心竞争力。

微服务架构成为业界主流。为了解决传统的 IT 软件架构中存在的问题，应用服务层逐渐向轻量化、扁平化方向发展，微服务架构逐渐成为业界主流。微服务架构的基本思想在于考虑围绕业务领域组件来创建应用服务，这些应用服务可独立地进行开发、管理和加速，每个应用服务都有自己的处理逻辑和轻量通信机制，可以进行分布式部署。

随着持续交付概念的推广以及 Docker 容器技术的普及，容器技术提供的轻量级虚拟化技术、标准化的打包、封装、搬运机制以及自动化测试和持续集成能力等迅速吸引业界关注。微服务架构将这两种理念及技术结合，形成新的微服务+API+平台的开发模式，提出容器化微服务的持续交付概念。随着 Docker 和 DevOps 的发展，微服务架构将成为应用侧的主流模式。

1. 系统总体架构

IT 架构互联网化包含技术和文化两个层面的定义，具体如下。

技术层面上，IT 架构互联网化指基于开放的软硬件平台，包括服务器、存储、网络、资源管控、数据库、中间件、开发运营框架、运维监控等一系列平台，通过开放的接口规格、灵活的自主定制、活跃的生态，实现分布式处理、服务化解耦、弹性伸缩、高可靠、高性能等技术特性。

文化层面上，IT 架构互联网化指拥抱开放和市场化竞争的思维，快速响应不确定性的需求，实现核心技术自主，组织架构扁平化，开发运营一体化，团队小规模化，打造产品生态，实现敏捷、开放、竞争和合作的团队能力。

IT 架构互联网化应具备如下的新特征。

开放：采用“平台+应用”架构模式，提供更灵活、更个性化、更具扩展性的服务，便于应用的快速开发和接入。

敏捷：采用分布式架构、容器化等技术，实现应用及服务的自动伸缩能力，实现快速开发、部署、构建。微服务架构将业务逻辑模块解耦，降低业务开发部署的难度，大幅提升新业务的上线能力，迅速响应客户需求，降低试错成本。

高效：实现资源共享、按需分配和动态调整，使服务器、存储、网络等 IT 资源得到合理、有效利用。通过远程及自动化等手段，实现应用系统部署、性能故障监控、资源管理和设备维护等高效运维功能。

可靠：具备负载均衡能力，包括负载的过载保护以及均衡分发能力，保证应用自身的可靠性，冗余能力、可靠运行能力、故障隔离及恢复能力。在充分保障分布式环境下高可用性的同时兼顾数据一致性的要求，保证数据最终一致。

弹性：构建统一可重用的业务能力架构，根据业务系统的性能需求弹性、灵活伸缩基础资源。

为实现信息系统架构互联网化的目标及应用到架构上的低成本弹性扩展，系统架构从能力构成角度可划分为门户层、能力开放层、业务能力层 SaaS、平台层 PaaS 和基础设施层 IaaS（如图 5-1 所示）。整体上业务应用可基于平台层和基础设施层提供的云化中间件服务、开发 SDK、计算框架等能力构建业务应用服务，实现特定业务目标，支撑电信业务的运营。

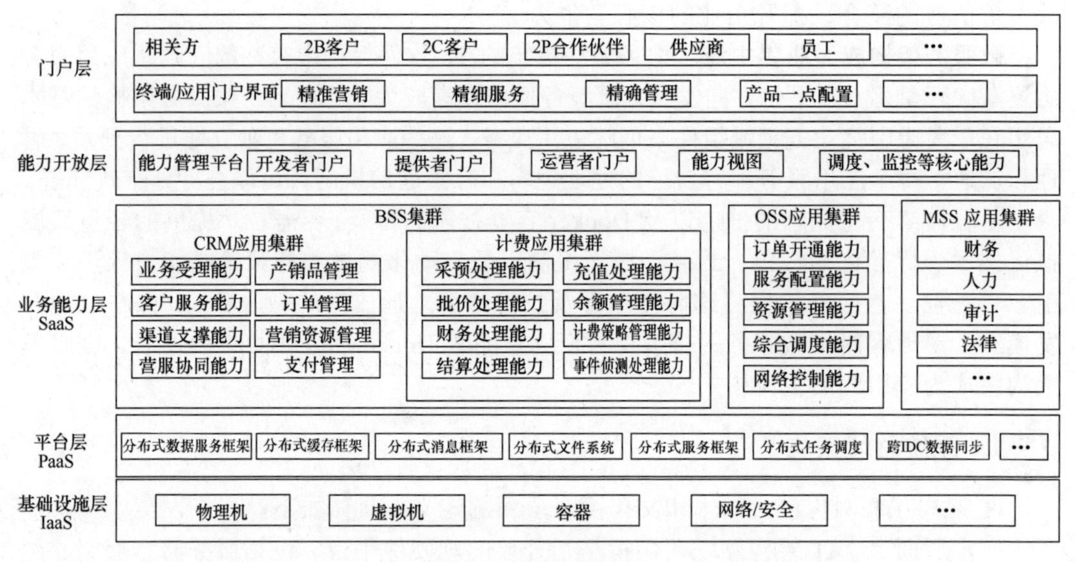

图 5-1 系统总体架构

系统部署应采用“平台+应用”的模式，基于通用的分布式技术平台，构建云化的信息系统，根据业务聚合特征构建业务能力中心，实现数据与应用分离、能力与界面分离，能力可编排、界面轻量化灵活可配置、应用水平弹性可扩展。

（1）门户层

门户是将现实应用模型进行一般化和抽象化处理，汇集业务应用，并以统一的界面提供给用户的一体化操作平台，门户层主要包括用户接入、界面展示、门户服务、平台支撑，负责接收用户请求，通过界面集成将界面展现组件组合成用户界面。现有运营式门户层主要涉及 2B 客户、2C 客户、2P 合作伙伴、供应商、员工等。

（2）能力开放层

能力开放层是管理业务能力层各业务中心的服务能力并为门户层提供服务能力的平台。引入能力开放层，对内可实现业务解耦与服务集成，对外可提供标准服务能力。能力开放层集合 CRM、计费、MSS 等各系统域能力对门户层提供 API 服务。能力开放层负责电子渠道、业务渠道、合作商、业务平台的接入。

（3）业务能力层 SaaS

业务能力层是将核心服务能力从服务分类、业务数据对象、业务过程等多角度、多维度进行的拆分。面向企业业务运营及运营支撑，可以对外提供标准化且相对独立的一组服务载体。各服务能力载体具备高内聚的特性，且服务能力载体间低耦合，可通过协同形成一个完整的业务流程。架构思路是参照互联网系统，将系统尽可能解耦成相对独立的小系统的方法来建设，从而降低业务升级过程中关联的范围，以及升级时影响的范围。这样带来的好处是可以让一个庞大而复杂的系统分解为多个简单的系统来建设，降低集成和运维的难度和成本；提高业务需求的响应速度，缩短版本发布的周期，降低升级的范围等，使应用系统更好地适应分布式架构，实现水平扩展和 x86 部署能力。

服务载体的划分参考现有信息系统中各业务系统模块和功能域的边界分工，将业务独立功能内聚的模块划分为独立的业务能力中心进行独立的集团部署和管理。参考以上思路，可以将运营商信息化系统云化部署为 CRM 应用集群、计费应用集群、OSS 应用集群、MSS 应用集群，并根据功能边界进行细致的模块化划分。

（4）平台层 PaaS

通过“平台+应用”的模式构建云化的信息系统，其系统分层和业务能力的划分是依托于平台层的技术框架支撑来实现的。平台化的框架作为应用和数据的承载环境，是业务组件、技术组件以及上层应用的部署、运行环境，围绕架构的要求实现前后端分离、应用与数据分离等目标。平台提供了一系列的技术实现框架，主要包括分布式服务框架、分布式消息框架、分布式数据服务框架、分布式缓存框架等。

（5）基础设施层 IaaS

基础设施层主要提供信息化系统的基础资源需求，包括物理机、虚拟机、容器等。其中，物理机因高性能、资源隔离度高、安全性好等特点，适用于部署核心系统的关键组件（数据库等）及可共享实例的公共组件服务；虚拟机便于迁转应用，能快速进行业务的迁移上云，适用于应用集群化部署及不再进行技术改造的小系统；容器能最大限度地共享宿主机资源且性能损耗小，是未来主流的上云部署模式，目前适用于无状态的微服务部署。

2. 功能部署架构

现有运营商信息系统多分为集团及省（或区域）的两级部署方式，云化服务的网络架构应遵循逻辑统一、物理分散的一朵云部署方案。信息化云功能架构如图 5-2 所示。

现有运营商网络、IT、业务管理能力均为两级分布，任意一级无法单独实现融合。产品能力部署基于核心网元和平台建设，有集中、有分省，分省居多。全网销售品有“集”有“约”，“集”代表集团统一定义、全国使用；“约”代表各省定义、全国使用或者各省定义、各省使用。未来将逐步向集约销售品演进，实现“一点配置，全网渠道共享”。全网 IT 运营能力，单从产品来看可适配集中、集约、分省 3 种模式。

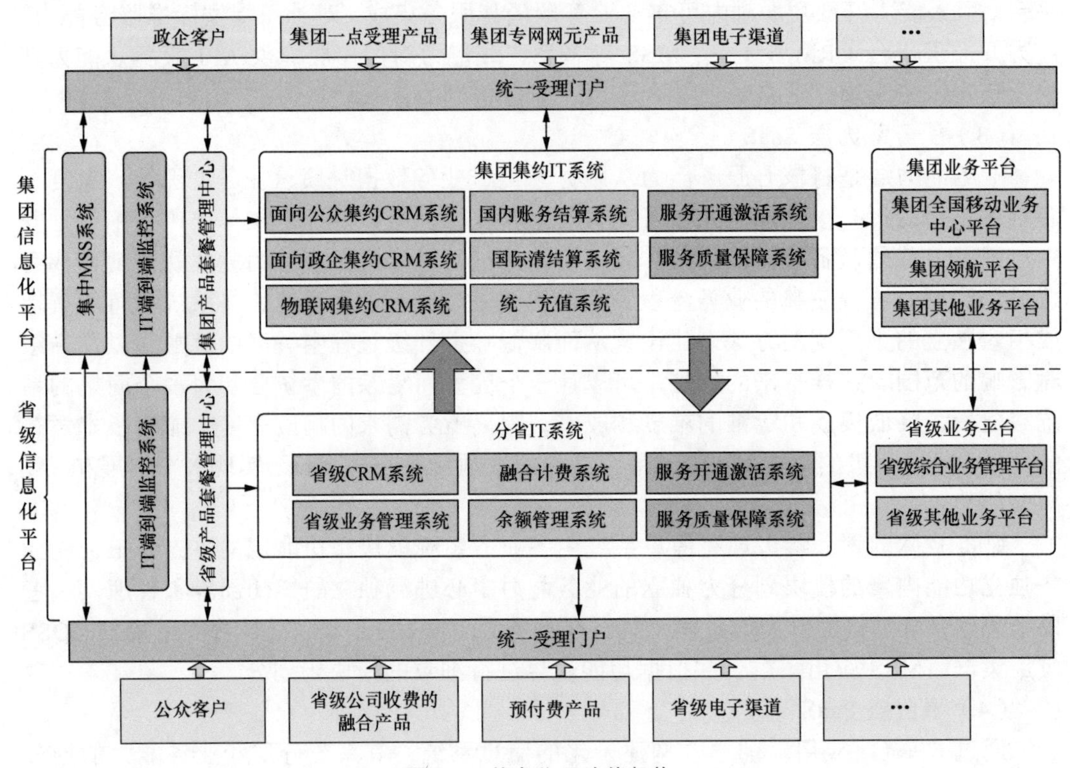

图 5-2　信息化云功能架构

（1）集中运营

集团集中系统为入口，数据以集团为准，并提供能力开放。如由集中 BSS 承接的物联网、卫星业务运营模式。

（2）集约运营

集约系统为入口，集团做能力整合，数据以省级单位为准。如由集约 CRM 系统承接的 4G 业务运营模式。

（3）分省运营

省分个性化独立运营，除 4G、物联网、卫星外，其他均由省 IT 系统承接的业务运营模式。例如，宽带业务等。

建设“集团+省级”统一受理门户实现所有业务受理，为降低业务复杂度，两级受理门户分工原则如下：涉及公众业务的融合业务均在省级页面受理；政企类复杂规则业务（如 ICT）或需通过跨域专网网元开通的业务（如物联网）在集团页面受理；所有需省级公司计费的业务均在省级页面受理；所有涉及预付费业务的业务均在省级页面受理。

5.1.3　功能实现

近些年，国内三大运营商中国移动、中国联通、中国电信积极推进云计算等相关技术的落地。中国移动对内由集团层面集中建设移动私有云，全网规划为一云多域的 8 个大区资源池节点布局，主要承载 IT 系统及业务系统。对外建设移动大云，集团五大资源池构成核心层，省公司资源池作为边缘计算节点构成接入层。中国联通对内分别由各省独立建设私有云，承载各省 IT 系统及业务系统，布局较为分散。对外建设联通沃云，形成了“M（集团级）+1（省级中心）+N（地市级边缘）”的三级布局。中国电信对内按集团—省两级集约建设 IT 云，形成不分专业、不分内外的统一云基础设施布局，承载如 CRM、计费、网管、OA、业务平台等各类系统。

信息化云通过基础设施的集中规划、集中建设和资源共享，有效地推进信息化系统新建进程，实现业务的快速部署；提高整体的资源利用率，资源复用、错峰填谷，实现资源整合、降低运维成本、节能减排的目标；同时云计算技术在系统建设中的应用，为集团、省级等各层面提供了标准化、可伸缩的基础 IT 资源服务，提高了运营商的核心竞争力。以某运营商为例，目前已上云应用近 7000 个，其中 IT 类平台近 3000 个，运维类平台 2000 多个，其他平台近 2000 个，云化率达到 89%。

总结信息化云为运营商带来的效益，有以下几点。

（1）应用灵活部署

得益于平台层（PaaS 平台和 IaaS 平台）提供的云化中间件服务、开发 SDK、计算框架等能力，构建基于云计算的运营商信息化基础架构（如云化的管理/运营支撑系统、运营商网管系统），架构自主可控。同时也实现应用的快速开发、快速部署、快速构建。降低业务开发部署难度，大幅提升新业务的上线能力，迅速响应客户需求，降低试错成本。

（2）海量处理能力

运营商可通过信息化云组建超级计算机，解决资源的规模提供以及大型系统的计算/存储能力问题，提供更强大的运营数据挖掘分析、信息处理服务等能力。

（3）资源动态扩展

相较于传统信息化平台，信息化云可提供资源动态伸缩及流转。在运营商业务高峰期，如月底开账、群障保修等情况下，启动闲置资源，纳入系统提升能力。而在业务负载低的情况下，则可释放资源，转入节能模式，从而在保障业务平稳有序的情况下，达到资源绿色、低碳的应用效果。

（4）统一运营管理

信息化云实现了基于统一的底层平台架构承载各类业务系统应用，统一视图，数据一点生成，全局共享，全网集约化运营。也可通过远程、自动化等方式，实现应用系统部署、性能故障监控、资源管理和设备维护等高效运维功能。

（5）激活创新动力

构建统一开放的移动互联网创新应用托管平台，利用云计算的海量存储及分布式计算能力，集成电信业务、网络能力，加快移动互联网业务创新。通过构建运营商云平台，对外开放自有能力和第三方能力，从而有效聚合产业链，提高用户黏度。

| 5.2 运营商对外服务云 |

5.2.1 发展背景

从2006年亚马逊AWS公开发布EC2虚拟机实例和S3对象存储开始，云计算已经走过了十余个年头，在经历了无数次技术创新和变革后，现已成长为一个巨大的行业和生态。

从AWS、Azure、谷歌等公有云业内领跑者的经验来看，公有云服务提供商需要在基础设施、网络、云平台、运营等诸多方面找到突破口，进行资源整合，才可获得成功。最初的时候，亚马逊没有网络和IDC，也不懂OS和IaaS，但是擅长精打细算和运营；谷歌作为技术起家的公司，没有丰富的运营经验，但是擅长技术，并且收购了大量裸光缆；微软不擅长IDC和运营，但是擅长操作系统。通过收购、合作、联合开发，这些公司最终构建了完整的公有云业务，并最终取得了业内的领导地位。

公有云中很大一部分投入在IaaS，即云计算赖以生存的基础设施层，重资产且大量烧钱，需要每年投入大量的资本性开支，以维持基础层运营服务。运营商在公有云还没有出现之前，恰恰具备丰富的IDC基础设施资源和运营经验，如配套建设的机架、服务器，以及IDC专用网络等，这些资产均成为其进入公有云领域、参与市场竞争的得天独厚的优势。其次，公有云的客户大多以传统企业和政府为主，在这个渠道上运营商有着天生的优势，进入公有云市场水到渠成。

公有云建设的最大成本首先在于服务器投资，其次是数据中心网络的建设和运维，最后云平台软件和公有云的运营也很有挑战性。如果在上述几方面具有垄断性地位或者成本优势，就可以在市场定价上具有很高的议价权或者降低运营成本，从而在竞争中处于领先地位。根据IDC发布的《全球公有云服务市场（2018年下半年）跟踪》报告显示，全球公有云IaaS服务提供商的排名依次是：AWS、Azure、阿里云、IBM Cloud、谷歌云、腾讯云、中国电信、Rackspace、富士通、金山云。其中，中国电信作为全球唯一一个进入Top10榜单的运营商，是如何在激烈的竞争中脱颖而出的呢？

首先，中国电信在基础设施方面具有得天独厚的优势。早期数据中心的大量建设，在机楼选址、机房规划、机房工艺、供电、空调、给排水等方面有着成熟的建设体系，并积累了大量的运维经验。同时，与政府的长期合作，使其相对于其他企业可以获得更低的水电费，从而降低运营成本。

其次，大批量服务器的购买采用公开集中采购的方式，压低服务器价格，降低成本。

再者，拥有自建的网络。中国电信通过多年IP网络的建设，其数据骨干网已颇具规模，具有公网ChinaNet，以及自有业务网络CN2，在网络方面的成本大幅降低，相对于互联网公司具有压倒性优势。此外，在网络安全方面，中国电信还建设有云堤能力平台，在对客户提供公有云服务的同时，还可以提供配套的 Anti-DDoS 攻击、流量清洗、防钓鱼、重定向等丰富的安全服务。

此外，通过与其他厂商合作，中国电信积累了云平台和云管理平台的部署和运维经验。通过合作的方式，自研了基于 OpenStack 开源架构的云管理平台，以及 Ceph 块存储和对象存储。

未来社会的发展是建立在数字化、网络化、云化及智能化四大方向上的，云计算是运营商战略领域的重要构成与基础承载，将成为未来运营商最重要的新兴基础业务。

5.2.2 解决方案

1. 网络部署架构

运营商对外服务云的网络架构建议按照“骨干+省+社区”的模式进行部署，各级节点的功能部署如下。

骨干节点是指部署在特定园区的全国级云基地，其服务范围覆盖全国，承载大数据业务、公有云业务、集中部署的专属云业务等，并作为离线计算中心和全国冷数据备份中心。

骨干节点的客户群大多为对云计算产品的价格敏感或者业务遍及全国的客户。作为超大型云资源池，骨干节点由于机楼占地面积大、设备数量众多，一般选址在土地购买价格低廉、水电费享受国家补贴、靠近水源、自然灾害发生频度低等众多适合数据中心建设的地区，如内蒙古自治区、贵州省，大幅降低投建成本和运营成本。

省节点具体是指部署在各省的云资源池，其服务范围主要覆盖资源池所在省，承载公有云业务、集中部署的专属云业务、属地部署的专属云业务和私有云业务等。省节点的客户群大多为对云计算产品的价格敏感度一般，且对业务时延、带宽有较高要求的客户。作为大中型云资源池，省节点一般选址在省内经济发达，或者互联网产业发展迅猛的地市，如上海市、浙江省杭州市，可为客户提供业务的就近接入。

社区云节点具体是指按需部署在各省的地市级社区云，规模为小型云资源池，服务器规模为数十台，其服务范围为地市一级，承载属地部署的专属云业务、私有云业务和 CDN 业务等。社区节点的客户群大多为对云计算产品的价格极不敏感，且对业务时延、带宽、业务的保密性有极高要求的客户。作为小型云资源池，社区节点一般选址在距离客户较近的机房，甚至直接部署在客户提供的机房内，并为客户提供专属的运维服务。

以中国电信为例，运营商的基础资源优势就得到了突显，坐拥丰富的 IDC 机楼资源和遍及全国范围的骨干 IP 网络，现有天翼云已经形成了“2+31+X”三级模式的云资源池布局（如图 5-3 所示）。

目前，天翼云资源池主要包括以下几类资源池。

自研云主机资源池：自研云主机资源池可进一步分为自研 CloudStack 架构云主机资源池和自研 OpenStack 架构云主机资源池。自研 CloudStack 架构资源池是早期构建的云主机资源池，基于 CloudStack 架构，并采用 VMWare vSphere 或华为 FusionSphere 虚拟化软件。自研 OpenStack 架构资源池是自研的云主机资源池，基于 OpenStack 架构并采用自研 KVM 虚拟化软件。今后自研云主机资源池将主要采用 OpenStack 架构。

层级		资源布局	承载业务		
			外部业务	内部IT/业务	内部 CT
2		• 内蒙古自治区、贵州省超大型云资源池，规模为数千台以上服务器，以分权分域方式承载务类业务	• 公有云、专属云（全国集中部署） • 离线计算中心 • 全国冷数据备份中心	• 集团级业务平台、IT系统、网管系统、大数据平台等 • 时延不敏感，或非属地化要求的省应用	• 集团级的NFV网元（含5G）
+					
31		• 以省层面构建可用区，集约部署1～2个资源池，高速互联 • 总规模为数百到数千台服务器 • 广东、江苏、陕西、四川等省为区域中心，兼顾周边区域 • 以分权分域方式承载各类业务	• 省内公有云服务、省外客户的本省落地服务、属地性云服务	• 省级业务平台、IT系统、网管系统、大数据平台等	• 大区(VoLTE VIMS资源)/省级云化核心网，虚拟化网络控制面网元，省级资源池节点所在地市的NFV网元
+					
X	利用小微机房改造，按需部署在本地网	• 在地市部署小型云资源池，规模为数十台服务器，承载CT业务为主，按需承载CDN 外部业务 • 在区县部署微型云节点，规模为10台左右服务器，承载CT业务	• 属地化政务云/行业云（地市/边缘部署）		• 地市核心/边缘NFV网元设备、边缘计算等

注：VoLTE 即 Voice over Long-Term Evolution，长期演进语音承载；VIMS 即 Virtual Image Management System，虚拟镜像管理系统。

图 5-3　天翼云资源池布局

自研云存储资源池：自研云存储资源池是基于 x86 架构服务器和自研 OOS 技术构建的对象存储资源池，可单独构建资源池，也可与云主机资源池合设。

大数据资源池：大数据资源池由 x86 架构服务器构建，包括虚拟化计算资源、分布式计算资源和物理服务器资源等。

2. 安全部署架构

公有云最初出现时，就有人提出它是否能为企业提供一定的安全级别来确保数据安全。当时在技术未得到验证之前，这些想法并非杞人忧天。云计算发展至今，这种担忧或许已不复存在。云计算服务提供商经历多年的完善和发展，已具有丰富的经验来处理在云环境中或许会发生的安全问题。运营商公有对外服务云安全架构如图 5-4 所示。

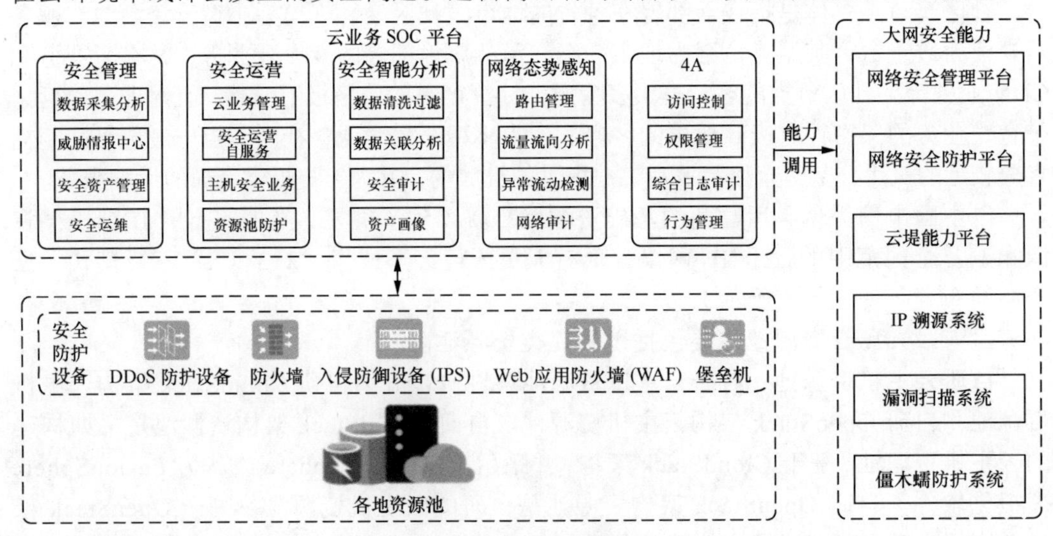

图 5-4　云安全架构

运营商对外服务云安全涉及防护设备的部署和软件平台的搭建，具体部署要求如下。

（1）安全防护设备

部署在各资源池的安全防护设备主要提供资源池的网络安全等基本防护能力，采用传统三层架构的安全网络拓扑（如图 5-5 所示）。

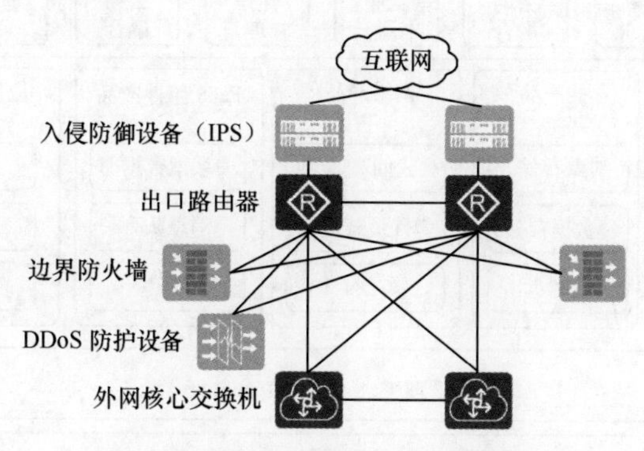

图 5-5 资源池网络安全设备部署

边界防火墙的要求：防火墙以专用硬件方式提供，各资源池出口以路由模式旁挂部署，为资源池南北向全流量提供安全防护。防火墙需具备会话级流量抓取及牵引能力，并需具备与 IPS 自动联动的能力，即防火墙与 IPS 网络可达，且 IPS 检测到入侵后可以发送报文给防火墙，防火墙可以相应地自动配置安全策略。

IPS：IPS 以专用硬件方式提供，各资源池出口部署，串接在出口路由器北向接口。该设备需要在出口做全流量检测。

DDoS 防护设备：DDoS 防护设备以软件方式提供，安装在 x86 服务器上。DDoS 防护服务器上联 DDoS 防护接入交换机，DDoS 防护接入交换机旁挂出口路由器，提供 DDoS 攻击检测和流量清洗功能，覆盖全部出口带宽。

（2）云安全软件平台

云安全将云业务 SOC 作为安全管理核心网元，包含安全管理、安全运营、安全智能分析、网络态势感知、4A 等安全子系统，实现对安全事件的监控、告警以及分析，对相关知识库进行管理；与各地资源池部署的安全防护设备对接，实现对资产的管理，访问策略的控制和日志的收集；同时，对运营商大网的安全能力进行调用，如网络安全管理平台、网络安全防护平台、云堤能力平台、IP 溯源系统、漏洞扫描系统、僵木蠕防护系统等。

5.2.3 产品功能

当前，国内通信运营商中国电信、中国移动和中国联通均已经建立了丰富的云产品体系，面向用户提供各类云服务。本章节仍以中国电信的天翼云体系为例阐述运营商的主要云产品功能。天翼云提供的服务主要由云主机、云存储等核心组成，进而衍生出诸如弹性云主机、GPU 云主机、云桌面、对象存储、SD-WAN 云服务、云间高速等个性化业务（如图 5-6 所示）。

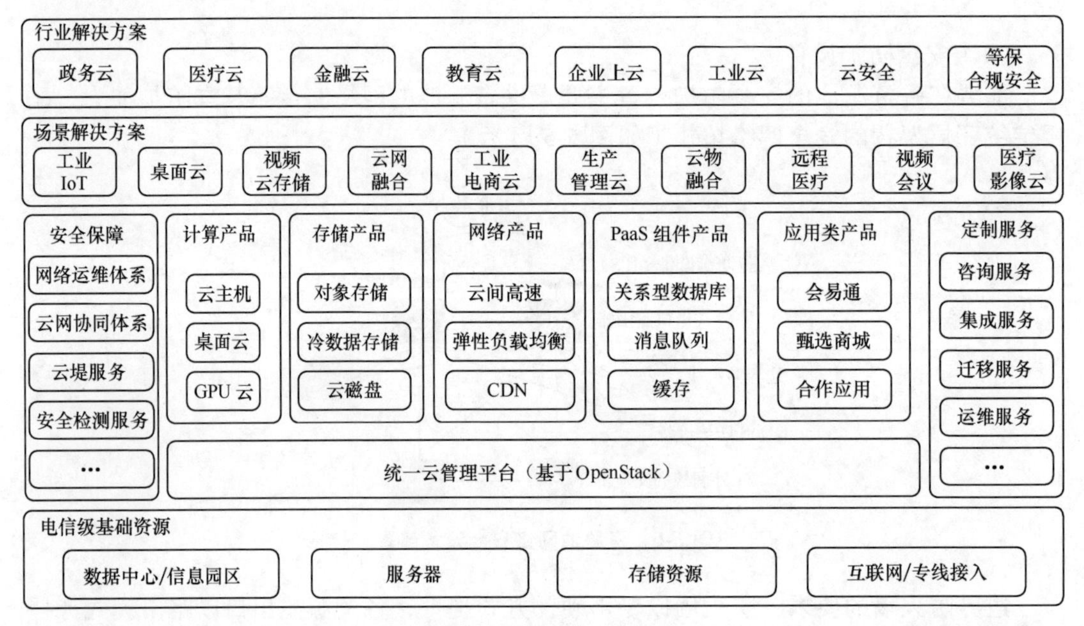

图 5-6 天翼云业务体系

以下对天翼云的主要业务产品进行介绍。

1. 云主机业务产品

天翼云云主机业务是基于云数据中心基础设施及专业服务能力，向客户提供按需租用的共享或独享的 IT 基础资源（计算、存储、网络等）租用服务，具有快速部署、按需租用、自助服务、安全可靠的特点。客户可以通过自服务门户便捷地进行资源申请、资源管理与监控，快速部署应用，并根据需求动态弹性扩展租用资源。云主机面向的用户群主要是有弹性资源部署需求的客户，包括以下几类。

互联网经营类客户：包括门户网站、网游、团购网、视频网站等。

应用服务类客户：包括 SaaS 应用服务提供商和应用开发商等。

中小企业类客户：包括动漫、设计、软件开发公司等。

园区类客户：包括科技园、软件园、创业园等。

政府类客户：包括城市管理、医卫、教育等。

金融类客户：包括城市商行、外资/台资银行等。

云主机产品提供多种标准套餐，充分满足客户不同的业务应用需求，同时也根据客户要求提供定制化版本。客户在租用云主机产品的同时，可以选配网络带宽、虚拟化网络、弹性 IP、弹性块存储等产品。云主机系统组成如图 5-7 所示。

2. 云存储业务产品

云存储业务产品主要为对象存储，这是一种海量、弹性、高可用、高性价比的云存储服务。基于对象存储所提供的 Web 门户和 REST API 的两种访问方式可供用户在任何地方通过互联网对数据进行管理和访问。

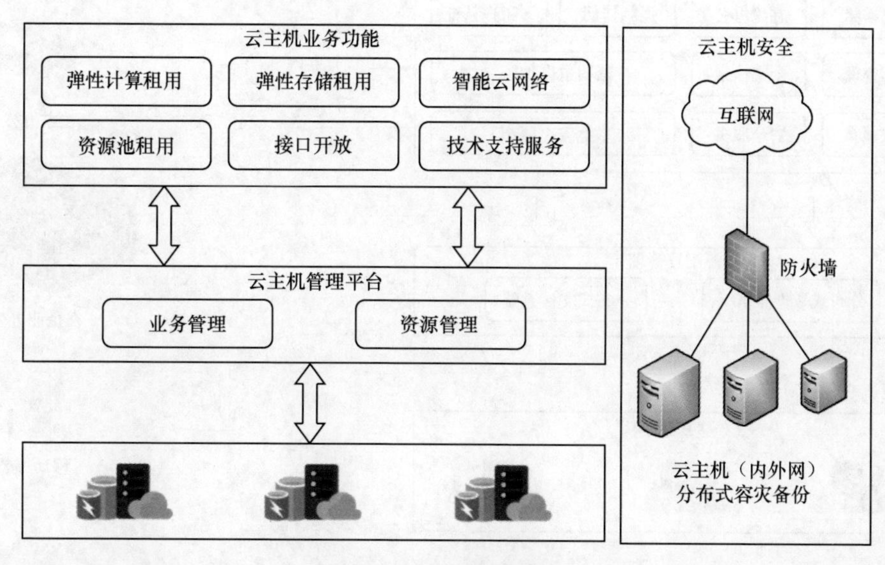

图 5-7 云主机业务产品

云存储的应用场景主要包括以下几种。

门户网站、视频网站、办公 OA、SaaS 应用服务提供商：通过对象存储所提供的网站托管功能将整个网站托管在对象存储中，可直接向用户提供网站访问服务，帮助用户节省资本投入及人工维护成本。同时，通过对象存储的高并发支持能力帮助用户更好地解决频繁访问网站时的页面崩溃问题。

视频、影像云端存储：对音频、视频等海量文件的存储，如交管局监控视频、物业监控视频、门店监控视频、家庭监控视频、在线视频教学等。通过对象存储将流式数据或文件数据存储到云端，利用对象存储技术解决高吞吐量、高并发及承载业务压力。同时视频可以就近上传到最近的资源池，上传速度快，直播、点播不卡顿。

图像、图片云端存储：对于图片、图像等海量文件存储，如医院医疗影像、在线图片等，通过使用对象存储将图片数据存储到云端，实现海量数据的大规模存储，并可以对图片进行缩略图、剪裁等图片处理。

政府企事业单位：对于大量用户的数据存储的应用，如医院、法院、交管局、社保中心、会计事务所等企事业单位，通过对象存储满足大量数据存储。对于重点数据的保护，可通过对象存储的多副本冗余功能，实现异地数据容灾。同时，数据可以就近写入距离用户最近的资源池，以实现最低的访问时延。

用户按照存储容量、请求次数和流出流量进行付费，并可在线实时扩展容量。用户上传对象时，可以选择就近存储。同时，基于天翼云在全国 31 个省（自治区、直辖市）的广泛部署，通过系统自动调度，将数据写入距离用户最近的资源池，以实现最低的访问时延。用户下载对象时，可以从距离最近的资源池中获取数据，提高下载速度。对象存储系统如图 5-8 所示。

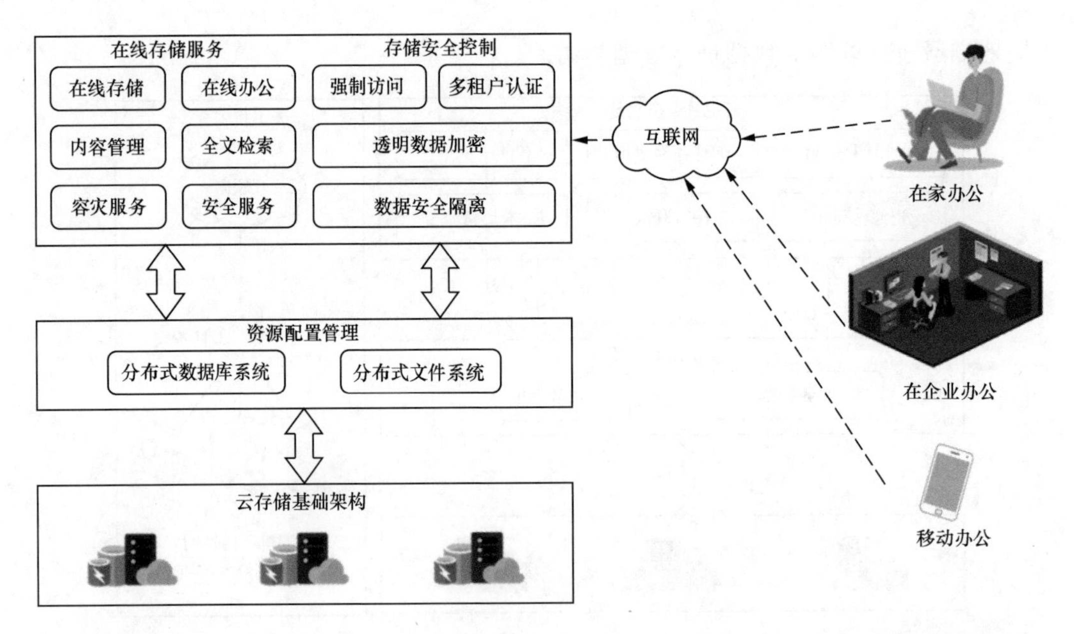

图 5-8　对象存储系统

3. 云间高速业务产品

根据各地的业务需求不同，各地资源池的资源占用率也不尽相同，且某些数据中心在经过数期建设之后，已无法进行横向扩展。在此情况下，需在满足客户的业务扩展需求的同时实现对各地资源池资源的充分利用，建设云网关成为解决此问题相对理想的方案。

云间高速业务基于 VxLAN 的 Overlay 方案实现。通过不同 Region 建设云网关，并在其之间建立 VxLAN 隧道来构建云连接网络，租户网络与物理网络解耦，提升产品的灵活性与敏捷性。同时，支持不同 VPC、专线等专有网络组件之间互联；全局总量收费，支持包周期按带宽计费方式。云网关架构如图 5-9 所示。

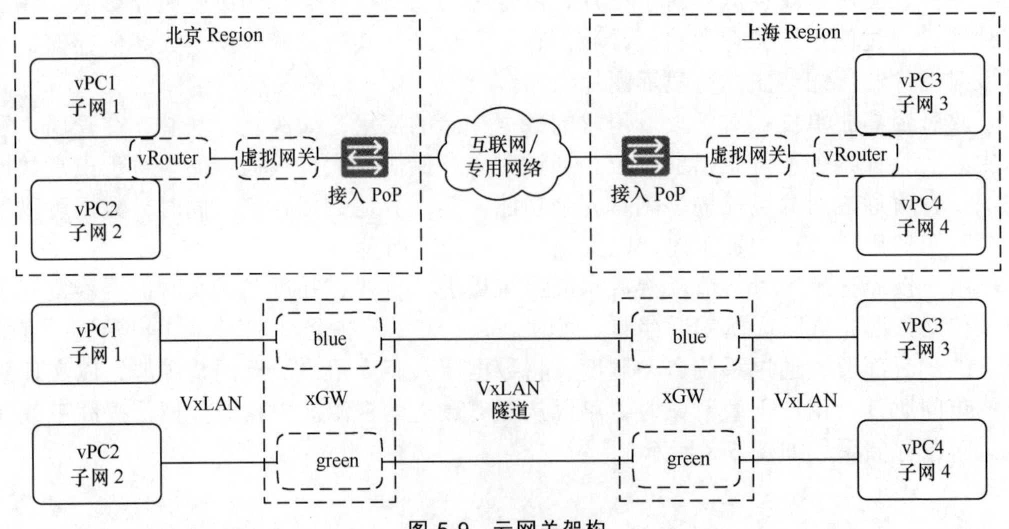

图 5-9　云网关架构

云间高速包括图 5-10 所示的应用场景。

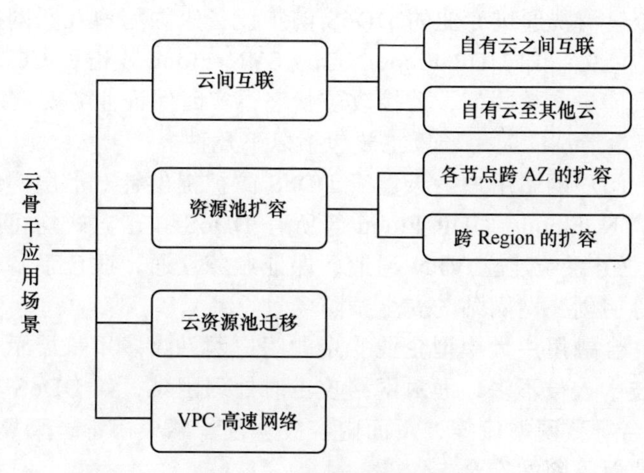

图 5-10 云间高速应用场景

4. 云电脑业务产品

天翼云电脑依托中国电信优质的云网资源及先进桌面虚拟化技术，通过 App 形式把云端电脑集成到个人移动终端中，提供和 PC 一样的配置（包括 vCPU、内存、磁盘）以及 Windows 操作系统，使移动终端秒变“电脑”。用户可以像使用自己的个人电脑一样使用天翼云电脑，随时随地使用移动终端的云电脑 App 进行移动办公、休闲娱乐，享受“口袋电脑”般的便捷。

云电脑的应用场景主要包括以下两种。

移动办公：外出或在家中办公，无须携带电脑，通过手机客户端可随时随地接入云端电脑进行操作，轻松调用云端丰富资源，实现智慧口袋办公；更可通过手机外接扩展坞、显示器和键鼠等外设，还原完整桌面 PC 体验。

影音娱乐：在家中通过手机或平板电脑安装云电脑应用并投屏到电视，随心观看视频、上网冲浪或参加在线课程，通过用户熟悉的 Windows 系统，实现家庭娱乐、教育资源的一步直达。

用户无须购买实体电脑，通过移动端的云电脑 App 即可快速访问并调取云端资源。同时，提供多种云电脑和数据盘规格，可根据使用场景实现按需配置、灵活扩展。基于天翼云的对象存储技术，存储在云端的数据采用“3 副本”存储技术，保障数据不丢失。

5. 云堤服务

天翼云云堤服务整合了中国电信云堤能力平台对外提供的“压制封堵”“DDoS 防护”“域名无忧”“WAF 安全防护”等服务，能够在全局层面实现网络安全策略的统一调度、全局资源的统一调度，协同资源对各种网络安全问题进行有效防范和处理。基于中国电信的底层网络优势，为用户提供安全、可靠的网络环境。

以下主要介绍 Anti-DDoS 流量清洗和域名无忧两种服务。

（1）Anti-DDoS 流量清洗

Anti-DDoS 流量清洗通过专业的 DDoS 防护设备来为用户互联网应用提供精细化的抵御 DDoS 攻击能力，如 UDP Flood 攻击、SYN Flood 攻击和 CC 攻击等。用户可根据业务模型配置流量参数阈值，监控攻防状态，实时保证业务安全运行。

Anti-DDoS 流量清洗的应用场景主要包括以下几种。

初创型公司、门户网站用户。天翼云 DDoS 防护提供针对七层网络的防护措施，针对 CC 攻击、SYN Flood、UDP Flood 等所有 DDoS 攻击方式均可防御，还可通过 VPN 网关与云端业务系统建立 VPN 通道，保证业务互通，适合手游、页游、App 开发者及电子商务等初创公司网站的安全预防场景。

中小型企业、金融用户大中型企业。企业门户网站大多用来展示公司介绍及文化推广，公司网络技术人员不多，面对网络攻击时处理困难，如 DDoS 攻击、SQL 注入等黑客 Web 攻击会导致网站瘫痪、页面内容被篡改、感染病毒，天翼云专业的 DDoS 防护可精准有效地保障网站安全。

电商、政府用户。企业自建数据中心和云上数据中心将部分业务系统部署在云端，可通过 DDoS 防护有效防御 HTTP Flood、TCP Flood 和 UDP Flood 攻击，保障数据安全。还可通过 VPN 网关与云端业务系统建立 VPN 通道，保证业务互通。

现有的云堤能力平台具备通过微信、自服务、管理台、API 等多个途径手动进行防护的启动和停止，并可以按照用户设定的阈值进行清洗、压制，实现自动 DDoS 攻击防护。

（2）域名无忧

天翼云域名无忧为用户自助实现域名监测、域名告警、域名刷新，通过对电信所有省份的 DNS 服务器的检测及时发现域名是否被污染并提供按次刷新的服务，清除 DNS 服务器缓存，还原原始 DNS 解析记录。

域名无忧的应用场景主要包括以下几种。

域名实时监控。DNS 污染的数据包并不是在网络数据包经过的路由器上，而是在其旁路产生的。所以 DNS 污染无法阻止正确的 DNS 解析结果返回，但由于旁路产生的数据包发回的速度较国外 DNS 服务器发回的快，操作系统认为第一个收到的数据包就是返回结果，从而忽略其后收到的数据包，从而使得 DNS 污染得逞。天翼云域名无忧会实时监控域名的解析结果与预设置的解析结果进行比对，如果检测到域名异常，则生成域名告警信息。

域名一键刷新。网域的局域域名服务器的缓存受到污染，就会把网域内的域名引向错误的服务器或服务器的网址，导致正确域名无法访问，给企业或个人带来不可估量的损失。天翼云域名无忧可以有效解决此问题。天翼云域名无忧实时监控电信所有省份 DNS 服务的解析结果，用户发现 DNS 解析异常时，可以手动执行域名刷新操作，使域名快速恢复至可用状态。

6. PaaS 相关组件

天翼云 PaaS 组件可为租户提供 RDS、DRDS、MQ 等 PaaS 产品，以下对各个组件进行介绍。

（1）RDS

RDS 是一种稳定可靠、可弹性伸缩的在线数据库服务。基于云分布式文件系统和高性能存储，RDS 支持 MySQL、SQL Server、PostgreSQL 和高度兼容 Oracle 数据库（Postgre Plus Advanced Server，PPAS）引擎，并且提供了容灾、备份、恢复、监控、迁移等方面的全套解决方案，彻底解决数据库运维的烦恼。RDS 有如下几种应用场景。

互联网网站。电子商务、游戏、社交平台、社区论坛、企业门户等互联网网站，用户可根据业务发展情况订购对应数量的天翼云 RDS 实例，无须购买昂贵的服务器、操作系统和数据库管理系统等软硬件，避免资源闲置浪费。

物联网。IoT 应用，例如需要连接、监控和管理大量终端设备的车联网应用，RDS 可以为其提供可靠的数据库服务能力。

企业办公应用。企业办公应用业务系统可以迁移到云平台，由 RDS 来支撑业务数据管理需求，实现数据库及数据库账号管理、数据库参数配置、性能监控及日志管理等功能，减少 IT 建设投入成本和人力维护工作量，可随时随地办公或使用 SaaS 服务。

移动应用。终端设备（如移动设备和移动手机）上的移动应用程序，可以与云端应用程序交互，RDS 可以为云端应用程序提供后台数据库服务能力。

（2）DRDS

DRDS 是致力于解决单机数据库服务瓶颈问题的分布式数据库产品。DRDS 高度兼容 MySQL 协议和语法，支持自动化水平拆分、在线平滑扩缩容、弹性扩展、透明读写分离，具备数据库全生命周期运维管控能力。

DRDS 实例需要与 RDS 配合使用，DRDS 有如下几种应用场景。

物联网。工业监控和远程控制、智慧城市的延展、智能家居、车联网等物联网场景下，传感监控设备多，采样率高，分布式关系型数据库有效应对大规模数据实时写入和存储需求。

交易型应用。大并发、大数据量、以联机事务处理为主的交易型应用，如电商、金融、O2O 等，可根据业务规模选择部署规格，且分布式关系型数据库分库分表、可平滑扩展的服务能力可很好满足业务增长需求。

高性能检索。社交等应用常存在海量图片、文档、视频数据，要将这些文件的索引存入数据库，并在索引层面提供实时的数据库操作，对性能要求极高。分布式关系型数据库的分库分表特性实现操作聚焦于少量数据，提升业务效率。

（3）MQ

MQ 是一种进程间通信或同一进程的不同线程间通信的方式，软件的贮列用来处理一系列的输入，通常是来自用户。消息队列提供了异步的通信协议，每一个贮列中的纪录包含详细说明的数据，包含发生的时间，输入设备的种类，以及特定的输入参数，也就是说：消息的发送者和接收者不需要同时与消息队列互交。消息会保存在队列中，直到接收者取回它。MQ 有如下几种应用场景。

分布式系统异步通信。在单体应用中，各服务耦合度紧，单个服务出现问题会导致系统对用户请求的响应慢，可以进行系统解耦拆分，并用消息队列作为系统间的异步通信通道，提升整个系统的响应速度。可实现加快系统响应、降低系统耦合、数据缓存。

数据同步和交换。在大中型分布式系统中，各个子系统数据需最终保持一致，需要有可靠消息传递，保证业务的连续性。分布式消息队列可用于子系统间的高可靠数据传递，实现两者之间数据同步和交换，降低实现难度和成本，并提供数据通道帮助触发其他的业务流程。可实现丰富消息类型、低时延、高并发。

削峰填谷。在电子商务系统或大型网站中，系统上下游处理能力存在差异，当处理能力高的系统上游突发请求超过系统下游的处理能力时，系统对外呈现的服务能力为 0。此时可以通过队列服务堆积请求消息，对请求消息实现削峰填谷，错峰处理，避免下游因突发流量崩溃。通过削峰填谷可实现海量消息堆积能力，从而有效控制下游业务系统的集群规模，快速有效地提供请求响应，提升用户的体验。

5.3 电子政务云

近年来，全球信息技术革命高速发展，电子政务发展所依托的信息技术正面临重大飞跃。以云计算、大数据、物联网和移动互联网等为代表的新技术深刻改变着电子政务发展的技术环境及条件，为电子政务发展提供了更强大的科技支撑。与此同时，发展电子政务已经成为世界各国政府进一步提高行政效率、解决社会问题、提升公共服务、节约行政成本的重要举措，“互联网+”的新模式为电子政务转变发展模式、实现政府管理和服务创新提供了新机遇。

5.3.1 用户需求

传统的政务系统建设主要存在如下问题。

（1）系统整体统筹问题

每个政府办公单位都拥有其独立的政务办公系统，导致后台数据库、元数据、数据格式和接口都存在着差异，每个政府办公单位只关注其各自所需的数据，且系统多、规模大、设备种类繁多，造成集合这些系统为一体的难度大幅度上升。

（2）信息孤岛问题

每个政府系统中都存在着大量的信息，由于部分信息无法与其他系统进行互通，因此此部分信息已形成信息孤岛。

（3）网络与信息安全问题

现如今，网络与信息安全问题是政府信息化流程中出现的较为关键的问题。目前，我国政务系统存在如下风险：政府员工访问外网导致机密文件泄露；第三方介质等方式导致机密文件泄露；无法有效控制网络病毒对终端计算机的攻击。

在信息技术革命蓬勃发展的契机面前，云计算作为先行者走到了技术创新变革的前列。政府需要紧紧抓住云计算发展的契机，将技术的优势转化为经济发展的优势，为新常态下的中国经济转型增添新动能。政务云是云计算在政务领域的应用，将凭借其稳定灵活的基础架构和丰富创新的业务应用，为建设服务型政府提供重要的技术支持。

5.3.2 解决方案

政务云平台主要按照“集约高效、共享开放、安全可靠、按需服务”的原则，充分运用云计算、大数据等先进理念和技术，以“云网合一、云数联动”为构架，实现政府各部门基础设施共建共用、信息系统整体部署、数据资源汇聚共享、业务应用有效协同。通过开展政务大数据开发利用，为政府管理和公共服务提供有力支持，提升政府治理能力及为民服务水平。

5.3.2.1 系统架构

1. 政务云平台整体架构

政务云平台整体功能架构主要包括物理层、资源抽象与控制层、云服务层、云安全防护、运行监控与维护管理和云服务管理，架构设计如图 5-11 所示。

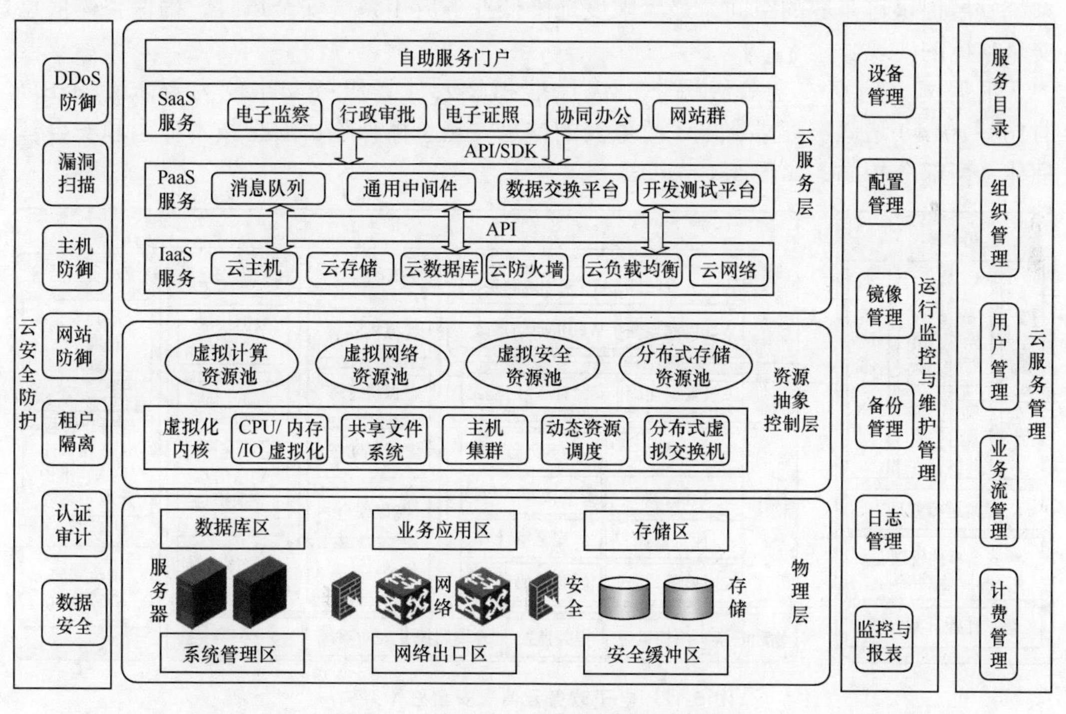

图 5-11 政务云平台整体功能架构设计

物理层： 主要包括运行政务云所需的云数据中心机房的运行环境，以及计算、存储、网络、安全等设备。

资源抽象与控制层： 通过虚拟化技术对底层硬件资源进行抽象，屏蔽底层硬件故障，统一调度计算、存储、网络、安全资源池。

云服务层：提供 IaaS、PaaS 和 SaaS 三层云服务。通过自助服务门户，向各局委办用户提供自助的线上全流程自动化交付。用户可通过自助服务门户进行服务申请，完成审批后的云资源将交付给用户以供远程控制使用。

云安全防护：主要为物理层、资源抽象与控制层、云服务层提供全方位的安全防护。主要包括 DDoS 防御、租户隔离、主机防御、网站防御、漏洞扫描、认证审计、数据安全等模块。满足国家安全等级保护 3 级的部署要求。

运行监控与维护管理：此模块为云平台运维管理员提供设备管理、日志管理、镜像管理、备份管理、配置管理、监控与报表等功能，满足云平台的日常运营维护需求。

云服务管理：此模块主要面向政务云管理员，对云平台提供给政府用户的云服务进行配置与管理，主要包括服务目录、组织管理、用户管理、业务流程管理，以及计费管理等，此模块的功能实现将根据政务专有云要求进行定制。

2．信息安全

安全涵盖网络安全、主机安全、应用安全、数据安全、虚拟化安全等多个层次。既需要保证虚拟机、云平台数据中心、网络边界的安全，又要考虑为将来的业务应用系统发展提供可兼容的空间，最大限度地降低业务应用系统安全风险，确保整体信息安全目标的实现。

根据国家信息安全等级保护三级标准和《云计算服务安全能力要求》（GB/T 31168-2014）增强级要求，电子政务云的信息安全总体架构由安全技术体系和安全管理体系两部分构成，如图 5-12 所示。

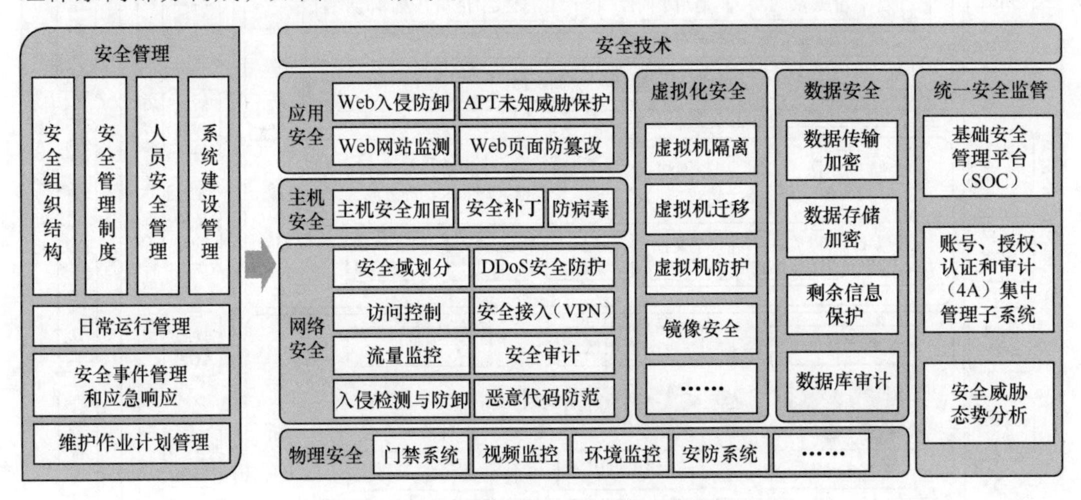

图 5-12　电子政务云信息安全总体架构

安全技术体系是安全建设技术需求和功能的实现者，是安全建设的重要支柱。物理安全的目的是保护网络中计算机网络通信有一个良好的电磁兼容工作环境，并防止非法用户进入计算机控制室和各种偷窃、破坏活动的发生。具体来说，可以将内外网设备、不同功能的网络设备、不同安全等级的应用系统设备按功能和安全级别分区域部署。重要区域配置电子门禁系统进行管理。部署防盗报警系统和监控报警系统。在机房建筑设置避雷装置，在信号通道接入的光电转换器处部署光纤模块信号防雷器，在重要设备部署 RJ-45 防雷器，防止设备受到感应雷破坏。部署火灾自动消防系统，对机房及相关的工作房间和辅助房采用具有耐火等级的建筑材料进行装修及加固。安装防水检测仪表，部署精密空调。协调供电局安装冗余或并行的电力电缆线路，安装适当的电磁屏蔽机柜。

网络安全提供网络边界访问控制、病毒过滤、防攻击、防入侵、防篡改、内外网数据安全隔离交换等立体安全防护能力，保障电子政务云应用系统和内部网络及计算机安全。在访问控制方面，针对政务云平台及所有委办局应用系统进行安全域划分。安全域边界的访问控制包括系统间的访问控制和系统内部安全域边界之间的访问控制。访问控制主要通过防火墙实现。此外，IPS、DPI 系统等具备对进出网络的信息内容进行审计和过滤，实现对应用层协议的命令级控制。安全管理及安全审计方面，通过集中的安全管理平台对政务云平台中网络设备运行状况、网络流量（如异常流量）、安全事件、系统日志、用户行为等进行集中管理，根据记录数据进行关联分析并生成审计报表，同时对系统审计的记录进行有效安全保护，避免受到未预期的删除、修改或覆盖等不安全操作。通过账号、授权、认证和审计系统（4A 系统）对所有用户进行用户账号管理、系统认证、用户授权及操作审计管理。通过数据库审计系统提供专业级的数据库安全审计服务，可按照各种数据库协议结构完全还原出操作的细节，并给出详尽的操作返回结果，以可视化的方式将所有的访问、操作进行安全审计，以提高用户敏感数据的安全，避免数据泄露篡改的可能。边界完整性检查主要通过部署网络行为管理系统（网络流量分析监控、应用流量分析监控）、安全审计系统（系统审计、操作审计、数据库审计等）对非授权设备私自连到内部网络的行为及内部网络用户私自连到外部网络的行为进行合规性检查。网络层、应用层入侵防护主要通过 IPS/IDS 设备实现对网络攻击的实时入侵防护。恶意代码防范方面，在网络边界部署网络防病毒设备，对进入云平台的网络流量进行恶意代码检测和隔离。在安全管理中心（部署在云管理区）部署主机防病毒系统实现对政务云平台及各委办局系统的恶意代码防护。

主机安全主要通过系统加固、防病毒、安全补丁、主机 FW、主机 IPS 这些措施来提供保障。

应用安全按照等级保护要求，通过在核心网络域弹性安全资源池中部署 Web 应用网关设备，实现基于 HTTP/HTTPS/FTP 的蠕虫攻击、木马后门、间谍软件、灰色软件、网络钓鱼等基本攻击行为、CGI 扫描、漏洞扫描等扫描攻击行为、SQL 注入攻击、XSS 攻击等 Web 攻击的应用防护。

虚拟化安全实现同一物理机上不同虚拟机之间的资源隔离，避免虚拟机之间的数据窃取或恶意攻击，保证虚拟机的资源使用不受周边虚拟机的影响。终端用户使用虚拟机时，仅能访问属于自己的虚拟机的资源（如硬件、软件和数据），不能访问其他虚拟机的资源，保证虚拟机隔离安全。

数据安全实现防范越权使用、合法权限滥用、权限盗用、数据库平台漏洞、SQL 注入、拒绝服务攻击、弱鉴权机制等问题。

统一安全监管实现集中的安全管理服务，由基础安全管理平台及相关安全子系统构成，安全子系统包括集中账号管理、认证、授权、审计平台（即 4A）、安全评估子系统、Web 网站监测子系统、Web 页面防篡改子系统、数据库审计子系统、流量监控分析子系统、防病毒系统、补丁、病毒库管理子系统等。

安全管理体系包括安全组织结构、安全管理制度，人员安全管理，系统建设管理，日常运营管理，安全事件管理和应急响应，以及维护作业计划管理。

5.3.2.2 组网方案

政务云平台按照“三横两纵、云数联动”的框架构建。从平台功能维度，划分为业务应用层、中间平台层、设施资源层。在政务云管理体系及安全体系保障下，为政府内部提供统一的信息化支撑，向社会公众提供高效的外部服务。

从业务应用维度，划分为政务外网区和互联网区。在政务外网区、互联网区、公共管理区，从单个数据中心的视角看，政务云内部划分为互联网区、政务外网区、数据安全交换区、管理及安全区和开发测试区，如图 5-13 所示。

互联网区承载面向互联网用户的业务，包括但不限于政府门户网站、网上服务大厅、政务服务中心等。互联网区通过高速链路连接互联网骨干网。政务外网区承载政务外网业务，根据业务类型可分为共享业务区和专享业务区。共享业务包含行政审批、应急指挥等；专享业务包含工商管理、交管、房管等。政务外网区通过高速链路连接政务外网，满足各委办局业务接入政务外网与互联网的需求。数据安全交换区完成政务外网与互联网区的安全、可控的数据交换。管理及安全区提供统一的安全、运营运维、灾备、审计、漏扫等管理和安全系统。开发测试区主要用于软件和硬件上线前的功能及性能测试。

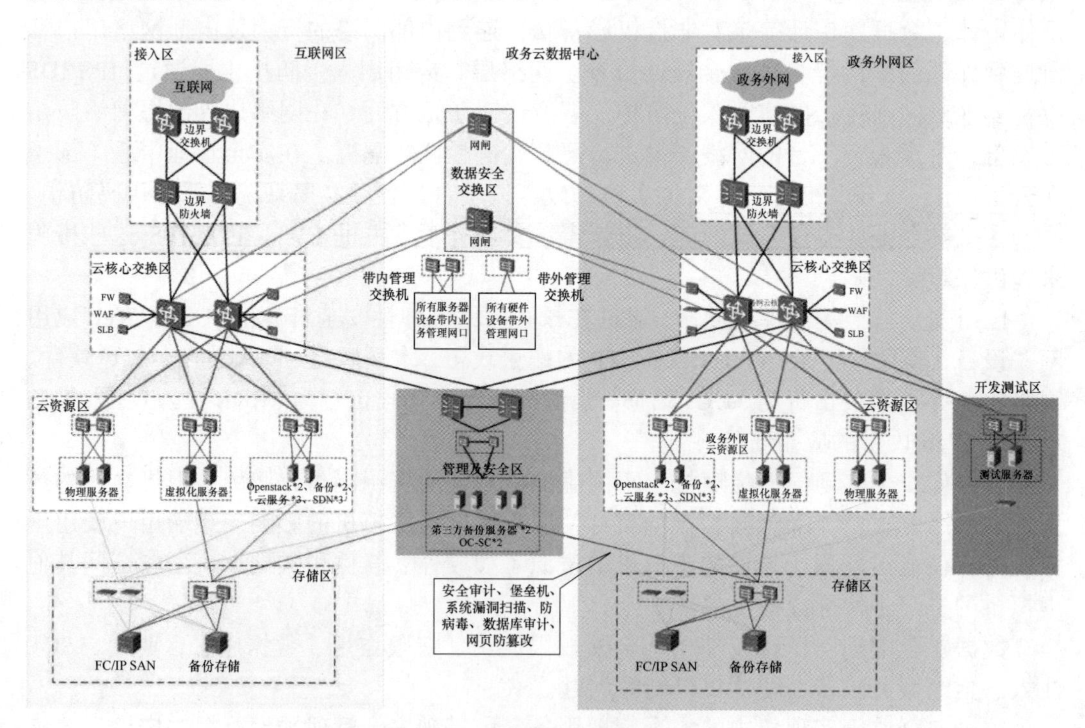

图 5-13 政务云网络分区设计

政务云平台内部将管理、业务平面完全隔离，各自通过独立交换机组网，保证平台可靠性，避免各类网络之间的竞争和由此产生的拥塞，有效提升网络性能。采用 SDN 解决方案实现数据中心业务与网络的联动，以及物理、虚拟网络配置自动化下发、统一运维的需求。同时，引入 SDN 控制器集群异地容灾功能特性，提高业务整体可靠性。主备 SDN 控制器集群通过 TCP 连接，实时保持一样的业务数据。当主集群发生故障时，迅速切换到备集群继续工作。

5.3.2.3 架构优势

1. 云平台业务高可用

政务云平台提供高可用性服务，能够应对云服务的两个主要方面的挑战。

（1）业务连续性（Availability），保障业务连续运行的能力

政务云平台中的基础虚拟化软件能提供全系统冗余架构，系统中无单点故障，在支持计划内的升级、扩容等活动时，业务无中断。提供故障的快速检测能力，检测到故障后自动隔离和恢复，将故障引起的停机时间降至最少。提供黑匣子、日志、告警监控等能力，帮助维护人员快速定位问题、解决问题。

（2）数据耐久性（Durability），保障数据不丢失的能力

政务云平台中的基础虚拟化软件能对元数据及业务数据进行多副本冗余保存，支持内部扫描数据和自动修复有损数据。对管理数据和业务数据提供多种备份能力，支持在发生故障的情况下的快速恢复。

同时，在政务云平台设计之初，已经从部件、系统、解决方案等多个层面综合考虑系统可靠性和业务可用性。从产品研发流程保障单个部件的可靠性，系统采用冗余设计、HA 双机技术、流量控制和过载保护机制，从硬件、网络、虚拟化、云管理等各层次进行系统可靠性架构设计，从容灾、备份设计提升业务解决方案的可用性；保证系统可提供高性能的数据处理及应用响应能力，确保各类应用系统和数据库的高效运行，能够承载大量的用户访问。

2. SDN 灵活可靠

网络可靠性指网络架构设计保障高可靠，通常包含节点设备冗余与链路可靠性设计。节点设备冗余指数据中心网络各个层次一般均采用冗余设计，其中物理分区内接入、汇聚层均采用两台设备冗余部署。链路可靠性指在整网方案中，整网运行 IS-IS 协议，路由条目庞大，互联链路繁多，任意链路故障都有可能导致整网的震荡，因此设备间互联链路的可靠性尤为重要。在方案设计中，交换机间的互联采用多个物理端口捆绑为一个逻辑端口 Eth-trunk，在增加链路带宽的同时避免出现因任意一个端口震荡影响整网路由震荡的情况。

控制器是 SDN 的大脑，控制器提供北向接口同云平台对接，实现计算、网络资源的统一发放；南向接口对接 Fabric 网络设备，通过 VxLAN 等 Overlay 技术实现网络资源池化，扩展二层域规模，按需自动部署业务网络，因此控制器的可靠性在 SDN 中有举足重轻的作用。

5.3.3 实现效果

上海作为全国改革开放的排头兵和创新发展先行者，在政府信息化建设、提升政府管理和公共服务水平方面始终走在全国前列。从整体看，信息化建设已经全面覆盖政府各级单位，各类智能化应用趋于深化。上海市政府信息化总体水平较高，各部门信息化水平存在差异，业务迁移的体量和进度也各不相同。

目前上海市的工商局、知识产权局、经信委、绿化局、卫计委、科委、发改委、市民政局、市绿化和市容管理局、环保局、市水务局等单位的应用系统已完成迁移上云部署，且得到良好的成效。政务云平台的建设为上海市政务管理水平和效率的提升带来了积极的成效，具体如下。

（1）有效减少投资浪费

政务云平台利用现有的云计算环境，整合政府机构的相关资源，由云平台统一为政府机构提供资源。政务云平台的建设不仅可以提升基础设施的利用率，还可以减少相关运维费用，有效杜绝了重复建设、投资浪费的现象。

（2）有效促进信息共享

在当今信息时代，各种类型信息载体数量急剧增长，信息共建共享可以优化自身的资源结构，使资源能够最大限度地满足使用者的需要，既节省了建设的经费和时间，又切实提高了信息资源的保障能力。政务云平台的建设可以在政府部门之间、政府部门与社会服务部门之间建立一个“信息桥梁”，通过政务云平台内部的信息驱动引擎，实现信息整合、信息交换、信息共享，大大提高了政府机关的工作效率。

（3）有效保障数据安全

在原有传统模式下，基础数据的安全无法做到全面保障，缺少了灾备中心及应急机制。不同部门使用自己的基础设施，大大降低了空间的使用率，有些部门甚至连基础都不符合相关安全标准。政务云平台进行安全域划分，针对不同安全域按照安全等级要求进行相应的安全防护。另外，提供完备的基于云的同城异地容灾备份体系，保障用户的业务连续性和数据安全性。

（4）有效提升服务能力

顺应新技术的发展趋势，探索运行管理服务的新模式，加强政务云平台服务提供机构自身服务队伍的建设，建立统一的服务体系，全面提升服务能力，切实发挥政务云平台的成效。

另外，政务云平台的集约化建设可以使政府部门从传统的工作模式中解脱出来，转而将更多精力投入到业务的梳理以及为民服务上来，有效提升为民服务的能力，建设以人为本的服务型政府。

政务云平台的自身技术体制、系统架构、数据结构、软硬件选型以及其建设和服务提供过程均须符合相关国家标准规定。现有的政务应用系统必须经过科学分析、评估，按需逐步迁移至政务云平台。一方面使得政务云平台能力充分利用既有的政务应用资源，另一方面，迁移和新建的政务应用可以充分利用政务云平台集约建设的资源以及云服务模式提供的各类服务。

政务云平台的建设是为了提供更加便利、高效的工作方式，其建设模式可以提高经济效益、节约成本、节能减排、资源共享。政务云在带来便捷的同时，也需要根据国家安全方向实时查漏补缺，以避免数据丢失及泄露等情况的发生。

| 5.4　智能视频云 |

5.4.1　用户需求

近年来，各级公共安全部门已建成大量视频监控系统，但是这些系统却没有带给投资方、建设方期望中的收益。例如，社会视频和大量治安视频系统独立建设，数据共享困难。随着流窜型犯罪增多，分析定位嫌疑人难度加大，跨区案件视频的获取和分析耗费大量时间、人力、物力成本，传统视频监控系统的作用无法凸显，具体表现如下。

（1）烟囱架构，视频资源不共享

传统视频监控系统架构如图 5-14 所示。由于系统分期、分散建设，每一期项目的系统供应商或设备厂家各不相同，造成大量重复投资，导致系统间计算与存储资源隔离，每次都要去现场复制，低效且烦琐，不仅损失了时间、差旅成本，更贻误了制止罪犯再次作案的时机。

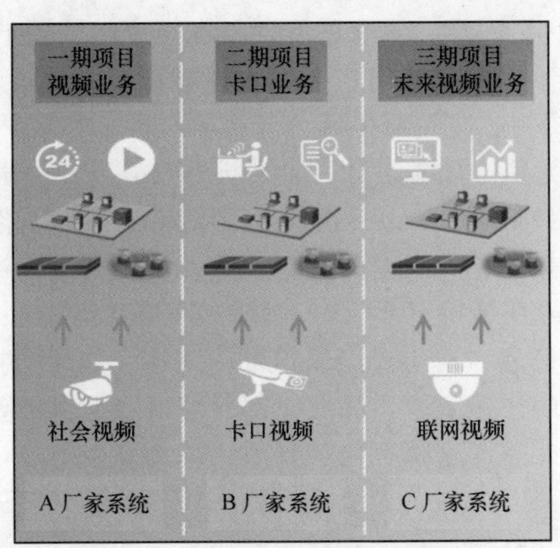

图 5-14　传统视频监控系统架构

（2）厂商绑定，已建系统难创新

在传统安防架构的视频监控系统中，设备软硬一体化，无法解耦，客户要利用现有架构进行新应用开发与部署的困难重重。新增系统难以扩展，资产不能继承，无法应对持续创新的发展要求。

（3）系统规模大，运维管理难

随着视频监控系统规模的不断扩大，应用领域不断拓展，设备数量剧增；同时客户的运维资源少、设备可维护性差，导致出现故障后难定位，现网存在大量故障设备不能工作。

5.4.2 解决方案

1. 架构选择

如前所述，传统视频监控系统烟囱式建设模式已经阻碍了客户未来对智能视频应用与视频大数据应用的发展需求，而基于云共享的架构更能满足未来的发展需求。

（1）联网整合是基础，集约化建设是趋势

跨域的大案，需要资源能被灵活调度、充分共享。

传统安防架构：各系统烟囱建设，资源静态分配、不能高效共享。更不能被灵活调度以适应大案、要案，分析计算需求。

云共享架构：集约化建设，资源池化（含GPU），按需共享。能灵活调度以适应大案要案的集中分析计算。

（2）让海量视频快速产生价值是目标，结构化、智能化、大数据是手段

政务视频专网、公安视频专网、公安信息网的数据量级都在 PB 级，包括结构化数据、海量的过车和人脸数据、物联网数据。

传统安防架构：专为视频结构化单一任务设计，且只能在有限的结构化数据中，才能实现视频检索等应用。无法满足更大体量、更多种类的数据碰撞挖掘。

云共享架构：天然支持海量大数据的分布式云处理，100 亿次过车数据秒级检索。

（3）视频向“视频+”发展，未来的应用将在视频的基础上愈加丰富

未来，基于联网共享平台的应用将会越来越丰富，如人脸识别、卡口识别、车辆图片二次分析、Wi-Fi 探针、惠民服务等。

传统安防架构：专为单一任务设计，如果新上业务，则软硬件全部从 0 开始建设。资源利用率低（部分系统低于 30%），业务上线周期 6 个月以上。

云共享架构：随时扩展，数天内开通新业务；资源利用率达到 65%。

（4）服务不再只局限在某特定部门内，而是向开放共享，服务大政府、大群众转型

公安体系内，情报信息当前主要由情报部门掌握，如果指挥中心不能及时获取到这些情报服务，则会影响决策效率。因此，部分情报服务也需要共享。

传统安防架构：各业务厂家私有化、封闭、难共享。

云共享架构：把公用能力封装为服务模块，“积木式”被各应用灵活共享、调用。

综上，视频云联网共享架构是公安视频监控系统的合适选择，表 5-1 是传统安防架构和云共享架构的技术对比。

表 5-1 传统安防架构与云共享架构技术对比

对比项	传统安防架构	云共享架构
架构设计	纵向隔离架构	横向共享架构
资源共享	各系统自有资源，不共享	资源池化，按需取用
数据共享	数据分散存储，共享难	数据融合存储，共享

续表

对比项	传统安防架构	云共享架构
服务共享	私有、封闭；非标准	服务化接口
扩展能力	静态配置，难扩展	动态调度，易扩展
运营维护	分散运维，效率低、成本高	统一运维，自动、高效
业务上线	数月	数天

2．系统架构

智能视频云平台采用分布式、开放云架构，支持软件和硬件解耦，可以实现视频联网共享、人像分析和车辆分析等核心功能模块灵活调整，并可提供业务应用实战支撑能力。支持数据和应用解耦，实现数据全整合，提供统一数据访问接口，实现跨应用、跨部门、跨区域视频图像信息共享，提升效率。逻辑架构如图5-15所示。

（1）IaaS基础设施层

IaaS基础设施层实现计算资源（含GPU）、存储资源和网络资源的虚拟池化，对外提供统一标准接口的弹性计算服务、云存储服务、网络虚拟化服务、虚拟数据中心服务等。

（2）PaaS平台服务层

PaaS平台服务层提供视频联网共享服务、人像分析服务、车辆分析服务和数据采集服务。视频联网共享服务实现治安、卡口等视频资源接入、实时流媒体转发、视频回放、视频下载和视频质量诊断等。人像分析服务实现人脸识别分析和人脸图片存取，车辆分析服务实现车辆识别分析和车辆图片存储，将人、车结构化后的价值信息存入上层大数据平台，图片存入底层云存储中。

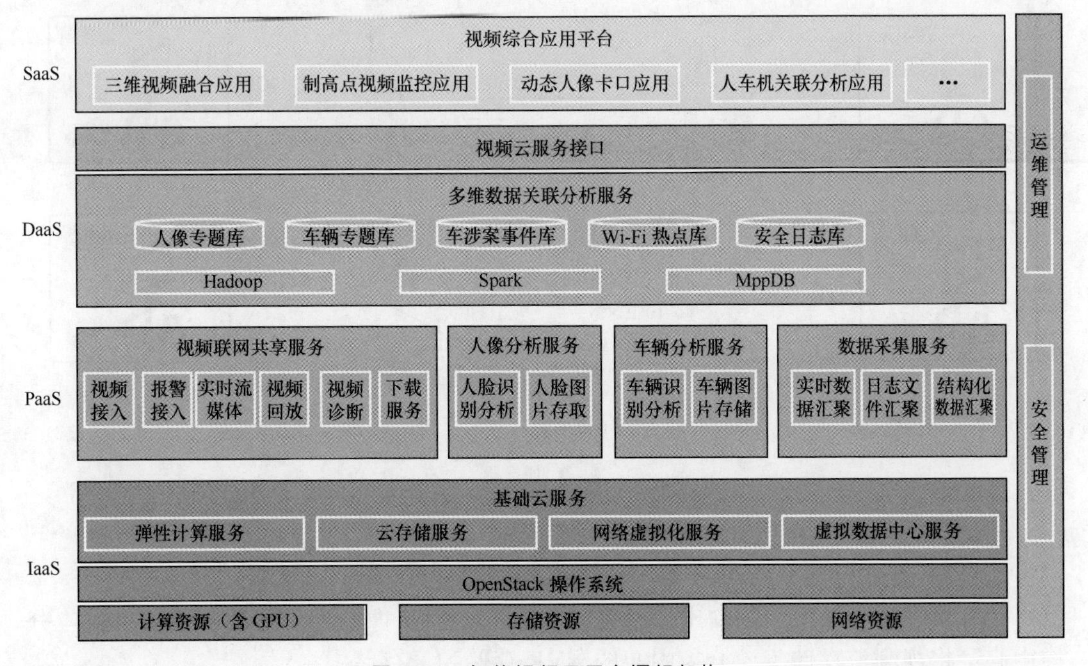

图5-15　智能视频云平台逻辑架构

（3）DaaS 数据服务层

DaaS 数据服务层以基础设施云平台为运行环境，以公安部门所关注的人、案、物等核心业务对象为中心，通过对公安内部数据、政府共享数据、社会单位数据以及互联网等其他来源数据的充分整合，制定符合公安业务的数据模型和数据标准，建立统一的视频大数据中心，实现数据资源的采集、接入、清洗、集成、分析、发布的动态流程，支持结构化视频、多维信息产生的大数据处理和分析，为各政府职能部门提供一站式的数据资源服务，逐步建立数据分析和情报驱动型的信息化应用。

（4）SaaS 业务应用层

围绕公安及政府各职能部门的实战业务需求，基于统一的 IaaS 基础云服务和 DaaS 大数据服务，通过统一的视频云服务接口，可以快速开发出丰富多彩的视频图像应用，比如动态人像卡口应用、车辆大数据应用、多维数据关联分析应用和制高点监控应用等。

3. 组网方案

由于监控点位覆盖地域广，某区视频监控系统采用分控中心与总控中心两级组网架构，避免接入线路过于集中、线路过长等问题，该视频监控系统整体组网方案如图 5-16 所示，具体如下。

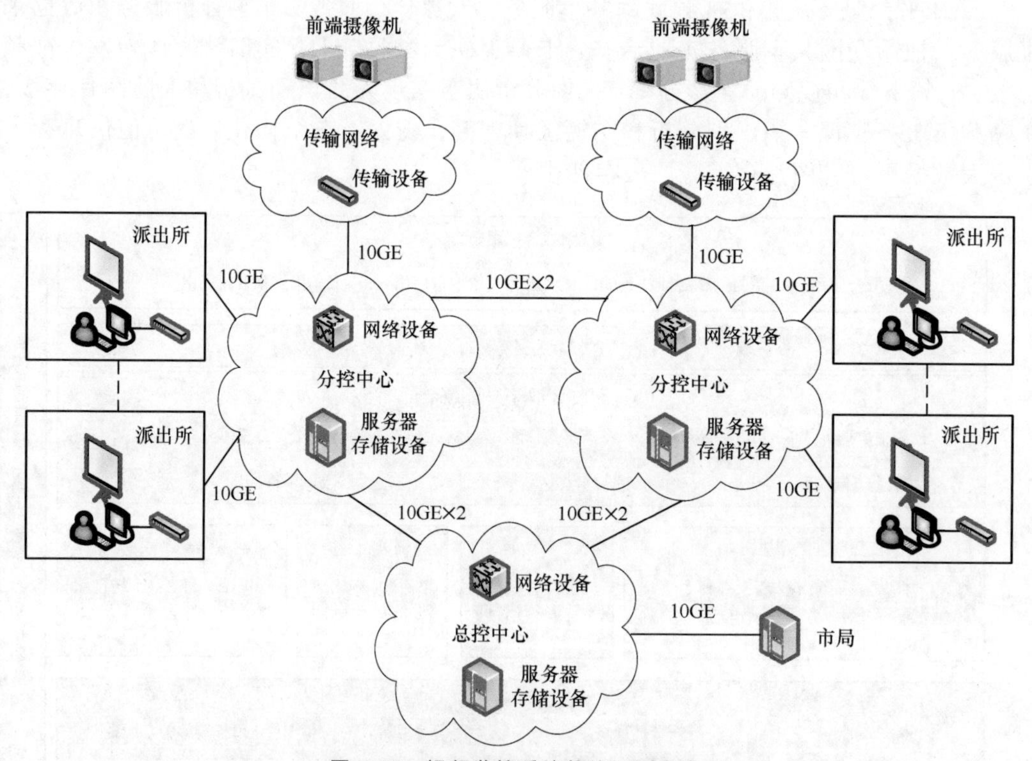

图 5-16 视频监控系统整体组网方案

- 前端高清摄像机、治安卡口摄像机和人脸卡口摄像机通过传输网络接入对应分控中心，将视频流存储于该分控中心的 NVR 存储和云存储中；

• 各派出所通过 10GE 链路接入对应的分控中心，并通过该分控中心调取实时视频流或监控录像；

• 各分控中心负责存储和转发监控视频，并进行人脸解析和视频结构化处理。分控中心两两之间增加保护链路，形成两个环网，并通过 10GE×2 链路上联至总控中心。一方面监控视频需要转发至市局，指挥中心可通过该链路实时查看监控视频；另一方面，人脸解析和结构化信息需集中存储到总控中心的云存储中，以便进行大数据融合处理及展现；

• 总控中心负责高清卡口图片、人脸识别数据、结构化数据的集中存储和大数据融合处理，并通过 10GE 链路上联市局系统向市局指挥中心转发高清监控视频；

• 分控中心之间以及分控中心上联总控中心 10GE×2 链路均采用两条不同的光缆路由，以保证网络的可靠性。

5.4.3 功能实现

1. 计算资源按需分配

平安城市对视频的处理包括基础的视频接入、转发、串并案、多维分析，特殊的应用有视频的解析、视频的深度挖掘等，比如对人像的分析、对车辆的分析。智能视频云计算资源池如图 5-17 所示。

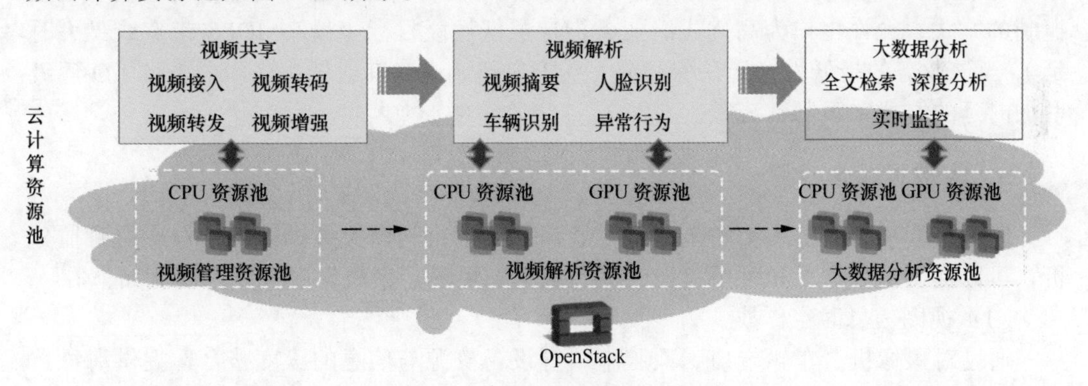

图 5-17 智能视频云计算资源池

一类业务对 CPU 消耗大，一类业务对 GPU 消耗大，因而很多情况资源占用是动态变化的。例如日常的接入、转发等对 CPU 消耗大，出现重大案件时，往往对人像、车辆的分析使用大，对 GPU 消耗大。

通过 CPU/GPU 计算资源池化服务，实现资源在多业务间按需分配，提升利用率。灵活解决业务高负荷时，资源能调度，集中力量办大案。

2. 存储资源按需调度

视频云存储系统采用强大的数据管理服务器来构建完善的网络存储系统，存储资源可以根据需求分布式部署并加以统一管理和调度，支持动态存储资源管理、在线部署，可以基于统一平台满足不同存储质量、容量和服务质量的客户需求。视频云存储系统如图 5-18 所示。

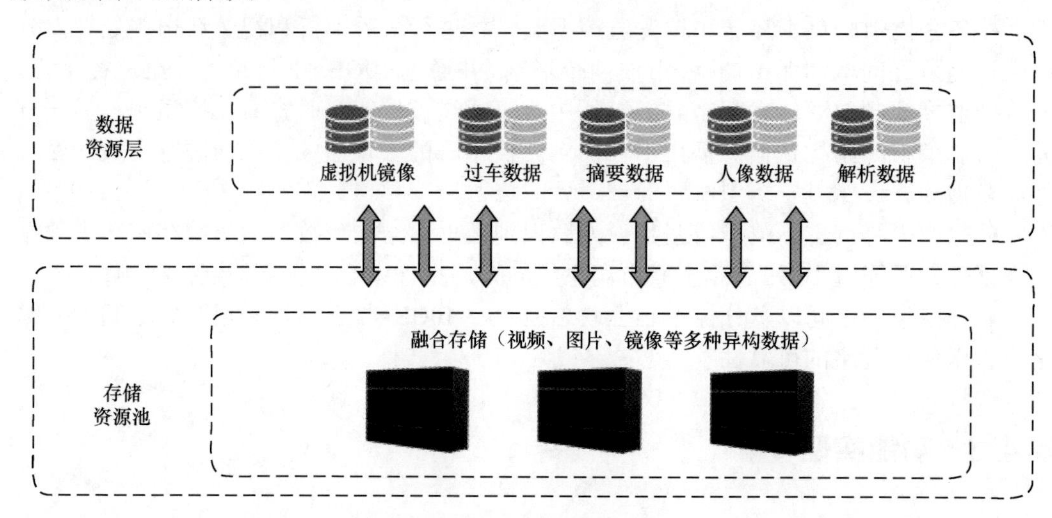

图 5-18　视频云存储系统

例如，通过区分不同业务的重要性来划分业务响应的优先级，在融合存储资源池中，面临多种业务并发冲突，实现多种业务的可设置、可管理、可运维；基于传统的令牌桶机制，针对用户设置的性能控制目标（IOPS 或带宽）进行流量限制；基于流量扼制的方式，允许用户为高优先级业务指定最低性能目标（最小 IOPS/带宽或最大时延），当该业务的最低性能无法保障时，系统内部通过对其他低优先级业务的 I/O 逐级增加时延的方式来限制其流量。

3．大数据融合应用

通过整合视频监控、治安卡口、人脸识别数据，利用大数据技术进行底层碰撞分析，可以提供指导意见和可用情报，提升数据利用率。大数据融合应用功能如下。

（1）视图信息时空作战

通过对摄像机、车辆卡口、人脸卡口等设备资源与信息的深度整合，提供海量数据在地图中的展现及应用。借助大数据分析、GPS 定位等手段实现面向侦查、指挥调度综合业务的可视化时空作战。

（2）时空研判应用

该应用是基于地图的线索研判模块的，功能包括各类设备资源的综合应用、人脸、车辆、人体、MAC 地址等多维数据的综合分析应用，实现多维数据的基于时间与空间的线索研判，挖掘各类线索的潜在价值关系，准确查找目标对象。

（3）视频智能应用

视频图像智能解析服务对视频和图像进行分析及处理，识别视频和图像的内容，包括事件检测分析服务、结构化解析服务、视频摘要服务、人脸识别服务、图像处理服务、车辆特征识别服务、视频图像解码服务。

支持以视频分析为核心，包含多种智能规则如区域入侵、绊线检测、物品丢失、物品遗留、徘徊检测和人群聚集等。

支持综合布控，针对同一时空范围的同类单个或多个、同一目标的多个维度、多类目标多个维度的综合化、立体化、多维度的布控检测与预警能力。

可以对多个目标（人脸、车辆、MAC 地址）进行多维度（车辆库、人脸库、MAC 地址库）立体布控。

（4）数据仓库

数据仓库可以对系统中所有的各类资源进行集中管理，包括车辆信息、人脸信息、人体信息、Wi-Fi 信息等。针对每种资源的每个视频图片进行检索和查看详情。

支持对人体上下身颜色（包含白、灰、黑、绿、蓝、红、紫、黄、粉、橙、棕）、上身纹理（格子、花纹、纯色、条纹）、下身服饰（短裤、裙子、长裤）、性别、头部标识（眼镜、帽子、头盔、口罩）、随身物品（双肩包、手提包、行李箱、单肩包、婴儿车）等人体信息的检索功能。

系统自动分析识别上传的人脸、人体、车辆图片或通行记录的人脸、人体、车辆图片，检索一段时间或一定空间范围内，与上传图片相同及相似的通行记录图片，并提供检索结果的统计、比对、导出能力。

支持对同一张图片中出现的人脸、人体、机动车、非机动车进行结构化处理。

支持按照选取的图片（车辆、人脸、人体）作为检索条件检索，并选取另外的图片（车辆、人脸、人体）作为排除条件检索的功能。

支持对检索后的视频图像信息进行关联操作，如图片缩放、下载、存储在云空间、定位的功能。

（5）技战法应用

以人脸为核心的人像应用包括身份鉴别、人脸碰撞、身份检索、频次分析、伴随分析、轨迹查人。

以车辆为核心的车辆大数据应用、行车轨迹、轨迹查车、跟车分析、碰撞分析、频次分析、落脚点分析、隐匿车辆挖掘、首次入城、频繁违章、套牌分析、开车打电话、未系安全带、夜间遮阳板检测。

以地图为核心的可视化指挥调度应用、警力调度、警卫路线、防控圈、全景追逃、路径规划、布控与告警提示。

（6）视频监控基础应用

视频分组展示、实时监控应用、录像回放与检索、电视墙管理、应用工具集等。

4．统一运维

智能视频云平台可实现统一运维（如图 5-19 所示），实现“多个数据中心当一个管”：多资源池的告警、拓扑、性能、报表等管理信息的统一呈现；端到端的统一业务和资源管理，实现全局资源调度；物理资源和虚拟资源的统一管理，支持异构虚拟化统一管理；统一业务和资源发放，一致的业务体验。

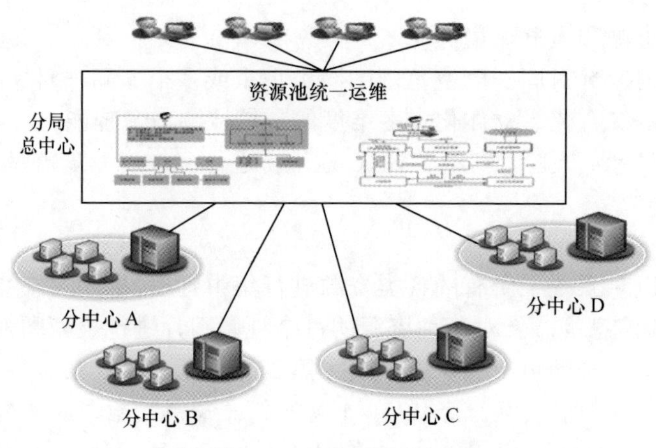

图 5-19 智能视频云平台系统

5.5 嘉量云

5.5.1 用户需求

软件开发的工作量和成本评估由于长期缺乏科学和权威的标准，导致出现了恶性竞标、低价中标等诸多突出问题，严重影响行业的健康发展。多年来，通信运营商在软件项目的投资管理中，经常被以下问题所困扰。

一是立项预算多采用经验法。靠“拍脑袋”来评估软件成本。软件项目预算编制、软件项目招投标都缺乏科学权威的依据。

二是结项审计。预算无依据，审计担风险。随着软件投资逐年攀升，如何防范软件投资的审计风险，已成为一大痛点。

三是廉政风险。由于软件预算缺乏权威依据，是否存在利益输送的问题，往往“说不清楚”，这就很容易给软件项目投资管理的所有相关部门带来潜在的廉政风险。

2018 年，中央审计委员会成立，确定“应审尽审、凡审必严、严肃问责”十二字方针。在这一大背景下，运营商如何规避软件投资的审计风险和廉政风险，成为一个重要且紧迫的问题。2013 年，工业和信息化部颁布了由中国软件协会牵头制订的《软件研发成本度量规范》（SJ/T 11463-2013）行业标准，这是成本度量标准研制工作的重要突破。2018 年，国家标准《软件工程 软件开发成本度量规范》（GB/T 36964-2018）正式颁布，为解决软件业长期存在的成本度量问题奠定了重要基础，对软件行业健康生态的形成具有里程碑意义。

随着国标的颁布实施，为规避审计风险和廉政风险，运营商正积极引入荷兰软件度量协会（Netherland Software Measurement Association，NESMA）、通用软件度量国际联盟（Common Software Measurement International Consortium，COSMIC）等 ISO

功能点方法，将功能点作为确定软件项目预算的主要依据。但是，长期以来，功能点一直依靠专家的手工评估，存在以下问题。

一是门槛高。评估人员既要懂通信业务，又要懂功能、方法，能力门槛要求很高。

二是效率低。对大型通信软件项目，需求的文档达成千上万页，人工评估周期长、效率低。

三是偏差大。手工评估往往存在人为因素，缺乏客观性，容易造成评估结果的偏差。

因此，迫切需要强大高效的 IT 工具，为软件造价师提供强有力的帮助，解决标准落地的“最后一公里”问题。

嘉量云软件成本度量智能云平台根据业务需求，创造性地引入人工神经网络、深度学习等 AI 新技术，构建智能化的度量大数据云平台。

5.5.2 解决方案

1. 平台架构

嘉量云平台的总体架构由基础平台层、逻辑服务层、功能应用层、PaaS 能力部署和运营支撑组成，其系统的功能架构如图 5-20 所示。

功能应用层根据 Gartner 发布的用户数字化体验趋势，运用人工智能技术的 Agent Experience 为用户提供更人性化的体验，因而从功能设计上，提供了智能需求检测、智能评估、一键评估、一键制作报价清单、自动生成评估报告等应用来完成传统评估过程中较为耗时的工作环节。

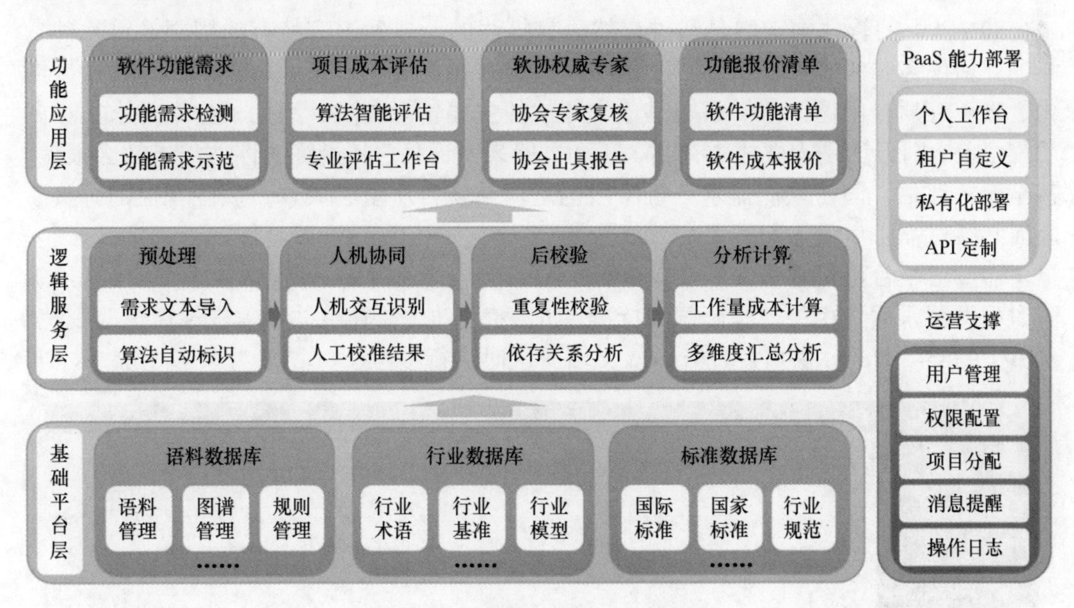

图 5-20　嘉量云系统的功能架构

逻辑服务层是中台层，主要为上层应用提供能力和服务封装，包括预处理、人机协同、后校验、分析计算等后台处理逻辑封装成标准能力和服务。同时，系统提供调整因子参数自定义、API 等 PaaS 能力便于租户灵活定义适合本企业特点的 SaaS 应用。

基础平台层包括行业基准数据、知识图谱数据、神经网络模型数据等后端数据的存储和管理、数据的智能分析处理引擎等。平台采用 Kubernetes 进行应用部署。Kubernetes 是一个开源的、可用于管理云平台中多个主机上的容器化的应用，Kubernetes 的目标是让部署容器化的应用简单并且高效，Kubernetes 提供了应用部署、规划、更新、维护的一种机制。

传统的应用部署方式是通过插件或脚本来安装应用。这样做的缺点是应用的运行、配置、管理、生存周期将与当前操作系统绑定，不利于应用的升级更新/回滚等操作，即使可以通过创建虚拟机的方式来实现某些功能，但由于虚拟机非常重，因而并不利于可移植性。新的方式是通过部署容器来实现的，每个容器之间互相隔离且有自己的文件系统，容器之间的进程不会相互影响，能区分计算资源。相对于虚拟机，容器能快速部署，由于容器与底层设施、机器文件系统是解耦的，所以可在不同云、不同版本操作系统间进行迁移。

容器占用资源少、部署快，每个应用可以被打包成一个容器镜像，且每个应用与容器间成一对一关系也使容器有更大优势，使用容器可以在 build 或 release 的阶段为应用创建容器镜像，因为每个应用不需要与其余的应用堆栈组合，也不依赖于生产环境基础结构，这使得应用的研发、测试、生产能在一致的环境中进行。类似地，容器比虚拟机轻量、更“透明”，因而更便于监控和管理。

2．功能介绍

（1）需求质量检测

80%以上的软件需求均是通过自然语言描述的。自然语言特有的模糊性给软件功能的评估任务带来了挑战，不少需求文档都会存在有歧义、不完整、不一致、过度细化、噪声等质量问题。软件需求是成本评估的主要输入参数，因此，如果需求文档的质量很差，则无论是人做成本评估，还是机器来做评估，其最终的评估结果都会很差，甚至无法评估。同时软件需求分析阶段也是软件项目质量、成本、风险管控的源头，因而必须对需求质量进行把关。

嘉量云平台可对需求文档质量进行必要检查，并及时提示用户（如图 5-21 所示）；同时提供需求质量相关的国际国内标准，如国家标准《计算机软件需求规格说明规范》（GB/T 9385-2008），供用户提升需求文档质量时进行参考。

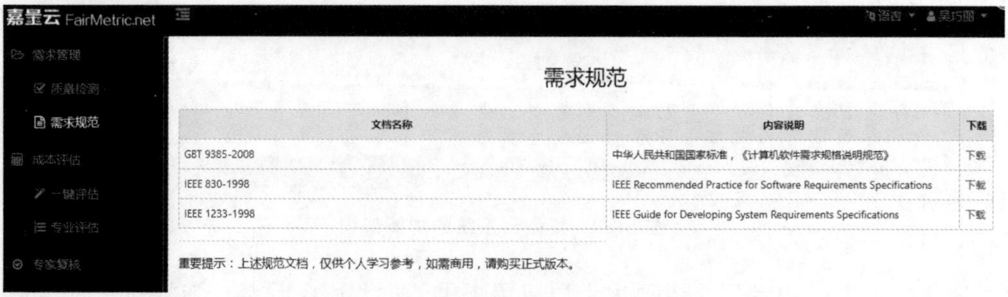
嘉量云 FairMetric.net
需求管理
质量检测
需求规范
成本评估
一键评估
专业评估
专家复核
需求规范
文档名称
内容说明
下载
GBT 9385-2008
中华人民共和国国家标准，《计算机软件需求规格说明规范》
下载
IEEE 830-1998
IEEE Recommended Practice for Software Requirements Specifications
下载
IEEE 1233-1998
IEEE Guide for Developing System Requirements Specifications
下载
重要提示：上述规范文档，仅供个人学习参考，如需商用，请购买正式版本。

图 5-21　嘉量云需求质量检测模块

系统可根据需求质量国际标准对需求文档质量进行必要检查，需求文档的质量直接影响最终评估结果和质量，目前系统支持的需求文档的格式是 doc 或 docx。嘉量云平台通过建立需求质量数学模型，对需求文档进行质量分析和评价，同时生成检测报告。报告中详细说明需求缺陷的位置和类型，以便用户改进需求文档的质量。

（2）智能评估

随着人工智能深度学习技术的发展，利用深度学习方法来进行自然语言处理的技术也得到了快速发展。“嘉量云”引入基于人工智能、深度学习的自然语言处理技术，包括循环神经网络（Recurrent Neural Network，RNN）、卷积神经网络（Convolutional Neural Network，CNN）、长短时记忆（Long Short Term Memory，LSTM）网络、注意力机制等深度学习网络，解决了对需求文档的预处理、词法分析、句法分析和语义分析等难题，从而实现了对软件需求文档中功能计数项的智能化、自动化识别，同时结合相关软件行业的基准数据库，根据成本估算模型，自动估算出软件研发的工作量成本，如图 5-22 所示。

值得注意的是，由于自然语言的模糊性、随意性、歧义性，其处理的技术难度非常高，在 AI 的三大领域中，自然语言处理（Natural Language Processing，NLP）是业界公认的、最具挑战的一个分支。因此，嘉量云的 AI 算法不可能做到 100%准确，嘉量云平台的定位是尽最大可能帮助造价师减少重复劳动，提升评估工作的效率，而不是完全取代造价师。通过平台自动识别算法完成评估过程中常规和重复性的工作，让专家可以专注在软件评估的难点和重点部分，真正发挥其价值。

为确保评估结果的权威性，系统中成本评估模型的调整因子参数均依据中国软件协会软件造价分会每年发布的基准数据更新。

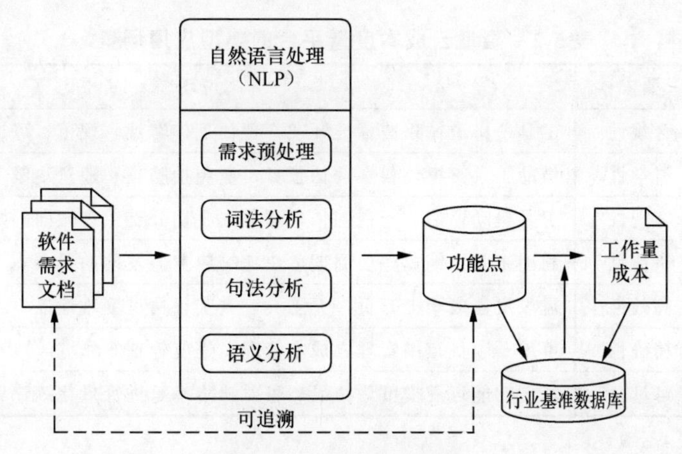

图 5-22　嘉量云智能评估

（3）专业评估工作台

随着 NLP 技术的不断进步，对于高质量的需求文档和成熟的业务领域，未来嘉量云 AI 算法的自动评估结果是有可能达到令人满意的程度的。此时，对评估准确性要求不是很严苛的一些应用场景（如项目早期，粗略评估预算的大致范围），人工干预的工作量将大大降低，甚至无须干预。但是，即便技术发展到这一阶段，对审计等要求严格的应用场景，仍然还是需要已认证的软件造价师对算法自动评估的结果进行必要的修正，以确保最终评估结果的可靠性。

系统提供了计数项高亮、段落计数项统计等功能，可方便地定位到有智能评估计数项的文本位置以便于评估师进行审核。当评估师需要添加和编辑计数项时，系统提供自动取词、分词等技术来提升评估师输入计数项名称的效率。重要的是功能需求文本和计数项之间是双向联动的，这既便于评估师检查核实或者交叉校验，也确保了评估结果的可追溯性，满足审计工作的要求。

（4）专家复核与报告制作

由于软件技术日新月异，软件应用功能层出不穷，功能点方法原理应用于实践时，经验较少的评估师需要与最新的评估实践对齐。平台对接中国软件协会软件造价分会等造价专家资源，评估人员完成一个评估任务后，可在线发起专家复核申请，方便地得到专家的指导。专家可即时接收评估复核请求，开展复核工作。这也保证了评估师群体的业务水平在新业务、新应用场景下不断得到提升和校准。

重大项目的立项审批往往需要具备正式的评估报告作为估算依据，过去手工制作评估报告通常由于数字核对、文字校对、表格排版布局占用评估工作人员较多的时间。嘉量云平台可依据评估报告样式，自动对报告进行排版布局，一键生成详尽、准确、可追溯的第三方评估报告。

5.5.3 典型应用场景

嘉量云成本度量平台的典型应用场景详见表 5-2。

表 5-2 嘉量云成本度量平台的典型应用场景

典型场景	要求	说明
审计	合规性	工具严格遵循权威标准开发，评估工作客观、规范、可追溯
预算预估	科学性	借助工具支撑，科学评估预算，避免拍脑袋和随意决策
预算切分	客观性	工具自动评估，一视同仁，避免人工切分有主观倾向的嫌疑
紧急需求	快捷性	利用工具，缩短评估周期，快速响应业务发展的要求
重大项目	高效性	需求文档成千上万页，无工具，人工评估进度难保证
项目管理	精确性	可用于项目范围管理、成本管理、进度管理等领域
软件质量	可量化	基于功能点规模度量结果，可对缺陷率等进行量化统计和分析

（1）运营商信息化项目投资预算

随着以 5G 为代表的新一轮技术革新的浪潮席卷而来，运营商的软件信息化建设面临着更高的要求和挑战。然而，长期以来，运营商信息化项目的软件投资预算主要依赖业务专家的经验，以估为主，缺乏科学、客观的依据。在预算立项、厂商选择、招标评标、合同管理、质量管控、资产管理等阶段难以对软件成本进行量化管理支持，容易引起成本预算超支、建成系统不符合预期等风险。

嘉量云成本度量平台可支撑运营商全流程的成本预算管理体系。在规划预算阶段，使用平台的指示或简略功能点评估模式对业务信息化需求进行投资预估，从而在立项早期就能得到科学、可靠的成本范围。项目投资下达时，使用平台专业评估和专家复核模式对项目范围进行严格的精细化评估。合同验收结项时，使用详细评估模式稽核实际项目交付成果，确保实际建设内容与项目范围没有偏差。

嘉量云成本度量平台预期的建设成效是帮助组织在立项预算、投资下达、项目结项审计等各环节形成符合国家标准的一套完善的管理制度和管理能力，具体包括：立项预算时，通过统一的评估流程办法，使预算制定过程科学透明、有据可依；投资下达时，进一步借助平台技术能力和行业专家资源来评估项目造价，形成客观、详尽、可追溯的评估报告，确保项目资金的每一项花费都有依据；合同结项后，通过平台稽核实际软件规模，对项目形成闭环管理，形成对供应商的有力监督，切实有效地保护企业投资，同时，在审计的层面上，确保投资审计合规。

（2）智慧城市建设

政府机构建设的信息化项目通常采用外包模式。项目立项预算以往使用传统的估算方法（如经验法、类推法），以估为主，误差较大。近年来，国家审计对项目的要求不断加强，2018 年中央审计委员会会议提出“应审尽审，凡审必严，严肃问责”。因此，在政府主导的智慧城市建设过程中，需要科学、权威、公正的项目成本评估工具来支持，贯彻落实国家对政府机构预算管理和审计的严格要求。

智慧城市建设信息化项目中往往包含了多个应用子系统和基础平台，如面向公共服务的业务应用软件系统、面向城市管理的业务应用软件系统、基础大数据平台等。这类项目成本预算评估工作任务重、时间紧，评估的业务专家工作强度负荷过重，有时难以保持稳定的评估质量。使用系统平台辅助评估可提升工作效率，满足建设方对成本评估时效性的要求。系统的成本估算模型同时支持国家标准《智慧城市 软件服务预算管理规范》（GB/T 36334-2018），估算采用的基准数据来自中国软件行业协会发布的中国 IT 行业权威基准数据平台。

（3）信息项目管理

在促进信息化项目投资规范化的同时，估算平台有利于促进中国软件企业的发展。通过形成外部的良性市场环境，帮助软件企业专心提升产品和服务质量。软件企业在激烈的市场竞争中常常会遇到恶意竞标的情形，在软件成本国家标准逐步普及的当下，可积极借助嘉量云等估算平台估算项目的客观成本，证明自身软件系统的真实价值，争取厂商的合理利益，同时也更好地保证了软件的最终的交付质量。

5.6 通服云

5.6.1 用户需求

中国通信服务股份有限公司（简称“中通服”）在全国范围内为通信运营商、

媒体运营商、设备制造商、专用通信网及政府机关、企事业单位等提供网络建设、外包服务、内容应用及其他服务，并积极拓展海外市场。目前，中通服旗下拥有多家子公司，专业涵盖电力工程、IT 应用、设计专业、维护专业、施工专业、监理专业等。但在内部资源整合、创新业务支撑方面仍有很多可以调整与优化之处，具体如下。

高效项目管理：开发团队分布于全国各地，服务于中通服 OneCCS 战略，高效协同开发、统一项目管理、开发资源整合的需求变得越来越迫切。

统一的产品集成门户：中通服产品中心不断增多，各产品的能力共享与赋能需求不断增多，需要统一平台支撑。

提供标准开发技术架构：目前各产品中心的产品研发仍为“单兵作战”，缺少统一的技术标准，各产品间存在“孤岛效应”，平台需提供相关支撑能力。

集成的开发环境：现有开发模式需要开发人员自行部署开发/测试环境、部署配置中间件及相应的软件工具，仍为传统的软件开发模式，开发效率仍有提升空间。

综上所述，中通服考虑搭建一个通用性综合云计算平台，针对内部各个公司能兼容并加强各公司特性，提供能力补齐，支撑业务创新。

5.6.2 解决方案

通服云的总体架构包括 IaaS、PaaS 及综合云管理等，同时包括相关的运营维护支撑组织、流程和制度等内容。整体架构如图 5-23 所示。

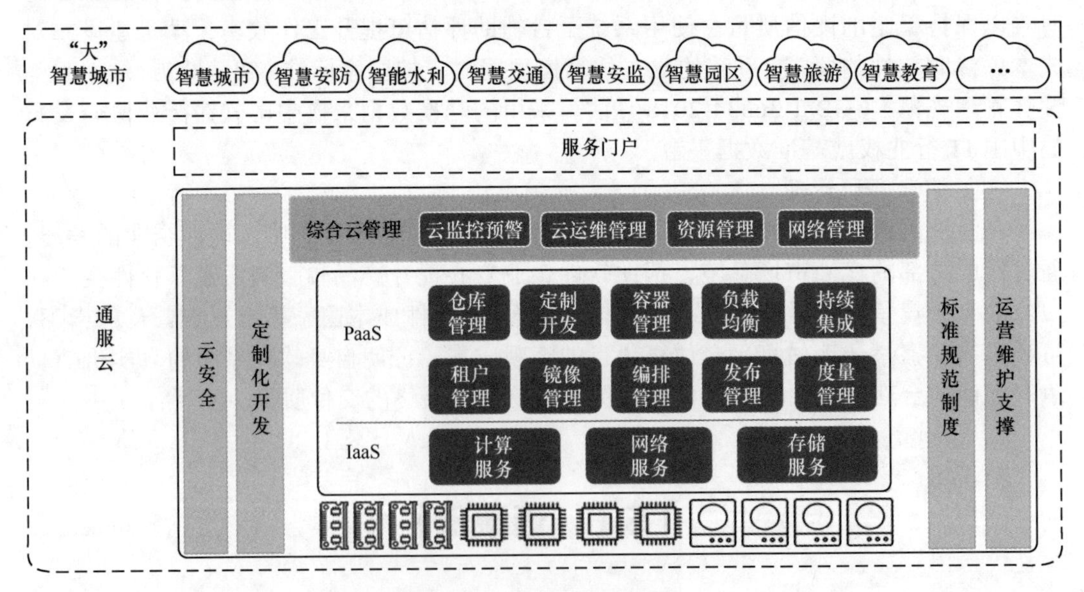

图 5-23 通服云整体架构

1. IaaS 资源平台

通服云 IaaS 云计算平台是采用 OpenStack 为基础，按照中通服使用场景进行开发与优化的底层资源虚拟化云平台，主要由计算资源、网络资源、存储资源、资源云化、云安全几个部分组成，如图 5-24 所示。

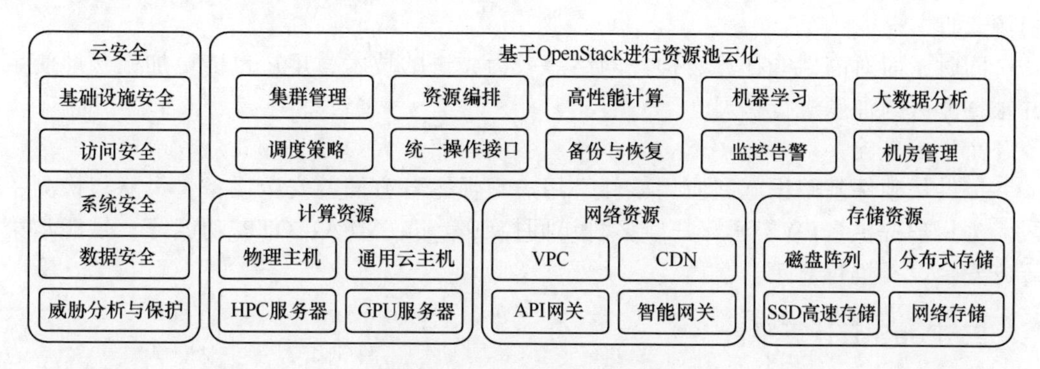

图 5-24　IaaS 平台功能架构

（1）计算资源

将在机房中的通用服务器、高性能 HPC 服务器、GPU 服务器纳入统一管理范围，提供以物理机/按需配置虚拟机形式的计算能力，用户可通过云管理平台的云服务目录获取计算资源与弹性扩展能力，满足对性能的要求。计算资源可直接服务于用户或最终的应用，也作为 PaaS 平台宿主机承载相关组件。

（2）网络资源

通服云提供了 VPC 功能，使用户可在通服云中构建复杂网络以满足各种业务需求。与传统 IT 数据中心管理中常见的二层网络相比，通服云内部不同用户之间的私有网络是完全隔离的，并且可通过自适应网状架构的网络，采用支持网络质量自动优化的点对点通信机制，实现优异的性能。在各区域的云资源访问方面，采用 SD-WAN 服务，为各地专业公司构建专属广域网组网、智能调度与管理服务，帮助各使用者实现在不同层级云之间的任意互联、灵活配置和智能调度。

同时提供遍布在各地的 CDN 与智能网关，帮助用户实现子域名的定义与 DNS 解析与本地高速缓存，提供高质量的数据访问。

（3）存储资源

提供块存储设备，支持多种规格和类型，包括性能型硬盘、超高性能型硬盘和容量型硬盘，并且支持对主机和块存储进行在线/离线备份，可在任意条件下进行回滚，满足常见的复杂性要求。同时，块存储设备通过 SDS 实现了对副本策略的灵活选择，不用担心数据丢失的问题。

存储资源针对数据库的典型方案进行了优化，提供物理机/虚拟机/容器的数据库与缓存功能，如 MySQL Plus、PostgreSQL、MongoDB、Redis/Redis 集群、Memcached 等，可根据专业公司应用服务的等级要求提供差异化解决方案。

（4）资源云化

通过虚拟化将计算资源、网络资源、存储资源聚合在一起，一方面，按照用户情况按需分配，根据 SLA 规则提供从容灾、备份、高可用等系统级的方案，到先进先出这样的虚拟机分配策略，以实现业务正常运行的完整支撑与保证；另一方面，提供运行指标体系，为客户从资源安全、应用系统运行状态、运维安全等方面提供完善的度量方法和工具，通过自动化的评分帮助各种类型的用户建立基线，数字化资源管理。

同时，面对高性能计算、神经网络等较为先进的技术，用户也能更加轻松地使用并根据业务与课题进行扩展。

（5）云安全

提供从硬件基础设施到应用软件、用户习惯等各方面的安全设备、策略与检测手段。为用户提供 vFW、子账户、多种访问控制策略、MFA、OTP 功能等，且能与第三方安全设备进行对接。

2. PaaS 云计算平台

通服云 PaaS 云计算平台是基于原生云架构并采用开源组件打造的，具有以下 3 个特征。

容器化封装：以容器为基础，提高整体开发水平，形成代码和组件重用，简化云原生应用程序的维护。在容器中运行应用程序和进程，并作为应用程序部署的独立单元，实现高水平资源隔离。

动态管理：通过集中式的编排调度系统来动态地管理和调度。

面向微服务：明确服务间的依赖，互相解耦。

PaaS 云计算平台具备高安全性、高可靠性、高伸缩性和高可用性，可在无人值守情况下实现自动化部署和监控。在系统内部，以集群管理、应用管理、平台监测为核心功能，构建铁三角式的容器功能群。一方面，提供对容器的架构性支撑，提供广义的大数据、集群底层、数据库、负载、资源管控等功能；另一方面，聚焦于对业务应用的具体支持与实现，如仓库管理、容器编排、实时监控、访问控制、持续集成/持续发布、快速部署、应用漂移、智能伸缩、自动恢复等。

内核方面，采用 Kubernetes 调度系统，提供高效、安全的容器管理与资源调度算法，实现快速规划、部署、更新等功能。为了最大化这一系列的功能效力，平台本身完全采用微服务架构打造，配合 Kubernetes 调度引擎发挥完整的效能。基于以上种种实施要素，系统的整体架构设计如图 5-25 所示。

基础服务：通过 IaaS 统一云化为 PaaS 提供主机。

高可用数据库：平台提供模板化的数据库服务定制，支持集群、主备等模式。

高可用中间件：为应用的部署提供大量中间件及基础语言镜像，如 Tomcat、Jboss 等。

镜像仓库：镜像分为公有镜像、私有镜像；公有镜像供平台的所有用户调用，私有镜像为用户拥有，可通过授权方式供其他用户使用。

研发管理：提供多种应用发布途径，支持丰富的语言类别，并为应用的生命周期提供镜像管理。

平台管理：通过多租户的权限控制以实现对资源、网络的隔离。

容器监控：实时监控应用、主机、平台的各项指标，并在出现故障时发送告警。

负载均衡：实现对七层与四层的负载均衡。

容器编排：实现通过模板快速编排发布服务。

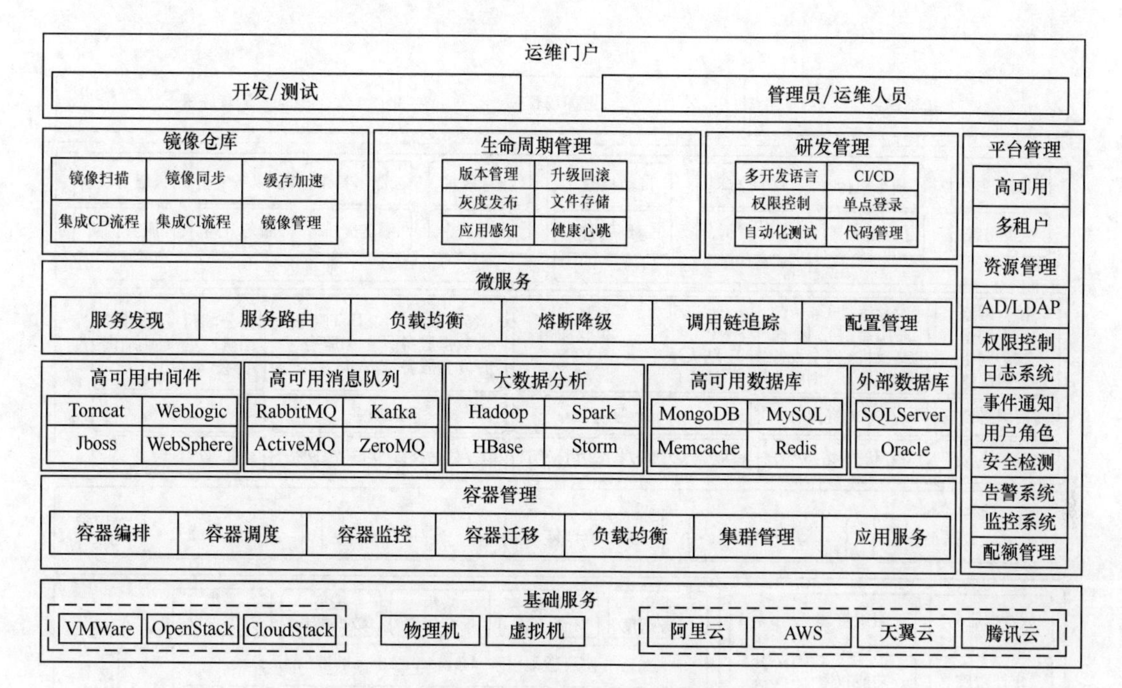

图 5-25 通服云 PaaS 云计算平台整体架构设计

3. 云管理平台

云管理平台在功能上由六大核心功能体系组成，分别是：

系统基础，包含微应用、元数据、数据引擎、系统配置、功能权限等功能；

平台适配引擎，包含多协议、业务开通、运维操作、性能采集、快速上线等功能；

大数据中台，包含大数据平台、算法开发、数据资产体系、数据仓库、数据服务能力等功能；

资源管理，面向 IT+CT 融合管理，拉通云+网+端所有资源、功能、应用的能力；

运维保障，包含自动检测、运维告警、运维工具、数据清洗等功能；

业务运营，包含服务目录、服务定价、服务开通、计费计量、云业务全生命周期等功能。

六大核心功能体系在对外呈现上按照运维、运营、监控分为三大场景，面向不同的用户提供相应的功能组合，功能架构如图 5-26 所示。

在此基础之上，针对某些场景、特性需求，随同云管理平台一并提供五大应用作为补充。

（1）业务系统全生命周期管理应用

覆盖事前项目业务准备、事中建设与运维、事后资源节约比等内容，为云运营者提供云计算服务提供商的可信能力、可靠能力、资源建设是否符合建设要求的评判；为云运营者项目的建设交付、验收、招投标、运维等工作提供参考；加强数据共享和开放性，提升业务的办事效率，提高云上业务的成熟度，打造更健康的生态圈。

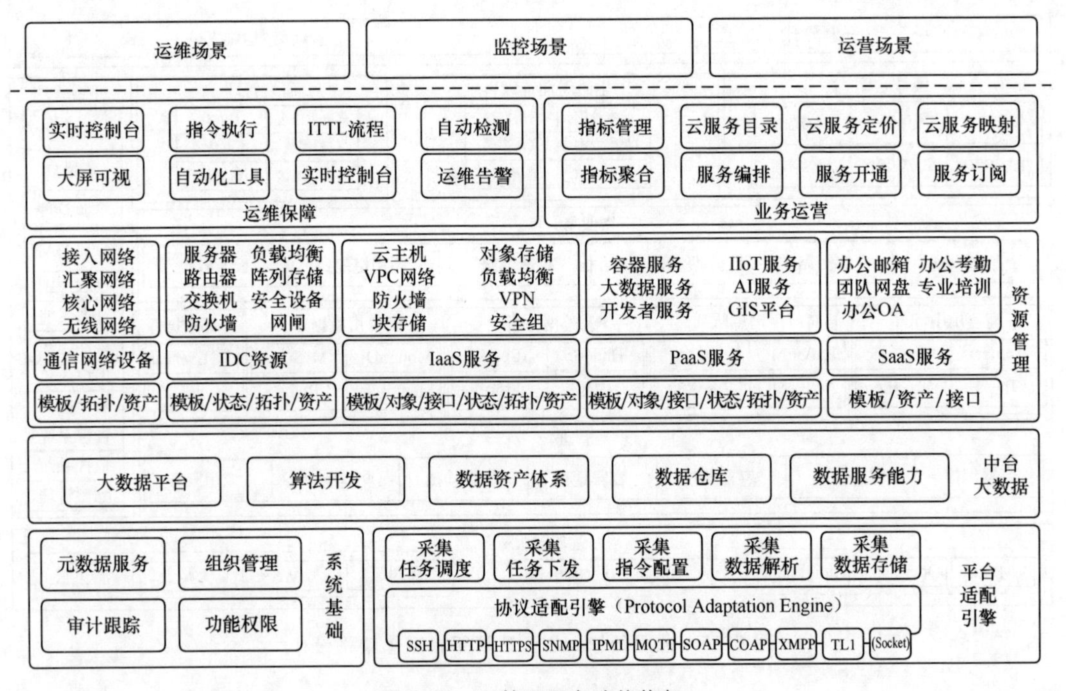

图 5-26 云管理平台功能构架

（2）系统资源稽核应用

对各个分公司、业务部门在资源申请成功后的实际使用情况进行跟踪与分析，判断资源申请是否合理、是否存在资源浪费或资源紧缺的情况，并根据周期性分析结果提示管理员做出相应操作。

（3）3D 实景机房展示应用

与现实环境几乎完全一致的 3D 机房实景模型，包括建筑特征、机柜与走线、服务器及其打开后的每一层面板。机房各个硬件设备及其动环的状态与告警都可在该应用中实时展现。

（4）僵尸系统监测应用

可对所有的业务系统、业务主机进行扫描，根据判断策略扫描出疑似的僵尸系统或主机，并提示管理员做出相应操作。

（5）运维大数据展示应用

基于云管理平台的集成与管控能力，借助数据平台实现数据采集、数据仓库、数据计算、数据分析、数据关联、数据挖掘等能力，按照各个场景和领域来构建和展示业务数据的功能。

以“六大核心功能体系+五大应用”为主轴，通服云为各使用单位提供最切合自身需求的服务。

5.6.3 功能实现

1．跨厂商云平台纳管提供服务

CMP能够实时获取多种云计算平台的物理机和虚拟机信息，也可对细颗粒资源，如CPU、GPU、内存、存储与网络数据进行动态抓取，然后根据需要进行不同维度的资源提供。在资源使用方面，除非客户特别指定，否则云资源平台将根据客户自己对资源的申请需求（如资源总量、出口带宽、SSD数量、物理机性能与数量要求、GPU数量等信息）自动分配云资源池，从而完成资源的统一调配。而在运营维护方面，云资源平台根据供应商和维保服务为标准对云平台进行分开管理。当系统发生故障时，虚拟机、物理机可以直接与对应的客户、受影响的业务系统、所在的硬件服务器与机房，及维护团队的联系人等进行关联，并支持对快速创建故障工单进行报修。在资源管理方面，所有的云资源也实现了按“总量+区域”的方式进行分类和呈现。各类资源的实时使用情况与近期趋势都能够被整合为一个整体进行展现，也可以就不同的云平台进行实时横向对比和趋势对比，从多个角度调整和优化云资源的使用策略。

此外，CMP通过“服务目录”搭建了统一的内部服务能力中心，然后通过“用户自助门户”和“管理员智能审批”两个模块，实现了对业务的生命周期的统一管理。服务目录是管理员设定完成后，对所有的云资源平台用户开放的服务总入口。通过“精简品类”+“强化细节”的双重优化，对使用单位提供全面、清晰、易用的产品服务目录。通过“用户自助门户”可以访问到“服务目录”，自主选择需要的服务，服务支持针对经验较少的用户提供选择套餐，也对经验丰富的用户提供自定义的服务申请。系统管理员可通过“智能审批”实现一部分含确定条件的申请的自动化处理功能（如限额套餐资源的申请），从而把精力集中在需要经验判断和核查的部分，例如新建系统一次性申请100台高性能云主机，管理员可以在审批时通过沟通和判断，实时调整通过审批的资源量，并以此为依据调度系统自动开通资源并提供给客户。作为全生命周期管理，云资源平台还能根据不同策略对低占用云服务器进行监测和识别，并提醒系统管理员和用户进行资源稽查工作。

2．分布式研发云平台

分布式研发云平台是面向拥有开发、软件外包、软件集成业务的集团或大型企业的一体化研发解决方案。帮助客户实现从传统集中软件开发管理向分布、协作型的云原生软件开发管理转型，实现集团内容产品与服务能力的整合与汇聚，实现中通服内部不同专业公司的能力互补。

DevOps分布式研发平台提供DevOps工具链以完成下列几个主要的功能。

弹性伸缩框架：平台自身组件支持实时横向扩展；根据应用的负载情况，动态加载应用实例；应用实例支持实时水平扩展。

运维自动化：日常运维操作简化；故障自动恢复。

业务安全扫描： 镜像安全扫描。

一键式应用快速部署： 支持多种应用开发框架，包括 Spring、.NET、Ruby on Rails，Node.js 等；通过 buildpack 扩展运行不同语言应用。

支持多种服务： 支持多种数据服务，包括 MySQL、MongoDB、PostgreSQL 等；通过 Service Broker 组件扩展多种应用服务，包括数据库、中间件、缓存、云存储等。

多个公司/团队可以通过通服云平台进行协同开发与产品发布，模板化的 CI/CD 流水线实现过程管理。

3. 精准衡量与评价各子公司的业务规划与运营情况

云管理平台是管理中心，负责系统的能力集成及各个维度的资源与业务的运行评估，并从数字信息化角度衡量与评价各子公司及业务系统的规划、运营等全方位能力。

与项目建设系统拉通形成新能力： 与项目的建设系统打通，拉取了内部建设项目的工程信息，包括项目预算、规模、维护费估计、应用系统等信息，并结合历史信息做关联，形成以子公司为主体的业务信息化系统建设档案。结合云资源平台的使用数据、维护数据，将中通服内部“建设”与“维护”分开的两个板块贯串在一起，反向对建设项目进行审核和评估，如某系统运行不到 3 年就被下线，某系统的运维费用高于中通服内同类类似项目并逐年持续升高等，将这样的建设项目呈现出来，为中通服提升建设规划、项目评估、流程优化等提供端到端的数据评审能力。

对资源与业务的全面数据评估： 为了衡量并引导通服云整体的良性发展，云管理平台构建了数据标准核心评估系统，除常规的资源评估外，还对运行在云中的各个业务系统进行评估与度量。目前分为多个维度，包含效能、费用与成本、运维、运营、安全、系统管理等方面，在各个方面均可根据使用情况划分数百个指标数据，包括直接指标与计算指标，并可通过指标整合、标准检查、横向对比等方式对各个单位做出评估，如对费用与成本整体 Top10 系统对应的单位进行再评估，对健康检查度评价为 C 的单位/系统下发运维整改的具体要求，对应用安全要求为 A 但安全评分为 B 的单位要求进行安全加固要求等。

目前，通服云通过“基础平台+工具化”的方式降低了云化门槛，使中通服内部上云公司的数量由几家迅速增加到几十家，并通过内部运营中心的指导，帮助十余家子公司完成了核心产品的云原生转型，使云资源平台总成本下降 46%，TCO 大幅度减少。同时由于产品基于统一标准的平台进行开发、测试，使得对接、联调和集成的难度大大降低，推动了各个子公司产品与服务能力的融合与集成，为打造大整体解决方案提供最佳的实验点。最后，也使得中通服迅速从基于资源的 IT 整体监控与管理中解放出来，更多地聚焦到业务系统的长期良好运行与运营上来，弥补了云计算行业业务管理弱的短板，为创造更多直接价值提供了显性指标和牵引方向。

第 6 章

移动边缘计算（MEC）

伴随 5G、VR 等技术的发展，智能世界出现了更丰富的应用。据国际数据公司（IDC）的预测，"未来全球将有超过百亿的设备及终端联网"，连接数的急速增长意味着海量数据的产生，而其中超过 70%的数据需在边缘侧进行处理、分析及存储。

MEC 是云计算向终端和用户侧延伸形成的新解决方案。它与云相依而生、协同运作，更好地适应各类新兴业态。边缘计算本身更强调"边缘"，更靠近生成数据的设备端，这也意味着更实时、更高效的数据处理能力。同时，得益于本地化的处理模式，边缘计算极大地压缩了数据传输的带宽需求，降低了使用成本。此外，边缘计算让数据隐私保护变得更具操作性。由于数据的收集和计算都是基于本地，因此重要的敏感信息可不经过网络传输，有效避免了传输过程中的泄露。

业界各大巨头纷纷在边缘计算领域发力，成立了多个边缘计算联盟和开源组织。从边缘计算的系统架构、运营运维、环境要求、产业生态等多个层面寻求建立标准化体系，以应对复杂多样的部署环境，加速产业应用推广。同时运营商也将边缘计算作为一个新的发力点，结合边缘计算所特有的分散、多样化等属性，积极探索研究各平台的落地模式及方案，助推如视频本地分流、室内定位、车联网、VR 游戏等运营商类型业务的转型发展。

本章在分析边缘计算产生背景的基础上，研究其系统框架及关键技术，同时从计算、网络等方面着手，讨论平台的建设思路、安全方案及云边协同等问题，并结合相关应用案例，为后续边缘计算的落地提供技术参考。

6.1 MEC 概述

6.1.1 MEC 产生的背景

随着行业数字化转型浪潮的掀起，以大数据、机器学习、深度学习为代表的智能技术已经应用在语音识别、图像识别、用户画像等方面，并在算法、模型、架构等内容上取得了较大的进展。在制造、电力、交通、医疗、农业、水务、物流、公共事业等行业，智能技术已经率先开始应用，同时行业智能化也带来了多种挑战。首先是“跨界协作挑战”，例如 OT（Operation Technology，运营技术）与 ICT 关注的重点不同，因此在行业语言、知识背景、文化背景等方面存在较大差异，相互理解困难；OT 技术体系碎片化、专用化，ICT 技术体系标准化、开放性强，这为 OT 与 ICT 的集成协作带来困难；同时，OT 与 ICT 两种技术体系的融合协作也面临安全方面的挑战。其次是“数据信息难以有效流动与集成”，以工业为例，目前业界存在 6 种以上的实时以太网的技术，超过 40 种工业总线，但缺少统一的信息与服务定义模型。烟囱化的系统导致产生了数据孤岛，使信息难以进行有效的流动与交互。支持数据创新、服务创新的基础是信息的有效流动与集成，建立数据全生命周期的管理体系迫在眉睫。同时，由于产业链变长，加大了端到端协作集成的难度。物理及数字世界产业链的协作需要产品全生命周期的数据集成，以及价值链上的各产业角色建立起协作生态。这种多链条的协作与整合对数据端到端流动及全生命周期管理提出了更高的要求。

所以基于行业数字化转型的挑战，边缘计算作为解决方案之一，需要提供以下 4 种关键能力。

（1）建立物理世界和数字世界的联接与互动

为了解事物或系统的状态，通过数字孪生在数字世界对多种协议、海量设备和跨系统的物理资产建立实时映像，应对多种环境变化，促进价值提升。

在过去的十年中，作为 ICT 产业的三大支柱，网络、计算和存储领域在技术及经济可行性上发生了指数性的提升。在网络领域，带宽提升千倍，而成本下降至 1/40；在计算领域，计算芯片的成本下降至 1/60；在存储领域，单硬盘容量增长万倍，而成本下降至 1/17。

正是由于联接成本的下降、计算力的提升、海量数据的产生，使得数字孪生在行业智能时代可以发挥重要作用。

（2）以模型驱动的智能分布式架构与平台

通过知识模型驱动智能化能力，在网络边缘侧的智能分布式架构与平台上实现物自主化和物协作。

边缘控制器：通过网络、计算、存储等 ICT 能力的融合，具有自主化和协作化能力。

边缘网关：通过网络联接、协议转换等功能联接物理世界与数字世界，可提供轻量化的联接管理、实时数据分析及应用管理功能。

边缘云：基于多个分布式智能网关或服务器的协同，构成智能系统，提供弹性可扩展的网络、计算、存储能力。

智能服务：基于模型驱动的统一服务框架，面向系统运维人员、应用开发人员、系统集成商、业务决策者等多种角色，提供开发服务框架，部署运营服务框架。

（3）提供开发、部署、运营的端到端服务框架

开发服务框架主要包括方案的开发、集成、验证和发布；部署运营服务框架主要包括方案的业务编排、应用部署和应用市场。开发服务框架和部署运营服务框架需要紧密协同、无缝运作，从而支持方案的快速高效开发、自动部署和集中运营。

（4）边缘计算与云计算的能力协同

边缘侧需支持多种网络接口、协议与拓扑，业务实时处理与确定性时延，数据处

理与分析，分布式智能和安全与隐私保护。云端难以满足以上要求，因此需要边缘计算及云计算在网络、业务、应用和智能方面等进行协同。

6.1.2 MEC 的概念与特点

边缘计算是在靠近物或数据源头的网络边缘侧，融合网络、计算、存储、应用核心能力的分布式开放平台（架构）。通过就近提供边缘智能服务，满足行业数字化在应用智能、实时业务、数据优化、敏捷联接、安全与隐私保护等方面的关键需求。边缘计算可作为联接物理和数字世界的桥梁，赋能智能资产、智能服务、智能系统和智能网关。MEC 具有以下基本特点。

（1）联接性

联接性是边缘计算的基础。由于所联接物理对象的多样性及应用场景的多样性，边缘计算需要具备丰富的联接功能，如各种网络协议、网络拓扑、网络接口、网络部署与配置、网络管理与维护。联接性需要充分借鉴并吸收网络领域先进研究成果，如时间敏感网络（Time-Sensitive Networking，TSN）、SDN、NFV、网络即服务（Network as a Service，NaaS）、WLAN、NB-IoT、5G 等，同时还需考虑与现有各种工业总线的互联互通。

（2）数据第一入口

边缘计算作为物理世界与数字世界之间的桥梁，是数据的第一入口，拥有大量、实时、完整的数据，基于数据全生命周期进行管理与价值创造，将更好地支撑预测性维护、资产效率提升与管理等创新应用。

（3）约束性

边缘计算产品需要适应各种相对恶劣的工作条件与运行环境，如防电磁、防尘、防爆、抗振动、抗电流/电压波动等。在工业互联场景下，对边缘计算设备的功耗、成本、空间也有较高的要求。

边缘计算产品需要考虑通过软硬件的集成与优化，匹配各种条件约束，支撑行业数字化多样性场景。

（4）分布性

边缘计算在实际部署时天然具备分布式特征。因此，要求边缘计算具备支持分布式计算与存储、实现分布式资源的动态调度与统一管理、支撑分布式智能、支持分布式安全等能力。

（5）融合性

OT 与 ICT 的融合是行业数字化转型的重要基础。作为“OICT”融合与协同的关键承载，边缘计算需要支持在联接、数据、管理、控制、应用、安全等方面的协同。

从细分价值市场的维度，边缘计算可分为 3 类：电信运营商边缘计算、企业与物联网边缘计算以及工业边缘计算（如图 6-1 所示）。

围绕上述 3 类边缘计算，业界主要的 ICT、OT、OTT、电信运营商等厂商基于自身的优势构建相关能力，布局边缘计算，形成了当前主要的 6 种边缘计算的业务形态：物联网边缘计算、工业边缘计算、智慧家庭边缘计算、广域接入网络边缘计算、边缘云以及多接入边缘计算。

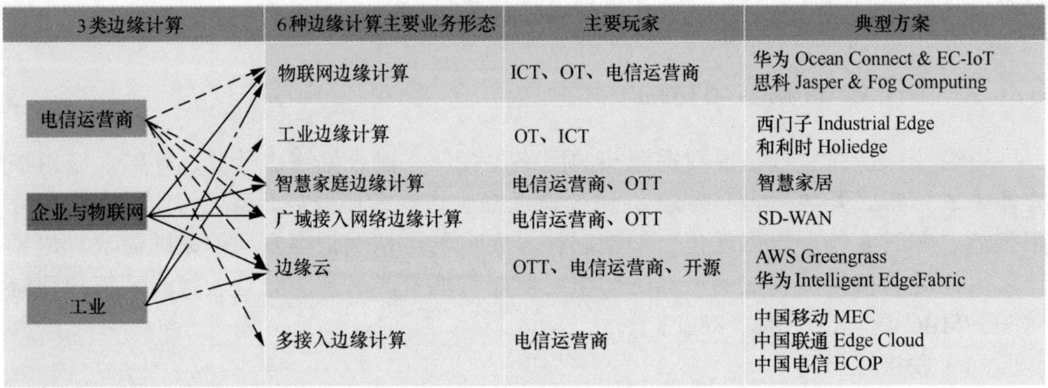

3类边缘计算	6种边缘计算主要业务形态	主要玩家	典型方案
	物联网边缘计算	ICT、OT、电信运营商	华为 Ocean Connect & EC-IoT 思科 Jasper & Fog Computing
电信运营商	工业边缘计算	OT、ICT	西门子 Industrial Edge 和利时 Holiedge
	智慧家庭边缘计算	电信运营商、OTT	智慧家居
企业与物联网	广域接入网络边缘计算	电信运营商、OTT	SD-WAN
	边缘云	OTT、电信运营商、开源	AWS Greengrass 华为 Intelligent EdgeFabric
工业	多接入边缘计算	电信运营商	中国移动 MEC 中国联通 Edge Cloud 中国电信 ECOP

图 6-1　MEC 基本分类

物联网边缘计算主要由各厂商例如电信运营商、ICT 厂商、OT 厂商等提供，典型的解决方案如华为 EC-IoT、思科 Fog Computing、SAP Leonardo IoT Edge 等。这类边缘计算解决方案主要帮助厂商从原有业务领域向物联网领域拓展，从而做多连接，撑大管道，促进 E2E 数据价值挖掘。

工业边缘计算主要由 OT 厂商提供，典型的解决方案如西门子 IndustrialEdge、和利时 HoliEdge 等。这类边缘计算解决方案与工业设备及工业应用紧密结合，使能工业系统的数字化，促进设备、工艺过程及工厂全价值链优化。ICT 厂商也从使能 OT 厂商数字化能力构建的维度加大该类边缘计算的投入。

智慧家庭边缘计算主要围绕智慧家庭网络、智慧家居、智慧家庭安防等场景，使能家庭内的网络、家电、家具等智能化，改进和提升用户体验，深度挖掘并匹配家庭客户的需求与价值。

广域接入网络边缘计算主要为企业客户提供灵活弹性的 WAN 接入能力，自动识别区分企业客户的不同业务流，并自动匹配相应的 QoS 保障；同时支持按需的网络增值业务的自动化部署。

边缘云主要是由公有云服务提供商提供，一般作为其云服务在边缘侧的延伸，同时具备实时响应、离线运行等能力，从而延伸云服务的覆盖领域和范围。

多接入边缘计算提供了一个新的生态和价值链，使能电信运营商在网络边缘分流业务，从而为客户提供更低时延、更大带宽、更低成本的业务体验；向第三方应用及服务开放边缘网络能力，从而放大电信运营商的网络价值，使能创新的应用、服务与商业模式。

在实际部署的商业用例中，上述 6 种业务形态既可以独立存在，也能够以多种业务形态互补并存。

6.1.3　MEC 系统架构

欧洲电信标准化组织（European Telecommunications Standards Institute，ETSI）在 2014 年启动 MEC 标准项目。这一项目组旨在通过移动网络边缘为应用开发商与内容提供商搭建一个云化计算与 IT 环境的服务平台，并通过该平台开放无线侧网络信息，实现大带宽、低时延业务支撑与本地管理。MEC 与生俱来带有 NFV 属性，系统架构如图 6-2 所示，主要分为 3 个部分：重用 NFV 架构部分、MEC 架构部分以及重用网元模块部分。

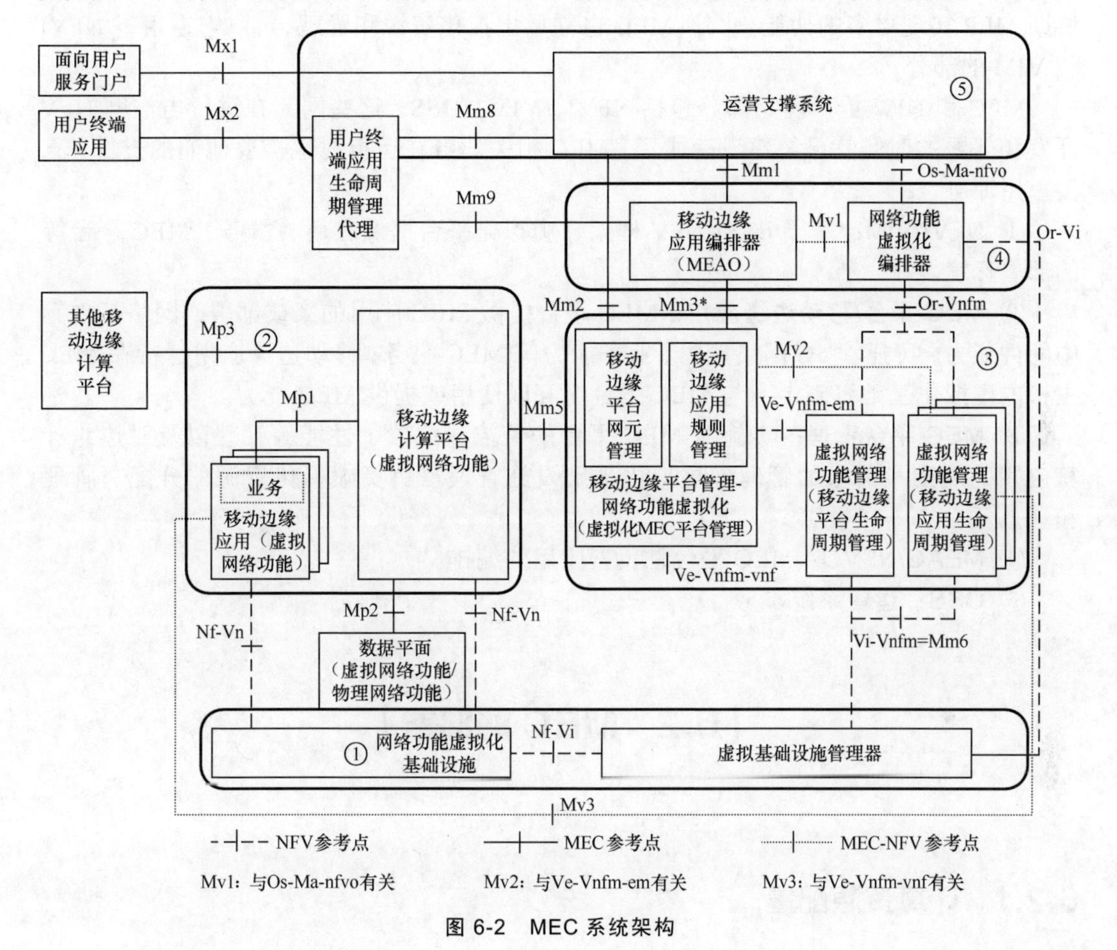

图 6-2 MEC 系统架构

ETSI NFV 中已经定义的网元包括 OSS、NFVO、VNFM（移动边缘应用生命周期管理）、虚拟基础设施管理器（Virtualised Infrastructure Manager，VIM）、网络功能虚拟化基础设施（Network Function Virtualization Infrastructure，NFVI），它们被 NFV 参考点所连接，属于 NFV 的架构部分，将这些网元直接引入 MEC 架构可以实现网元功能的重用。NFV 的标准化要早于 MEC。同时，MEC 中的各类功能模块和网元也涉及虚拟化基础设施的搭建、虚拟化基础设施的管理、虚拟化管理和编排、生命周期管理等内容，直接调用 NFV 的网元可以避免重复开发。

MEC 架构部分包括移动边缘应用、MEC 平台、虚拟化 MEC 平台管理、VNFM（移动边缘平台生命周期管理）、数据平面、面向用户服务门户、用户终端应用、用户终端应用生命周期管理代理、OSS、移动边缘应用编排器（Mobile Edge Application Orchestrator，MEAO），这些均被 MEC 参考点连接起来，且这些功能模块是基于 NFV 并根据 MEC 业务特性和业务需求所设定的全新的功能模块架构，是属于 MEC 特有的网元。由于 NFV 的网元大多是面向电信网的网元，而 MEC 则更加偏向第三方 App 和业务，业务种类也比 NFV 更加多样，如定位、分流、IoT、视频编解码等。因此，基于 MEC 业务种类繁多的特性，有必要在 NFV 的基础上增加若干个功能不一的模块来协助 MEP 实现更多的功能。此外，MEC 也需要虚拟化资源和管理，所以它重用了 NFVI 和 VIM 的部分。

MEC 和 NFV 重用网元部分包括 NFVI、VIM、OSS。这些网元在进行电信网 NFV 开发和部署的时候就已经建设完成了，MEC 相关业务在运行时也需要他们的支持，直接重用即可。

① **NFVI/VIM**：基于 ETSI NFV 框架、虚拟化平台提供应用、服务、MEC 平台等的部署环境。

② **MEC 平台/移动边缘应用**：MEC 平台提供 MEC 应用的集成部署、网络开放等中间件能力，可托管 5G 网络能力、业务能力等 MEC 服务；移动边缘应用运行在 MEC 主机的虚拟化基础设施上，与 MEC 平台交互以使用或提供 MEC 能力。

③ **MEC 平台管理**：实施对 MEC 平台的监控、配置、性能等管理以及对边缘计算应用的规则和需求的管理；虚拟化基础设施管理器负责虚拟化资源的分配、管理和释放。

④ **MEAO/NFVO**：MEC 平台，负责应用的编排。

⑤ **OSS**：运营系统。

6.2 MEC 的部署

6.2.1 计算资源配置

除传统数据中心集中式计算能力外，边缘计算也在蓬勃发展。根据边缘计算产业联盟（Edge Computing Consortium，ECC）与绿色计算产业联盟（Green Computing Consortium，GCC）联合发布的《边缘计算 IT 基础设施白皮书 1.0（2019）》，未来超过 70%的数据需要在边缘侧进行分析、处理和存储。边缘计算领域的多样性计算架构、产品与解决方案越来越重要。边缘计算资源的硬件形态针对不同的部署位置及应用场景有所不同，常见的形态有边缘服务器、边缘一体机等，具体如下。

（1）边缘服务器

由于边缘机房环境差异较大且边缘业务在时延、带宽、GPU、AI 等方面存在个性化诉求，若使用通用硬件，则需要对部分边缘机房的水电和承重进行改造，给客户带来了额外的成本支出。边缘节点数量众多、位置分散、安装和维护难度大，应尽量减少工程师在现场的操作，所以还需要有强大管理运维能力保障。同时需要提供状态采集、运行控制和管理的接口，以支持实现远程、自动化的管理。

边缘服务器是边缘计算及边缘数据中心的主要计算载体，可以部署在运营商地市级核心机房、县级机房楼/综合楼、骨干/普通传输汇聚节点，同样也可以部署在各行业公司的配电机房、运维机房，具有较小的深度、更广的温度适应性、便于维护以及统一管理等技术特点。

（2）智能边缘一体机

相较于边缘服务器，智能边缘一体机将计算、存储、网络、虚拟化和环境动力等资源能力集成到一个机柜，交付前已完成预安装和连线，交付时已整合相关资源的能力，只需上电、集成联调，利用快速部署工具，几小时内即可完成初始配置。

智能边缘一体机的主要特性如下。

多业务：一机实现虚拟化、VDI、视频监控、文件共享存储等多种 IT 诉求。

免机房：散热、供电等根据办公室环境进行整体设计，无须部署在专业或独立机房，节约投资。

易安装：整柜交付计算、存储、网络和 UPS 资源，工具化初始部署，节约初始上线时间，缩短项目决策周期。

便管理：可支持全图形化界面，体现站点分布和站点运行状态。站点统一接入运维管理中心，可全方位掌握设备的运行状态，也可对设备进行远程管理与维护，可远程处理与排除软故障，节省路程费用。

6.2.2 网络方案

边缘计算的业务本质是云计算在数据中心之外汇聚节点的延伸和演进，主要包括云边缘、边缘云和云化网关 3 类落地形态（如图 6-3 所示），且以“边云协同”和“边缘智能”为核心能力的发展方向。

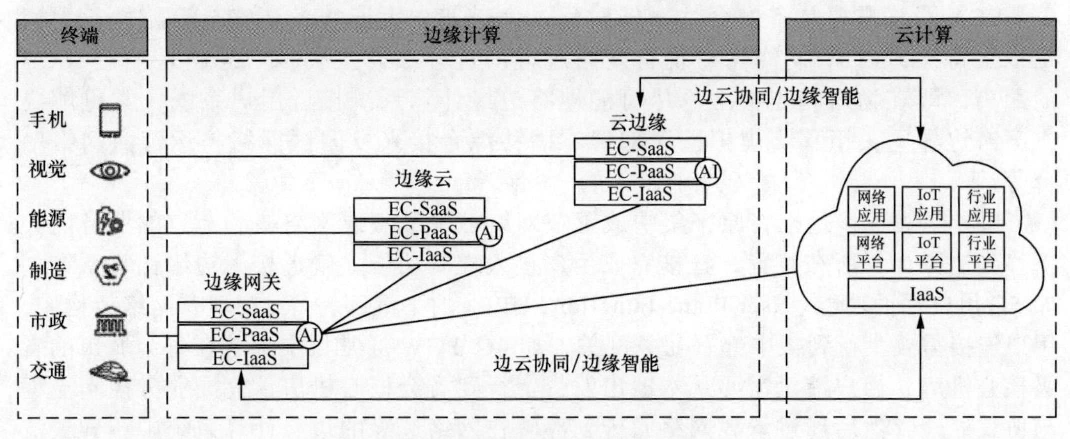

图 6-3　边缘计算的 3 类落地形态

云边缘：云边缘形态的边缘计算，是云服务在边缘侧的延伸，逻辑上仍是云服务，主要的能力提供依赖于云服务或需要与云服务紧密协同。如 AWS 提供的 Greengrass 解决方案，华为云提供的 IEF 解决方案、阿里云提供的 LinkEdge 解决方案等均属于此类。

边缘云：边缘云形态的边缘计算是在边缘侧构建中小规模云服务能力，边缘服务能力主要由边缘云提供；集中式 DC 侧的云服务主要提供边缘云的管理调度能力。如

MEC、CDN 等均属于此类。

云化网关：云化网关形态的边缘计算以云化技术与能力重构原有嵌入式网关系统。云化网关在边缘侧提供协议转换、接口转换、边缘计算等能力，部署在云侧的控制器提供边缘节点的资源调度、应用管理、业务编排等能力。

边缘计算网络基础设施可分为 ECA、ECN 和 ECI 3 类（如图 6-4 所示）。

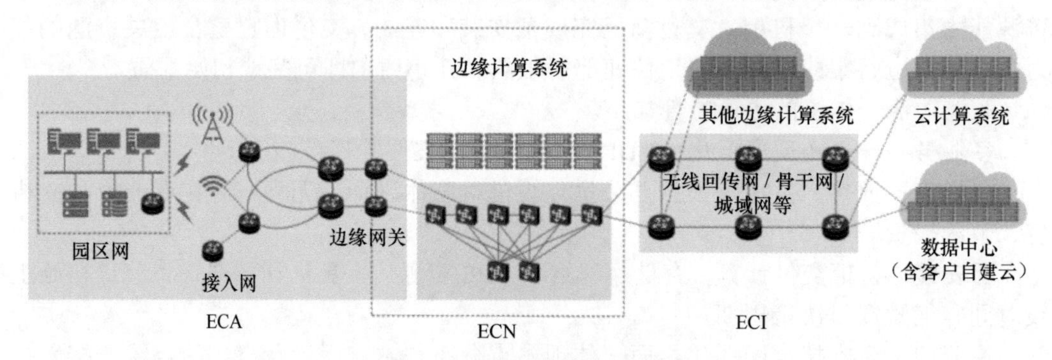

图 6-4　边缘计算网络基础设施

边缘计算接入（Edge Computing Access，ECA）网络是从用户系统到边缘计算系统所经过的网络基础设施。边缘计算内部网络（Edge Computing Network，ECN）是边缘计算系统内部的网络基础设施。边缘计算互联(Edge Computing Interconnect，ECI)网络是从边缘计算系统到云计算系统（如公有云、私有云、通信云、用户自建云等）、其他边缘计算系统、各类数据中心所经过的网络基础设施。

1. 边缘计算接入网络

ECA 网络需要具备融合性、低时延、大带宽、大连接、高安全等特性。为满足以上特性，ECA 网络需对现有网络进行演进升级。主要核心思路是缩短 ECA 的距离，即在物理和逻辑上都尽可能地将边缘计算系统接近用户系统，常见解决方案有边界网关下移、虚拟网元部署、固移综合接入及园区网络与运营商网络融合等。

边界网关下移是指将原来集中放置在网络汇聚节点或网络核心节点的业务网关下移到边缘计算所在位置，直接完成用户接入控制功能，就近接入边缘计算系统，如 5G 用户平面功能(User Plane Function，UPF)的下沉部署等。在现有网络架构中，用户连接需要上行到集中部署业务网关，如 4G PGW 通常集中部署在省会城市的省级核心机房，用户流量需要从本地出发，上行到省会核心机房，完成业务控制流程与协议处理，然后通过承载网络回传到部署在网络边缘的边缘计算系统中，导致流量绕行严重。因此将边界网关下沉到与边缘计算系统同址，避免流量在网络中的绕行，这样既能有效降低时延，又能将保证数据在本地传送与处理，满足用户对边缘计算的本地化要求。

虚拟网元部署是利用边缘计算系统的计算资源、存储资源，直接部署虚拟化的边界网关设备，如云化的 5G UPF、云化的宽带网络网关。虚拟网络部署与边界网关下移的思路相似，将与边缘计算用户的网络连接相关的业务控制能力下移到边缘计算系统上，避免流量在网络中的绕行，实现就近处理的目标。

固移综合接入是指将网络地址分配与管理节点下移到边缘计算系统所在位置，并统一管理不同的接入方式（如 5G、光接入、Wi-Fi 等），使得归属于同一用户的不同终端能够按需获得相同网段的网络地址，能够被统一管控，并得到相近的网络质量保障。

园区网络与运营商网络融合主要指在双方互信的基础上，实现网络资源的统一部署、统一管理、统一调度等。随着运营商边缘计算与 5G 的建设，一方面，5G 由于三大能力特性（大带宽、低时延、大容量）会进一步与企业生产系统结合，渗入到企业生产网络；另一方面，运营商边缘计算随着 5G 渗透到企业园区网，推动更多的企业与企业业务进一步上云。这种变化会推动园区网络与运营商网络从互联逐步走向互联、互通、互操作，在结合安全、可信的基础上，逐步实现网络资源的统一部署、统一管理、统一资源调度等。

2. 边缘计算内部网络

边缘计算内部网络需要具备“架构简化”“功能完备”“无损性能”“边云协同，集中管控”的特点。常见的解决方案有扁平架构、融合架构。

扁平架构：传统网络采用三级架构，通常分为“出口—核心—接入”三层或被称为“出口—汇聚—接入”。常见以出口层为界，其上为三层网络，其下为二层网络。此架构简单高效，能够有效应对中小型规模的组网，维护便利，但扩展性受限。近年来，在大型数据中心和云计算系统内，正在逐步向 Spine-Leaf 架构演进，来解决扩展性问题的。但受限于边缘计算的系统规模，三级架构或 Spine-Leaf 架构应用在 ECN 中相对较少，而扁平架构应用更多一些。扁平架构是指用一套设备完成所有的二层和三层网络功能，包括服务器接入、与外网互通、路由寻址等。此方案适用于小微型 ECN，简单高效，但扩展性严重受限。

融合网络：设备就是以一台设备集成所有的网络应用，实现路由交换、网络安全、流量监管等功能。目前有两类思路，一类是扩充服务器设备能力，利用集成 AI、NP、FPGA、ASIC 等芯片的智能网卡，以增加二层交换、三层路由甚至是边界网关等网络功能；另一类则是在传统网络设备上，增加集成 ARM/x86 处理器的计算板卡，提供更为丰富的计算能力，以实现智能图像识别、DPI、FW 等功能。

3. 边缘计算互联网络

相比数据中心互联网络，边缘计算互联网络具有“连接多样化”“跨域低时延”等特征。常见解决方案有一体化布局、管控协同、业务协同。

一体化布局。实现边缘计算节点、云数据节点与网络节点在物理位置布局上的协同，形成以边、云为核心的一体化基础设施布局。

管控协同。ECI 需要实现网络资源与计算/存储资源的协同控制。通过 SDN、NFV 等多种计算手段，建立网络、云和边的统一或协同的控制体系，从而使三者的协同管理更加顺畅和灵活。

业务协同。边缘计算互联网络将具备对业务、用户和自身状况等的多维度感知能力。业务将其对网络服务的要求和使用状况动态地传递给网络，网络侧针对体验感知进行网络资源的优化调整。通过网络能力开放接口，能够随时随地按需定制管道，满足用户端到端的最佳业务体验。

6.3 MEC的应用

6.3.1 电信运营商MEC应用

1. 业务需求

随着云技术及无线技术的不断发展、业务模式的不断创新，陆续产生了大量新问题，具体如下。

- 如IPTV等大流量视频业务流量迂回路由导致回传带宽消耗过大、传输时延较大、业务体验不佳；
- 物联网终端直接上传至云端，传输距离远、时延大、响应慢；终端数量大，导致网络负荷增加（信令/数据）；大流量监控视频数据，尤其是静止的环境视频（科研价值低）直接传输，导致传输带宽增加，降低传输效率。

针对以上情况，运营商对网络及平台提出了新的诉求：一是大流量、低时延、本地产生、本地终结的业务希望移动网络具备本地分流、业务应用本地化部署的能力；二是针对大量终端连接、传感数据多样等问题，需要移动网络具备数据本地汇聚/处理等功能，降低网络负荷，提高传输效率。

MEC作为分布式计算，可就近在网络边缘节点采集数据并进行处理，不需要将大量的数据上传至中心核心平台，恰好能解决以上问题。结合运营商所开展的业务，MEC场景需求大致可按时延，带宽和本地化等几方面划分，以部分业务场景为例，其要求见表6-1。

表6-1 MEC业务场景需求

MEC场景	要求
CDN业务（视频类）	时延不敏感、大带宽
VR/AR业务	双向时延<15ms
工业互联网	工业控制<10ms
企业园区（当前最主要的应用场景）	数据隔离，不出园区
场馆直播	时延<500ms
5G车联网	自动驾驶3ms
LTE-V	碰撞预警时延<20ms
室内定位	时延<100ms
3D全息	端到端<20ms，带宽20～100Mbit/s

2. 技术架构

结合运营商的网络优势，通过 5G 技术与 MEC 相互依托，逐步将计算存储与业务服务能力迁移至网络边缘，使应用、服务及内容实现本地化、近距离、分布式部署，在一定程度上解决 5G eMBB、uRLLC 及 mMTC 等技术场景的业务需求。与此同时 MEC 通过对网络数据及信息的充分挖掘，实现网络上下文信息的感知与分析，并开放给第三方业务应用，有效提升网络的智能化水平，促进网络及业务的深度融合。5G MEC 技术架构如图 6-5 所示。

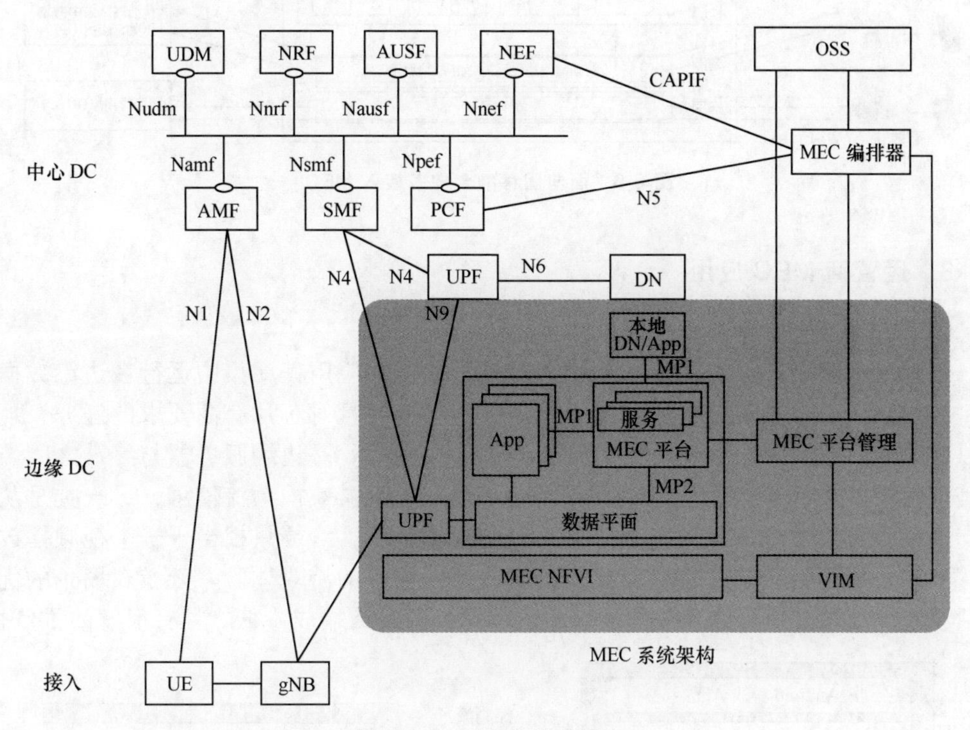

图 6-5 5G MEC 技术架构

考虑到 5G 时代将同时存在移动、固定等多种网络，运营商需要发挥已有的固网资源（传输、CDN）优势，通过构建统一的 MEC，实现移动、固定网络的边缘融合，从而缓解 5G 移动网络流量激增对回传网络的压力，保证并提升用户在多网络中的业务一致性体验（如图 6-6 所示）。

MEC 将支持移动网络、固定网络、WLAN 等多种接入，其中 5G 网络的边缘网关可通过 UPF 下沉来实现。同时，MEC 可根据不同的业务类型和需求，将其灵活路由至不同网络，缓解网络回传压力，实现面向固移融合的多网络协同承载。同时，通过 MEC 支持多种网络共享统一部署的边缘 CDN 资源，或利用固网已有的 CDN 资源（中心 CDN 或边缘 CDN），提升多网络用户的业务体验，实现用户在多个网络间移动切换时业务体验的一致性保障，实现面向固移融合的内容智能分发。除此之外，MEC 为具备低时延、高速率、高计算复杂度需求的新型业务应用（如 VR/AR、园区本地应用等）

本地化提供了部署运营环境，并可满足企业用户对于统一网络通信以及定制化的需求。对于更低时延的 uRLLC 类业务，可根据时延需求将 MEC 迁移到更靠近网络边缘的位置，最大限度地消除传输时延的影响，满足毫秒级极低时延的业务需求。

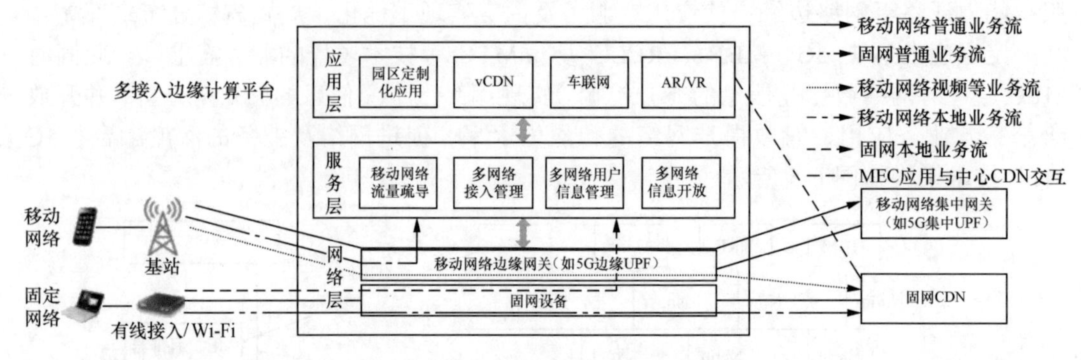

图 6-6　面向固移融合的多接入 MEC

3．运营商 MEC 应用

（1）云游戏

云游戏通常指将原本运行在手机等终端上的游戏应用程序集中运行在边缘数据中心，游戏加速、视频渲染等原本由手机等终端运行并且对芯片有高要求的任务，现在可以由 MEC 中的边缘服务器代替运行（如图 6-7 所示）。边缘服务器与终端之间传输的信息包括两类：一类是从边缘服务器向终端发送的游戏视频流信息，另一类是从终端向边缘服务器发送的操作指令信息。云游戏场景下，终端只相当于一个视频播放设备，不需要高端的系统及芯片支持，就可以获得很好的游戏体验。云游戏场景的优势包括游戏免安装、免升级、免修复、即点即玩，以及终端成本低，具有很好的推广性。

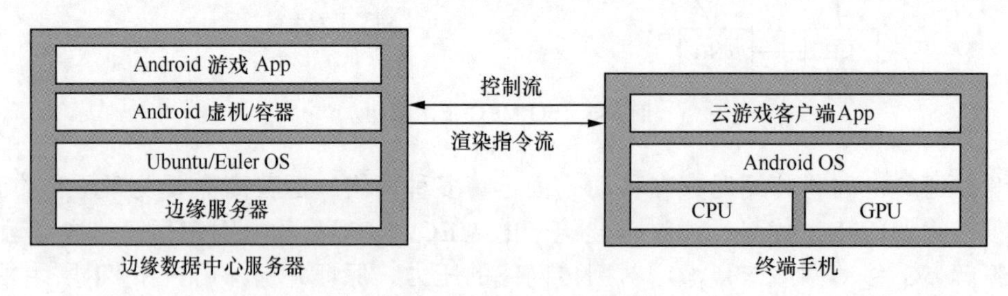

图 6-7　云游戏方案全栈

（2）CDN

CDN 已经得到了广泛的应用，极大地提升了用户访问内容的体验，降低了内容提供商的带宽成本及压力。2020 年超高清用户达到 1 亿户，4K 电视占电视总销量的比例超过 40%；2023 年超高清用户将达到 2 亿户，4K 电视终端全面普及。4K 超高清视频的快速发展将会进一步提升对网络带宽的要求，现有模式的建网成本将快速上升。

CDN 进一步下沉可以节省成本。当区县扩容流量达到 20Gbit/s，边缘节点下沉建设的投资将低于传输网络扩容的投资。同时，CDN 节点下沉到区县 MEC 节点后，访问时延降低15%左右，可以提升客户视频体验。

CDN场景中，边缘计算主要功能包括异构计算和高性能存储。异构计算指边缘计算需要具备灵活的异构计算扩展能力，匹配边缘视频转码、压缩等需求。高性能存储指边缘计算需要提供高性能的非易失性存储器主机控制器接口规范（Non-Volatile Memory express，NVMe）存储，I/O性能匹配流能力，存储容量灵活可配置。

（3）视频监控

视频监控正在从“看得见”“看得清”向“看得懂”方向发展。行业积极构建基于边缘计算的视频分析能力，使部分或全部视频分析下沉至边缘处，从而降低对云中心的计算、存储及网络带宽等需求，提高视频图像分析的效率。构建基于边缘计算的智能视频数据存储机制，可根据目标行为特征确定视频存储策略，实现有效视频数据的高效存储，提高存储空间的利用率。为安防领域“事前预警、事中制止、事后复核”的理念走向现实提供有力技术支撑。

视频监控场景中，运营商MEC可以提供的主要功能包括以下几点。

- 边缘节点图像识别与视频分析，支撑边缘视频监控智能化；
- 边缘节点智能存储机制，可根据视频分析结果，联动视频数据存储策略，既高效保留有价值的视频数据，同时又能够提高边缘节点存储空间的利用率；
- 云边协同，云端AI模型训练，边缘快速部署与推理，支持视频监控多点布控与多机联动。

（4）工业物联网

工业物联网边缘计算如图6-8所示。工业物联网的应用场景相对复杂，由于各行业的数字化与智能化水平不同，因此对边缘计算的需求存在较大差别。以离散制造为例，在预测性维护、产品质量保证、个性化生产以及流程优化方面有较大需求。

工业物联网场景中，运营商MEC可以提供的主要功能如下。

- 构建统一的工业现场网络，实现数据的互联互通与互操作；
- 图像识别与视频分析，实现产品质量缺陷检测；
- 适配制造场景的边缘计算安全机制与方案。

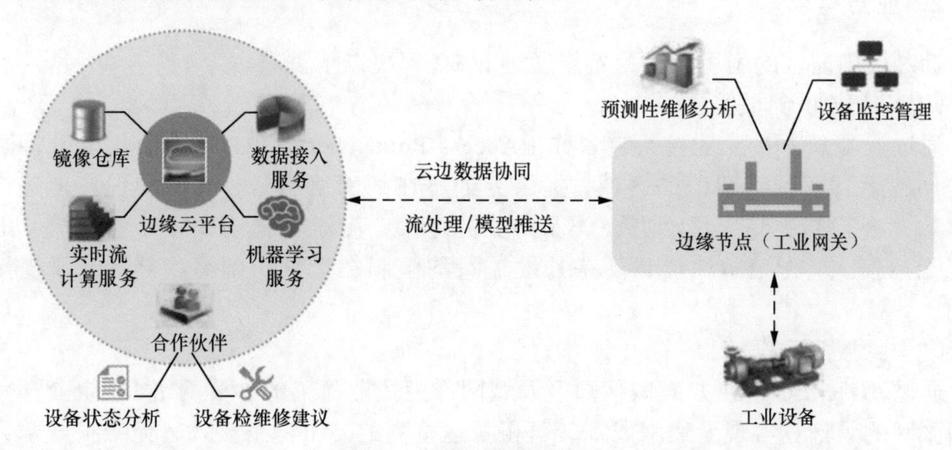

图6-8 工业物联网边缘计算

（5）CloudVR

网络与云基础设施的升级带动了 CloudVR 业务的发展，传统的 VR 业务和终端服务器逐步迁移上云。CloudVR 配套的终端设备“瘦”身，CloudVR 业务逐步走入个人、家庭和工业场景。

无线网络从 4G 向 5G 推进，将迎来 CloudVR 业务在移动端的体验变革，推动 Cloud VR 业务在 5G 网络下的快速发展。

CloudVR 业务的大通量、低时延特性促使平台由集中服务向分布式服务发展。部分业务，如渲染计算、转码和缓存加速，卸载分流到 MEC 进行处理。相比于中心平台直接提供服务，MEC 节点靠近用户终端，从距离上节省了传输时延，网络带宽可降低 30%，网络响应时延可降低 50%。从数据安全的角度，MEC 有利于部分仅限本地处理的垂直行业的 VR 应用。

CloudVR 场景中，运营商 MEC 可以提供的主要功能如下。

- 5G+MEC 协同构建的低时延、大带宽交互环境；
- 异构计算能力，GPU 支撑 VR 近端渲染、视场角（Field of View，FoV）转码服务。

6.3.2 华为智慧园区 MEC 应用

1. 存在的问题

华为坂田园区建设于 1998 年，其网络已过于陈旧且架构存在大量问题。业务体验方面，Wi-Fi 未进行室外覆盖、跨无线控制器（Wireless Access Controller，WAC）移动时易掉线、i-Access 接入卡顿易掉线、物联设备接入认证机制不完善；网络维护方面，对运维工程师技能要求高，故障定界定位困难；日常开销方面，设备维修、供电、占地、线路更换、专线等均会产生大量开支；灵活性方面，办公区的装修、扩容、搬迁需要对网络进行改造甚至重建，成本高、工期长。

2. 业务需求

针对坂田园区的困境，华为希望通过 MEC 解决以下需求。

（1）提升业务体验

通过设置统一的企业接入点名称（Access Point Name，APN），企业可以将园区网扩展到运营商网络覆盖的区域，提供无处不在的网络服务，从而实现广覆盖、高可靠的办公网络；高速移动办公，保持业务连续；漫游无缝切换；外地机构、出差员工无感接入；无论本地流量还是外地流量均限制在运营商网络内部，无须绕行互联网。

（2）摆脱自建烦恼

通过 5G+MEC 解决方案取代园区局域网作为企业员工的办公网络，让企业摆脱自建园区网的烦恼。实现无建网成本，可租赁运营商的 5G 网络接入；无维护成本，运营商负责 5G 网络的维护；节省日常开销，只需支付流量套餐费用；灵活性高，只要在运营商网络覆盖内，改造扩容搬迁基本不影响网络的使用。

（3）安全可靠网络

园区内部采用 MEC 本地分流方案，降低本地时延，减轻骨干网络压力，解决企业担心的网络安全问题，园区内部数据不出园区。

园区外部采用 APN 接入方案。流量不经过互联网，数据更安全，同时由于采用运营商网络，其保障等级超过普通企业自建网络的保障等级，使得服务有保障。

（4）云网融合，做大做强

员工可以通过 5G 网络直接访问云端服务（公有云/私有云/混合云/边缘云），扩展业务范围，增强端到端解决方案能力，促进网络建设和发展，满足大带宽、低时延业务诉求，云网协同部署，进一步提升业务体验。

3．建设方案

华为智慧园区组网方案如图 6-9 所示。智慧园区 MEC 控制平面接入中心核心网，使用核心网管理平面进行 MEC UPF 的拉远部署及后期运维管理。MEC UPF 使用 3 台服务器免磁阵部署方式进行部署，初期 MEC UPF 规划为 UPF Anchor，不提供出公网接口。后期如有出公网诉求，MEC UPF 需要规划为 UPF 上行分类器并打通 N9 接口与 UPF Anchor 互通，由 UPF Anchor 出公网。为本地用户规划网络，并通过 AMF、SMF 配置实现本地用户的 UPF 选择。安全防护由边缘机房防火墙负责。

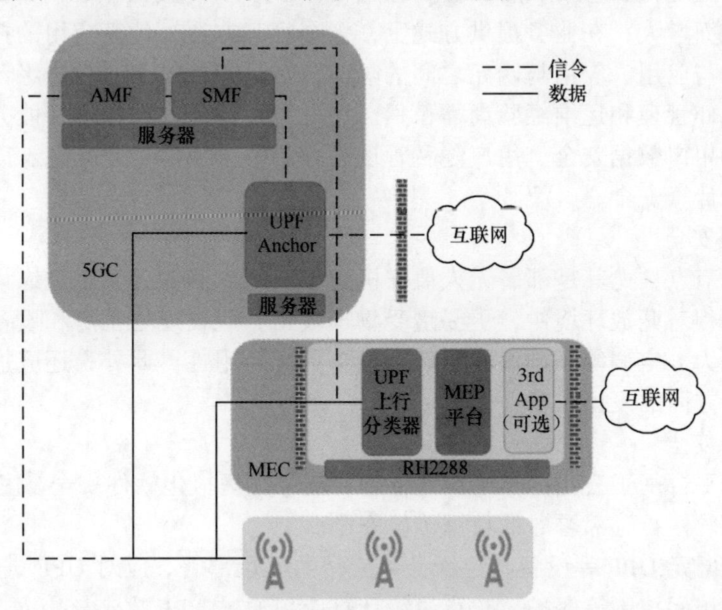

图 6-9　华为智慧园区组网方案

同时，出于可靠性考虑，规划部署本地双数据中心，每个数据中心部署一套分布式网关（Distributed Gateway，DGW），数据中心间 DGW 负荷分担，需配套 3 台 TOR 交换机、一对防火墙/NAT（如果当前机房已有，则不需要）作为辅助设备。同时，中央网关（Central Gateway，CGW）也建议规划双中心部署。DNS 可复用现网系统，增加 MEC 专属 APN 相关配置。移动性管理实体（Mobility Management Entity，MME）

需要打通到 CGW 链路。

运维方面，由于现网网管未实现虚拟化，MEC 的管理和编排器（Management and Orchestration，MANO）、eSight 需要由 5G 非独立组网（Not Standalone，NSA）实验网进行管理，U2000 可由现网升级支持 U2020，或由 5G NSA 实验网 U2020 管理。

| 6.4 MEC 的安全 |

安全是边缘计算的关键要素。首先，有效的安全机制才能避免引入边缘计算应用对基本网络和服务的影响；其次，只有从技术和管理上切实保障边缘计算本身的安全，才能扫除第三方应用入驻边缘计算平台的顾虑；此外，入驻边缘计算平台的第三方应用通常需要通用的安全能力（如防火墙、入侵检测系统 IDS/入侵防御系统 IPS 等）。完善的网络和信息安全机制是边缘计算产业和生态健康发展的前提。

相对于传统网络，边缘计算系统在组网架构、服务提供方式、运营模式上有较大的变化，这些变化对安全提出了更大的挑战。在组网方面，边缘节点靠近用户、遭受物理攻击的风险变大，边缘节点部署核心网 UPF 网元，并接入核心网数据面网关，使核心网的攻击面增大；在业务提供方式上，多个第三方边缘计算应用的托管、入驻，需要做好应用与应用、应用与网元之间的隔离；在运营模式上，对边缘计算平台、第三方应用的协作管理和运维经验尚需积累。此外，对第三方开放网络能力，涉及网络安全、业务和用户数据安全、用户隐私管理和控制等方面的安全问题。应从如下多个方面实施边缘计算安全。

（1）物理安全

边缘计算节点，尤其是部署无人值守机房或者用户侧的现场级边缘计算节点，处于不受控制的相对开放环境中，更易遭受物理攻击，应在规划机房和设备选型时充分考虑网络、电力、空调等基础设施，确保设备的高可用性。此外，还应加强在防盗、防信息泄露等方面的设计和管理手段。

（2）平台安全

边缘计算平台基于云化的基础设施部署，应考虑虚拟化软件安全、虚拟机/容器的安全以及管理软件拉远部署时的数据传输安全。

运营商的网元 UPF 等设备与边缘计算应用共局址部署，应对 UPF 进行物理安全、数据安全以及访问控制等保护，防止边缘计算应用通过 UPF 攻击核心网。

多租户的边缘计算应用入驻边缘结算节点后，需提供租户和应用的隔离，区分租户的业务运维和安全管理，避免各租户数据被窃取及用户隐私的泄露。

（3）应用安全

做好对第三方应用的安全性评估，应在应用上线和升级时，实施适当的安全评估管控和审批。

可将边缘计算应用纳入安全合规检查和审核、纳入暴露面资产管理、执行病毒扫描等安全管理流程，避免应用由于自身的安全漏洞引发该节点上其他应用的安全问题。第三方应用承载的内容安全、信息安全等问题，也应适度纳入管控。

应在边缘计算架构中提供高可用性相关的参考实现、能力和服务模型，保障入驻应用的可用性。

（4）能力开放与安全

边缘计算的能力开放不仅涉及用户数据（如用户的位置数据、行为偏好数据等）还涉及无线网和核心网的网络信息，应在认证、授权、监控等方面进行控制。应做好能力开放的分级管理，与信息安全及应用要求相匹配，把控授权粒度和计量手段，避免过度授权和权限滥用，并做好相关安全审计工作。

安全能力（如 Anti-DDoS、IDS、WAF 等）也是能力开放的重要内容。传统的靠部署安全设备实施静态安全策略的防护方式在边缘计算中不再适用。因此，应考虑将租户通用的安全能力虚拟化、多租户化，并支持在安全服务的统一控制下进行定制化配置、编排，满足入驻应用的个性化安全要求。

6.5 云边协同

边缘计算是随着云计算向终端和用户侧延伸而形成的新解决方案，是云计算概念的拓展，二者相依而生、协同运作。未来，云边协同将成为主流模式，在这种协同模式下，云计算在向一种更加全局化的分布式节点组合的新形态进阶。

以物联网场景举例。物联网中的设备会产生大量的数据，若这部分数据都上传至云端进行处理，会对云端造成巨大的压力。为分担中心云节点的压力，边缘节点可以负责本节点范围内的数据计算及存储工作。同时，大部分的数据并不是一次性数据，经过处理的数据仍需从边缘节点汇集到中心云节点。云计算在做大数据分析挖掘、数据共享的同时，也进行算法模型的训练和升级，算法升级后推送到前端，可促进前端设备的更新和升级，完成自主学习闭环。此外，这些数据也存在备份需求，当边缘计算过程中出现意外情况，存储在云端的数据也不会丢失。

通过紧密协同，云计算与边缘计算才能更好地匹配各种需求场景，从而最大化体现云计算及边缘计算的应用价值。同时，实时或更快速的数据处理及分析、节省网络流量、可离线运行并支持断点续传、本地数据更高安全保护等边缘计算的特点，在云边协同的各个应用场景中都有着充分的体现。

下面将对云边协同在 CDN、工业互联网、能源、智能家庭、智慧交通、安防监控、农业生产等场景中的应用进行介绍。

（1）云边协同在 CDN 场景中的应用

随着 5G 的部署，配合 AI、大数据、云计算、IoT 等技术，万物互联的信息时代将互联网推进了新的阶段。现阶段的 CDN 架构已无法满足 5G 时代的应用需求，CDN 将迎来边缘云+AI 的新发展。通过将 CDN 部署到移动网络内部，例如借助边缘云平台将 vCDN（virtual Content Delivery Network，虚拟内容分发网络）迁移到运营商的边缘数据中心，大大缓解传统网络的压力，提升移动用户视频业务的体验。基于云边协同构建 CDN，不仅可在中心 IDC 的基础上扩大 CDN 资源池，还可以有效利用边缘云，进一步提升 CDN 节点资源弹性伸缩的能力。

CDN 云边协同适用于本地化+热点内容频繁请求的场景，例如商超、住宅、办公楼宇、校园等。近期的热点视频及内容可能出现频繁的本地请求，通过一次远端内容回源本地建立 vCDN 节点，使得之后本地区内多次请求的热点内容均可从本地节点分发，提高命中率，降低响应时延，提升 QoS 指标。同理，还可将此类过程应用于 4K、8K、VR/AR、3D 全息等场景，通过快速建立本地化场景和环境，提高用户体验，降低眩晕感及延迟卡顿。

（2）云边协同在工业互联网场景中的应用

随着政府部门陆续出台的相关政策以及生态建设的不断完善，中国的工业互联网产业正在迅猛发展。2020 年全球已有超过 50%的物联网数据在边缘处理，作为物联网在工业制造领域的延伸，工业互联网继承了物联网数据海量异构的特点。在工业互联网场景中，由于边缘设备只能处理局部数据，无法形成全局认知，在实际应用中仍需通过云计算平台来实现信息的融合。因此，云边协同正逐渐成为工业互联网发展的重要支柱。

工业互联网的云边协同工作使得在边缘计算环境中安装和连接的智能设备不再需要将所有数据上传至云端并等待云端响应，因此能够及时处理关键任务数据并实时响应。边缘设备本身就像一个迷你数据中心，由于其同时进行基本分析，因此时延几乎为零。利用这种新增功能，进行分布式数据处理，可大大减少网络流量。云端可在汇聚初步分析的数据后进行第二轮评估、处理和深入分析。

在工业制造领域的工业级应用场景中，单点故障是绝对不能被接受的，因此除了云端的统一控制外，工业现场的边缘节点必须具备一定的计算能力，可以自主判断并解决问题，及时检测异常情况，更好地实现预测性监控，提升工厂的运行效率，预防设备故障。处理后的数据将上传至云端进行存储、管理以及态势感知，同时云端也负责对数据传输进行监控，对边缘设备的使用进行管理。

（3）云边协同在能源场景中的应用

能源互联网是一种深度融合互联网与能源生产、传输、存储、消费以及能源市场形成的能源产业发展新形态，具有设备智能、系统扁平、信息对称、供需分散、多能协同、交易开放等主要特征。

利用云计算和边缘计算两方的优势，可以加速传统能源产业向能源互联网升级的过程。以石油行业为例，在油气开采、运输、存储等各个关键环节，均会产生大量的生产数据。在传统模式下，为预防安全事故的发生，就要对设备进行监控检查，因而需要大量的人力通过人工抄表的方式定期收集数据。抄表员定期收集数据并上报，再由数据员对数据进行人工的录入及分析。一来人工成本非常高，二来数据分析效率低、时延大，而且不能实时掌握各关键设备的状态，无法预见安全事件并对事故进行防范。而加入边缘节点，通过温度、湿度、压力传感器芯片及具备联网功能的摄像头等设备，可实现对油气开采关键环节中关键设备的实时自动化数据收集及安全监控。将实时采集的原始数据汇集至边缘节点进行初步计算分析，可监测特定设备的健康状况并进行相关的控制。此时只有经过加工分析后的高价值数据需要与云端进行交互，一方面极大地节省了网络带宽资源，另一方面也为云端后续进行的大数据分析、数据挖掘工作提供了数据预加工服务，避免了多种采集设备带来的多源异构数据问题。

云边协同中，要求终端设备或传感器具备一定的计算能力，可以对采集到的数据进行实时处理、本地优化控制、故障自动处理、负荷识别和建模等操作，将加工汇集后的高价值数据与云端进行交互，在云端进行全网的安全风险分析、大数据及人工智能的模式识别、节能及策略改进等操作。同时，若在网络覆盖不到的地区，可以在边缘侧对数据先行处理，网络连通时再将数据上传至云端，并由云端对数据进行存储和分析。

（4）云边协同在智能家庭场景中的应用

在家庭智能化信息服务进家入户的今天，各种异构的家用设备如何简单地接入智能家庭网络，用户如何便捷地使用智能家庭中的各项功能成为大家关注的焦点。

在智能家庭场景中，边缘节点（家庭网关、智能终端）具备各种异构接口，如网线、电力线、同轴电缆、无线等，还可以对大量异构数据进行处理，并将处理后的数据统一上传至云端。用户不仅可以通过网络连接边缘节点以对家庭终端进行控制，还可以通过云端访问已存储的数据。

智能家庭云边协同基于虚拟化技术的云服务基础设施，以多样化的家庭终端作为载体，通过整合已有的业务系统，利用边缘节点将家用电器、照明控制、多媒体终端、计算机等家庭终端组成家庭局域网。再通过互联网（5G时代还会通过5G移动网络）与广域网相连，进行边缘节点与云端的数据交互，实现电器控制、定时控制、场景控制、安全保护、环境检测、视频监控、可视对讲等功能。

未来，智能家庭场景中的云边协同将会越来越受到产业链各方的重视，电信运营商、家电制造商、智能终端制造商等厂商都会在相应的领域进行探索。不久的将来，家庭智能化信息服务业将不仅限于控制家用设备，家庭能源、家庭医疗、家庭安防、家庭教育等产业，也将同家庭智能化应用紧密结合，成为智能家庭大家族中的一员。

（5）云边协同在智慧交通场景中的应用

车路协同是智慧交通的重要发展方向。车路协同系统是采用先进的无线通信及新一代互联网等技术构成的安全、高效和环保的道路交通系统。该系统可以全方位实施车车、车路动态实时信息交互，并在采集与融合全时空动态交通信息的基础上开展车辆主动安全控制及道路协同管理，充分实现人、车、路的有效协同，保证交通安全，提高通行效率。截至2019年年底，根据公安部统计数据，我国汽车保有量已突破2.6亿辆，汽车驾驶人达到3.97亿人。可以预见，车路协同在我国存在巨大的市场空间，这为智慧交通在我国的发展及落地提供了得天独厚的“试验场”。

各方对于智慧交通的关注点过去主要集中在车辆终端，例如自动驾驶，研发投入主要集中在车的智能化，这对车的感知及计算能力提出了很高的要求，导致智能汽车的成本居高不下。在当前的技术条件下，传统道路环境中自动驾驶车辆的表现仍然不尽人意。国内外各大厂商逐渐意识到若想实现智慧交通，路侧智能是必不可少的。因此，为了实现人、车、路之间高效的互联互通和信息共享，最近几年国内外各大厂商纷纷投入路侧的智能化。

在实际应用中，边缘计算可以与云计算配合，将大部分的计算负载下沉至道路边缘层，并且利用 5G、LTE-V 等通信手段实现道路边缘层与车辆实时的信息交互。道路边缘节点还将集成局部地图系统、交通信号信息、附近移动目标信息以及多种传感器接口，为车辆提供协同决策、事故预警、辅助驾驶等多种服务。与此同时，汽车本身也将成为边缘节点，通过与云边协同来为车辆提供控制及其他增值服务。汽车将集成激光雷达、摄像头等感应装置，并将采集到的数据交互共享给道路边缘节点和周边车辆，从而扩展感知能力，实现车与车、车与路的协同。云计算中心则负责收集来自广泛分布的边缘节点的数据，感知交通系统的运行状况，并通过大数据、人工智能算法，为边缘节点、交通信号系统以及车辆下发合理的调度指令，从而提高交通系统的运行效率，最大限度地减少道路拥堵。

（6）云边协同在安防监控场景中的应用

将监控数据分流到边缘节点（边缘计算业务平台），可以有效降低网络传输压力及业务端到端时延。此外，视频监控还可以结合 AI，在边缘节点上搭载 AI 视频分析模块，针对智能安防、视频监控、人脸识别等业务场景，以低时延、大带宽、快速响应等特性弥补当前时延大、用户体验较差等基于AI的视频分析产生的问题，实现本地分析、快速处理、实时响应。云端执行 AI 的训练任务，边缘节点执行 AI 的推论，云边协同可实现本地决策、实时响应，以及表情识别、热点管理、轨迹跟踪、行为检测、体态属性识别等多种本地 AI 典型应用。

（7）云边协同在农业生产场景中的应用

智慧农业是农业生产的高级阶段，融合新兴的互联网、移动互联网、云计算和物联网等技术，依托部署在农业生产现场的各种传感节点以及无线通信网络设施，实现农业生产环境的智能感知、智能分析、智能决策、智能预警、专家在线指导等功能，为农业生产提供精准化种植、可视化管理、智能化决策。

以智慧大棚为例，条件较好的大棚，可安装电动卷帘、排风机、电动灌溉系统等机电设备，通过云端实现远程控制。农户可通过手机或电脑登录云端系统，控制温室内的水阀、排风机、卷帘机的开关，也可将云端设定好的控制逻辑下发至边缘控制设备，通过传感设备实时采集大棚环境的空气温度、空气湿度、二氧化碳、光照、土壤水分、土壤温度、棚外温度及风速等数据，自动根据内外环境情况开启或关闭卷帘机、水阀、风机等大棚机电设备。

（8）云边协同在医疗保健场景中的应用

随着医疗设备在人们日常保健应用中比例的提高，在不断降低成本的同时，最值得关注的还是产品的安全性、可靠性、易用性等人性化要求。在医疗保健行业中，患者的数据是极为隐私的，必须对其加以安全保护。此外，诊断精度直接影响设备的诊断结果，这必然也是未来产品设计的关注重点。

随着社会的进步及人口结构的改变，医疗保健的发展呈现 3 个特点：便携化、智能化和多功能化。便携式移动医疗、大数据分析、云服务等智能医疗迎来了发展热潮并在个体群体之间不断创新。

目前，用于生命体征监测的可穿戴设备正在快速发展，其中低功耗、小尺寸以及设计简单已经成为方案设计中的关键所在。包括智能手表在内的腕戴式健身/健康设备越来越受欢迎。这些设备不仅具有步进跟踪功能，还可以提供相关的健身/健康指标，如受力分析参数、基础心率、心率变异分析等。但是，要真正地从所收集的海量数据中获益，实时分析是必不可少的。目前许多可穿戴设备能够直接连接云端，但也有一些设备支持离线运行。部分可穿戴健康监控器可以在不连接云的情况下进行脉搏或睡眠数据的本地分析，即时反馈病人的健康状况。此外，医生也可以远程对病人进行评估。例如，能够独立分析健康数据的心率监视器可以在患者需要帮助时立即提供必要的响应，提醒护理者，同时，监视器将分析后的数据上传到云端，在云端进行 AI 分析，记录患者长期的健康情况，为医生和患者提供病情分析，辅助下阶段的治疗。

机器人辅助手术是医疗保健中云边协同的另一个用例，这些机器人需要能够自主分析数据，以便安全、快速、准确地为手术提供帮助；同时可将数据上传到云端，在云端进行 AI 学习，完善机器人程序，并在适当时机将学习完成的模型下发至机器人终端。

（9）云边协同在云游戏场景中的应用

随着互联网的发展以及 5G 网络已经成为现实的今天，“云游戏”这个名词也开始被越来越多的厂商使用，同时也被越来越多的玩家所期待。所谓“云游戏”，就是所有游戏都在云端服务器中运行，云端将渲染完毕的游戏画面压缩，然后通过网络发送至终端用户。用户的游戏终端设备不需要任何高端处理器及显卡，只需要具备基本的视频解压和指令转发功能即可。

2018 年，AT&T、Verizon 等电信巨头，以及微软、亚马逊等 IT 巨头相继公布了云游戏相关的测试或者布局情况。在 2019 年的世界移动通信大会上，国内手机厂商 OPPO 和一加也分别展示了相关的云游戏服务。根据第三方机构的预测，全球云游戏市场将从 2018 年的 0.66 亿美元增加至 2023 年的 4.5 亿美元，复合年均增长率为 47%。

以 AR 为例，应用程序需要通过相机的视图、定位技术或将两者结合，从而判断并分析用户的位置以及方向信息，并根据分析结果实时向用户提供其他信息。当用户移动后，需要对该信息进行更新。边缘计算将计算任务下沉至边缘服务器或移动端，从而降低平均处理的时延。通过云端进行前景的交互，背景则交给移动端，最终实现完整的 AR 体验。

从大家耳熟能详的英雄联盟、守望先锋、王者荣耀，再到现在的绝地求生、APEX 等，“多人游戏、多人竞争”似乎成为近几年游戏的风向。而多人游戏对带宽和时延的要求是非一般的高。可以通过应用云边协同，使得同一区域的玩家连接边缘计算节点，以大大减少时延；同时云端运行游戏可减少本地游戏体积，使玩家可以方便、快捷地接入游戏。

当前边缘计算的概念过热，各类靠近用户侧的产品和业务都容易被冠以边缘计算的帽子，而实际上并不利于边缘计算的发展，也不利于云边协同的尽快推进。建议产业界保持理性，在企业上云的大环境下，从典型场景的业务需求出发，综合成本因素和实际效果，逐步探索下沉部分计算能力至边缘侧，切忌急于求成。

此外，建议加快云边协同标准体系的建设。目前关于边缘云等边缘侧的标准已初见雏形，但针对云边协同的标准仍处于缺位状态。建议相关研究机构在整体布局之初，就考虑针对中心云与边缘侧的协同框架进行标准化设计。可针对不同应用场景，完善云边协同应用场景能力要求的标准体系，加快制定相关协同技术、服务和应用标准，引导企业提升云边协同服务水平，保障云边协同健康发展。

只有在有效协同云计算与边缘计算二者的前提下，才能满足部分场景在敏捷连接、实时业务、数据优化、安全与隐私保护等方面的计算需求。

云边协同参考框架主要涉及云计算和边缘计算节点在基础设施、平台、应用等 3 个层面的全面协同。基础设施层面主要指 IaaS 与 EC-IaaS 之间需要实现计算、网络、存储等方面的资源协同；平台层面主要指 PaaS 与 EC-PaaS 之间需要实现数据协同、智能协同、服务编排协同和部署协同；应用层面主要指 SaaS 与 EC-SaaS 之间需要实现应用服务协同。除此之外，云边协同在资源、平台、应用的基础上还需要考虑计费、运维、安全等方面的协同。

第 7 章

5G 网络云化部署

传统通信网络需要具备高可靠性和高性能，因此通常采用软硬件一体化的专用硬件和封闭系统。随着移动互联网的兴起，流量呈指数级增长，传统语音业务收入逐渐降低。如果继续采用专用硬件和专用软件的建设方式，则升级改造复杂度高，业务创新周期长，难以满足新业务快速部署和网络灵活调整的要求。而在互联网领域，虚拟化和云计算技术的应用实现了设备的通用化，业务快速部署，资源的共享和灵活管理。于是，全球顶级电信运营商共同提出了 NFV 的概念。

网络功能虚拟化 NFV 采用业界标准的服务器、存储和交换机，承载各种各样的网络软件功能，实现网络能力的灵活配置，提高网络设备的统一化、通用化以及适配性，提升网络部署和调整的速度，降低业务部署的复杂度。

NFV 将传统的软硬一体的物理网元从逻辑上拆分为硬件、虚拟层和上层网元 3 层，并引入了 MANO 端到端管理编排系统。考虑到初期引入 NFV 的复杂性，业界通常会选择多种过渡方案，包括软硬件解耦方案、指定配对集成方案等，但这些方案仅可以实现 NFV 所带来的部分优势，无法实现“多域资源共享、上层业务灵活编排”。为推动产业发展，加速产业成熟并充分实现 NFV 的优势，NFV 硬件、虚拟层和上层应用完全解耦且满足 NFV 的相关功能和性能等要求是未来的发展目标。硬件完全基于通用硬件，相关存储可支持存储型服务器，存储方案可支持分布式存储。虚拟层（包括 Hypervisor 和 VIM）满足电信级功能和性能要求。上层应用基于云化理念进行重构，充分发挥 NFV 的优势。整体系统要求满足电信级可靠性。

5G 网络架构融入了 IT、SDN、NFV 的思想，与 4G 相比发生了根本性变革，转发平面与控制平面完全分离。5G 网络是 NFV 落地的最佳机遇、规模部署的首要场景，其网络架构如图 7-1 所示。

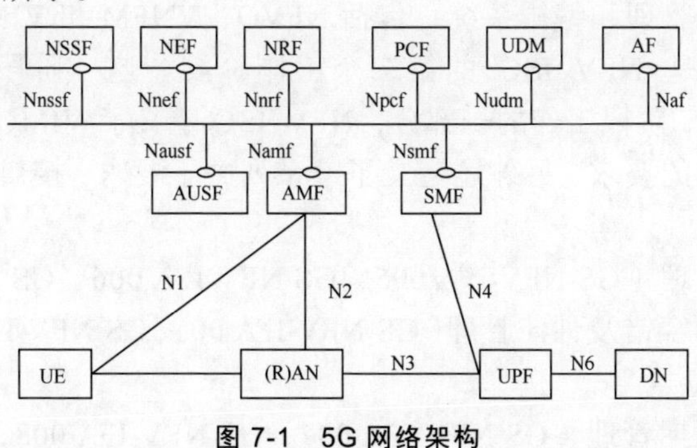

图 7-1 5G 网络架构

7.1 网络功能虚拟化（NFV）

7.1.1 NFV标准化进展

目前，ETSI、第三代合作伙伴计划（3rd Generation Partnership Project，3GPP）、NFV开放平台（Open Platfom For NFV，OPNFV）等多个标准组织正在开展NFV相关标准的研究和制定工作。

成立于2012年11月的ETSI NFV行业规范组（Industry Specification Group，ISG）负责制定支持NFV软硬件基础设施的要求和架构规范，以及虚拟网络功能的指南，推进NFV的实现和部署，简化运营商的运营维护工作。NFV ISG自成立以来已经发布100多个文档，其成员超过300个（包括中国移动在内的38个电信运营商），根据工作内容又可分为6个工作组。

NFV ISG按两年一个阶段推进工作。第一阶段（2013—2014年）公布的文档被认为是标准前的研究，称其为“Release1”。2014年NFV ISG社区受到空前关注，因此决定开发标准规范。后续公布的标准称为“Release2”和“Release3”。Release2文档于2016年第三季度完成发布，同时开始Release3的制定工作。

NFV ISG第一个重要的里程碑是2013年发布的5个文档，涵盖了用户场景（文档NFV001）、虚拟化要求（文档NFV004）、结构框架（文档NFV002）、术语（文档NFV003）、公共展示验证概念（Proof of Concept，PoC）平台的框架（NFV-PER002）。

NFV结构框架确定了各个功能块以及这些功能块间的主要参考点，具体如下。

- 虚拟网络功能。在传统非虚拟网络中，某个网络功能的虚拟化，如演进分组核心（Evolved Packet Core，EPC）、MME、PGW、RGW、DHCP等。
- 管理元素。对一个或多个VNF进行管理。
- NFV基础设施。包括硬件和虚拟资源以及虚拟化层，即用于VNF部署、管理和运行环境的所有硬件和软件部件。
- OSS/BSS。运营商的运行管理和业务支持系统。
- MANO。NFV管理和编排系统，包括NFVO、VNFM和VIM。

2015—2016年是NFV ISG的第二个工作阶段。这一阶段公布的文档被称为“Release2”，作为第二阶段工作的一部分，NFV ISG定义了VIM、VNFM和NFVO的功能要求以及参考点的要求。另外还定义了一系列关于要求、接口和信息模型的规范，摘录如下。

- 虚拟化资源管理（GS NFV-IFA 005、GS NFV-IFA 006、GS NFV-IFA 010）；
- 虚拟化资源的容错及性能管理（GS NFV-IFA 005、GS NFV-IFA 006、GS NFV-IFA 010）；
- VNF的生命周期管理（GS NFV-IFA 007、GS NFV-IFA 008、GS NFV-IFA 010、

GS NFV-SOL 002、GS NFV-SOL 003）;

• VNF 的容错、配置和性能管理（GS NFV-IFA 007、GS NFV-IFA 008、GS NFV-IFA 010、GS NFV-SOL 002、GS NFV-SOL 003）;

• 网络服务的生命周期管理（GS NFV-IFA 010、GS NFV-IFA 013）;

• 网络服务的容错和性能管理（GS NFV-IFA 010、GS NFV-IFA 013）;

• 安装包和软件镜像管理（GS NFV-IFA 005、GS NFV-IFA 006、GS NFV-IFA 007、GS NFV-IFA 010、GS NFV-IFA 011、GS NFV-IFA 013、GS NFV-SOL 003）;

• VNF 描述符—VNF 信息建模（GS NFV-IFA 011、GS NFV-SOL 001）;

• 网络服务描述符—网络服务信息建模（GS NFV-IFA 014、GS NFV-SOL 001）;

• 虚拟资源容量管理（GS NFV-IFA 005、GS NFV-IFA 010）;

• 硬件加速（GS NFV-IFA 002、GS NFV-IFA 003、GS NFV-IFA 004、GS NFV-IFA 010）;

• 信息建模指导原则 （GS NFV-IFA 016、GS NFV-IFA 017）。

2017—2018 年是第三阶段工作。NFV Release3 进一步丰富 NFV 框架以便全球部署与运维。Release3 将 22 项新特性纳入研究。2019 年夏，完成了 10 项特性的研究，另有两项特性已确定了架构、接口和信息建模。剩下的部分研究被取消，另有部分将在 Release4 中持续研究。

Release3 的研究成果大致可以分为 3 个领域：支持最新的网络技术，如边缘计算和网络切片等；新的运维领域，如多域管理、策略框架等；虚拟化技术的进步，如云原生 VNF、加速技术等。

下面是 Release3 在 Release2 基础上优化的内容。

• 硬件独立加速接口;

• VNF 网络加速接口;

• Requirements for hypervisor-based 虚拟化要求;

• NFV 硬件环境要求;

• NFV-MANO 功能实体管理;

• VNF 快照;

• 策略管理框架;

• NFV-MANO 管理域;

• 主机预留;

• 多站点网络服务的管理和连接;

• NFV 领域的网络切片;

• VNF 软件修正;

• NFVI 软件修正;

• 业务可用性级别;

• NFV 框架中的安全敏感组件;

• NFV 的安全管理与监控。

3GPP 重点对含有 VNF 的移动网络管理进行技术调研，给出含有 VNF 的移动网络管理需求和用例、架构和参考模型、性能管理、故障管理、生命周期管理等。

CCSA 对 NFV 的标准化研究工作分布于 TC1、TC3、TC5、TC6、TC7、TC8 等技

术工作委员会，研究范围包括城域网虚拟化、核心网虚拟化、移动网络虚拟化、接入和传输网虚拟化、网管、安全等。2017年年初，下设“NFV特设标准项目组”对NFVO领域项目进行研究，开展NFVO的架构、业务流程、接口、模板等方面的行业标准制定工作。

OPNFV是NFV的开放平台项目，由Linux基金会创建，旨在提供运营商级的综合开源平台以加速新产品和服务的引入，实现由ETSI规定的NFV的架构与接口。OPNFV的初始范围提供NFV的基础设施（NFVI）、虚拟化基础设施管理（VIM）、API和其他NFV要素，它们共同构成虚拟网元所需的基础设施管理和网络业务流程（MANO）的组件。随着越来越多的标准与开源项目结合起来，OPNFV将与这些项目合作来协调、持续集成并测试NFV解决方案。2015年年中，发布第1版ARNO。2018年11月，发布第7个版本Gambia，在CI/CD、云原生、测试能力、新的运营商级特性、跨网络项目和生态的协同等方面更进一步。

7.1.2 NFV体系架构及建设模式

ETSI为NFV制定了参考架构，以便所有参与者可以依照共同的框架完成相关研发工作。参考架构包括了完整的基础架构层、资源管理与业务流程编排层，以及OSS层和网络功能层。ETSI NFV参考架构如图7-2所示。

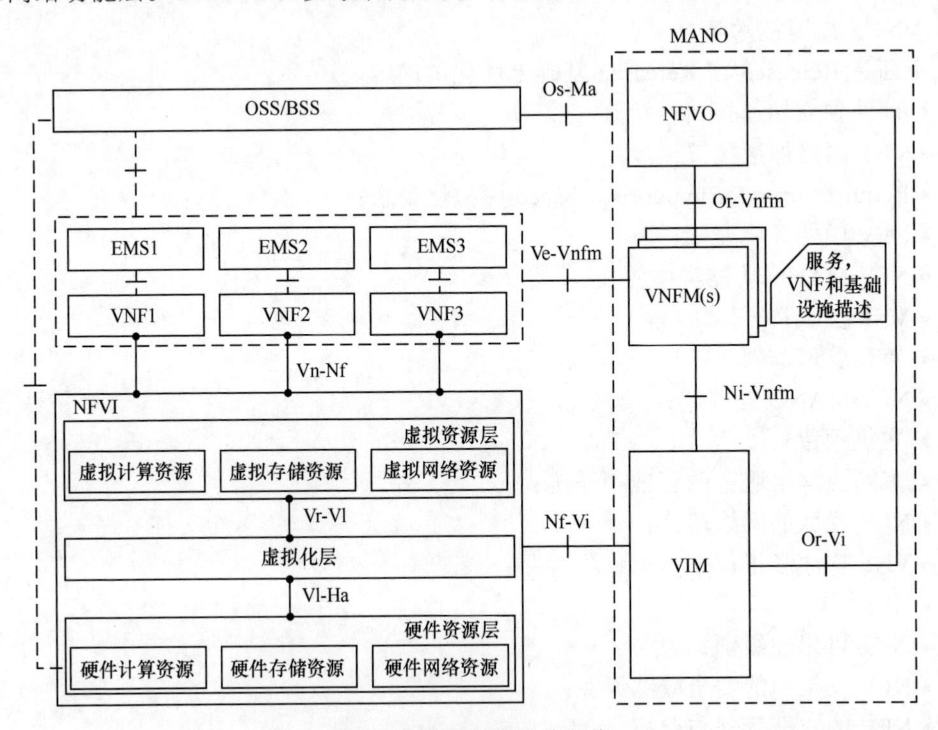

图7-2 ETSI NFV参考架构

NFVI与VIM共同为VNF提供部署、管理和执行环境，并实现对硬件资源和虚拟资源的管理与监控。NFVI包括硬件资源层、虚拟化层及其上的虚拟资源层，实现对虚拟网络层业务网元的承载。VIM实现对NFVI资源的管理、调度、编排和监控功能。

VNF、网元管理系统（Element Management System，EMS）及VNFM共同组成虚拟网络层，基于底层云化基础设施实现业务能力。其中，VNF是基于NFVI虚拟资源部署的业务网元；EMS是VNF业务网络管理系统，提供网元管理功能；VNFM是VNF管理系统，负责VNF生命周期管理以及VNFD的生成与解析。

OSS/BSS和NFVO一起，实现对业务的编排、运维与管理。其中，OSS/BSS是业务网络支撑系统，实现与NFVO的交互，共同完成维护与管理功能；NFVO主要负责跨VIM的NFVI资源编排及网络业务的生命周期管理和编排，并负责NSD的生成与解析。

NFVO、VNFM与VIM合称NFV管理和编排（MANO），负责虚拟业务网络的部署、调度、运维和管理，构建可管、可控、可运营的业务支撑能力。

NFV的4种建设模式如图7-3所示。

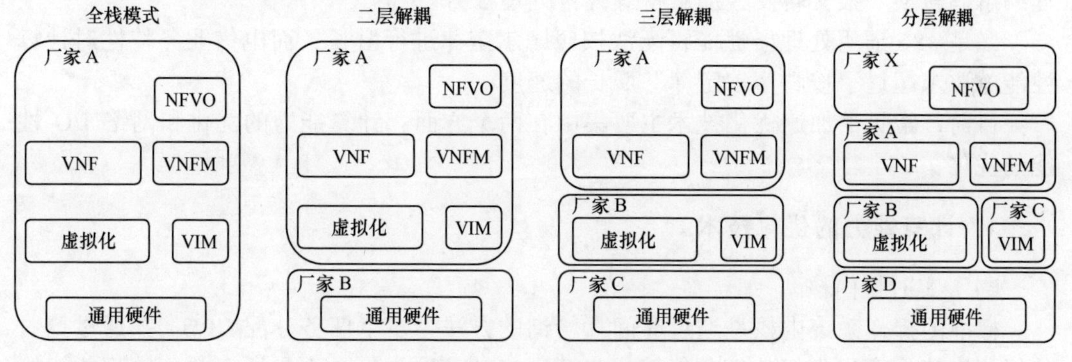

图7-3 NFV建设模式

4种建设模式的对比见表7-1。

表7-1 NFV建设模式对比

方案名称	方案描述	优点	缺点
全栈模式	由单厂商提供全部的软硬件系统	上线周期短，运维较简单	厂商依赖度高，网络开放能力弱
二层解耦模式	厂家A负责所有的软件解决方案，硬件由厂家B提供，使用通用硬件	上线周期较短，问题定位定界简单	不能支持异厂家VNF部署，厂商依赖度仍旧很高，网络开放能力较弱
三层解耦模式	VNF、VNFM及NFVO由业务网元厂家A提供，虚拟化及VIM由虚拟化厂家B提供，通用硬件由厂家C提供	使用通用硬件，上线周期较短，问题定位定界简单	虚拟化层与虚拟资源层紧耦合；涉及多厂家垂直互通，系统集成维护难度大；部署周期较长，运维复杂
分层解耦模式	VNF及VNFM由业务网元厂家A提供，虚拟化由虚拟化厂家B提供，通用硬件由厂家C提供，NFVO及VIM由第三方/自研提供	涉及多厂家垂直互通，系统集成维护难度大；部署周期较长，运维复杂	硬件资源得到了充分共享，成本可达最低，业务设计极为灵活，业务部署自主性高，运营商话语权强

综上，4种建设模式各有利弊，从全栈模式至分层解耦方案，交付效率逐渐降低，实施难度逐渐增高，但业务部署的灵活性以及运营商的话语权逐渐增强。

7.1.3 NFV 性能优化技术

目前，基于 NFV 技术的解决方案已经成为运营商核心网扩容和新建的优选考虑，在全球已有超过 400 项部署计划和 100 多个商用局点，覆盖 EPC、IP 多媒体子系统（IP Multimedia Subsystem，IMS）、物联网等多种网络场景。5G 新建网络必将采用 NFV 架构。同时，现网的部分存量网络做网络架构改造时（比如 4G 网络的 CU 面分离部署），通常也会采用 NFV 架构。但是，在传统的云计算基础设施中使用的商用现成品（Commercial Off-The-Shelf，COTS）硬件并不能完全满足 CT 领域的网络性能要求。这主要有两个原因。

一是通用 x86 CPU 为保证通用性而丧失了专用性，不擅长特定任务处理，比如处理编解码转换、报文转发、加解密等并行处理任务。

二是 x86 通用处理器性能再无法按照摩尔定律进行增长，而电信业务特性对计算性能的要求超过了按"摩尔定律"增长的速度。

目前，常见的加速优化技术主要集中在两个方面：计算能力的优化和网络 I/O 性能的优化。

1. 计算能力的优化技术

（1）实时性内核

标准的操作系统内核是通过时间片轮询的方法为多个任务分配 CPU，并通过抢占的机制来确保高优先级的任务能够优先获得 CPU 资源，但是不是所有的请求都能够抢占资源，如中断请求。一般情况下，标准的 Linux 内核能够提供几到几十微秒级别的中断响应时延，但是具体时延具有不确定性。当数据平面网元对性能要求比较苛刻时，这个不确定性可能会导致严重后果。通过对内核的实时性补丁，可以使其满足硬实时系统的要求。

（2）硬件辅助虚拟化

CPU 工作模式存在不同的特权级别（Ring0～Ring3）。宿主 OS 工作在 Ring0，拥有对 CPU 的完全权限，而客户 OS 一般工作在 Ring1～Ring3，无权执行部分特权指令。早期的虚拟化技术需要通过宿主 OS 来实时监控并截获客户 OS 产生的特权指令，由宿主 OS 执行后再将结果返回给客户 OS，这种由客户 OS 纯软件模拟的工作模式效率极低，无法胜任数据面网元的性能要求。打开 CPU 的硬件辅助虚拟化功能（VT-x、AMD-v 等），利用 CPU 已有的虚拟化技术，消除宿主 OS 代替客户 OS 来听取、中断与执行特定指令的需要，不仅能够有效减少宿主 OS 干预，还为宿主 OS 与客户 OS 之间的传输平台控制提供有力的硬件支持，这样在需要宿主 OS 干预时，将实现更加快速、可靠和安全的切换。

（3）CPU 核心绑定

在多路多核处理器的服务器环境下，操作系统进行多任务处理时，传统的做法是将服务器 CPU 划分成时间片，并将任务按不同优先级进行调度，为每个任务分配一个或多个时间片，在每个时间片内由对应的 CPU 处理任务。但同一个任务在不同时间可能会被调度给不同 CPU 核来处理，这就导致缓存的命中率过低，从而降低 CPU 性能。另外，在一个 CPU 核心运行的进程中产生中断会影响到该核心上运行的其他进程，从而引起不必要的延迟。可以利用 Hypervisor 来隔离出用于数据平面网元所需要的 CPU 核心，将隔离出来的核心绑定给虚拟机进程专用，使之不参与 CPU 调度和其他进程的中断响应等。但是，开启该功能时，虚拟机可用的 vCPU 数量受服务器物理 CPU 核数量的限制，需要提前规划，预先配置出足够的资源。

（4）非均匀存储器访问（Non Uniform Memory Access，NUMA）亲和

目前主流的服务器均采用 NUMA 架构，一颗物理 CPU 就是一个 NUMA 节点，每个 NUMA 节点都有各自的本地内存，CPU 既可访问本地内存，也可以访问其他 NUMA 节点的内存（远程内存访问），但远程内存访问的性能远低于本地内存访问。而数据平面网元虚拟机一般是多线程的，每个线程的计算由不同的 CPU 核来完成，当这些线程被调度到位于不同 NUMA 节点的 CPU 核时，不可避免地会出现远程内存访问的情况，从而降低 CPU 性能。可以用 Hypervisor 的 NUMA 亲和性技术，将数据平面网元的线程调度到同一个 NUMA 节点的多个核心来处理。但是，一旦虚拟机迁移后，需要有其他的机制来保证数据平面网元迁移后的 NUMA 亲和性。

（5）巨页内存

操作系统对内存的管理是通过分页来实现的，一个标准的内存页大小是 4KB，每个内存页操作系统都会为其分配一个物理地址，而数据平面网元虚拟机是通过虚拟地址来访问为其分配的内存页的。宿主 OS 负责完成虚拟地址到物理地址的映射。虚拟地址到物理地址的映射关系保存在内存页表中，同时 CPU 的快表（Translation Lookaside Buffer，TLB）可保存经常访问的地址映射。由于 TLB 具备比内存高得多的性能，使得 TLB 快表的命中率成了提升内存性能的关键。但是，NFV 场景下服务器的内存容量一般都比较大，而 TLB 可以保存的地址数量有限，造成 TLB 命中率比较低。

采用巨页内存技术，在 x86 架构的 64 位 CPU 上，使用 2MB 或 1GB 内存页，可以提升 TLB 命中率。在 ARM 架构的 64 位 CPU 上，一般使用 64KB 大小的系统内存页，如果使用 2MB、512MB 或 1GB 数据内存页，就可以提升 TLB 命中率。当然，内存页过大将会导致资源的浪费，并且会降低热迁移的性能，巨页内存的大小如何设置才合理还需要进一步论证。

2．网络 I/O 性能的优化技术

（1）PCI 直通

在传统的虚拟化 I/O 通信过程中，Hypervisor 的虚拟化设备层用于对虚拟机提供服务。来自虚拟机的请求需要通过 Hypervisor 进行中转适配。由于该过程是软件层面的操作，多台虚拟机的 I/O 请求在 Hypervisor 汇集，会大量消耗 CPU 的计算资源，从而降低虚拟机的 I/O 处理能力。PCI 直通技术绕过 Hypervisor，允许虚拟机直接使用宿主机中的物理 PCI 设备。在虚拟机看来，分配给它的虚拟设备物理连接在自己的 PCI/PCI-e 总线上，不需要或很少需要 Hypervisor 参与，保证了较高的性能。PCI 直通技术支持虚拟机迁移，但虚拟机对物理 PCI 设备是独占的，不支持该设备被多个虚拟机共享，存在硬件设备浪费的问题。

（2）单根 I/O 虚拟化（Single Root I/O Virtualization，SR-IOV）

PCI 直通技术的性能非常好，但物理设备只能被一个虚拟机独占。为了实现多个虚拟机共享一个物理设备，PCI-SIG 组织发布了 SR-IOV 规范，定义了一个标准化的多虚拟机共享物理设备机制。

目前，SR-IOV 最广泛的应用还是在网卡上。支持 SR-IOV 的网卡会在 Hypervisor 注册成为多张虚拟网卡，每张虚拟网卡都有独立的中断、收发队列、QoS 等机制。SR-IOV 技术有以下几个关键点。

① 物理功能（Physical Function，PF）是完整的带有 SR-IOV 能力的 PCI-e 设备，能像普通物理 PCI-e 设备那样被发现、管理和配置。PF 可以扩展出多个虚拟功能（Virtual Fanction，VF）。

② VF 是物理网卡虚拟出的独立网卡实例，每一个 VF 有独享的 PCI-e 配置区域，并可与其他 VF 共用同一个物理网口。Hypervisor 可将一个或多个 VF 分配给一个虚拟机。

③ 物理网卡启用 SR-IOV 后，会将物理网口抽象成若干个虚拟网口 vPort，vPort 会被映射给 PF 或 VF，作为 I/O 通道使用。

SR-IOV 使得虚拟机可以直通式访问物理网卡，并且同一块网卡可被多个虚拟机共享，保证了高 I/O 性能，但 SR-IOV 技术也存在一些问题。首先，并非所有物理网卡都支持 SR-IOV 特性。其次，由于 VF、vPort 和虚拟机之间存在映射关系，对映射关系的修改存在复杂性，因此很多厂商目前还无法支持 SR-IOV 场景下的虚拟机迁移功能。此外，SR-IOV 技术不支持同一宿主机内部虚拟机的东西向流量交互，需要提供基于网卡或者硬件交换机的 VNF 互连技术。

（3）DPDK

PCI 直通、SR-IOV 方案消除了物理网卡到虚拟网卡的性能瓶颈。但在 NFV 场景下，仍然有其他 I/O 环节需要进行优化，如网卡硬件中断、内核协议栈等。开源项目 DPDK 作为一套综合解决方案，对上述问题进行了优化与提升，可以应用于虚拟交换机和 VNF，其关键技术有如下几点。

① 优化多核 CPU 任务执行。一般来说，服务器上每个 CPU 内核会被多个进程/线程分时使用，切换进程/线程时，会引入系统开销。DPDK 支持 CPU 亲和性技术，将某进程/线程绑定到特定的 CPU 内核，消除切换带来的额外开销，从而保证处理性能。

② 优化内存访问。DPDK 支持巨页内存技术。一般情况下，页表大小为 4KB，巨页技术将页表尺寸增大为 2MB 或 1GB，使一次性缓存内容更多，有效缩短查表消耗的时间。同时，DPDK 支持内存池和无锁环形缓存管理机制，加快了内存访问效率。

③ 优化网卡驱动。报文通过网卡写入服务器内存的过程中，会导致 CPU 硬件中断，在数据流较大情况下，硬件中断会占用大量时间。DPDK 采用轮询机制，跳过网卡中断处理过程，释放了 CPU 处理时间。

④ 旁路内核协议栈。服务器对报文进行收发时，会使用内核网络协议栈，由此产生的内核上下文频繁切换和报文复制问题占用了 CPU 周期，消耗了处理时间。DPDK

采用用户空间的I/O技术，使用户态进程可直接读写网卡缓冲区，内核协议栈通过旁路处理。

DPDK以用户数据I/O通道优化为基础，结合Intel虚拟化技术、操作系统、虚拟化层与虚拟交换机Open vSwitch等多种优化方案，形成了完善的转发性能加速架构，并开放了用户态API供用户应用程序访问。DPDK已逐渐演变为业界普遍认可的完整NFV转发性能优化技术方案。目前，DPDK还无法达到小包线速转发，仍需进行性能提升研究和测试验证工作。

（4）硬件卸载

CPU具有通用性，需要理解多种指令，具备中断机制来协调不同设备的请求，因此CPU拥有非常复杂的逻辑控制单元和指令翻译结构，这使得CPU在获得通用性的同时，损失了计算效率，在高速转发场景下降低了NFV转发性能。业界普遍采用硬件卸载方法解决此问题，CPU仅用于对服务器进行控制和管理，其他事务被卸载到硬件进行协同处理，降低CPU消耗，提升转发性能。

网卡卸载技术是将部分CPU事务卸载到硬件网卡进行处理。目前大多数网卡设备已经能够支持网卡卸载特性。网卡卸载的主要功能有对数据进行加解密；对数据包进行分类；对报文校验和进行校验，根据通信协议MTU限制，将数据包进行拆分或整合；对有状态流量进行分析；对Overlay报文进行封装和解封装；为流量提供负载均衡。

CPU+专用加速芯片的异构计算方案。异构计算主要是指使用不同类型指令集（x86、ARM、MIPS、POWER等）和体系架构的计算单元（CPU、GPU、NP、ASIC、FPGA等）组成系统的计算方式。在NFV转发性能方面，使用可编程的硬件加速芯片（NP、GPU和FPGA）协同CPU进行数据处理，可显著提高数据处理速度，从而提升转发性能。NP由若干微码处理器和硬件协处理器组成，是专门为处理数据包而设计的可编程处理器。NP的体系结构大多使用高速的接口技术和总线规范，具有较高的I/O能力，能大幅提升数据包的处理能力。另外，NP编程模式简单，提供了对新规格、新标准的灵活扩展能力。GPU具备强大的可编程流处理器阵容，在单精度浮点运算方面的性能优于CPU，常用于图形处理。随着GPU的不断演进，其绝对计算能力不断增强。目前GPU能够以极佳的性能—功耗比完成通用并行的计算任务。FPGA是半定制化可编程电路，本质上相当于一块在制造完成后可进行多次重新编程的空白芯片，支持不断的程序调优，具有较高的利用率。FPGA可以将几乎所有资源用于并行计算处理，实际运算能力比CPU高很多。

但是，硬件卸载技术仍处于不成熟阶段，需要进一步进行评估和验证。

SR-IOV、DPDK、CPU核心绑定、NUMA亲和等软件加速技术适合5G核心网的控制平面加速以及对吞吐量、时延等性能要求不太高的场景下的用户面加速，当UPF集中（如省级）部署时可采用。硬件卸载或专用设备等硬件加速技术适合低时延、高吞吐量的场景，当UPF下沉到MEC时需要采用这些技术。

7.2 5G目标网络架构

ITU 为 5G 定义了 eMBB（增强型移动宽带）、mMTC（海量机器类通信）、uRLLC（超高可靠低时延通信）三大应用场景。实际上行业不同，多个关键指标上也存在差异，因而 5G 系统还需支持可靠性、时延、吞吐量、定位、计费、安全和可用性的定制组合。此外，万物互联也带来了更高的安全风险，5G 应能够为多样化的应用场景提供差异化的安全服务，保护用户隐私，并支持提供开放的安全能力。

为了应对 5G 的需求，更好地满足网络演进及业务发展需求，5G 网络将更加灵活、智能、融合和开放，将成为一个可依业务场景灵活部署的融合网络。5G 目标网络逻辑架构包括了控制云、接入云和转发云 3 个逻辑域。5G 网络的目标架构实现了核心网控制平面与数据平面的彻底分离。5G 目标网络逻辑架构如图 7-4 所示。

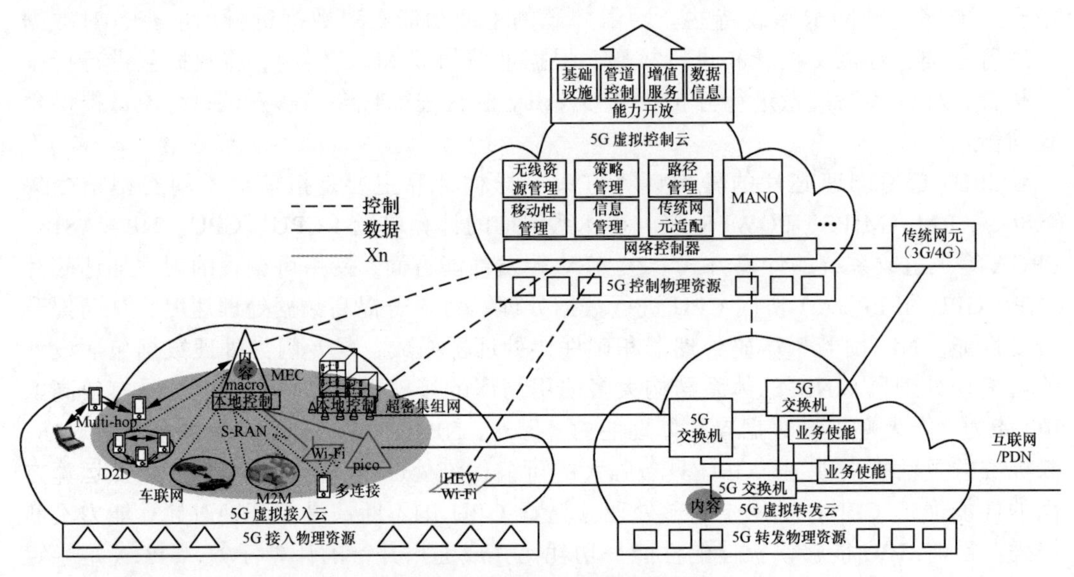

图 7-4　5G 目标网络逻辑架构

控制云完成全局的策略控制、会话管理、移动性管理、策略管理、信息管理等，并支持面向业务的网络能力开放功能，实现定制网络与服务，满足不同新业务的差异化需求，并扩展新的网络服务能力。控制云从逻辑功能上可类比之前移动网络的控制网元，完成移动通信过程和业务控制。控制云以虚拟化技术为基础，通过模块化技术重新优化了网络功能之间的关系，实现了网络控制与承载分离、网络切片化和网络组件功能服务化等，整个架构可以根据业务场景进行定制化裁剪和灵活部署。转发云在逻辑上包括了单纯的高速转发单元以及各种业务使能单元。接入云支持用户在多种应用场景和业务需求下的智能无线接入。无线组网可基于不同部署条件要求，实现灵活组网及多种无线接入技术的高效融合，并提供边缘计算能力。“三朵云”不可分割，协同配合，并可基于SDN/NFV技术实现。

| 7.3 5G核心网云化部署 |

5G核心网的创新驱动力源于5G业务场景需求和新型ICT，旨在构建高性能、灵活可配的广域网络基础设施，全面提升面向未来的网络运营能力。5G系统架构采用原生云化设计思路，关键特性包括服务化架构（Service-Based Architecture，SBA）、网络切片、边缘计算。服务化架构将网元功能拆分为细粒度的网络服务，“无缝”对接云化NFV平台轻量级部署单元，为差异化的业务场景提供敏捷的系统架构支持。网络切片和边缘计算提供了可定制的网络功能和转发拓扑。更有意义的是，5G网络能力不再局限于运营商的“封闭花园”，而是可以通过友好的用户接口提供给第三方，助力业务体验的提升，加速响应创新业务模式的需求。

7.3.1 5G核心网SBA

传统的核心网采用层级的拓扑网络结构，节点与节点之间是层级交错的网络关系，而且节点集成度很高，各种功能大包大揽，其好处在于入网简单，但缺点也很明显，如扩展困难、升级困难等，所以以前的核心网扩容，要么增加新节点，要么在现有节点上升级。在现有节点上升级的风险比较大，升级错误可能造成网络瘫痪，而且，升级只能在原硬件平台上进行。

5G核心网采用全新的SBA设计，将核心网的各UF在功能级别上进行解耦或拆分，网络功能（Network Function，NF）拆分出若干个自包含、自管理、可重用的网络功能服务（Network Function Service，NFS），这些网络功能服务间可互不依赖，独立运行。NFS可独立升级、独立弹性伸缩，并且可提供标准化的服务接口，便于与其他网络功能服务通信。NRF用于提供NF的服务注册管理以及服务发现机制等功能。NF作为消费者，只需通过NRF即可找到适用的目标NF/NFS。核心网通过这种服务化的机制实现了自动化运行，实现了NF实例或NFS即插即用。

这种思路是借鉴IT系统服务化的理念，通过模块化实现网络功能间的解耦和整合，各解耦后的网络功能（服务）可以独立扩容、独立演进、按需部署；各种服务可采用服务注册、发现机制，实现各自网络功能在5G核心网中的即插即用、自动化组网；同一服务可以被多种NF调用，提升服务的重用性，简化业务流程设计。SBA设计的目标即以软件服务重构为核心。

5G核心网 SBA充分体现了网络架构的开放性，同时，各个NF之间的松耦合，使得用户可以根据需要增加或者修改NF，而不会影响其他NF。NF之间采用轻量级的服务化接口，其他NF和业务应用很容易通过该接口调用NF。该架构能够支持新业务的快速上线。5G服务化架构是新一代移动核心网架构演进的起点，并将沿着该路线持续演进。

这种基于“服务”的架构设计方式使得 5G 网络真正面向云原生设计，具备多方面优点，如便于网络快速升级、提升网络资源利用率、加速网络新能力引入，以及在授权的情况下开放给第三方等。

7.3.2 部署方案

5G 核心网部署可采用“中心—边缘”两级数据中心的组网方案（如图 7-5 所示）。在实际部署中，不同运营商可根据自身网络基础、数据中心规划等因素灵活分解为多层次分布式组网形态。

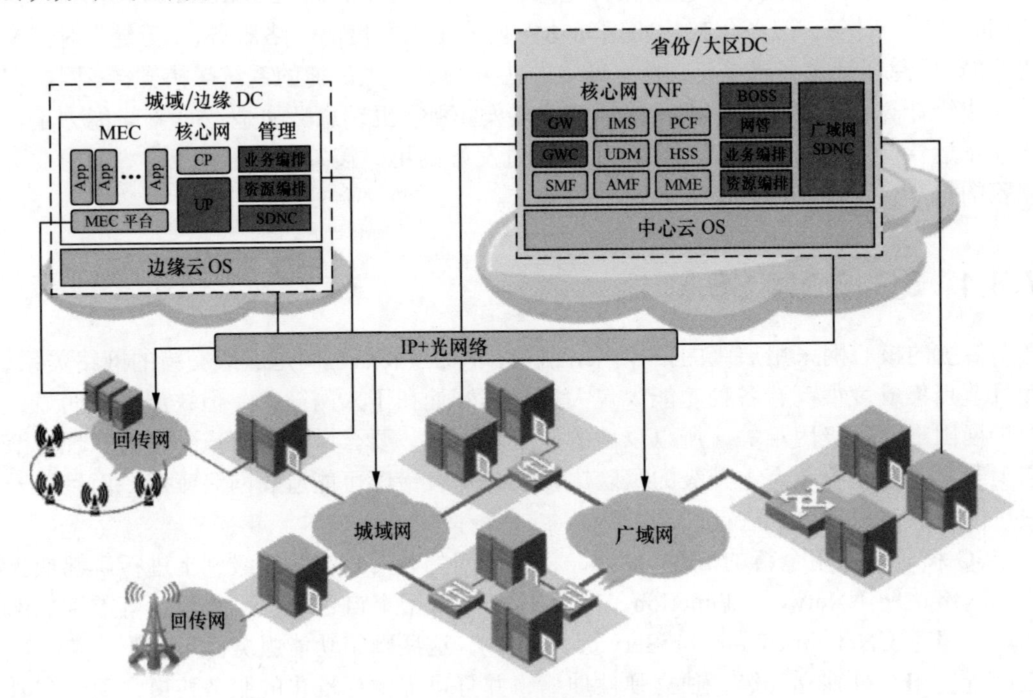

图 7-5 “中心—边缘”两级数据中心组网架构

中心级数据中心一般部署于大区或省会中心城市，主要用于承载全网集中部署的网络功能，如网管/运营系统、业务与资源编排器、全局 SDN 控制器，以及核心网控制平面网元和骨干出口网关等。控制平面集中部署的好处在于可以将大量跨区域的信令交互变成数据中心内部流量，优化信令处理时延。虚拟化控制平面网元集中统一控制，能够灵活调度和规划网络。此外，可根据业务的变化，按需快速扩缩网元和资源，提高网络的业务响应速度。

边缘级数据中心一般部署于地市级汇聚和接入局点，主要用于卸载地市级业务数据流的功能，如 UL-CL UPF、边缘计算平台和特定业务切片的接入和移动性功能。用户数据边缘卸载的好处在于可以大幅降低时延敏感类业务的传输时延，优化传输网络负载。通过分布式网元的部署方式，将网络故障范围控制在最小范围。此外，通过本地业务数据分流，可以将数据分发控制在指定区域内，满足特定场景的安全性需求。

虚拟化层方面，针对移动核心网业务，运营商可采用统一的NFV基础设施平台向下收敛通用硬件，支持软硬件解耦或NFV系统三层解耦能力。电信运营商对云平台的核心价值在于高可用性、高可靠、低时延、大带宽。

数据中心组网方面，通过两级数据中心节点的SDN控制器联动提供跨数据中心组网功能，提高5G核心网切片端到端自动化部署和灵活的拓扑编排管理能力。数据中心内部组网可采用两层架构+交换机集群模式，减少中间层次，提高组网效率和端口利用率，或选择Leaf-Spine水平扩展模式，实现Leaf和Spine全互联、多Spine水平扩展，处理东西向流量。在满足电信VNF性能的条件下，通过Overlay虚拟化实现大二层网络，利用SDN技术增强按需调度和分配网络资源的能力。

7.4 5G无线网的云化部署

7.4.1 无线网CU/DU分离架构

3GPP定义的5G新无线接入技术（New Radio，NR）架构如图7-6所示。gNB基站为终端提供NG的用户平面和控制平面，eLTE eNB（升级后的LTE基站）基站为终端提供演进的全球陆地无线接入（Evolved Universal Terrestrial Radio Access，E-UTRA）的用户平面和控制平面，在标准规范中会同时提供NR和E-UTRA的用户平面和控制平面。gNB（5G基站）之间、eLTE eNB之间、NR与eLTE eNB之间通过Xn接口互连。基站与核心侧网关（NG-CP/UPGW）通过NG接口实现多对多连接。

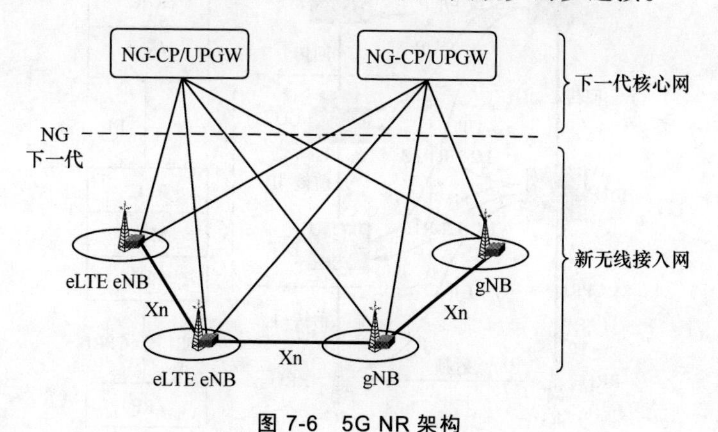

图7-6 5G NR架构

3GPP标准化组织将5G无线基站切分成两个逻辑功能实体：集中单元（Centralized Unit，CU）与分布单元（Distributed Unit，DU）。gNB由一个gNB-CU和一个或者多个gNB-DU组成，gNB-DU根据分离功能的设置，实现gNB的功能，其功能实现由gNB-CU进行控制。gNB-CU与gNB-DU之间通过F1接口连接。CU侧重于无线网功能中非实时的部分（主要是无线高层协议，并承接部分核心侧的功能），便于实现云化和虚拟化；DU 负责除 CU 功能之外的所有的无线侧功能，侧重于物理层功能和实时需求，目前尚不适用于功能的虚拟化，可采用专用硬件实现。

3GPP TR 定义了 8 种 CU/DU 切分方案（Option1～Option8），逻辑位置分别在无线资源控制（Radio Resource Control）层、分组数据汇聚协议（Packet Data Convergence Protocol，PDCP）层、无线链路控制（Radio Link Control，RLC）层（分两层）、MAC（分两层）、PHY（分两层）之后。其中，Option1～Option4 属于高层切分方案，主要是 CU-DU 之间的功能切分，而 Option5～Option8 属于底层切分方案，是 DU-AAU 之间的功能切分，具体如图 7-7 所示。

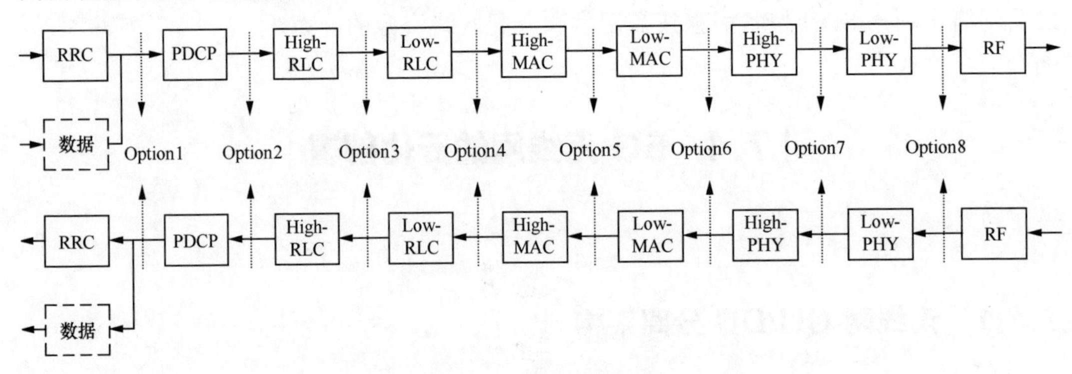

图 7-7 CU/DU 切分方案

Option2 是标准化重点，DU 的部分物理层的功能可以上移至远端射频单元（Remote Radio Unit，RRU）完成。CU 可与 MEC 共同部署在相同的 DC 机房，实现业务快速创新和快速上线，也节省了 DU 至 RRU 的传输资源，如图 7-8 所示。

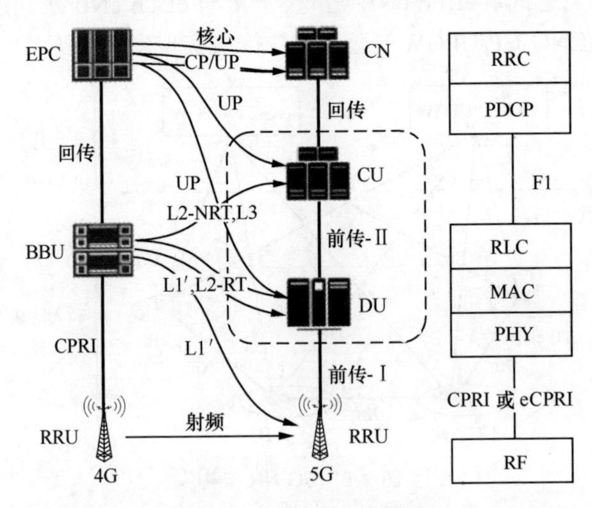

注：CPRI 即 Common Public Radio Interface，通用公共无线接口。

图 7-8 CU/DU 分离架构

CU 与 DU 作为无线侧的逻辑功能节点，可以映射到不同的物理设备上，也可以映射为同一物理实体。CU/DU 分离可有效降低对前传的带宽需求（DC 本地流量卸载/

分流），提升协作能力、优化性能。通过灵活的硬件部署降低成本，支持端到端的网络切片，降低系统时延。

7.4.2 用户平面/控制平面分离架构

5G网络中，部分需求场景对时延的要求非常高，需要将相关的网元下沉。网元数量剧增势必会造成网络的复杂度提升（由类似树形结构变成全互联结构），导致运营商投入巨大及信令的迂回问题。因此，5G网络将控制平面与用户平面分离以适应SDN架构的需求，支持网络可编程、可定制，使得控制逻辑集中到控制平面。控制平面与用户平面的分离带来如下益处：降低分散式部署带来的成本，解决信令迂回和接口压力大的问题；提升网络架构的灵活性，支撑网络切片；便于控制平面与转发平面分离，方便网络演进和升级；支持多厂商设备的互操作。

结合了用户平面/控制平面分离和CU/DU分离的5G无线接入网（Radio Access Network，RAN）的网络架构如图7-9所示，CU/DU切分采用Option2方案。

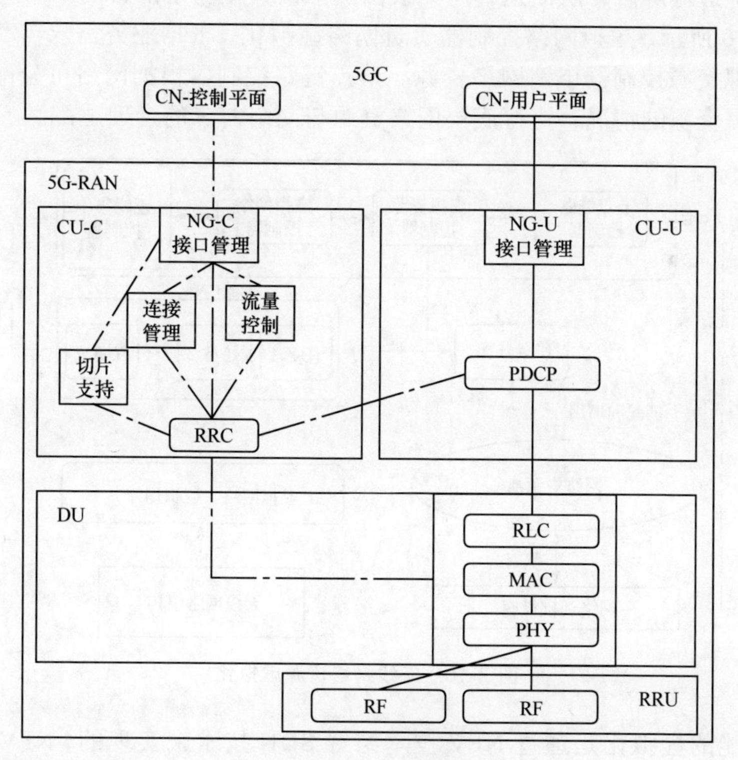

图7-9 5G RAN网络架构

从以上分析可以看出，5G无线网架构为运营商未来的网络重构做好了准备，CU/DU切分和用户平面/控制平面分离可以为无线网络虚拟化及MEC提供较为完善的网络结构。

7.4.3 部署方案

无线网的虚拟化可以从两个方面分析，即网络资源虚拟化和网络功能虚拟化。网络资源虚拟化是对移动网无线侧的频谱资源、功率资源、空口（容量）资源进行虚拟化，其结果作为网络功能虚拟化的基础。网络功能虚拟化是对无线接入网的数据单元和控制单元以及部分核心侧的功能虚拟化。通过这两个方面的虚拟化，实现对无线网资源的有效调度和利用，从而提升资源的使用效率并很好地支撑 5G 网络切片。无线网络虚拟化与承载、核心网络虚拟化相比，结构和特性更加复杂，不仅要考虑无线环境的不确定性、系统内外的干扰、信令调度开销以及高速移动性等问题，还要考虑前传、中传和回传网络的容量和时延限制问题。

无线资源包括频域资源、时域资源、空域资源、功率资源，以及传输带宽等资源。对无线资源的虚拟化，需要借助 SDN/NFV 技术，将这些资源池化，并通过映射等手段，使得对无线网资源的调度和配置与具体的网络资源无关，即在调度和配置时，对无线网络资源进行屏蔽，从而达到对无线网资源最大化利用的目的。

如图 7-10 所示，虚拟网络控制器负责网络虚拟化，根据业务需求自动生成网络拓扑，并向虚拟资源控制器申请网络资源。节点链路控制器根据网络可分配资源和不同业务申请所需资源的情况，进行底层网络资源与网络需求的合理适配。

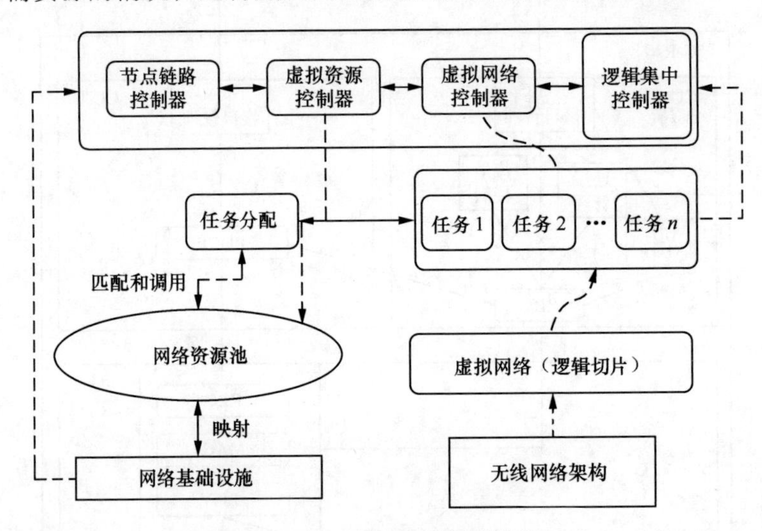

图 7-10　无线网络资源虚拟化

网络功能的虚拟化是通过 NFV 技术结合 SDN 技术来实现的，NFV 技术将网络功能转移到边缘云中的虚拟机中，采用的是 COTS 服务器，这些虚拟机通过 SDN 技术实现与核心云虚拟机的互联互通。虚拟机可以较为容易地实现资源的分配与隔离，即软件功能与硬件能力的解耦，从而支撑 5G 网络的切片。为了满足不同业务对时延等的不同需求，可以选择将网络功能设置在 MEC 的虚拟机或核心云的虚拟机上。

RAN 虚拟化将成为移动网络演进的一种趋势。为了支持业务的快速部署，降低网络建设运维的成本和复杂度，满足未来业务差异化、定制化需求，提升运营商竞争力，采用通用硬件平台，通过虚拟化技术实现软硬件解耦，使得网络具有灵活的可扩展性、开放性和演进能力。

RAN 虚拟化是实现 5G 移动网络端到端虚拟化的重要环节。通过“用户↔无线接入网↔核心网↔业务平台”端到端的虚拟化，虚拟出多个虚拟网络，实现资源的共享与隔离，提供给虚拟运营商/业务提供商。RAN 虚拟化也是实现端到端网络切片的重要环节。

RAN 虚拟化有利于新业务的开发验证。虚拟化可以将资源虚拟为不同的切片，使每个切片实现资源的共享与隔离。因此，新业务可以在现网进行开发和实验，且不会对现有网络的业务造成影响。此外，作为未来网络架构不可或缺的无线接入技术，通过引入虚拟化技术，也可以实现在现有的虚拟化网络中规模验证新的无线接入技术的实验，缩短开发验证周期，加快网络的演进步伐，同时又不影响现网运营。

7.5 MANO 部署策略

根据 ETSI NFV 框架，MANO 包含 3 个功能模块：NFVO、VNFM、VIM，如图 7-11 所示。

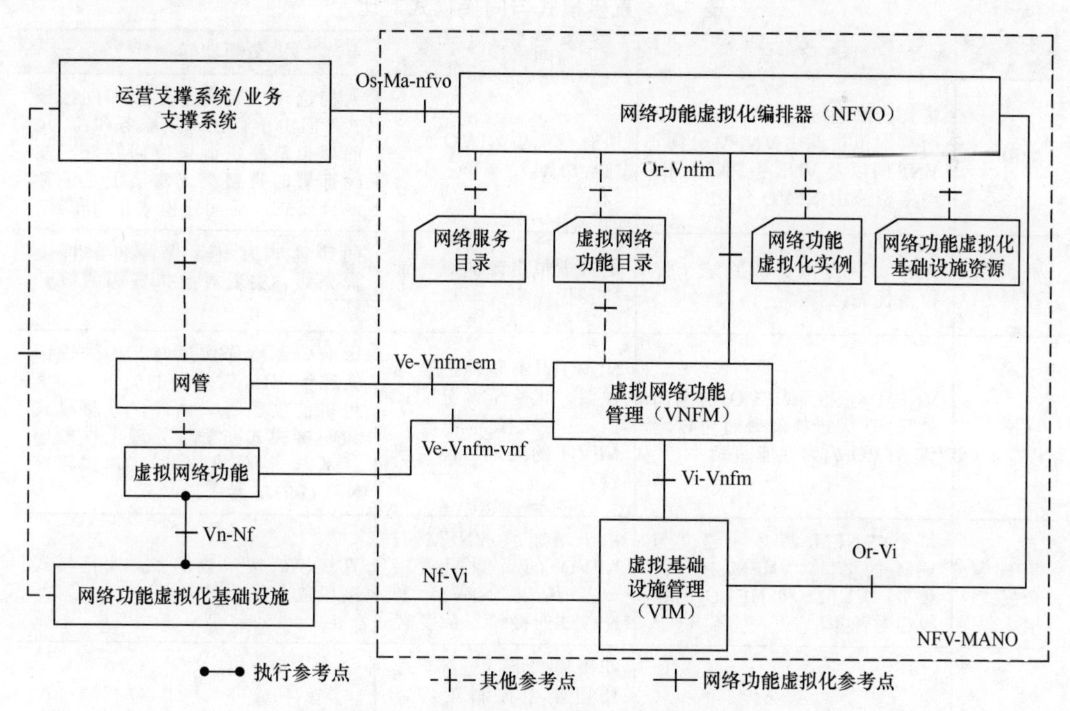

图 7-11 基于 NFV 网络的 MANO 框架

NFVO 负责管理 NS 的生命周期，通过 VNFM 暴露的接口管理 VNF 的生命周期，通过 VIM 暴露的接口管理虚拟资源，面向 VNFM 提供虚拟资源管理接口。VNFM 管理 VNF 的生命周期（自动化部署、弹性伸缩等），管理和 VNF 相关的虚拟资源，管理 VNF 的初始化配置，为 NFVO 等提供 VNF 生命周期管理 API。VIM 在一个或多个 NFV 实例中管理 NFV 基础资源，暴露虚拟资源管理 API，向 VNFM 和 NFVO 发送虚拟资源管理通知和状态。

7.5.1 资源管理模式

在对 NFVI 资源进行管控时，有直接和间接两种模式。

在直接模式下，VNFM 向 NFVO 提出对 VNF 的生命周期的管理操作进行资源授权，NFVO 根据操作请求及整体资源情况返回授权结果。VNFM 根据授权结果直接与 VIM 交互完成资源的调度（分配、修改、释放等）。VNFM 向 NFVO 反馈资源变更情况。

在间接模式下，VNFM 向 NFVO 提出对 VNF 的生命周期的管理操作进行资源授权，NFVO 根据操作请求及整体资源情况返回授权结果。VNFM 根据授权结果向 NFVO 提出资源调度（分配、修改、释放等）请求，NFVO 与 VIM 交互完成实际的资源调度工作。NFVO 向 VNFM 反馈资源变更情况。

两种模式在架构、资源管控能力、性能、集成复杂度以及安全性方面的对比分析见表 7-2。

表 7-2 直接模式与间接模式对比

	直接模式	间接模式	分析比较说明
架构	资源分配主体不单一；VNF 所需虚拟资源由 VNFM 分配，VNF 间以及 VNF 和 PNF 间的网络资源由 NFVO 分配	所有资源由 NFVO 负责统一分配	架构选项中定义了直接和间接模式，但由于存在网络服务和跨 DC 的虚拟链路资源调度问题，在实际部署时直接模式实质上是一种混合模式，而间接模式相对单纯
资源管控能力	无法实现虚拟资源的统一管控及优先级保障	支持虚拟资源的统一管控及优先级	间接模式有利于保障资源调度优先级，实现对虚拟资源的统一管控
性能	VNFM 分流了 NFVO 的全局处理，在大规模部署时可以避免 NFVO 成为性能瓶颈	NFVO 具有资源的全局视图，优化资源分配；但在大规模部署时，NFVO 的处理性能要求较高	影响资源操作调度时长的关键因素在于 VIM 对资源的处理，如虚拟机的创建等。由此，直接模式和间接模式在资源处理上性能损耗基本一致，但是间接模式存在 NFVO 的单点瓶颈
集成复杂度	每个 VNFM 都必须建立与 VIM 的接口，VNFM 接口数量多；VNFM 和 NFVO 的接口相对简单	由于增加了 VNFM 对 NFVO 的资源配置接口，所以 NFVM 和 NFVO 的接口复杂度高	直接模式接口数量多，间接模式接口复杂度相对较高
安全性	相关 VNFM 都需要获取 VIM 的（资源控制级）访问权限，访问权限分散，存在安全隐患	间接模式下，资源调度使用集中控制策略，VNFM 没有访问 VIM 的权限，NFVO 可以对收到的请求与资源授权进行校验确认，从而可以避免安全隐患	间接模式能更好地保证安全性

综上分析，间接模式符合运营商统一管控的需求，是未来的发展方向，但鉴于初期间接模式成熟度低，因而在 NFV 部署的初期可采用直接模式过渡。

7.5.2 专用 VNFM 和通用 VNFM

专用 VNFM 与它所管理的 VNF 之间具有依赖性，它一般管理由同一供应商提供的 VNF。在 VNF 生命周期管理过程复杂，且一些管理特性与这些 VNF 紧耦合的场景下，需要使用专用 VNFM。

通用 VNFM 可以实现跨厂商 VNF 的管理，它与其所管理的 VNF 之间没有依赖性。为了实现通用 VNFM 和 VNF 之间的独立性，通用 VNFM 应能支持与其所管理的 VNF 相关但不同的 VNF 脚本语言。

两种架构选项具有相同的 VNFM 功能要求，如 VNF 生命周期管理、VNFD 解析、VNF 实例化后根据模板要求配置 VNF、NFVI 告警与 VNF 告警关联、VNF 弹性策略执行等，但两种架构在技术实现难度、运维复杂度等方面也存在着差异。专用 VNFM 和通用 VNFM 对比详见表 7-3。

表 7-3 专用 VNFM 和通用 VNFM 的对比

部署方案	通用 VNFM 的特点	专用 VNFM 的特点	专用+通用 VNFM 的特点
运维复杂度	一个 VNFM 同时管理多个厂家 VNF，极大减少 VNFM 数量，网络运维复杂度较低	不同厂家 VNF 需要部署不同 VNFM，VNFM 数量较多，网络运维复杂度较高	运维复杂度适中
技术实现难度	需要标准化 VN-VNFM-VNF、VN-VNFM-EM、OR-VI、OR-VNFM、VI-VNFM 等接口，技术实现难度较大	需要标准化 OR-VI、OR-VNFM、VI-VNFM 等接口，技术实现难度较小	技术实现难度适中

综合考虑，建议采用专用+通用 VNFM 结合的方案。在 VNF 功能复杂，对 VNFM 要求较高的情况下，如 EPC、IMS 等场景下，建议采用专用 VNFM；在 VNF 功能相对简单、管理要求相对较低，且设备种类和数量较多情况下，如对 GI-LAN 管理等场景中，建议采用通用 VNFM，减少 VNFM 数量。在具体部署过程中，通用 VNFM 与 VNF、EMS 之间到底是采用标准接口还是接口适配模式，由各运营商根据自身情况综合考虑确定。

7.5.3 MANO 与 OSS 协同

ETSI NFV MANO 的参考架构明确了 MANO、EMS、OSS 的定位：MANO 主要负责 NFV 网络的网络服务、网络功能、资源的生命周期管理和编排等；EMS 主要负责传统网元和虚拟网元的业务管理；OSS 主要负责网络运维管理，通过与 MANO 协同负责混合网络（PNF 和 VNF 混合组网）下的整个网络、网元的业务和资源的管理能力。

OSS 与 MANO 的协同存在以下 4 种典型方案。

方案1：现有OSS升级，形成对混合网络的管理能力

如图7-12所示，基于现有OSS升级，支持SDN/NFV的网络协同编排功能，形成对新旧混合网络的协同管理能力。

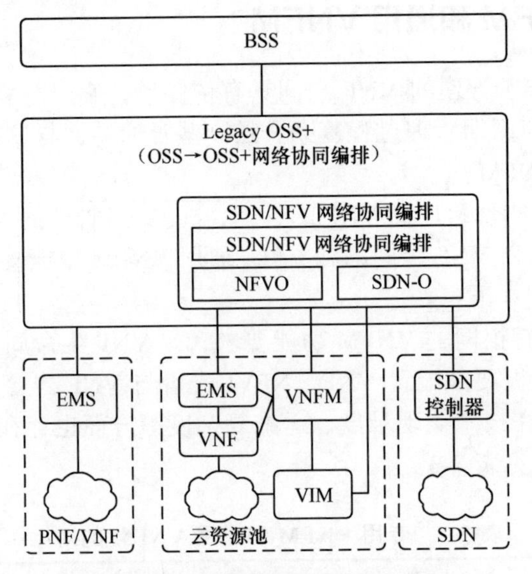

图7-12 OSS与MANO协同方案1

方案2：新建SDN/NFV网络协同编排器，接入升级后的OSS，OSS负责新旧网络协同

如图7-13所示，新建SDN/NFV的网络协同编排器，并基于现有OSS升级，形成对新旧混合网络的协同管理能力。

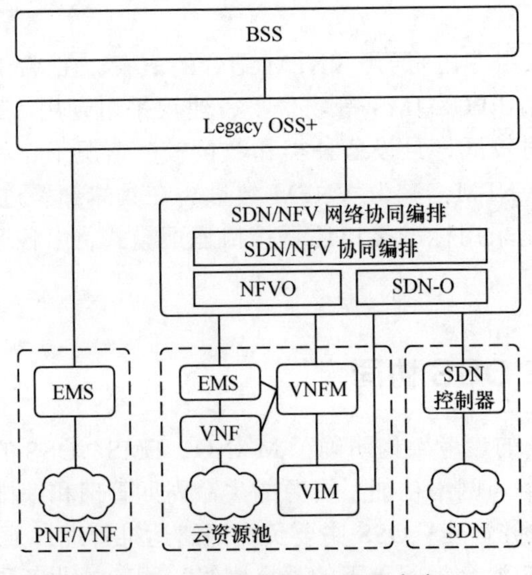

图7-13 OSS与MANO协同方案2

方案3：新建顶层网络协同编排器，统一管理传统OSS和新建的SDN/NFV网

络协同编排器

如图 7-14 所示，新建顶层网络协同编排器，统一管理传统 OSS 和新建的 SDN/NFV 网络协同编排器，负责新旧混合网络的协同管理。

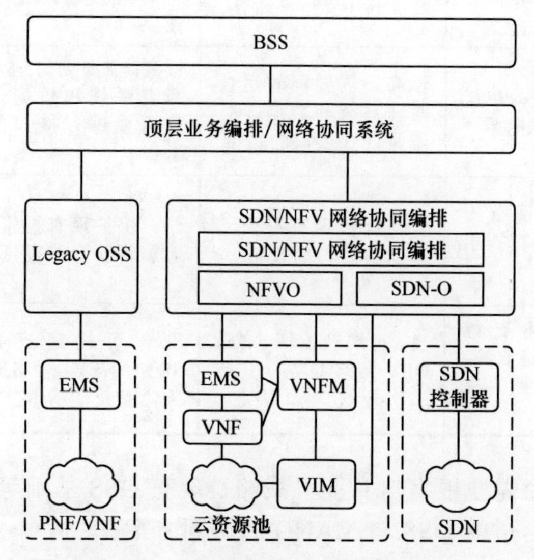

图 7-14 OSS 与 MANO 协同方案 3

方案 4：新建 SDN/NFV 协同编排器，逐步替换 OSS

如图 7-15 所示，新建 SDN/NFV 网络协同编排器，实现新 SDN/NFV 网络的管理。后续逐渐增强 SDN/NFV 网络协同编排器的功能，支持对现存旧网络的管理，支撑老网络逐步向未来网络架构的演进。

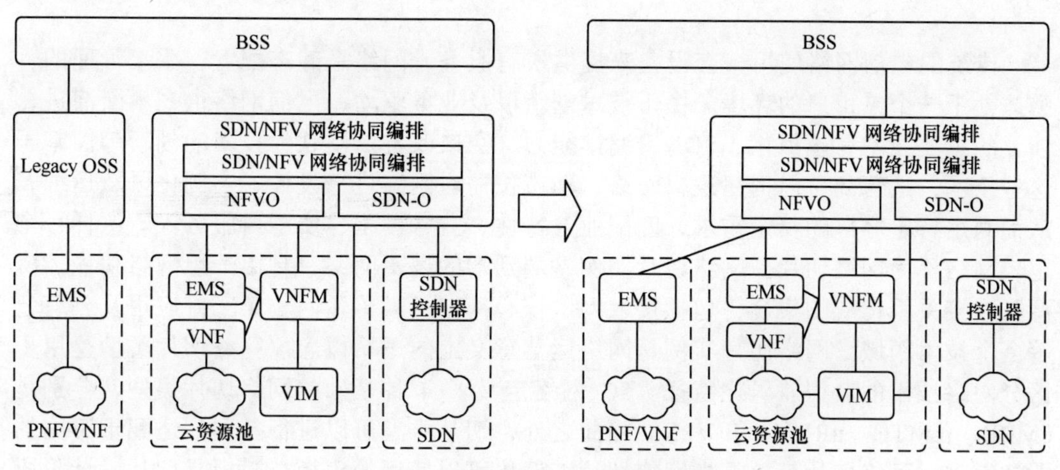

图 7-15 OSS 与 MANO 协同方案 4

4 种方案从方案的实现难度、运维难度、投资成本及运维效率等角度的对比分析见表 7-4。

表 7-4 MANO 与传统 OSS 协同方案的对比分析

对比项	方案 1 的情况	方案 2 的情况	方案 3 的情况	方案 4 的情况
实现难度	高，传统系统架构需要重构，且需要扩展支撑新网络的能力	低，新网络新办法，老网老办法，相对独立	较低，新网新办法，老网老办法，相对独立	高，完全构建全新的 OSS，逐步迁移传统 OSS 内容
运维难度	低，一次性重构和迁移系统，运维简单	较高，需要同时运营两套系统和数据，且需要进行接口的运维	较高，需要同时运营两套系统和数据，且需要进行接口的运维	较低，迁移过程中需要运营两套系统
投资成本	较高，利旧现有投资，重构后根据需求有效投资	低，保护现有投资，追加新能力的投资	低，保护现有投资，追加新能力的投资	高，架构和功能的投资重叠，两套系统并行过程中需要重复投资
运维效率	中，可快速支撑 SDN/NFV 网络业务，对未来新业务的支持灵活度差	良，可快速支撑 SDN/NFV 网络业务，支持二次开发	良，可快速支撑 SDN/ NFV 网络业务，支持二次开发	优，可快速支撑 SDN/ NFV 网络业务，对未来新业务的支持灵活

综上分析，运营商需要根据自身业务战略、现有 OSS 基础等，综合考虑投资、运营等各种因素，选择合适的 OSS 与 MANO 的协同方案。

但是，不管采用哪种 MANO 与 OSS 协同方案，未来都需要实现新旧网络统一协同、新型业务与传统业务端到端编排、SDN 与 NFV 协同编排的目标。

7.6 5G 切片网络

传统的电信网络使用一套设备来提供所有服务，网络是静态配置、手工管理的，整体处于一个单租户的环境。由于技术创新以及业务驱动，电信网络也在不断演进，涉及的主要技术有虚拟化、SDN、编排能力、空口改进以及软件技术的创新等。基于这些技术，运营商可以构建逻辑网络，动态按需对网络进行设计、实例化以及运维，从而满足特定客户的特定需求，匹配业务特性、业务模型、资源自服务等。这样一个逻辑网络称为网络切片。网络切片实例是端到端的逻辑网络，是由一组网络功能、资源及连接关系构成的集合，包括接入网、核心网、承载传输网、第三方应用及公有云等多个技术领域。网络切片实例是网络运营意义上的逻辑概念。网络切片类型是用于区分网络技术的典型差异化特征。5G 网络定义了 4 种基础的网络切片类型，分别是 eMBB、mMTC、uRLLC 和 V2X。除此之外，切片类型可以进行扩展，适配于不同的业务需求。网络切片模板是指网络切片实例化可以使用的模板，模板是切片设计阶段的输出。

5G 网络端到端的切片技术跨越不同的专业领域，包括接入网、核心网、承载网和网络管理系统等，在运维管理层面，涉及不同的运营商和设备商。为了统一产业链共识并形成协同效应，全球相关垂直行业组织（如 5GAA）、产业联盟（如 GSMA、NGMN）、标准化组织（如 3GPP、ITU、ETSI、IETF）均对网络切片展开相关研究或标准化工作。参与网络切片研究和标准化的组织如图 7-16 所示。

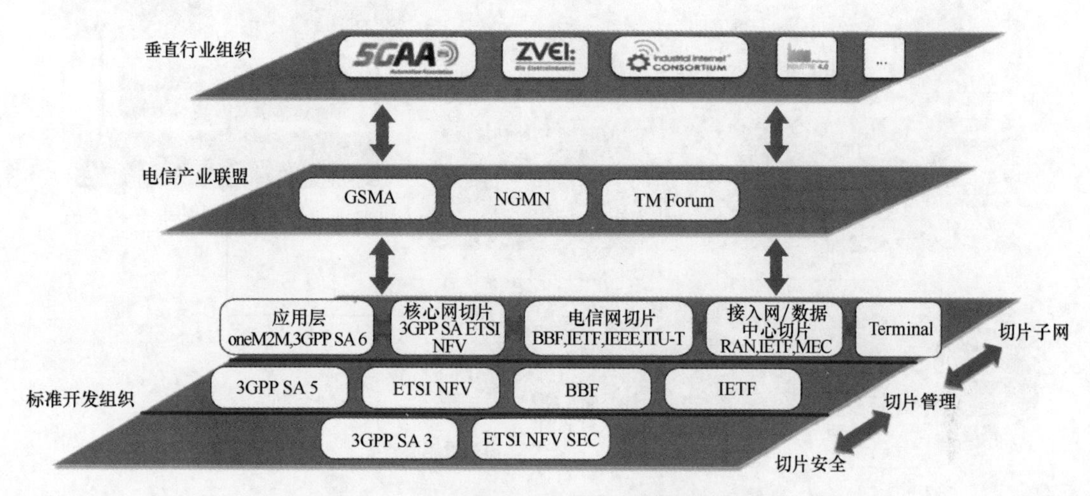

图 7-16　参与网络切片研究和标准化的组织

在所有从事网络切片技术研究与标准化工作的组织机构中，3GPP 开展的工作最全面、最系统，其 SA1、SA2、SA3、SA5 等工作组分别从网络切片的应用场景与需求、系统架构、安全机制、创建与管理等方面开展系统性研究。目前 3GPP 已经发布了包括网络切片架构、标识、操作及管理等相关内容的标准。

对国内而言，随着 5G 网络商用化进程的推进，中国通信领域对 5G 技术开展了全面的标准化工作。其中，中国通信标准化协会牵头开展了包括核心网切片、承载网切片、网络切片安全及切片智能化管理等方面的关键技术研究，相关研究成果将支撑网络切片技术的标准化；中国 IMT-2020（5G）推进组、中国电信运营商及以华为公司为代表的设备商等也发布了与 5G 网络切片相关的白皮书。

7.6.1　切片总体架构

端到端网络切片整体架构的设计目标是为垂直行业提供可满足不同质量要求的网络连接服务。网络切片可基于传统的专有硬件构建，也可基于 SDN/NFV 的通用基础设施构建。为了实现低成本的高效运营，应尽可能采用统一基础架构。网络切片的整体架构由基础设施层、网络切片管理层及网络切片层（运行在基础设施之上的网络切片实例）组成（如图 7-17 所示）。

基础设施层为网络切片提供所需的资源和基础能力。网络切片层基于基础设施层，聚合所需要的网络功能形成端到端的逻辑网络（网络切片实例）。切片管理层负责网络切片生命周期的管理，保障网络切片实例可满足垂直行业提出的业务性能相关的指标。

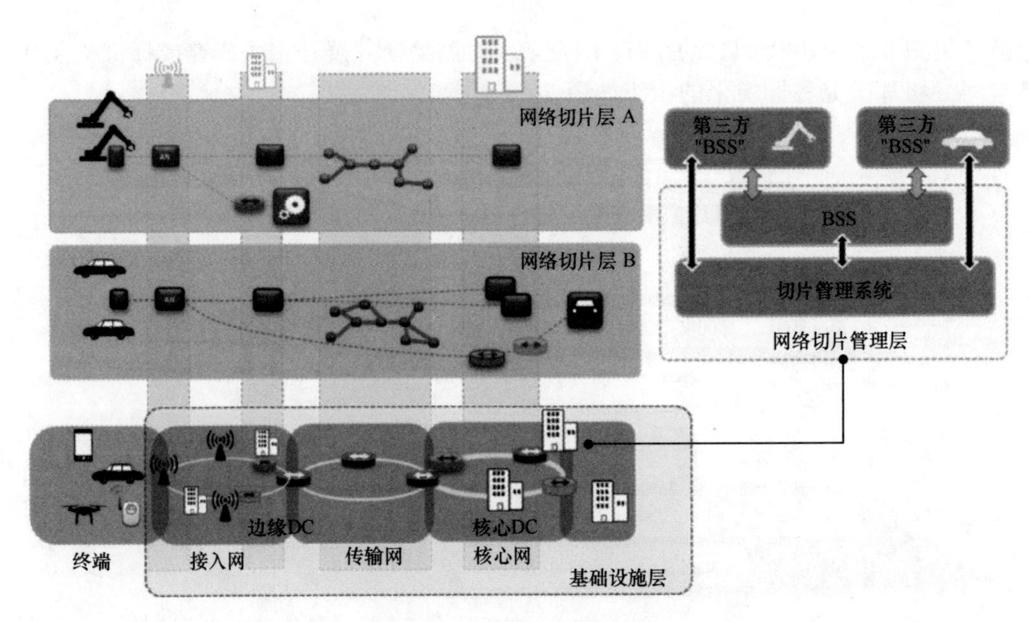

图 7-17 网络切片整体架构

（1）无线网络子切片

为满足 5G 网络不同用户和业务场景对接入网络的差异化需求，通过切片技术将单一的物理接入网络划分为拥有不同资源、不同协议进程以及承载能力的逻辑网络，是一种有效的解决方案。无线网络切片也是一种使多种无线接入技术共存和不同运营商实现频谱共享的重要方法。为支持无线网络切片，5G 无线网要支持有源天线单元（AAU）/ CU/ DU 的灵活切分和部署，满足不同场景下的切片组网需求。CU 可云化部署，方便无线资源的集中管理，也可下沉与 DU 合一部署降低传输时延，满足低时延场景的需求。同时，统一的空口框架、灵活的帧结构设计可支持切片无线资源的灵活分配，配合 Massive MIMO、Mini-slot 等关键创新技术来实现不同切片场景下对空口的差异化需求。

（2）核心网子切片

5G 核心网切片主要是为了满足三大应用场景对核心网不同功能和性能的要求。核心网包括移动性管理、会话管理、计费及 QoS 等功能，这些功能在不同的 5G 场景下由不同的设计机制来满足质量可保证的网络切片需求。如移动性管理功能将引入新的移动性状态和按需移动性管理机制，以提升用户体验；会话管理功能将支持新的 PDU 类型，定义会话及业务连续性机制；QoS 功能将基于流粒度执行 QoS，且 QoS 可根据业务流实时变化。5G 核心网在 NFV 的基础上进一步引入 SBA，将网络功能解耦为服务化组件，同时采用无状态设计，使用轻量开放的接口，使得 5G 核心网具有敏捷、易拓展、灵活、开放的特性，从而为实现核心网切片奠定基础。

（3）承载网子切片

承载网子切片是通过对网络的拓扑资源（如链路、节点、端口、承载网元内部资源）进行虚拟化，按需组织形成多个虚拟网络。虚拟网络具有类似于物理网络的特征和要素，包括连接（拓扑、带宽、时延、抖动）、计算（CPU、RAM、GPU、虚拟机资源等）、存储（云存储、CDN 存储、ICN 设备存储等）和管理 4 个部分。5G 承载网是一个支持多业务服务的网络，既支持 3GPP 业务（uRLLC、eMBB、mMTC 等），也支持非 3GPP 业务。因此，承载网子切片之间需要相互隔离，适配各种类型的服务并满足用户的不同需求，如柔性以太网技术（Flexible Ethernet，FlexE）、资源预留协议（Resource Reservation Protocol，RSVP）流量工程隧道及 VLAN 等技术满足不同隔离要求下的切片需要。FlexE、FlexO 等创新技术的采用使虚拟网络/切片具备刚性管道能力，满足高隔离要求下的底层快速转发。SDN 架构的层次化控制器实现物理网络和切片网络的端到端统一控制和管理，满足不同类型切片业务对传输的要求。

7.6.2 切片管理

网络切片管理采取分层分域的设计原则。“分层”指切片管理分为 3 层：负责网络切片运营的通信服务管理功能（Communication Service Management Function，CSMF）、端到端的切片管理层和负责各域内相关切片部分的管理。网络切片“分域”设计完成的是一个跨域的端到端管理过程，通过接入网、核心网和传输网等不同领域提供的基础能力，可聚合成满足端到端诉求的切片能力。网络切片管理架构如图 7-18 所示。

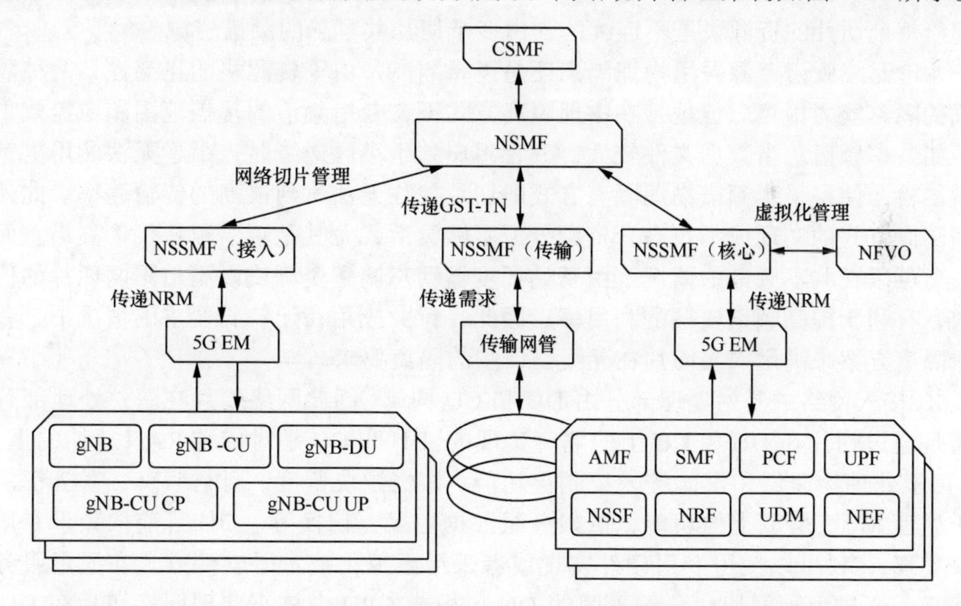

注：NSSMF 即 Network Slice Subnet Management Function，网络切片子网管理功能。

图 7-18　网络切片管理架构

CSMF 负责网络切片的运营，主要实现网络切片商品的管理、网络切片订单管理以及网络切片业务的监控和告警等。CSMF 将通信服务需求转换为对网络切片管理功能（Network Slice Management Function，NSMF）的网络切片需求，负责跨域跨厂商的端到端网络切片的设计和生命周期管理。NSMF 接收从 CSMF 下发的网络切片部署请求，将网络切片的 SLA 需求分解为网络子切片的 SLA 需求，并向 NSSMF 下发网络子切片部署请求。各领域 NSSMF 接收从 NSMF 下发的网络切片子网部署需求，将网络切片子网的 SLA 需求转换为网元业务参数并下发给网元，负责单领域内的子网设计、部署、保障和删除功能，对外提供单域的服务化接口，允许在域内实现最好的性能。

7.6.3 切片安全

网络切片是一个打通了每个子域的一组网络功能、资源及连接关系构成的有机整体。每个子域都会有各自的安全风险及防护需要考量，如切片的终端部分安全、接入网安全、核心网切片安全和承载传输网切片安全等，具体如下。

1. 网络切片在接入网络的隔离

接入网络由无线空口和基础处理资源构成。5G 正交频分多址（Orthogonal Frequency Division Multiple Access，OFDMA）系统中，无线频谱从时域、频域、空域维度被划分为不同的资源块，用于承载数据在无线空口的传输。无线频谱资源的隔离可以分为物理隔离和逻辑隔离。物理隔离是给网络切片分配专用的频谱带宽，这时分配给切片的资源块是连续的。逻辑隔离是资源块按照不同切片的要求按需分配，这时分配给每个切片的资源块是不连续的，由多个切片共享总的频谱资源。

无论无线频谱资源采用物理隔离还是逻辑隔离，由于资源块的正交性，两种隔离方式的隔离能力相当。但是，在物理隔离方式下，专用频谱的覆盖范围和覆盖效果通常不如共享频谱。当数据文件较大，或者用户处于小区边缘时，由于无法使用更宽的频谱传输，使得采用频谱物理隔离方式的切片往往无法达到很高的传输速率。此外，物理隔离方式的实现成本较高，资源分配不够灵活，尤其是频谱租赁代价高昂。而逻辑隔离可以在共享频谱的情况下由基站调度器动态调配资源块以满足不同切片的传输要求，有利于提高频谱资源的利用率，因此，行业应用在无特殊要求的情况下，首选逻辑隔离方案来满足网络切片在无线空口侧的隔离要求。

5G 接入网络的基站处理部分由 DU 和 CU 构成，因此网络切片在基站处理部分的隔离是通过切片在 DU 和 CU 上的隔离实现的。DU 和 CU 是对传统 RAN 功能的重构。DU 用于处理物理层和媒体接入控制层功能，如资源块调度、调制编码、功控等。CU 用于处理 MAC 层以上的功能，例如分组数据汇聚、切换等。DU 目前依赖于专用硬件来实现，CU 可以使用专用硬件实现或者采用虚拟化技术以软件方式在通用服务器上运行。通过为不同切片分配不同的 DU 单板或 CPU 内核来实现网络切片在 DU 上的物理隔离。当 CU 软件运行在专用硬件上时，隔离方式类似于 DU。当 CU 软件运行在通用服务器上时，网络切片在 CU 的隔离可基于网络功能虚拟化 NFV 隔离技术来实现，为不同的切片分配不同的虚拟机或容器，通过虚拟机或容器的隔离实现切片在 CU 上的隔离。根据切片的安全隔离要求，在 DU、CU 上的隔离机制可单独或组合使用。

2. 网络切片在承载网络的隔离

5G 网络依托数据中心部署，跨数据中心的物理通信链路需要承载多个切片的业务数据。网络切片在承载网络的隔离也可通过软隔离或硬隔离方案来实现。软隔离方案基于现有网络机制，通过 VLAN 标签与网络切片标识的映射来实现。网络切片具备唯一的切片标识，并可根据切片标识为不同的切片数据映射封装不同的 VLAN 标签，通过 VLAN 隔离实现网络切片在承载网络的隔离。这种隔离方式虽然将不同切片的数据进行了 VLAN 区分，但是标记有 VLAN 标签的所有切片数据仍然混合调度、转发，无法做到硬件、时隙层面的隔离。硬隔离方案基于 FlexE 技术。FlexE 技术由光互联论坛定义，通过在以太网的物理编码子层引入一个时分复用的垫层（Shim），实现了 MAC 层和物理层接口收发器的解耦，从而提升以太网的组网灵活性。FlexE 使用 Calendar 将每个子 Calendar 上的 66bit 块分配给 FlexE 客户（网络切片）。每 100GB 物理介质相关子层（Physical Medium Dependent，PMD）分为 20 个时隙，颗粒度为 5GB。FlexE Shim 层有 $n\times10$ 个 5GB 时隙。FlexE 客户的 64B/66B 按照时隙方式插到 FlexE Shim 层。FlexE 客户的 10GB、25GB、40GB、$n\times50$GB 分别在 Shim 层占用 2、5、8、$n\times10$ 个 5GB 时隙。FlexE 客户在 FlexE Shim 层占用时隙采用灵活方式，通过 FlexE 开销指明时隙被哪个业务占用。FlexE 通过 Shim 层的时隙配置支持多个客户业务，实现承载不同客户业务的网络切片之间的物理隔离。基于时隙调度的 FlexE 分片将物理以太网端口划分为多个以太网弹性管道，使得承载网络既具备以太网统计复用、网络效率高的特点，又具备类似于 TDM 独占时隙、隔离性好的特性。

网络切片在承载网络的隔离还可以使用软隔离和硬隔离结合的方式，可在对网络切片使用 VLAN 实现逻辑隔离的情况下，进一步利用 FlexE 分片技术，实现在时隙层面的物理隔离。

3. 网络切片在核心网络的隔离

5G 核心网络基于虚拟化基础设施构建，其部署架构分为资源层、网络功能层和管理编排层。网络切片的安全隔离可通过切片对应的基础资源层的隔离、网络层的隔离以及管理层隔离的三级隔离方式实现。根据应用对安全的需求，可提供物理隔离和逻辑隔离两种隔离方案。物理隔离是为网络切片分配独立的物理资源，各网络切片独占物理资源，互不影响，类似于传统物理专网。逻辑隔离是对建立在共享资源池上的多个网络切片建立隔离机制。在资源层的隔离可参考 NFV 隔离机制。网络层的 NF 隔离分为切片之间的隔离和切片内的隔离。切片之间的 NF 隔离是基于虚拟机或者容器的隔离机制。切片内部多个 NF 由于功能不同，对安全的要求也不同，例如 UDM 用于存储和处理用户签约数据，其对于安全的要求要高于其他 NF，因此切片内部多个 NF 也存在隔离需求，可以通过划分安全域的方式将多个 NF 置于不同的安全域，并在安全域之间配置安全策略实现 NF 的隔离。对于 NF 之间存在的通信需求，在通信连接建立之前需要首先进行认证。切片在管理层的隔离通过为使用切片的租户分配不同的账号和权限，使每个租户仅能对属于自己的切片进行管理维护，无权对其他租户的切片实施管理。此外，需要通过通道加密等机制保证管理接口的安全。

缩略语

1.1 组织机构

英文简称	英文全称	中文全称
3GPP	3rd Generation Partnership Project	第三代合作伙伴计划
BBF	Broadband Forum	宽带论坛
CCSA	China Communications Standards Association	中国通信标准化协会
CCUCDG	Cloud Computing Use Case Discussion Group	云计算用户案例讨论组
CD	Committee Draft	委员会草案
CDA	Certified Data Analyst	数据分析师协会
CIS	Center for Internet Security	互联网安全中心
CNCF	Cloud Native Computing Foundation	云原生计算基金会
COSMIC	Common Software Measurement International Consortium	通用软件度量国际联盟
CSA	Cloud Security Alliance	云安全联盟
CSA	Canadian Standards Association	加拿大标准协会
CSCC	Cloud Standards Customer Council	云标准客户委员会
DMTF	Distributed Management Task Force	分布式管理工作组
ECC	Edge Computing Consortium	边缘计算产业联盟
ENISA	European Network and Information Security Agency	欧洲网络与信息安全局
ETSI	European Telecommunications Standards Institute	欧洲电信标准化协会
FedRAMP	The Federal Risk and Authorization Management Program	联邦风险评估管理计划
FGCC	Focus Group on Cloud Computing	云计算焦点组
GCC	Green Computing Consortium	绿色计算产业联盟
ICSA	International Computer Security Association	国际计算机安全协会
IEC	International Electrotechnical Commission	国际电工委员会
IEEE	Institute of Electrical and Electronics Engineers	电气电子工程师学会

续表

英文简称	英文全称	中文全称
IETF	Internet Engineering Task Force	因特网工程任务组
ISO	International Organization for Standardization	国际标准化组织
ITSS	Information Technology Service Standards	信息技术服务标准
ITU	International Telecommunication Union	国际电信联盟
ITU-T	International Telecommunication Union-Telecommunication Standardization Sector	国际电信联盟电信标准化部门
NASA	National Aeronautics and Space Administration	国家航空航天局
NESMA	Netherland Software Measurement Association	荷兰软件度量协会
OASIS	Organization for the Advancement of Structured Information Standards	结构化信息标准促进组织
OCI	Open Container Initiative	开放容器计划
OCSI	Open Cloud Standards Incubator	开放云标准孵化器
OPNFV	Open Platform for NFV	NFV 开放平台
SC	SubCommittee	小组委员会
SG	Study Group	研究组
SNIA	Storage Networking Industry Association	全球存储网络工业协会
TC	Technical Committee	技术委员会
TGG	The Green Grid	绿色网格

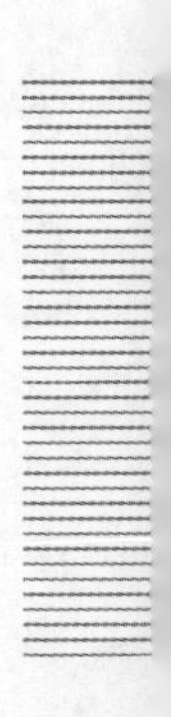

1.2 专业术语

英文简称	英文全称	中文全称
4A	Account，Authorization，Authentication，Audit	账号、授权、认证和审计
ACE	Aliyun Cloud Engine	阿里云服务引擎
ACL	Access Control List	访问控制列表
AD	Active Directory	活动目录
AI	Artificial Intelligence	人工智能
AIOps	Artifical Intelligence for IT Operations	IT 智能化运维
AIaaS	AI as a Service	人工智能即服务
AMQP	Advanced Message Queuing Protocol	高级消息队列协议
API	Application Program Interface	应用程序接口
APN	Access Point Name	接入点名称
APT	Advanced Persistent Threat	高级持续性威胁
ARMS	Application Real-time Monitoring Service	业务实时监控服务
AS	Auto Scaling	弹性伸缩
ASBR	Automous System Boundary Router	自治系统边界路由器
ASIC	Application Specific Integrated Circuit	专用集成电路
AZ	Availability Zone	可用区
BaaS	Backend as a Service	后端即服务
BFD	Bidirectional Forwarding Detection	双向转发检测
BGP	Border Gateway Protocol	边界网关协议
BI	Business Intelligence	商业智能
BP	Back Propagation	反向传播
BSP	Bulk Synchronous Parallel	大容量同步并行
BSS	Business Support System	业务支撑系统
CC	Challenge Collapsar	挑战黑洞
CD	Continuous Delivery	持续交付
CD	Continuous Deployment	持续部署
CDMI	Cloud Data Management Interface	云数据管理接口
CDN	Content Delivery Network	内容分发网络
CES	Cloud Eye Service	云监控服务
CFM	Connectivity Fault Management	连接故障管理

续表

英文简称	英文全称	中文全称
CGW	Central Gateway	中央网关
CHAP	Challenge Handshake Authentication Protocol	挑战握手身份认证协议
CI	Continuous Integration	持续集成
CIDR	Classless Inter-Domain Routing	无类别域间路由
CIFS	Common Internet File System	通用互联网文件系统
CIMI	Cloud Infrastructure Management Interface	云基础设施管理接口
CLI	Command Line Interface	命令行界面
CMP	Cloud Management Platform	云管理平台
CNN	Convolutional Neural Network	卷积神经网络
COTS	Commercial Off-The-Shelf	商用现成品
CP	Control Plane	控制平面
CPE	Customer Premise Equipment	客户前置设备
CPFS	Cloud Paralleled File System	云并行文件系统
CPRI	Common Public Radio Interface	通用公共无线接口
CPU	Central Processing Unit	中央处理器
CRM	Customer Relationship Management	客户关系管理
CSB	Cloud Service Bus	云服务总线
CSMF	Communication Service Management Function	通信服务管理功能
CSP	Cloud Service Provider	云服务提供商
CSS	Cluster Switch System	集群交换系统
CT	Communication Technology	通信技术
CU	Centralized Unit	集中单元
DAG	Directed Acyclic Graph	有向无环图
DB	Database	数据库
DBT	Dynamic Binary Translation	二进制代码动态翻译
DC	Data Center	数据中心
DCB	Data Center Bridging	数据中心桥接
DCI	Data Center Interconnection	数据中心互联
DDoS	Distributed Denial of Service	分布式拒绝服务
DFS	Distributed File System	分布式文件系统
DGW	Distributed Gateway	分布式网关
DHCP	Dynamic Host Configuration Protocol	动态主机配置协议
DIC	Dynamic Itemset Counting	动态项目集计数
DIS	Draft International Standards	国际标准草案

续表

英文简称	英文全称	中文全称
DMZ	Demilitarized Zone	隔离区
DNS	Domain Name System	域名系统（服务）协议
DoS	Denial of Service	拒绝服务
DP	Data Plane	数据平面
DPDK	Data Plane Development Kit	数据平面开发套件
DPI	Deep Packet Inspection	深度报文检测
DR	Direct Routing	直接路由
DRDS	Distributed Relational Database Service	分布式关系型数据库服务
DRS	Distributed Resource Scheduler	分布式资源调度
DRX	Dynamic Resource Extension	动态资源扩展
DSS	Distributed Storage Service	分布式存储服务
DU	Distributed Unit	分布单元
DWDM	Dense Wavelength Division Multiplexing	密集波分复用
EBS	Elastic Block Store	弹性块存储
ECA	Edge Computing Access	边缘计算接入
ECI	Edge Computing Interconnect	边缘计算互联
Eclat	Equivalence Class Transformation	等价类变换
ECMP	Equal-Cost MultiPath	等价多路径
ECN	Edge Computing Network	边缘计算内部网络
ECS	Elastic Compute Service	弹性计算服务
EDAS	Enterprise Distributed Application Service	企业级分布式应用服务
EFS	Elastic File System	弹性文件系统
EI	Enterprise Intelligence	企业智能
ELB	Elastic Load Balance	弹性负载均衡
EM64T	Extended Memory 64 Technology	扩展 64bit 内存技术
eMBB	enhanced Mobile Broadband	增强移动宽带
EMS	Element Management System	网元管理系统
EPC	Evolved Packet Core	演进分组核心
ETL	Extract-Transform-Load	抽取、转换、加载
E-UTRA	Evolved Universal Terrestrial Radio Access	演进的全球陆地无线接入
EVS	Elastic Volume Service	云硬盘服务
FaaS	Function as a Service	函数即服务
FC	Fiber Channel	光纤通道
FCoE	Fibre Channel over Ethernet	以太网光纤通道

续表

英文简称	英文全称	中文全称
FCP	Fiber Channel Protocol	光纤通道协议
FEC	Forward Error Correction	前向纠错
FoV	Field of View	视场角
FPGA	Field Programmable Gate Array	现场可编程门阵列
FP-Tree	Frequent Pattern Tree	频繁模式树
FW	FireWall	防火墙
GFS	Google File System	Google 文件系统
GPU	Graphics Processing Unit	图形处理单元
GRE	Generic Routing Encapsulation	通用路由封装
GSLB	Global Server Load Balance	全局应用负载均衡
HA	High Availablity	高可用性
HBA	Host Bus Adapter	主机总线适配器
HDFS	Hadoop Distributed File System	Hadoop 分布式文件系统
HPC	High Performance Computing	高性能计算
HTTP	HyperText Transfer Protocol	超文本传输协议
HTTPS	HyperText Transfer Protocol Secure	超文本传输安全协议
IaaS	Infrastructure as a Service	基础设施即服务
IAM	Identity and Access Management	身份识别与访问管理
ICMP	Internet Control Message Protocol	互联网控制报文协议
ICT	Information and Communications Technology	信息通信技术
IDC	Internet Data Center	因特网数据中心
IDS	Intrusion Detection System	入侵检测系统
IGP	Interior Gateway Protocol	内部网关协议
IMS	IP Multimedia Subsystem	IP 多媒体子系统
IOPS	Input/Output Operations Per Second	每秒读写次数
IoT	Internet of Things	物联网
IPMI	Intelligent Platform Management Interface	智能平台管理接口
IPS	Intrusion Prevention System	入侵防御系统
IRF	Intelligent Resilient Framework	智能弹性架构
iSCSI	internet Small Computer System Interface	互联网小型计算机系统接口
IS-IS	Intermediate System to Intermediate System	中间系统到中间系统
IT	Information Technology	信息技术
ITSM	IT Service Management	IT 服务管理

续表

英文简称	英文全称	中文全称
JBODS	Just a Bunch of Disks	硬盘簇（是一个底板上安装的带有多个磁盘驱动器的存储设备）
KFS	Kosmos Distributed File System	Kosmos 分布式文件系统
KVM	Kernel-based Virtual Machine	基于内核的虚拟机
LAN	Local Area Network	局域网
LB	Load Balance	负载均衡
LDAP	Lightweight Directory Access Protocol	轻量目录访问协议
LSTM	Long Short Term Memory	长短时记忆
LUN	Logical Unit Number	逻辑单元号
MAC	Medium Access Control	介质访问控制
MANO	Management and Orchestration	管理和编排器
MCRA	Multi Criteria Routing Algorithm	多维度路由算法
MDS	Metadata Server	元数据服务器
MEAO	Mobile Edge Application Orchestrator	移动边缘应用编排器
MEC	Mobile Edge Computing	移动边缘计算
MME	Mobility Management Entity	移动性管理实体
mMTC	massive Machine Type Communication	海量机器类通信
MPI	Message Passing Interface	信息传递接口
MPLS	Multi-Protocol Label Switching	多协议标签交换
MPP	Massively Parallel Processing	大规模并行处理
MQ	Message Queue	消息队列
MSS	Management Support System	管理支撑系统
MSS	Maxium Segment Size	最大报文段长度
MSTP	Multi-Service Transport Platform	多业务传送平台
MSTP	Multiple Spanning Tree Protocol	多生成树协议
MTU	Maximum Transmission Unit	最大传输单元
NaaS	Network as a Service	网络即服务
NASA	National Aeronautics and Space Administration	美国国家航空航天局
NAT	Network Address Translation	网络地址转换
NF	Network Function	网络功能
NFS	Network Function Service	网络功能服务
NFS	Network File System	网络文件系统
NFV	Network Function Virtualization	网络功能虚拟化
NFVI	Network Function Virtualization Infrastructure	网络功能虚拟化基础设施

续表

英文简称	英文全称	中文全称
NFVO	NFV Orchestrator	NFV 编排器
NHRP	Next Hop Resolution Protocol	下一跳解析协议
NIC	Network Interface Controller	网络接口控制器
NLP	Natural Language Processing	自然语言处理
NR	New Radio	新无线接入技术
NRF	Network Repository Function	网络存储功能
NSA	Not Standalone	非独立组网
NSH	Network Service Header	网络服务报文头
NSMF	Network Slice Management Function	网络切片管理功能
NUMA	Non Uniform Memory Access Architecture	非统一内存访问架构
NVE	Network Virtual Edge	虚拟网络边缘设备
NVGRE	Network Virtualization using Generic Routing Encapsulation	基于通用路由封装的网络虚拟化
NVMe	Non-Volatile Memory express	非易失性存储器主机控制器接口规范
NVO3	Network Virtualization Over Layer 3	三层网络功能虚拟化
O2O	Online To Offline	线上到线下
OA	Office Automation	办公自动化
OBS	Object Storage Service	对象存储服务
OCCI	Open Cloud Computing Interface	开放云计算接口
ODPS	Open Data Processing Service	开放数据处理服务
OFDMA	Orthogonal Frequency Division Multiple Access	正交频分多址
OLAP	Online Analytical Processing	联机分析处理
OS	Operating System	操作系统
OSD	Object Storage Device	对象存储设备
OSPF	Open Shortest Path First	开放最短路径优先
OSS	Open Storage Service	开放存储服务
OSS	Operation Support System	运营支撑系统
OT	Operation Technology	运营技术
OTN	Optical Transport Network	光传送网
OTS	Open Table Service	开放结构化数据服务
OVF	Open Virtualization Format	开放虚拟化格式
OWAMP	One Way Active Measurement Protocol	单向主动测量协议
PaaS	Platform as a Service	平台即服务
PBR	Policy Based Routing	策略路由

续表

英文简称	英文全称	中文全称
PDCA	Plan-Do-Check-Action	计划—执行—检查—处理
PDCP	Packet Data Convergence Protocol	分组数据汇聚协议
PE	Provider Edge	骨干边缘路由器
PF	Physical Function	物理功能
PKI	Public Key Infrustructure	公钥基础设施
PMD	Physical Medium Dependent	物理介质相关子层
PNF	Physical Network Funcation	物理网络功能
PoC	Proof of Concept	概念验证
POD	Portable Optimized Data center	便携式优化数据中心
PoP	Point of Presence	接入点
POSIX	Portable Operating System Interface	可移植操作系统接口
PPAS	Postgre Plus Advanced Server	高度兼容 Oracle 数据库
QoE	Quality of Experience	体验质量
QoS	Quality of Service	服务质量
QPS	Query Per Second	每秒查询率
RAC	Real Application Clusters	实时应用集群
RADIUS	Remote Authentication Dial-In User Service	远程身份认证拨号用户服务
RAID	Redundant Arrays of Independent Disks	独立磁盘冗余阵列
RAN	Radio Access Network	无线接入网
RBF	Radial Basis Function	径向基函数
RDD	Resilient Distributed Dataset	弹性分布式数据集
RDP	Remote Display Protocol	远程显示协议
RDS	Relational Database Service	关系型数据库服务
REST	Representational State Transfer	描述性状态迁移
RIP	Routing Information Protocol	路由信息协议
RLC	Radio Link Control	无线链路控制
RNN	Recurrent Neural Network	循环神经网络
RPC	Remote Procedure Call	远程过程调用
RPO	Recovery Point Objective	恢复点目标
RRC	Radio Resource Control	无线资源控制
RRU	Remote Radio Unit	远端射频单元
RSTP	Rapid Spanning Tree Protocol	快速生成树协议
RSVP	Resource Reservation Protocol	资源预留协议
RTO	Recovery Time Objective	恢复时间目标

续表

英文简称	英文全称	中文全称
S3	Simple Storage Service	简单存储服务
SaaS	Software as a Service	软件即服务
SAN	Storage Area Network	存储区域网
SAS	Serial Attached SCSI	串行连接 SCSI
SATA	Serial Advanced Technology Attachment Interface	串行先进技术总线附属接口
SBA	Service-Based Architecture	服务化架构
SCSI	Small Computer System Interface	小型计算机系统接口
SCVMM	System Center Virtual Machine Manager	系统中心虚拟机管理器
SDDC	Software Defined Data Center	软件定义数据中心
SDK	Software Development Kit	软件开发工具包
SDN	Software Defined Network	软件定义网络
SDRS	Storage Disaster Recovery Service	存储容灾服务
SDS	Software Defined Storage	软件定义存储
SD-WAN	Software Defined-Wide Area Network	软件定义广域网
SLA	Service Level Agreement	服务等级协议
SLB	Server Load Balance	应用负载均衡
SNMP	Simple Network Management Protocol	简单网络管理协议
SOA	Service Oriented Architecture	面向服务的体系架构
SOAP	Simple Object Access Protocol	简单对象访问协议
SOC	Security Operations Center	安全运营中心
SOM	Self Organizing Map	自组织映射
SP	Service Plane	服务平面
SPB	Shortest Path Bridging	最短路径桥接
SQL	Structured Query Language	结构化查询语言
SR-IOV	Single Root I/O Virtualization	单根 I/O 虚拟化
SSD	Solid State Disk	固态盘
SSH	Secure Shell	安全外壳
SSL	Secure Sockets Layer	安全套接字层
STP	Spanning Tree Protocol	生成树协议
STS	Securing Token Service	安全令牌服务
STT	Stateless Transport Tunneling	无状态传输隧道
SVF	Super Virtual Fabric	超级虚拟交换网
SVM	Secure Virtual Machine	安全虚拟机
SVM	Support Vector Machine	支持向量机

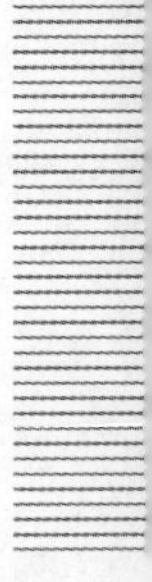

续表

英文简称	英文全称	中文全称
SYN	Synchronization Segment	同步段
TCO	Total Cost of Owenership	总拥有成本
TCP	Transmission Control Protocol	传输控制协议
TDS	Tabular Data Stream	表格数据流
TLB	Translation Lookaside Buffer	快表
TLS	Transport Layer Security	传输层安全协议
TOR	Top Of Rack	架顶
TRILL	Transparent Interconnection of Lots of Links	多链接透明互联
TSN	Time-Sensitive Networking	时间敏感网络
TWMAP	Two Way Active Measurement Protocol	双向主动测量协议
UI	User Interface	用户界面
UIO	Userspace I/O	用户空间的 I/O 技术
UP	User Plane	用户平面
UPF	User Plane Function	用户平面功能
UPS	Uninterruptible Power Supply	不间断供电
URL	Uniform Resource Locator	统一资源定位符
uRLLC	ultra Reliable&Low Latency Communication	超高可靠低时延通信
VBS	Volume Backup Service	云硬盘备份服务
VCCP	Virtual Chassis Control Protocol	集群交换控制协议
vCDN	virtual Content Delivery Network	虚拟内容分发网络
vCPU	virtual Central Processing Unit	虚拟中央处理器
VDI	Virtual Desktop Infrastructure	虚拟桌面基础架构
VEPA	Virtual Ethernet Port Aggregator	虚拟以太网端口汇聚器
VF	Virtual Function	虚拟功能
VFR	Virtual Firewall-Router	虚拟防火墙—路由器
vFW	virtual FireWall	虚拟防火墙
VIF	Virtual Interface	虚拟接口
VIM	Virtualized Infrastructure Manager	虚拟基础设施管理器
VIMS	Virtual Image Management System	虚拟镜像管理系统
VIP	Virtual Internet Protocol	虚拟 IP
VLAN	Virtual Local Area Network	虚拟局域网
vLB	virtual Load Balance	虚拟负载均衡
VMDK	VMWare Virtual Machine Disk Format	VMWare 虚拟机磁盘格式

续表

英文简称	英文全称	中文全称
VNF	Virtualized Network Function	虚拟网络功能
VNFM	VNF Manager	虚拟网络功能管理器
VNI	VxLAN Identifier	VxLAN 标识符
VoLTE	Voice over Long-Term Evolution	长期演进语音承载
VPC	Virtual Private Cloud	虚拟私有云
VPLS	Virtual Private LAN Service	虚拟专用局域网业务
VPN	Virtual Private Network	虚拟专用网
VRF	Virtual Routing Forwarding	虚拟路由转发
VRRP	Virtual Router Redundancy Protocol	虚拟路由器冗余协议
VSG	Virtual Security Gateway	虚拟安全网关
VSI	Virtual Subnet Identifier	虚拟子网识别符
VSS	Virtual Switch System	虚拟交换系统
VSS	Vulnerability Scan Service	漏洞扫描服务
VT	Virtualization Technology	虚拟化技术
VTEP	VxLAN Virtual Tunneling End Point	虚拟扩展局域网隧道终结点
VxLAN	Virtual extensible Local Area Network	虚拟扩展局域网
WAC	Wireless Access Controller	无线控制器
WAF	Web Application Firewall	Web 应用防火墙
WAN	Wide Area Network	广域网
XSS	Cross Site Scripting	跨站脚本

参考文献

[1] 中国电信集团有限公司. 中国电信云计算白皮书[R/OL].（2012-03-21） [2021-01-15].
[2] 中国电子技术标准化研究院. 云计算标准化白皮书[R/OL].（2014-07-24） [2021-01-15].
[3] 杨丽蕴，王志鹏，刘娜. 云计算标准化工作综述. 信息技术与标准化[J]. 2016（12）: 4-11.
[4] 中国信息通信研究院. 云计算发展白皮书（2020 年）[R/OL].（2020-07-01）[2021-01-15].
[5] 阿里云计算有限公司，中国电子技术标准化研究院. 边缘云计算技术及标准化白皮书（2018）[R/OL].（2018-12-12）[2021-01-15].
[6] 中国电信集团有限公司. 中国电信 5G 技术白皮书[R/OL].（2018-06-26）[2021-01-15].
[7] 中国信息通信研究院. 5G 核心网云化部署需求与关键技术白皮书[R/OL].（2018-06-22） [2021-01-15].
[8] 全国信息技术标准化技术委员会大数据标准工作组，中国电子技术标准化研究院. 大数据标准化白皮书（2016 版）[R/OL].（2016-05-27）[2021-01-15].
[9] 虚拟化与云计算小组. 虚拟化与云计算[M]. 北京：电子工业出版社，2011.
[10] 云计算开源产业联盟. 无服务器架构技术白皮书（征求意见稿）[R/OL].（2019-07-03）[2021-01-15].
[11] 华为. 华为数据中心网络设计指南[EB/OL].（2018-06-14）[2021-01-15].
[12] SDN 产业联盟. SDN 产业发展白皮书（2014 年）[R/OL].（2015-04-22）[2021-01-15].
[13] TechTarget 商务智能. 总结 10 个 Hadoop 的应用场景[EB/OL].（2012-07-08）[2021-01-15].
[14] 孙杰，山金孝，张亮，等. 企业私有云建设指南[M]. 北京：机械工业出版社，2019.
[15] 周憬宇，李武军，过敏意. 飞天开放平台编程指南[M]. 北京：电子工业出版社，2013.
[16] Frost&Sullivan. 中国公有云市场研究报告[R/OL].（2019-08-22）[2021-01-15].
[17] 周晋. 企业私有云关键技术分析与研究[J]. 信息与电脑（理论版），2016（2）: 3-6.
[18] CSDN. 云计算与边缘计算协同发展的一些思考[EB/OL].（2019-01-10）[2021-01-15].
[19] 中国信息通信研究院. 云计算与边缘计算协同九大应用场景（2019 年）[R/OL].（2019-07-02）[2021-01-15].
[20] 中国开源云联盟容器工作组. 容器技术及其应用白皮书[V1.0][R/OL].（2016-12-01）[2021-01-15].

[21] 云计算开源产业联盟，混合云产业推进联盟．混合云白皮书（2019 年）[R/OL].（2019-07-04）[2021-01-15].
[22] 顾炯炯．云计算架构技术与实践（第 2 版）[M]．北京：清华大学出版社，2016：154.
[23] 王良明．云计算通俗讲义（第 3 版）[M]．北京：电子工业出版社，2019：161.
[24] 宋洋．上海电信云资源池 IaaS 云安全技术分析[J]．电信技术，2017（6）：84-88.
[25] 中国电信集团公司．CTNet2025 网络架构白皮书[R/OL].（2016-07-11）[2021-01-15].
[26] 计算开源产业联盟．云网融合发展白皮书[R/OL].（2019-07-03）[2021-01-15].
[27] 张晨，崔佰贵，吴凯凤．软件定义广域网（SD-WAN）生态与技术报告[R/OL].（2018-11-06）[2021-01-15].
[28] 中国信息通信研究院．5G 核心网云化部署需求与关键技术白皮书[R/OL].（2018-06-22）[2021-01-15].
[29] 边缘计算产业联盟，工业互联网产业联盟．边缘计算与云计算协同白皮书（2018 年）[R/OL].（2018-11）[2021-01-15].
[30] 边缘计算产业联盟，工业互联网产业联盟．边缘计算安全白皮书[R/OL].（2019-11）[2021-01-15].
[31] 边缘计算产业联盟，绿色计算产业联盟．边缘计算 IT 基础设施白皮书 1.0（2019）[R/OL].（2019-11）[2021-01-15].
[32] 边缘计算产业联盟，网络 5.0 产业和技术创新联盟．运营商边缘计算网络技术白皮书[R/OL].（2019-11）[2021-01-15].
[33] 3GPP TSG RAN. Study on new radio access technology：Radio access architecture and interfaces（Release 14） TR 38.801 V14.0.0[S/OL].（2017-03-06）[2021-01-15].
[34] 3GPP TSG SA. System Architecture for the 5G System，Stage 2（Release 15） TS 23.501 V15.0.0[S/OL].（2017-11-13）[2021-01-15].
[35] 孙茜，田霖，周一青，等．基于 NFV 与 SDN 的未来接入网虚拟化关键技术[J]．信息通信技术，2016，10（01）：57-62.
[36] 杨懋，杨旭，李勇，等．基于虚拟化的软件定义无线接入网结构[J]．清华大学学报（自然科学版），2014，54（4）：443-448.
[37] 冯志勇，冯泽冰，张奇勋．无线网络虚拟化架构与关键技术[J]．中兴通讯技术，2014（3）：20-25.
[38] 王伟明．转发与控制分离技术及应用[M]．杭州：浙江大学出版社，2010.
[39] 刘彩霞，胡鑫鑫．5G 网络切片技术综述[J]．无线电通信技术，2019（6）：569-575.
[40] 孙晓文，陆璐，孙滔，等．端到端网络切片关键技术及应用[J]．电信工程技术与标准化，2019，32（11）：55-59.
[41] 毛玉欣，陈林，游世林，等．5G 网络切片安全隔离机制与应用[J]．移动通信，2019（10）：31-37.
[42] 工业和信息化部．工业和信息化部办公厅关于印发《云计算综合标准化体系建设指南》的通知．工信厅信软〔2015〕132 号[A/OL].（2015-11-09）[2021-01-15].
[43] 工业和信息化部电信研究院．云计算白皮书（2014 年）[R/OL].（2014-06-18）[2021-01-15].